# L'AIR

ET

# LE MONDE AÉRIEN

Ruche d'abeilles.

# L'AIR

## ET

# LE MONDE AÉRIEN

PAR

## ARTHUR MANGIN

ILLUSTRATIONS

PAR MM. FREEMAN, YAN'DARGENT, DÉSANDRÉ, GUIGUET, LIX,
OUDINOT, RICHARD

DEUXIÈME ÉDITION

Aera nunc igitur dicam, qui corpore toto
Innumerabiliter privas mutatur in horas.

( LUCR., *De rerum Nat., l. v.*)

TOURS

ALFRED MAME ET FILS, ÉDITEURS

M DCCC LXV

# PRÉFACE

Une étroite parenté rattache le présent livre à celui qui l'a précédé. On ne s'étonnera pas qu'après avoir essayé de résumer ce que la science nous enseigne touchant les mystères de l'Océan, ses révolutions passées, ses phénomènes et ses habitants, j'aie été conduit à entreprendre sur l'Air un travail analogue.

Il n'y a cependant rien de prémédité dans la succession de ces deux ouvrages. Je n'ai point conçu l'ambitieux projet de tracer, après Aristote, Lucrèce, Bernardin de Saint-Pierre, Humboldt, une Histoire ou un Tableau de la Nature. Je ne crois pas non plus devoir faire, pour l'avenir, à mes lecteurs des promesses qui ressembleraient trop à une lettre de change tirée sur eux sans leur aveu. A chaque jour, à chaque année suffit sa peine. Qui vivra verra.

Le plan que j'ai suivi cette fois est le même que j'avais adopté pour les *Mystères de l'Océan,* sauf les modifications rendues nécessaires par la nature différente du sujet.

L'ouvrage est divisé en trois parties.

La première comprend la physique, la mécanique et la chimie atmosphériques.

La seconde est consacrée à la description et à l'explication des phénomènes météorologiques.

Dans la troisième, je considère l'atmosphère, non plus comme une masse gazeuse inerte, subissant l'influence des forces fatales et servant de véhicule à d'autres corps également inertes, mais comme un des trois grands théâtres sur lesquels se joue le drame éternel de la Vie et de la Mort. Ici les acteurs s'appellent les Oiseaux et les Insectes. Je place sous les yeux du lecteur les types les plus remarquables de cette *troupe* ailée, et j'essaie de le faire assister aux scènes les plus curieuses du drame.

Je suis sans inquiétude pour le succès de cette dernière partie, où l'auteur est, pour ainsi dire, porté par son sujet, et où le crayon et le burin d'artistes habiles suppléent largement à l'insuffisance de sa plume. Mais l'accueil qui attend les deux premières parties ne m'inspire pas tout à fait la même confiance. Je ne me dissimule pas que les considérations un peu abstraites qui remplissent certains chapitres pourront inspirer d'abord quelque effroi aux esprits non encore familiarisés avec ce genre d'études. Je conserve néanmoins l'espoir que le lecteur ne se laissera pas dominer par cette première impression. Il se souviendra que, selon la comparaison d'un philosophe oriental, la science est un fruit dont l'écorce est amère, mais dont la chair est succulente et savoureuse.

# PREMIÈRE PARTIE

## L'AIR

## CHAPITRE I

### LES GAZ

Lorsque nous examinons ce qui se passe dans l'univers physique et que nous cherchons à nous en rendre compte, nous y voyons tout d'abord deux choses : de la matière et du mouvement. Puis la notion du mouvement fait naître aussitôt dans notre esprit celle des forces qui le produisent. Ces forces sont-elles extérieures ou inhérentes à la matière? C'est là une question purement spéculative dont la discussion serait ici hors de propos.

Ce qui est certain, c'est que l'esprit ne saurait admettre une force agissant en dehors de la matière, non plus que la matière se mouvant ou se modifiant sans l'intervention d'une force ; je ne pense pas, soit dit en passant, qu'il y ait de meilleur argument à opposer aux métaphysiciens qui s'amusent à démontrer que la matière n'existe pas, ou du moins qu'il se pourrait bien qu'elle n'existât pas.

Les physiciens, qui goûtent peu ces subtilités idéalistes, inclinent aujourd'hui fortement à croire, au contraire, que, tout bien compté, c'est plutôt le vide qui n'existe point : et cela, par cette raison très-plausible, que ce qu'on a considéré longtemps comme le vide est le théâtre de certains phénomènes, lesquels n'auraient point lieu si les causes qui les déterminent ne trouvaient là aussi *un quelque chose* sur quoi exercer leur action. Car, s'il est vrai que tout effet implique une cause, que toute action implique un agent, il n'est pas moins évident qu'une cause ne saurait agir sur le néant; sans quoi son action serait comme non avenue, son effet serait nul; et un agent qui n'agit sur rien, une cause qui n'a pas d'effet, ne se conçoivent pas plus aisément qu'un effet sans cause. Or, je le répète, tous les phénomènes particuliers dont la physique, la chimie, l'astronomie, la géologie, la physiologie poursuivent l'étude, peuvent se ramener à un seul phénomène général : de la matière en mouvement.

Dans l'infiniment grand, c'est le mouvement des astres parcourant au sein de l'espace leurs orbites immenses. Dans l'infiniment petit, c'est le mouvement des atomes hétérogènes faisant et défaisant, en vertu de leurs attractions et de leurs répulsions mutuelles, d'innombrables composés; c'est le mouvement des molécules homogènes, subissant, sous l'influence des forces qui les gouvernent, les modifications par lesquelles se manifestent les propriétés générales des corps. Chez les êtres vivants, c'est le mouvement des organes remplissant les fonctions complexes dont l'ensemble constitue la vie. Mais aucun de ces mouvements, de ces phénomènes, ne s'accomplit au hasard; tous sont également soumis à des lois immuables, éternelles, dont la majestueuse simplicité devient plus évidente à mesure que la science pénètre plus profondément dans les arcanes de la nature, mais que le génie des philosophes anciens n'avait point méconnues. « Les nombres, disait Pythagore, gou- « vernent le monde. » Cette formule exprime une vérité qui est à la fois la base et le couronnement de la philosophie naturelle. Empédocle (d'Agrigente) affirmait le mouvement universel; Épicure et plusieurs autres philosophes avaient entrevu la constitution atomique et la divisibilité infinie de la matière, l'aptitude de la plupart des corps à passer de l'état d'agrégation et de coagulation à l'état de fluides plus ou moins mobiles ou subtils, et réciproquement. La volatilisation et la condensation alternatives d'un grand nombre de corps à la surface de la terre semblent assez clairement indiquées dans les vers suivants de Lucrèce, le disciple enthousiaste et l'éloquent interprète d'Épicure :

> *Semper enim quodcumque fluit de rebus, id omne*
> *Aeris in magnum fertur mare : qui nisi contra*

*Corpora retribuat rebus, recreetque fluentes,*
*Omnia jam resoluta forent, et in æra versa.*
*Haud igitur cessat gigni de rebus, et in res*
*Recidere assidue; quoniam fluere omnia constat.*

Toutefois cette notion n'était et ne devait être que vague et incomplète. Le progrès des sciences expérimentales, tout à fait inconnues des anciens, a pu seul la rendre nette et précise. Et encore n'est-ce pas sans un certain effort d'attention et de réflexion qu'aujourd'hui même beaucoup de personnes intelligentes, éclairées, mais qui ne sont pas versées dans les sciences, parviennent à la concevoir clairement.

Chacun comprend aisément ce que c'est que des corps solides et des corps liquides : on les voit, on les touche, on en sent le poids et la résistance; mais on ne se fait pas une idée aussi satisfaisante de ce que c'est qu'un gaz ou une vapeur, bien qu'on n'en révoque point en doute l'existence; et ce qui semble encore plus étrange, c'est qu'un même corps puisse être tour à tour solide, liquide, gazeux, sans changer aucunement de nature, sans perdre ou acquérir la moindre parcelle de substance et sans que ses propriétés essentielles éprouvent d'altération.

Arrêtons-nous quelques instants sur ces principes élémentaires de physique : ils sont indispensables à l'intelligence de ce qui va suivre.

Les corps, on le sait, sont formés par l'assemblage de particules extrêmement ténues, de *molécules* que nos sens ne nous permettent pas de distinguer, que nous ne pouvons isoler par aucun des moyens mécaniques dont nous disposons, mais qui, sous l'empire de certaines forces, s'écartent ou se resserrent, se groupent de diverses manières. Ils donnent lieu ainsi aux phénomènes que l'on désigne sous le nom de changement d'état, et qu'on attribue à l'antagonisme perpétuel de deux agents physiques, dont l'un tend constamment à rapprocher les molécules des corps, l'autre, au contraire, à les séparer. La première de ces forces est la cohésion, la seconde est le calorique. On admet, en conséquence, que l'état solide est celui où la cohésion l'emporte sur le calorique; l'état liquide, celui où la cohésion et le calorique se font sensiblement équilibre; l'état gazeux, enfin, celui où, la cohésion étant vaincue ou détruite, le calorique agit seul. Cela posé, tandis que les molécules d'un corps solide sont tellement unies entre elles qu'un effort plus ou moins énergique est nécessaire pour les disjoindre, pour détacher une partie de la masse qu'elles forment, les molécules d'un corps liquide glissent librement les unes sur les autres, se déplacent et se séparent avec une grande facilité, n'opposant aux impulsions, aux pressions, aux attractions extérieures qu'une faible résistance.

Quant aux substances gazeuses, elles jouissent d'une mobilité, d'une fluidité bien supérieure encore à celle des liquides; elles n'ont aucune consistance, échappent à la préhension, n'adhèrent point, comme les liquides, aux corps qui les touchent, et sont presque impalpables, dans le sens rigoureux du mot. Elles ont, en outre, pour caractère essentiel, une élasticité parfaite; et aussi leur a-t-on donné le nom de *fluides élastiques*. Grâce à cette élasticité, elles sont indéfiniment expansibles, leurs molécules, soustraites à toute attraction réciproque, et sollicitées uniquement par la force dissolvante qu'on attribue au calorique, tendent toujours à s'écarter, à se désunir, à se disséminer dans l'espace. A cette force expansive correspond, dans les fluides élastiques, une compressibilité qui n'est limitée que par l'insuffisance des moyens dont nous disposons, ou, pour quelques gaz, par le point où le rapprochement de leurs molécules détermine leur réduction à l'état liquide. Encore est-il des gaz qui n'ont jamais pu, ni par compression, ni par refroidissement, être amenés à ce point; on les nomme gaz *permanents*. Ils sont au nombre de cinq, savoir : l'oxygène, l'hydrogène, l'azote, le bioxyde d'azote et l'oxyde de carbone.

Les propriétés des gaz n'ont pu être étudiées que très-récemment, grâce aux perfectionnements merveilleux des procédés d'observation et d'expérimentation. On ne doit donc pas s'étonner que jusque-là ces substances insaisissables, dont la plupart n'ont ni odeur, ni saveur, ni couleur, et n'affectent aucun de nos sens, aient été considérées comme dépourvues de pesanteur, comme distinctes des solides et des liquides, comme établissant en quelque sorte la transition entre les corps réputés grossiers, et la substance ignée ou éthérée qui, dans les idées des philosophes de l'antiquité, était l'élément pur et subtil par excellence, le principe de la chaleur, de la lumière et de la vie.

> *Ignea convexi vis et sine pondere cœli*
> *Emicuit, summaque locum sibi legit in arce :*
> *Proximus est aer illi levitate, locoque,*

dit Ovide. Et plus loin :

> *Hæc super imposuit liquidum et gravitate carentem*
> *Æthera, nec quicquam terrenæ fœcis habentem.*

Ces philosophes établissaient une différence notable entre l'air, l'éther, les gaz proprement dits, et les vapeurs, les exhalaisons qui s'échappent des matières terrestres, et qui, selon eux, participent à la « grossièreté » de ces dernières. On retrouve la même pensée chez les alchimistes et les médecins du moyen âge, qui toutefois appliquaient aux gaz et aux vapeurs la dénomination commune d'*esprits*, dénomination aussi vague en elle-même que les épithètes de *grossier* et de *subtil*, qu'on rencontre à chaque instant dans leurs écrits, et dont ils eussent été fort embarrassés d'expliquer la signification.

Ajoutons, du reste, que, dans le langage de la science moderne, la distinction entre les gaz et les vapeurs ne repose pas non plus sur des caractères bien tranchés et n'est guère que conventionnelle. Les gaz et les vapeurs sont également des fluides élastiques aériformes : seulement, pour les premiers cet état de fluides élastiques est l'état normal, celui qu'ils affectent à la température et sous la pression ordinaire, et qu'ils conservent encore avec plus ou moins de persistance lorsque la pression augmente et que la température s'abaisse. Les secondes sont produites par des corps que la nature nous présente à l'état liquide ou même solide, et ne prennent naissance qu'à la faveur d'une certaine élévation de température, ou d'une certaine diminution de pression. Quant aux propriétés physiques, elles diffèrent peu. On a constaté cependant que, sous l'influence de la chaleur, la force élastique des vapeurs s'accroît plus que celle des gaz; mais c'est encore là une différence purement relative, un effet de la même cause inconnue qui fait que telle substance a plus de tendance que telle autre à se dilater ou à se contracter, à se liquéfier, à se solidifier, ou à prendre la forme gazeuse, sans qu'il y ait lieu pour cela d'établir entre elles de distinction radicale.

Quoi qu'il en soit, nous nous occuperons seulement ici des propriétés qui appartiennent aux gaz proprement dits, et par conséquent à l'air atmosphérique, sujet de notre étude. C'est, nous l'avons dit plus haut, par l'expérience que les physiciens modernes sont parvenus à déterminer ces propriétés, à rendre évidente la matérialité des gaz, à démontrer qu'ils sont soumis aux mêmes lois que les corps solides et liquides; que comme eux ils participent, bien qu'à des degrés divers, aux attributs essentiels de la matière.

Compression des gaz.

Au premier rang de ces attributs se placent l'étendue et l'impénétrabilité, qui font qu'un corps, quel qu'il soit, occupe toujours une certaine portion de l'espace qu'aucun autre ne peut occuper en même temps. Pour montrer que les gaz sont étendus et impénétrables, posons sur une cuvette remplie d'eau un corps flottant, tel, par exemple, qu'un bouchon de liége, et sur ce bouchon renversons un verre vide. Je dis vide, pour me servir de l'expression commune; car, en enfonçant verticalement dans l'eau un verre renversé, nous éprouvons une certaine résistance, ce qui n'aurait pas lieu si nous y enfoncions un tube ou un vase dont le fond serait

percé. En outre, à mesure que le verre s'enfonce dans le liquide,
nous voyons le flotteur s'enfoncer aussi. L'eau ne peut donc pénétrer dans le vase que jusqu'à une certaine hauteur. Que le verre
même plonge tout entier; pourvu qu'il soit maintenu dans la position verticale, on verra toujours au dedans un espace que l'eau
n'envahira point. Donc cet espace est occupé déjà par quelque chose
de résistant, de matériel, qui s'oppose invinciblement à ce que l'eau
puisse remplir toute la capacité du verre, jusqu'à ce que nous in-
clinions suffisamment celui-ci; alors des bulles viendront crever à la
surface du liquide; l'eau se précipitera dans la capacité devenue
libre, et le flotteur ira se coller contre le fond du verre.

Le fluide invisible que contenait le verre n'était autre que l'air
atmosphérique. Les choses se fussent passées d'une manière identiquement semblable avec tout autre gaz. La même expérience peut
servir aussi à prouver la compressibilité et l'expansibilité des gaz.
En effet, le volume de l'air emprisonné sous le verre augmente ou
diminue suivant qu'on le soulève ou qu'on l'enfonce, c'est-à-dire
qu'on le soumet à une pression moindre ou plus forte. Mais ces propriétés des fluides élastiques se manifestent d'une façon bien plus
évidente par une autre expérience qui se répète souvent dans les
cours de physique.

On prend une vessie munie d'un robinet, on la mouille pour la
rendre flexible. On y introduit une petite quantité d'un gaz quelconque, on ferme le robinet, et on place la vessie sous le récipient
d'une machine pneumatique. Tant que ce récipient contient de l'air,
la vessie demeure flasque et affaissée; mais à mesure que l'air est
raréfié par le jeu de la pompe, elle se gonfle, se ballonne, et il
arrive un moment où elle est aussi tendue que si l'on y avait
insufflé avec force une grande quantité de gaz. C'est que d'abord
l'air qui se trouve dans le récipient, en vertu de sa propre force
expansive, comprime la vessie et le gaz qu'elle renferme; mais, l'air
se raréfiant de plus en plus, le gaz se dilate, distend les parois de
sa prison, et finit par en occuper toute la capacité.

Deux physiciens du siècle dernier, l'un français, l'abbé Mariotte,
l'autre anglais, Robert Boyle, ont formulé la loi de dilatation et de
contraction des gaz. Cette loi, qui porte dans chacun des deux pays
un nom différent, — en France celui de loi de Mariotte, en Angle-

terre celui de loi de Boyle, — est la suivante : les volumes occupés par une même masse gazeuse dont la température demeure constante, sont en raison inverse des pressions qu'elle supporte. Plus récemment, Despretz a établi que tous les gaz ne sont pas également compressibles. Enfin il résulte des expériences de M. Regnault que les gaz permanents suivent seuls rigoureusement la loi de Mariotte, et que les gaz liquéfiables s'en écartent d'autant plus

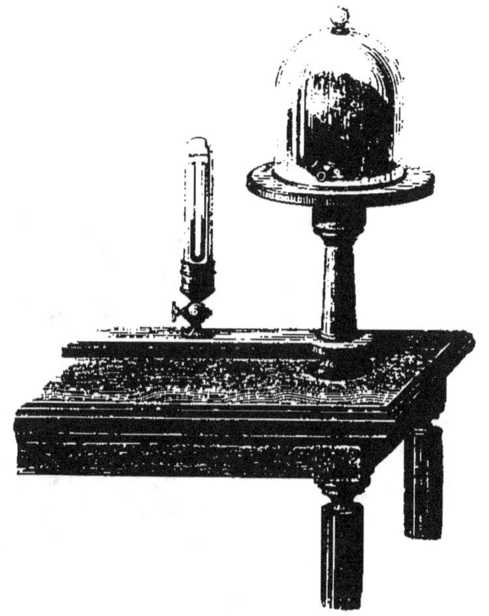

Dilatation des gaz dans le vide.

qu'ils sont pris à une température plus voisine de leur point de liquéfaction.

Personne n'ignore aujourd'hui que tous les corps qui se trouvent à la surface de notre planète sont soumis à une force qui les attire vers son centre, les fixe au sol, et, s'ils viennent à en être éloignés par une cause quelconque, les y ramène fatalement. Cette force, c'est la pesanteur. Mais les gaz semblent faire exception, et l'on est fort tenté de croire, comme les philosophes anciens, que leur ténuité, leur subtilité, leur fluidité les font échapper à son empire. Il n'en est rien pourtant : les gaz sont formés de particules matérielles, et l'attraction terrestre agit sur ces particules comme sur celles qui constituent les corps solides ou liquides. Seulement, le poids d'un corps étant la somme des attractions que la pesanteur exerce sur chacune de ses molécules, et les molécules des gaz, sous un volume donné, étant relativement peu nombreuses, leur poids total est aussi relativement faible. On le constate et on le mesure néan-

Démonstration du poids des gaz.

moins très-aisément au moyen de la balance. Il suffit pour cela de prendre un ballon en verre muni d'un robinet, d'y faire le vide et de le peser, puis d'y introduire un gaz et de le peser de nouveau : on verra que le poids du ballon plein de gaz est plus grand que celui du ballon vide; et si l'on répète l'expérience avec le même ballon, successivement rempli de divers gaz, on trouvera à chaque fois un résultat différent; d'où il faut conclure que chaque gaz a un poids spécifique, une densité qui lui est propre.

D'autres expériences non moins simples ont démontré avec la

même évidence que les lois d'équilibre et de pression des liquides s'appliquent également au gaz. Parmi ces lois, nous nous contenterons de rappeler celle dont la découverte est due au célèbre physicien de Syracuse, Archimède. Elle peut s'énoncer ainsi : Tout corps plongé dans un fluide perd de son poids une quantité égale au poids du volume de fluide qu'il déplace, et se trouve, en conséquence, sollicité par deux actions contraires : l'une est celle de la pesanteur,

Baroscope.

qui l'attire verticalement de haut en bas; l'autre est la *poussée* du fluide qui agit en sens contraire, c'est-à-dire verticalement de bas en haut. Selon que la première de ces deux actions l'emporte sur la seconde, ou la seconde sur la première, ou que toutes deux se font équilibre, ce qui dépend du rapport de densité entre le corps immergé et le fluide ambiant, le corps descend, ou monte, ou demeure immobile. C'est sur ce principe que reposent l'ascension et la suspension des corps légers, et en particulier des ballons ou aérostats dans l'atmosphère. Une ingénieuse expérience instituée par Otto de Guericke, l'immortel inventeur de la machine pneumatique et de la machine électrique, rend sensible la pression exercée par l'air sur les corps qui y sont immergés.

A l'une des extrémités du fléau d'une balance le bourguemestre de Magdebourg suspendit une petite sphère massive en cuivre; l'autre extrémité portait une sphère beaucoup plus volumineuse, mais creuse, à parois très-minces, et dont le poids faisait, au sein de l'air, exactement équilibre à celui de la sphère pleine. Il plaça cet appareil, appelé *baroscope,* sous le récipient d'une machine pneumatique où il faisait le vide. Dès lors l'équilibre fut rompu : la balance pencha du côté de la sphère creuse. L'explication de cette apparente anomalie est simple : dans l'air, chacune des deux sphères perdait de son poids « une quantité égale au poids du volume d'air déplacé », ou, ce qui est la même chose, recevait une poussée proportionnelle à ce même volume. La sphère creuse, plus grosse que la sphère massive et déplaçant un plus grand volume d'air, recevait donc une poussée plus forte; l'équilibre établi entre elles était factice, il ne correspondait pas à une égalité de poids réelle. D'où l'on voit que, comme les corps qu'on pèse dans les balances n'ont jamais le même volume que les poids dont on se sert comme termes de comparaison, une pesée, pour être rigoureusement exacte, devrait toujours être faite dans le vide.

## CHAPITRE II

### ORIGINE DE L'ATMOSPHÈRE

L'étude de l'atmosphère terrestre et des phénomènes dont elle est le théâtre ne nous présentera plus de difficultés, maintenant que la nature et les propriétés générales des gaz nous sont connues. J'ose même espérer que le lecteur y trouvera un dédommagement de la fatigue qu'il a pu éprouver à suivre les considérations et les démonstrations un peu arides par lesquelles il nous a fallu débuter. Car les phénomènes atmosphériques ne sont ni moins variés, ni moins curieux, ni moins grandioses que les phénomènes océaniques et que les phénomènes terrestres, et la connexion intime qui les rattache aux fonctions de la vie animale et végétale, leur influence directe sur les conditions les plus essentielles de notre existence, les dangers et les bienfaits dont ils sont la source, les applications nombreuses qu'ils reçoivent dans les sciences, dans l'industrie et jusque dans l'économie domestique, les rendent tout particulièrement dignes de notre attention.

Mais d'abord, qu'est-ce qu'une atmosphère? L'étymologie de ce mot va nous en donner la signification. Atmosphère (du grec ἀτμός, vapeur, et σφαῖρα, sphère) signifie sphère de vapeur, ou de gaz, et désigne la couche plus ou moins épaisse de fluides élastiques qui enveloppe, non-seulement le globe terrestre, mais, selon toute probabilité, la plupart des corps célestes, étoiles, planètes et satellites. On sait aujourd'hui avec certitude que toutes les sphères composant notre système, et auxquelles l'astronomie a pu appliquer ses admirables moyens d'observation, possèdent des atmosphères. Une seule paraît faire exception : c'est la lune, notre unique satellite. Le soleil, centre et foyer du système, n'aurait pas pour son compte, au dire d'astronomes très-autorisés, moins de trois atmosphères superposées en couches concentriques autour de son noyau obscur et, qui sait? peut-être habitable et habité! Ce noyau, entrevu à travers les taches du soleil, qui ne sont autre chose que des déchirures, des trous dans le vêtement éblouissant de l'astre-roi, serait revêtu d'une première atmosphère nuageuse, analogue à la nôtre. Puis viendrait une seconde enveloppe formée de substances gazeuses en ignition permanente, projetant au loin des flots inépuisables de chaleur et de lumière : c'est celle qu'on désigne sous le nom de *photosphère*. Enfin l'atmosphère extérieure, prodigieusement dilatée, emprunterait à la précédente son éclat, qui va décroissant à mesure que la distance de la photosphère augmente. « C'est dans cette dernière couche, dit M. Guillemin [1], que semblent flotter les nuages roses dont la pré-

---

[1] *Les Mondes, causeries astronomiques.*

sence a été révélée et définitivement établie par la récente éclipse totale du soleil [1]. »

Parmi les planètes dont la constitution physique est assez connue pour qu'on puisse affirmer l'existence, à leur surface, d'atmosphères comparables à celles de la terre, je citerai : Mercure, la plus voisine du soleil; Vénus, dont les dimensions sont à peu près celles de la terre, et qui se montre environnée d'un si brillant éclat, qu'à certaines époques elle est même visible en plein jour; Mars, où l'on a pu constater la présence de neiges et de glaciers polaires; Jupiter, la plus volumineuse des planètes circumsolaires, dont le disque est en partie obscurci par des *bandes* nuageuses, ne variant de forme et de position qu'à d'assez longs intervalles; enfin Saturne, avec son triple ou quadruple anneau et son magnifique cortége de huit satellites. Le disque de Saturne est parsemé de taches, les unes obscures, les autres brillantes, mais très-variables d'éclat, et dont la forme rappelle beaucoup les bandes de Jupiter. « Il est impossible, dit encore M. Guillemin, de ne pas conclure de l'observation de ces taches, qu'elles sont dues à des phénomènes atmosphériques. Vers les pôles, on a constaté, comme pour Mars, l'apparition et la disparition successives des taches blanchâtres, dues probablement à l'invasion des neiges et des glaces. » Quelle est la composition des atmosphères de ces planètes? quelles sont leurs propriétés? On l'ignore. Des êtres semblables ou analogues à nous, aux animaux et aux végétaux que nous connaissons, peuvent-ils y vivre, et y vivent-ils en effet? Il y a tout lieu de le croire, bien que l'observation ne puisse rien nous apprendre de positif à cet égard. Il n'est même pas toujours aisé de savoir positivement si une planète ou un satellite a ou n'a pas d'atmosphère; et si les astronomes ont pu se prononcer pour la négative en ce qui concerne la lune, c'est grâce à la faible distance qui nous sépare de ce globe, et qui a permis de dresser des

---

[1] Deux illustres physiciens allemands, MM. Bunsen et Kirchoff, ont pu, par une nouvelle méthode d'analyse fondée sur l'examen des raies obscures ou colorées dont se composent les *spectres* produits par la diffraction de la lumière, déterminer la composition chimique de la photosphère solaire. Ils y ont reconnu la présence de plusieurs métaux à l'état gazeux et incandescent, notamment du sodium, du potassium, du magnésium, du nickel, du fer, de l'étain, etc.

cartes très-exactes de la face qu'il nous présente. Nous verrons plus loin, en nous occupant du rôle de l'atmosphère dans les phénomènes lumineux, comment on a pu s'assurer que la lune est dépourvue d'enveloppe gazeuse.

Mais revenons à l'atmosphère terrestre, et cherchons, comme nous l'avons fait naguère pour l'Océan, à nous former une idée de son origine et des transformations successives qu'elle a dû subir avant de se constituer telle qu'elle est aujourd'hui.

Si nous prenons pour point de départ la célèbre hypothèse de Laplace ou celle d'Herschell, qui s'en éloigne peu, nous nous rappellerons que, d'après ces hypothèses, la terre ne fut, dans l'origine, qu'une immense atmosphère, une masse de gaz et de vapeurs incandescents et prodigieusement dilatés. Le refroidissement de cette nébuleuse amena peu à peu la condensation des substances les moins volatiles, qui formèrent au centre un noyau liquide. Ce noyau, successivement grossi par de nouvelles condensations, finit par absorber toutes les matières que l'élévation de la température maintenait seule à l'état gazeux. Mais il est impossible de ne pas voir que ces premières périodes de l'existence de notre planète durent être signalées par des phénomènes extrêmement complexes, dus aux réactions mutuelles des éléments : réactions qui nécessairement modifièrent à plusieurs reprises la composition du noyau liquide et surtout celle de son enveloppe gazeuse.

Le rôle capital des affinités chimiques dans la formation et les révolutions du noyau terrestre et de son atmosphère, est indiqué d'une manière très-ingénieuse et très-satisfaisante par A.-M. Ampère, dans une théorie cosmogonique qui complète et rectifie en certains points celles de Laplace et d'Herschell, et qu'on trouve résumée avec beaucoup de clarté dans une note ajoutée aux *Lettres sur les révolutions du globe*, d'Alexandre Bertrand. Ampère considère d'abord, d'une manière générale, le cas d'une nébuleuse quelconque passant, par le refroidissement de ses éléments les moins volatils, de son état primitif à celui de corps stellaire ou planétaire proprement dit. Il fait remarquer que, si les affinités chimiques n'existaient pas, la condensation s'opérerait nécessairement par couches concentriques, homogènes, régulières, nettement distinctes, et dont l'ordre de superposition à partir du centre représenterait exactement la gradation ascendante des températures de liquéfaction des substances condensées.

Cette manière de voir, disons-le en passant, pèche par un point important. Ampère oublie de tenir compte des densités, qui ne correspondent nullement aux températures de liquéfaction ou de solidification, lesquelles sont aussi entre elles dans des rapports très-variables; et ce sont là deux circonstances qui, dans l'hypothèse, troubleraient singulièrement l'homogénéité et la régularité prétendues des dépôts concentriques. Mais il serait superflu d'insister sur cette objection, qui nous écarterait de notre sujet, et qui d'ailleurs ne s'applique qu'à une hypothèse purement gratuite.

« Ce n'est pas ainsi, dit en effet la note à laquelle j'emprunte le résumé du système d'Ampère, ce n'est pas ainsi qu'est composé le globe terrestre ; ce n'est pas ainsi que doivent l'être les planètes et les soleils répandus dans l'espace. Pour voir ce qui a dû arriver, rendons aux couches successives les propriétés chimiques dont elles sont douées, et cet ordre si régulier sera aussitôt détruit par d'immenses bouleversements.

« Lorsqu'une nouvelle couche se dépose à l'état liquide, soit que la précédente existe encore à cet état, soit que déjà elle ait passé à l'état solide, il doit se manifester entre elles une action chimique résultant de l'affinité entre les deux substances ou entre leurs éléments. De là formation de nouvelles combinaisons, explosions, déchirements, élévation de température, et dans le cas où l'une des couches au moins contiendrait des éléments divers, retour à l'état de gaz des éléments qui seraient séparés par l'effet de ces combinaisons.

« ..... Ce ne serait qu'après beaucoup de bouleversements, et en vertu d'un refroidissement ultérieur, que pourrait se former une croûte continue assez solide pour mettre obstacle à de nouvelles combinaisons chimiques. Mais quand la température se serait abaissée de manière à permettre que sur cette couche solide vînt se déposer une nouvelle substance à l'état liquide, susceptible de l'attaquer chimiquement, on verrait se reproduire une série de phénomènes analogues à ceux dont nous venons de parler. C'est ainsi qu'on peut rendre compte des révolutions successives qu'a éprouvées le globe terrestre. Maintenant que la température est tellement abaissée que, parmi les corps susceptibles d'agir chimiquement avec violence, il n'y a plus que l'eau qui soit à l'état de vapeur, ce n'est plus que de l'eau qu'on peut craindre un nouveau cataclysme. » L'eau étant, comme on sait, composée de gaz hydrogène et oxygène, Ampère suppose qu'en se précipitant sous forme de pluie abondante sur des métaux incandescents, tels que le potassium, le sodium, le baryum, le calcium, le magnésium, le manganèse, le fer, le nickel, le zing, etc., encore incandescents ou du moins à une température très-élevée, elle dut être décomposée, transformer ces métaux en oxydes et déterminer une immense conflagration, non-seulement dans les couches supérieures de la masse condensée, mais au sein même de l'atmosphère, qui subit alors une de ses plus violentes révolutions. Il ajoute :

« Au surplus, il reste un grand monument des bouleversements qu'a produits sur le globe la décomposition des corps oxygénés par les métaux. C'est l'énorme quantité d'azote qui forme la plus grande partie de notre atmosphère. Il est peu naturel de supposer que cet azote n'ait pas été primitivement combiné, et tout porte à croire qu'il l'était avec l'oxygène, sous la forme d'acide nitreux ou nitrique. Pour cela, il lui fallait huit ou dix fois plus d'oxygène qu'il n'en reste dans l'atmosphère. Où sera passé cet oxygène? Suivant toute apparence, il aura servi à l'oxydation de substances autrefois métalliques, et aujourd'hui converties en alumine, en chaux, en oxyde de fer, de manganèse, etc. » Quant à l'oxygène qui existe dans l'atmosphère, ce n'est qu'un reste de celui qui s'est combiné avec les corps combustibles, joint à celui qui a été expulsé des combinaisons dans lesquelles il entrait, par du chlore ou des corps analogues.

Il y aurait donc eu, à un certain moment, précipitation d'acide nitrique, dissolution des métaux, et dégagement de gaz nitreux ou hyponitrique : le tout accompagné d'une effervescence et d'une élévation de température formidables, qui auraient transformé l'atmosphère en une mer bouillonnante, surchargée de vapeurs corrosives dont les énergiques réactions produisaient une mêlée indescriptible. Puis, le refroidissement s'opérant avec le temps, la précipitation recommença; la terre fut envahie de nouveau par un océan acide, moins acide toutefois que le premier, et donnant lieu, par conséquent, à des réactions moins énergiques. Les eaux s'adoucirent ainsi graduellement, après des précipitations et des vaporisations répétées; ou plutôt elles se chargèrent de sels, et la prédominance du sél marin donne lieu de penser que, parmi les gaz qui entraient dans la composition de l'atmosphère primitive, le chlore n'était pas le moins abondant. « Il arriva enfin, continue Ampère, qu'après un refroidissement nouveau, une nouvelle mer s'étant formée, elle ne recouvrit plus toute la surface du noyau solide; quelques îles apparurent au-dessus des eaux, et la surface de la terre fut entourée d'une atmosphère formée, comme la nôtre, de fluides élastiques permanents, mais dans des proportions probablement fort différentes. Il semble, en effet, résulter des ingénieuses recherches de M. Brongniart, qu'à ces époques reculées l'atmosphère contenait beaucoup plus d'acide carbonique qu'elle n'en contient aujourd'hui. Elle était impropre à la respiration des animaux, mais très-favorable à la végétation. Aussi la terre se couvrit-elle de plantes qui trouvaient dans l'air, bien plus riche en carbone, une nourriture plus abondante que de nos jours; d'où résultait un développement beaucoup plus considérable, que favorisait en outre un plus haut degré de température.

«.... Cependant les débris des forêts s'accumulaient sur le sol, s'y décomposaient, et l'hydrogène carboné qui résultait de cette décomposition se répandait dans l'astmosphère. Là il était décomposé par des explosions électriques alors beaucoup plus fréquentes en raison de la plus grande élévation de la température. Un monument de cette époque nous est offert par les houilles, immenses dépôts de végétaux carbonisés.

« A chaque grand cataclysme, la température de la surface du globe s'élevant considérablement, toute organisation devenait impossible jusqu'à ce qu'elle se fût abaissée de nouveau... L'absorption et la destruction continuelles de l'acide carbonique par les végétaux rendaient l'air de plus en plus semblable en composition à ce qu'il est maintenant. Cependant l'atmosphère n'était pas encore propre à entretenir la vie des animaux qui respirent l'air directement. Ce fut, en effet, dans l'eau qu'apparurent les premiers êtres appartenant à ce règne : des radiaires et des mollusques. La première population des mers fut uniquement composée d'invertébrés; puis vinrent les poissons, et plus tard les reptiles marins... Après l'époque des poissons, après celle des reptiles et des oiseaux, vinrent les mammifères, et enfin, l'atmosphère s'étant suffisamment épurée, la terre étant capable d'entretenir une plus noble génération, apparut l'homme, le chef-d'œuvre de la création. »

L'hypothèse que nous venons d'exposer sommairement n'a rien, on le voit, que de très-admissible, au moins dans ses données principales. Elle est conforme à ce que la chimie nous apprend sur les affinités réciproques des corps réputés simples et de leurs composés, et à ce que l'on peut rationnellement présumer des compositions successives de l'atmosphère actuelle.

L'oxygène, l'azote, l'hydrogène, le chlore, le carbone, tels sont évidemment les corps qui, à raison de leur prodigieuse abondance et de leurs puissantes affinités, ont dû jouer dans les révolutions de l'enveloppe gazeuse de la terre les premiers rôles. L'action du soufre, du sodium, des métaux combustibles (métaux alcalins et terreux), n'a pu être que secondaire. Celle des agents physiques, chaleur, électricité, magnétisme, lumière, ne doit pas être oubliée. La chaleur, tour à tour cause et effet des réactions chimiques et des bouleversements qui tant de fois ont renouvelé la face du monde, a puissamment contribué à prolonger la tumultueuse mêlée des éléments. On en peut dire autant de l'électricité, qui intervient également soit comme cause, soit comme effet, dans les combinaisons et les décompositions chimiques, dans les variations de température, dans les changements d'état des corps, dans les frottements, dans les pressions, dans la séparation brusque des molécules, etc. Quant à l'action du magnétisme, il est très-difficile de la conjecturer. Il est probable qu'elle a été, à l'origine des choses, beaucoup plus intense et plus générale que de nos jours; qu'elle s'est combinée, confondue peut-être avec celle de l'électricité et du calorique; qu'en un mot, ces trois principes ont été, avec la lumière, les agents essentiels de la création; qu'ils ont exercé surtout une puissante influence sur la formation et le développement des organismes. Qu'on veuille bien, à ce sujet, se reporter à ce qui a été dit, dans *les Mystères de l'Océan* [1], de la constitution probable de l'atmosphère à

[1] Un volume grand in-8°, par Arthur Mangin. — Tours, Alfred Mame et Fils, éditeurs.

l'époque où les premiers êtres prirent naissance au sein de l'Océan universel. Alors la température du globe était encore très-élevée. Les eaux chaudes, saturées de matières en dissolution et en suspension, exhalaient d'épaisses vapeurs qui surchargeaient l'atmosphère. Celle-ci enveloppait la sphéroïde de sa masse épaisse, volumineuse, divisée peut-être en couches distinctes, comparables à la triple atmosphère du soleil. Les rayons de l'astre vivifiant ne pouvaient la pénétrer; mais, selon toute apparence, les combustions dont elle était le siége, les courants électriques et magnétiques qui la parcouraient, et la haute température entretenue par tant de causes diverses, déterminaient dans ses régions supérieures un embrasement général, dont nos aurores polaires peuvent donner une idée. Les lueurs changeantes de ce ciel de feu éclairaient les scènes grandioses et sauvages de la nature en travail. Puis cette lumière alla s'affaiblissant à mesure que l'atmosphère se purifiait et que s'apaisait la lutte des éléments. Les nuées moins denses et moins pressées livrèrent passage aux rayons solaires; le jour, le vrai jour se leva sur le monde. Le chlore ayant été absorbé à l'état de sel par la masse des eaux; les îles et les continents soulevés s'étant couverts de végétaux qui peu à peu fixèrent l'énorme quantité de carbone à laquelle une partie de l'oxigène était uni; les vapeurs aqueuses enfin continuant de se précipiter, l'atmosphère se trouva réduite à peu près au mélange d'oxygène et d'azote qui la constitue actuellement. Dès lors les révolutions qui devaient encore, à plusieurs reprises, remuer et déplacer l'océan liquide cessèrent de bouleverser l'océan aérien. L'immense rideau de nuages qui naguère enveloppait le globe tout entier se déchira, s'éparpilla en lambeaux; les clartés magnéto-électriques, éteintes dans la zone moyenne, furent refoulées vers les pôles, où elles ne brillèrent plus que comme les dernières lueurs d'un vaste incendie. Les alternatives du jour et de la nuit, le cours des saisons, la distribution des températures, changèrent en une circulation régulière les fluctuations tumultueuses de l'atmosphère. Partout s'établit ce calme qui n'est ni l'inertie ni l'immobilité, mais l'équilibre des forces et l'harmonie des mouvements, et la vie put prendre son essor au sein des éléments pacifiés.

# CHAPITRE III

## HAUTEUR ET FORME DE L'ATMOSPHÈRE

On a vu dans tout ce qui précède l'affirmation implicite d'un fait important, à savoir : que l'atmosphère est une enveloppe gazeuse propre à la terre, très-probablement aussi aux autres planètes, ainsi qu'aux étoiles ou soleils, c'est-à-dire aux centres d'attraction, aux foyers de chaleur et de lumière des divers systèmes. Or cette affirmation peut sembler téméraire. On peut dire aux astronomes : « Vous confessez vos doutes sur l'existence des atmosphères planétaires (existence que vous tenez seulement pour très-probable), et votre ignorance absolue sur leur nature et leur constitution; mais la chimie et la physique vous ont révélé la nature et la constitution de notre atmosphère. Vous reconnaissez qu'elle est composée de deux gaz incolores, invisibles, n'affectant aucun de nos sens. Ces gaz nous enveloppent tous tant que nous sommes; ils sont le milieu où nous vivons et mourons, où tous les êtres passés ont vécu et sont morts. Comment donc savez-vous qu'elle ne forme autour du globe terrestre qu'une couche d'une épaisseur limitée? Comment savez-vous si cet air n'est pas répandu dans tout l'univers, s'il ne remplit pas les espaces, s'il n'est pas un océan infini dans lequel nage l'infinie multitude des corps célestes? Et si l'air n'est point partout, qu'y a-t-il donc là où il n'est pas? Le vide, dites-vous, le néant, rien!... Terribles mots! Et qu'est-ce que le vide, qu'est-ce que le néant? L'esprit, comme la nature, en a horreur, il recule et se trouble devant cette sombre négation. » Ces objections n'ont rien d'embarrassant. Oui, l'astronomie et la physique, disons mieux, la science affirme que les atmosphères sont limitées à une faible distance autour de la surface solide ou liquide des corps célestes, et en particulier de la terre, et elle le prouve; car la science prouve tout ce qu'elle affirme. Elle le prouve d'abord par l'observation simple, directe, matérielle, si j'ose ainsi dire, de tous ceux, savants ou ignorants, qui ont gravi de hautes montagnes ou qui se sont élevés à l'aide d'aérostats jusqu'aux couches supérieures de l'atmosphère. Ils ont reconnu, à des signes qu'il ne leur était pas permis de révoquer en doute, qu'à mesure qu'on s'éloigne de terre l'air se raréfie; qu'à quelques kilomètres seulement il devient tellement rare qu'on ne respire plus, qu'on éprouve un intolérable malaise, qu'on sent et qu'on voit l'horreur de ce vide, de ce néant où la vie est impossible. Mais, dira-t-on encore, ce n'est là qu'une présomption, l'effet de sensations dont rien ne nous autorise à tirer une conclusion absolue. Cela prouve qu'il y a plus d'air près de la surface du globe qu'à une certaine hauteur; cela ne démontre pas que plus haut encore l'air manque totalement. Sans doute; et aussi la science ne se contente-t-elle point de cette preuve; elle en a d'autres tout à fait concluantes, tirées des propriétés mêmes de l'air, et qui ressortiront, je l'espère, avec évidence de l'examen que nous allons faire de ces propriétés [1]. Au surplus, je l'ai dit au début du chapitre premier, la science, en affirmant que l'atmosphère est limitée, ne va pas jusqu'à prétendre qu'au delà l'espace est vide. Loin de là, elle incline à admettre, sous une forme et dans un sens différents, l'ancien axiome de l'école : *Natura abhoret a viduo,* — à ne plus regarder comme une fiction poétique ou une rêverie philosophique cette substance indéfinissable que les philosophes grecs avaient nommée *Æther,* et qu'ils plaçaient au-dessus de notre atmosphère [2]. Mais c'est là un sujet sur lequel nous reviendrons un peu plus loin. Tenons-nous pour le moment dans des régions moins sublimes.

C'est par une concession aux habitudes du langage vulgaire que nous avons présenté d'abord la plupart des gaz, et notamment l'air atmosphérique, comme des substances impalpables, incolores, n'affectant point les sens et dépourvues en apparence des attributs de la matière. Nous avons démontré qu'en réalité ils participent aux plus

---

[1] Voir la suite du présent chapitre, et les suivants : IV, V, VI, VII et VIII de cette première partie.

[2] J'ai cité plus haut ce passage d'Ovide :

> *Hæc super imposuit liquidum,* etc.

Lucrèce dit aussi :

> *Ideo per rara foramina terræ*
> *Partibus erumpens, primus se sustulit æther*
> *Ignifer, et multos secum levis abstulit ignes.*

essentiels de ces attributs, l'étendue et l'impénétrabilité; et que, comme tous les corps terrestres, ils sont soumis à l'action de la pesanteur; mais qu'ils doivent à la tendance constante de leurs molécules à s'écarter les unes des autres, une fluidité, une expansibilité qui n'existent ni dans les solides, ni dans les liquides. C'est en vertu de ces deux propriétés que l'air atmosphérique va se raréfiant à mesure qu'il s'éloigne de la terre. Cette raréfaction de l'air a créé de sérieux embarras aux physiciens qui ont entrepris de mesurer la hauteur de l'atmosphère, de déterminer la limite qui la sépare de ce qu'on est convenu d'appeler le vide?

« Pour connaître la hauteur à laquelle s'étend l'atmosphère, disent MM. Becquerel, il faudrait pouvoir calculer la densité de l'air à diverses hauteurs, abstraction faite des agitations accidentelles, et dans l'état moyen autour duquel oscillent ces perturbations... Il faudrait encore, pour avoir une valeur exacte, tenir compte : 1° de la diminution de la pesanteur à mesure qu'on s'élève dans l'air, et en vertu de laquelle les particules sont moins attirées vers la terre; 2° de la variation de la force centrifuge suivant la latitude [1]. »

MM. Becquerel reconnaissent toutefois que ces deux variations se réduisent à peu de chose. Est-il donc possible d'arriver à une mesure approximative de la hauteur de l'atmosphère?

« Cette hauteur, continuent les savants physiciens, est limitée, et même la valeur qu'on lui assigne est peu considérable. Si l'air n'avait pas d'élasticité, sa limite serait située aux points où la force centrifuge ferait équilibre à la pesanteur; mais comme cette condition n'existe pas, il est nécessaire que son élasticité soit équilibrée par une force quelconque; cette force est le poids des couches d'air qui sont supérieures à celle que l'on considère. Mais à mesure que l'on s'élève, l'air devient plus rare, et arrivé aux dernières couches, rien ne presse sur celles-ci; cependant, l'atmosphère étant limitée, comme le démontrent plusieurs phénomènes optiques dont nous parlerons, il est nécessaire que ces couches ne se perdent pas dans l'espace, et que, vu leur raréfaction et leur abaissement de température, leur état physique soit modifié de telle sorte que la force élastique soit nulle. »

---

[1] *Éléments de physique terrestre et météorologie*, ch. IV.

Laplace à indiqué cette condition indispensable; Poisson l'a spécifiée en montrant que l'équilibre serait encore possible avec une densité limite très-considérable, pourvu que le fluide ne fût pas expansible ; enfin Biot (*Astronomie physique*), qui a résumé ces conditions, indique très-bien cet état des dernières couches atmosphériques non expansibles, en disant qu'elles doivent être comme *un liquide non évaporable*. L'atmosphère est donc limitée et son poids connu ; mais il n'en est pas de même de sa hauteur.

On a cependant calculé cette hauteur, en prenant pour base, soit la décroissance de la température, soit les phénomènes de réfraction lumineuse qui se produisent à l'aurore et au crépuscule. Mais on n'a pu arriver par ces divers procédés qu'à des résultats approximatifs, qui présentent entre eux de notables différences. La discussion des observations barométriques faites par Humboldt et M. Boussingault sur le Chimboraço et l'Antisana a conduit Biot à une évaluation de 20,679 mètres pour la hauteur de l'atmosphère au-dessus de l'océan Pacifique. Mais d'autre part le même physicien, prenant pour base de ses calculs l'accélération de la décroissance des températures, constatée par Gay-Lussac, jusqu'à une hauteur de près de 7,000 mètres, dans une ascension aérostatique justement célèbre, a trouvé un second chiffre qui s'écarte du premier de plus de 2,000 mètres : soit 23,000 mètres. Il ajoute que, si l'on veut, d'après la même loi d'abaissement progressif des températures, pousser jusqu'au bout les conséquences des observations de Gay-Lussac, on en déduit une limite de hauteur que l'atmosphère ne peut pas dépasser. Cette limite, où la pression serait nulle, assigne à l'atmosphère une hauteur *maxima* de 47,347 mètres, avec une densité finale excessivement faible. D'autres savants sont arrivés par des calculs non moins irréprochables que les précédents, mais basés sur d'autres lois plus ou moins hypothétiques, à des chiffres de 70,000 et de 72,000 mètres. Mairan allait jusqu'à 200 lieues, c'est-à-dire à près de 1,000,000 de mètres. MM. Becquerel s'en tiennent aux évaluations les plus modérées. Ils pensent qu'en tout cas la hauteur de l'atmosphère n'est pas inférieure à 10 lieues ; que, selon toute probabilité, elle est d'environ 16 lieues. « Cependant, ajoutent-ils, il peut se faire que des particules d'air très-rares s'élèvent au delà. Quoi qu'il en soit, on peut, selon lui, admettre, par approximation quant à présent, que la hauteur de l'atmosphère est à peu près $\frac{1}{80}$ du rayon terrestre. Ainsi, en représentant par le nombre proportionnel 80 le rayon terrestre, qui a 1,500 lieues, l'épaisseur de la croûte solide et celle de l'atmosphère peuvent être représentées toutes deux par 1. »

A peine est-il besoin de faire remarquer que l'air n'existe pas seulement à la surface de la terre, mais qu'en vertu de son poids, et grâce à sa fluidité et à sa divisibilité, il pénètre partout ou un accès lui est ouvert : dans les pores des corps solides et jusque entre les molécules des liquides. On le retrouve dans les tissus organiques, dans les eaux douces et salées; le sable, la terre, les pierres même, pour peu qu'elles soient poreuses, en sont imprégnés. On est allé jusqu'à supposer que l'atmosphère extérieure n'était qu'une partie de la masse d'air condensé existant, depuis l'origine des choses, à l'intérieur du globe. Lucrèce croyait que l'air et les autres corps fluides s'étaient échappés primitivement à travers les interstices des éléments solides, comme l'eau est exprimée d'une éponge :

> *Quippe etenim primum terraï corpora quæque,*
> *Propterea quod erant gravia et perplexa, coïbant,*
> *In medio, atque imas capiebant omnia sedes :*
> *Quæ, quanto magis inter se perplexa coïbant.*
> *Tam magis expressere ea, quæ mare, sidera, solem,*
> *Lunamque efficerent, et magni mœnia mundi* [1].

L'opinion beaucoup plus moderne dont nous parlons se rapproche, comme on le voit, de celle du poëte philosophe, et elle n'est pas plus soutenable. Car, comme le font observer MM. Becquerel, l'élévation de la température due au foyer central s'oppose à la condensation des gaz, et doit limiter la présence de l'air aux couches peu profondes.

Si la hauteur de l'atmosphère est incertaine, on sait du moins dans quelle mesure cette hauteur varie sur les différents points du

---

[1] On voit par ce passage, et par d'autres du même poëme, que Lucrèce considérait les astres comme formés par la substance ignée et subtile qui, dans l'univers tel que les anciens le concevaient, occupait les plus hautes régions de l'atmosphère.

globe. Les observations barométriques répétées maintes fois, à des hauteurs diverses, dans tous les pays, et la connaissance des forces auxquelles obéit l'atmosphère, permettent de déterminer très-exactement sa forme. Cette forme, ainsi que celle de la terre sur laquelle elle se moule, serait parfaitement sphérique, si notre planète était immobile ou animée seulement d'un mouvement de translation dans l'espace. Mais la rotation de la terre sur elle-même développe une force centrifuge qui, comme chacun sait, acquiert à l'équateur son maximum d'intensité, et va en diminuant jusqu'aux deux extrémités de l'axe, où elle cesse tout à fait. De là le renflement originel de la terre dans sa partie médiane et son aplatissement aux pôles. On conçoit aisément que cette sorte de déformation de la masse solide se fasse sentir bien plus encore sur la masse fluide et mobile qui l'enveloppe; d'autant qu'à l'action de la force centrifuge s'ajoutent, entre les tropiques, la chaleur qui dilate considérablement l'air, et, vers les pôles, le froid qui le condense : en sorte que le sphéroïde atmosphérique est plus aplati que le sphéroïde terrestre lui-même. D'après les calculs de Laplace, l'axe polaire et l'axe équatorial de l'atmosphère seraient entre eux dans le rapport de deux à trois.

Après avoir considéré l'étendue, la hauteur et la forme de l'atmosphère, il nous reste, pour terminer cette étude de ses caractères physiques, à parler de sa couleur et de la pression qu'elle exerce sur les corps placés à la surface de la terre. Mais la couleur n'étant qu'un effet de la réflexion ou de l'absorption des divers rayons lumineux, c'est au chapitre où nous traiterons de l'action de l'air sur la lumière qu'il convient de renvoyer cette question. Quant au poids de l'air et à sa pression, c'est un sujet assez important et qui demande assez d'attention pour qu'avant de l'absorber nous prenions un instant de repos : — le temps de passer au chapitre suivant.

# CHAPITRE IV

## LA PRESSION ATMOSPHÉRIQUE — LE BAROMÈTRE

L'année 1630 est une date mémorable. Elle fut signalée par une de ces découvertes qui font époque dans les fastes de la science. Personne, jusque-là, n'avait soupçonné que l'air fût un corps pesant, qu'il exerçât, comme l'eau, sur les corps immergés dans sa masse, une pression proportionnelle à sa hauteur et à l'étendue de la surface pressée. Archimède, le grand Archimède, le père de l'hydrostatique, avait ignoré que les lois qui président à l'équilibre des liquides, et des corps qui y flottent ou qui y sont plongés, s'appliquent identiquement aux gaz, et par conséquent à l'air.

Au XVII* siècle, on connaissait pourtant plusieurs des effets de la pression atmosphérique, et l'on savait fort bien les appliquer à la construction des pompes, des fontaines jaillissantes, etc. Mais, au lieu de les attribuer à leur véritable cause, on les expliquait par l'aphorisme ancien : *Natura abhorret a viduo* (la nature a horreur du vide); aphorisme que la nature, chose assez étrange, n'avait jamais démenti, parce qu'on n'avait jamais essayé d'élever l'eau, par aspiration, à plus de trente-deux pieds.

Le grand-duc de Florence eut, en 1630, cette fantaisie ambitieuse et toute princière. Des fontainiers reçurent de lui l'ordre d'installer dans son palais des pompes capables d'élever et de distribuer l'eau jusque dans les appartements supérieurs. Cela dépassait toutes les hardiesses hydrauliques qu'on s'était permises précédemment. Les fontainiers, néanmoins, se mirent à l'œuvre sans hésiter, convaincus que, puisque Son Altesse grand-ducale voulait que l'eau montât, l'eau monterait. Les appareils furent donc établis avec grand soin. On en fit l'essai; ils fonctionnaient parfaitement. L'eau monta jusqu'à trente-deux pieds; on continua à pomper, l'eau ne monta plus; on redoubla d'efforts, mais en vain. On examina les tuyaux : point de fuite, pas la moindre fissure par où l'air pût pénétrer ; et cependant les pistons n'aspiraient plus de liquide. Grand étonnement parmi les fontainiers, grand émoi parmi les ingénieurs et les savants de Florence. Pour la première fois, la nature semblait se départir de son horreur du vide.

On en référa au grand-duc. Celui-ci ne vit qu'un homme dans toute l'Italie, dans toute l'Europe, qui fût capable d'expliquer un si étrange renversement des idées consacrées : c'était Galilée. Hélas ! Galilée, pris à l'improviste, ne sut trouver au problème qu'une solution erronée. C'était, dit-il, le poids de l'eau qui empêchait ce liquide de s'élever davantage. Au fond, il devait bien s'avouer que c'était là une piètre explication. Mais quoi ! il fallait dire quelque chose : un tel homme ne pouvait rester court devant une question de physique. Le grand-duc et les ingénieurs florentins se contentèrent de sa réponse.

Il y avait à Rome, en ce temps-là, un jeune physicien de vingt-trois ans, nommé Evangelista Torricelli. Il suivait les leçons de Castelli, élève de Galilée. Malgré sa vénération pour le grand homme qui avait été le maître de son maître, Torricelli trouva peu satisfaisante l'explication donnée par Galilée du phénomène de Florence, et il se mit en devoir d'en chercher une autre plus plausible. En y réfléchissant, il ne tarda pas à se convaincre que la prétendue horreur de la nature pour le vide était une pure imagination, sans fondement comme sans portée, une de ces phrases vides de sens qui répondent à tout sans rendre compte de rien, et qu'il faut bannir impitoyablement du répertoire philosophique. Si, comme le prétendait Galilée, c'était le poids de l'eau qui l'empêchait de dépasser dans le corps de pompe une hauteur de trente-deux pieds, pourquoi ce même poids lui permettait-il de l'atteindre ? Car enfin l'ascension de l'eau s'opérait en dépit et au rebours de la pesanteur !... N'y a-t-il donc pas là, se demanda Torricelli, quelque chose d'analogue à ce que l'on voit dans la balance : un poids faisant équilibre à un autre ? Alors il songea à l'air, dont personne ne tenait compte, et qui, étant une substance matérielle, devait, comme toute autre, obéir à la pesanteur, exercer sur les corps placés à la surface du globe une certaine pression. « De là à présumer que, dans un corps de pompe, l'eau s'arrête au point où elle fait équilibre à la pression extérieure de l'atmosphère, et que ce point est précisément à trente-deux pieds, ni plus ni moins, au-dessus du niveau normal, il n'y avait qu'un pas, mais un de ces pas que le génie seul sait faire, et qui mènent un homme à l'immortalité. [1] »

Toutefois, pour transformer en certitude une présomption si nouvelle, si contraire aux idées qui avaient cours de son temps, Torricelli avait besoin de la vérifier par quelque épreuve décisive. Si elle était juste, la hauteur de la colonne liquide capable de faire

Expérience de Torricelli.

équilibre à la pression de l'atmosphère devait être inversement proportionnelle à la densité du liquide. Ainsi le mercure (on disait alors *argent vif*) étant environ quatorze fois plus lourd que l'eau, et ce dernier liquide pouvant monter dans le vide jusqu'à trente-deux pieds, le premier ne monterait qu'à une hauteur quatorze fois moindre, c'est-à-dire à vingt-huit pouces.

---

[1] *Voyage scientifique autour de ma chambre*, chap. xiv. Paris, Bibliothèque du *Musée des Familles*, 1 vol. in-8°.

Passant aussitôt du raisonnement à l'expérience, Torricelli prit un tube long d'environ trois pieds et fermé à l'une de ses extrémités. Il le remplit de mercure, et, appuyant un doigt sur l'orifice, il renversa le tube dans une cuve contenant aussi du mercure. Puis il retira son doigt et abandonna le métal à lui-même, en ayant soin seulement de maintenir le tube dans une position verticale.

Il vit alors le mercure descendre, osciller pendant quelques instants, et s'arrêter enfin à une certaine hauteur en laissant dans le tube, au-dessus de son ménisque [1], un espace vide. La hauteur de la colonne métallique était précisément de vingt-huit pouces. Certes, en présence d'un pareil résultat, il fallut que le jeune physicien fût bien maître de lui pour ne point s'élancer hors de son laboratoire et parcourir les rues de Rome en s'écriant comme Archimède, avec une joie insensée : « Je l'ai trouvé ! »

L'expérience de Torricelli, et les conclusions légitimes qu'il en tirait, produisirent dans le monde savant une émotion extraordinaire. Les partisans du *plein universel* les attaquèrent avec fureur, tandis qu'elles étaient défendues par un parti nouveau, encore bien peu nombreux, que nous pouvons appeler le *parti du vide*. En France, le parti du vide eut pour chef Pascal. Avec un tel champion, le triomphe de la vérité ne pouvait longtemps tarder. La célèbre expérience exécutée sur le Puy-de-Dôme, d'après les instructions de Pascal, par son beau-frère Florin Périer, et répétée à Paris par Pascal lui-même sur la tour Saint-Jacques-la-Boucherie [2], ouvrit les yeux aux plus aveugles et ferma la bouche aux plus obstinés. « S'il arrive, avait écrit Pascal, que la hauteur du vif-argent soit moindre au haut qu'au bas de la montagne, il s'ensuivra nécessairement que la pesanteur et pression de l'air est la seule cause de cette suspension du vif-argent, et non pas l'horreur du vide, puisqu'il est bien certain qu'il y a beaucoup plus d'air qui pèse sur le bas de la montagne que non pas sur le sommet; au lieu

---

[1] On donne le nom de ménisque à la surface courbe qui termine les colonnes liquides dans les tubes de petit diamètre, et qui est concave ou convexe, selon que le liquide mouille ou ne mouille pas le tube. Le ménisque du mercure est toujours convexe.

[2] Voir le récit de ces deux expériences dans le *Voyage scientifique autour de ma chambre* (chap. XVII).

que l'on ne saurait dire que la nature abhorre le vide au pied de la montagne plus que sur le sommet. » En effet, entre les hauteurs du mercure au bas et au haut du Puy-de-Dôme, on avait observé constamment une différence de plus de trois pouces; et Pascal lui-même constata une différence de deux lignes et demie environ au bas de la tour Saint-Jacques et sur la plate-forme de cet édifice. Les différences étaient justement proportionnelles aux hauteurs, celle du Puy-de-Dôme étant de mille mètres, et celle de la tour Saint-Jacques de cinquante mètres seulement.

L'épreuve était donc décisive, et montrait en même temps l'usage qu'on pouvait faire du tube de Torricelli pour mesurer la pression de l'air à diverses hauteurs, et, par suite, ces hauteurs elles-mêmes. De là le nom de *baromètre* qui a été donné à cet appareil, dont les applications, depuis, se sont fort multipliées; car on a reconnu que le poids de l'air varie, non-seulement selon les hauteurs, mais encore en raison de diverses circonstances de température, d'humidité ou de sécheresse, d'agitation ou de calme, etc. Et c'est ainsi que l'on en est venu à tirer de l'ascension ou de la dépression du mercure dans le baromètre des indications précieuses sur l'état de l'atmosphère.

Nous verrons plus loin jusqu'à quel point ces indications permettent de présumer à l'avance les changements de temps. Je me bornerai, pour le moment, à rappeler sommairement les modifications que l'admirable instrument de Torricelli a subies depuis son origine.

Le baromètre-type, celui qui se rapproche le plus de l'appareil primitif, est le baromètre *à cuvette.* Il consiste en un tube de verre long de quatre-vingts à quatre-vingt-cinq centimètres, fermé à l'une de ses extrémités, rempli de mercure qu'on a fait bouillir pour en chasser l'air et l'humidité, et renversé sur une petite cuvette contenant aussi du mercure bien pur. Le tout est fixé sur une petite planche où sont tracées, à partir du niveau du mercure dans la cuvette, les divisions du mètre. La partie supérieure du tube où le vide se fait par la suspension du mercure, est désignée sous le nom de *chambre barométrique.* A la hauteur du niveau de la mer et dans les conditions normales, la pression de l'atmosphère fait équilibre à une colonne de mercure de 760 millimètres.

Le baromètre à *siphon* est formé d'un seul tube, recourbé à sa partie inférieure en deux branches inégales. La plus courte, qui communique seule avec l'air, présente un renflement destiné à amoindrir les erreurs qu'il est impossible d'éviter complétement dans des appareils d'une construction aussi élémentaire. Ces erreurs se produisent aussi dans le baromètre à cuvette, mais elles y sont

<table>
<tr><td>Baromètre à siphon.</td><td>Baromètre à cuvette.</td><td>Baromètre à cadran.</td></tr>
</table>

moins sensibles. La raison en est simple. Les divisions sur lesquelles se mesure la hauteur de la colonne métallique partent du niveau du mercure dans la cuvette, ou dans la branche élargie du siphon qui en tient lieu. Mais le mercure ne peut monter d'un côté sans descendre de l'autre, de sorte qu'à chacune de ses oscillations, le point de départ des divisions se trouve ou trop haut ou trop bas, ce qui, de toute manière, détruit l'exactitude des indications. Sans doute, en donnant à la cuvette un grand diamètre par rapport au tube, on réduit à très-peu de chose les changements de niveau dans la première, et cela suffit pour les baromètres ordinaires, tels qu'on en a dans les appartements. Mais pour les appareils destinés à des observations précises et rigoureuses, on a dû chercher à réaliser des dispositions telles, que le niveau du mercure, tout en s'élevant et en s'abaissant librement dans le tube barométrique, demeurât toujours constant dans la cuvette. Un constructeur français, Fortin, a obtenu le premier ce résultat par un artifice ingénieux, qui permet d'élever ou d'abaisser à volonté le fond de la cuvette au moyen d'une vis terminée par une boule de buis. C'est sur cette boule que repose le sac en peau de chamois qui forme le fond de la cuvette. En tournant la vis dans un sens, on force le mercure à monter; en la tournant dans l'autre sens, on le laisse redescendre, et l'on corrige ainsi très-facilement l'effet des oscillations de la colonne barométrique.

Un perfectionnement d'un autre genre a été apporté par Gay-Lussac au baromètre à siphon. Il réside dans le mode de graduation plus que dans la forme de l'appareil. Remarquons toutefois que Gay-Lussac, au lieu de donner à la branche la plus courte du siphon un diamètre plus grand qu'à la plus petite, s'est appliqué à ce que ces deux branches présentassent, au moins dans la région où doivent arriver les deux ménisques, des diamètres exactement égaux.

Pour cela, il les a formées de deux tronçons d'un même tube parfaitement calibré. Toutes deux sont fermées à leur extrémité. Seulement, la branche inférieure est percée latéralement d'un petit trou qui donne accès à l'air, mais qui ne laisse point sortir le mercure, même lorsque l'appareil est renversé. Enfin toutes deux sont placées sur une même ligne droite, et réunies par un tube capillaire, ce qui empêche que l'air puisse pénétrer dans la chambre barométrique. Quant à la graduation de l'instrument, elle fait disparaître, comme on va le voir, toute cause d'inexactitude. En effet, sur la monture sont tracées deux échelles métriques, l'une ascendante, l'autre descendante, dont le 0, ou point de départ commun, est au milieu de la longueur du siphon; en sorte que la hauteur vraie est donnée par la somme des deux distances entre le 0 et chacun des deux ménisques.

Les *baromètres à cadran,* que les gens du monde préfèrent aux baromètres *droits,* parce que leurs indications sont plus aisément observables, et que d'ailleurs ils se prêtent mieux à une ornementation élégante, sont des baromètres à siphon dont les deux branches ont le même diamètre; la plus courte est entièrement ouverte. Un peu au-dessus de son orifice se trouve une petite poulie, sur laquelle s'enroule un fil de soie assez fin pour qu'on puisse le considérer comme sans pesanteur, et portant à ses extrémités deux petites ampoules de verre pleines de mercure et ayant le même poids. L'une de ces ampoules repose sur le ménisque du mercure, dans la branche ouverte; l'autre lui fait équilibre : en sorte que la première suit, sans résistance sensible, tous les mouvements du mercure, et les communique à la poulie.

L'axe de cette dernière traverse le cadran et porte l'aiguille qui annonce tour à tour la pluie ou le vent, le calme ou la tempête. Le mot *variable,* qui se lit au sommet du cadran, correspond à la pression moyenne de 760 millimètres.

On voit que, dans ce système, ce sont les changements de niveau du mercure, dans la petite branche du siphon, qui fournissent les indications. Voilà pourquoi, contrairement à ce que nous avons dit plus haut des autres baromètres simples, il est nécessaire que les deux branches soient exactement de même calibre.

Malgré son apparence séduisante et son prix souvent élevé, le baromètre à cadran est peut-être le moins exact de tous. Cela tient à ce que le mécanisme qui transmet et amplifie les indications, les altère aussi plus ou moins, par suite des frottements, des résistances et des dérangements auxquels il est sujet. Notons aussi que cet instrument est d'un transport assez difficile; les secousses et les inclinaisons inévitables en pareil cas peuvent occasionner la perte d'une certaine quantité de mercure et l'introduction de l'air dans la chambre barométrique. Les mêmes inconvénients se retrouvent, du reste, plus ou moins dans tous les baromètres à mercure. La longueur de ces instruments, leur fragilité, l'obligation où l'on est de les maintenir toujours dans la position verticale, les rendent incommodes à manier et à déplacer. Or ce n'est pas dans les appartements, ce n'est pas même dans les cabinets de physique qu'on a le plus besoin de consulter le baromètre :

c'est à bord des navires; c'est dans les voyages, dans ceux surtout qui ont un but scientifique; dans les ascensions aérostatiques; dans des circonstances, en un mot, où l'instrument et son possesseur sont exposés à mille aventures. Il était donc naturel qu'on cherchât à imaginer, pour la mesure des pressions de l'atmosphère, des appareils moins volumineux et moins fragiles. Ce problème a été résolu par l'invention des baromètres métalliques à vide ou à ressort, dans lesquels il n'entre ni verre ni mercure.

Ces instruments sont de deux systèmes. L'un, qui a reçu le

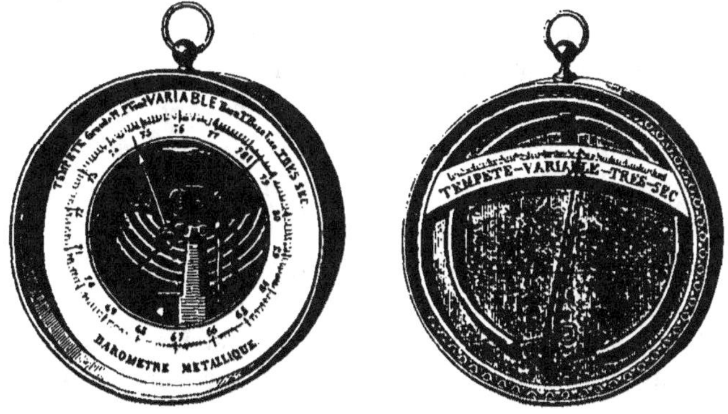


Baromètre *aneroïde* de M. Vidi.    Baromètre métallique de MM. Bourdon et Richard.

premier et conservé le nom de *baromètre métallique* (bien que ce nom s'applique tout aussi justement à l'autre), est dû à MM. Bourdon et Richard. Il est fondé sur le principe suivant : Si l'on exerce une pression à l'intérieur d'un tube de cuivre mince à section elliptique, contourné en spirale et fermé à l'une de ses extrémités, la spirale tendra à se dérouler. Elle tendra, au contraire, à s'enrouler, si la pression est exercée extérieurement. De même on comprend que si la pression est toujours nulle à l'intérieur du tube, et qu'elle varie à l'extérieur, le résultat sera le même : c'est-à-dire que, la pression augmentant, la spirale se contractera, et elle se dilatera si la pression diminue. C'est ce qui a lieu dans le baromètre de MM. Richard et Bourdon. Ce baromètre se compose, en effet, d'un tube en cuivre très-mince et parfaitement écroui, dans lequel on a fait le vide, et qu'on a fermé à ses deux extrémités. Ce tube est fixé par son milieu sur le fond d'une boîte circulaire, et recourbé de manière à former une circonférence presque entière. Un double levier réunit ses deux extrémités, et, par l'intermédiaire d'un engrenage, communique leurs mouvements d'éloignement ou de rapprochement à une aiguille qui parcourt un cadran tracé sur la paroi extérieure de la boîte. Les divisions de ce cadran correspondent aux différentes hauteurs du mercure dans l'ancien baromètre. On y peut ajouter, si l'on veut, les indications ordinaires : *variable, pluie ou vent*, etc.

Le baromètre métallique du second système a reçu le nom d'*anéroïde*, qui a la prétention de signifier « sans air » : prétention trèsmal fondée, car on serait tenté bien plutôt de traduire ce mot soidisant hellénique par *semblable à un homme* (ἀνήρ, *homme*; ἀνέρος, forme primitive du génitif; et εἶδος, *apparence, ressemblance*). Quel besoin si pressant messieurs les physiciens ont-ils de parler le grec qu'ils ne savent point à des gens qui, pour la plupart, ne le savent pas davantage, et qui, s'ils le savent, ne peuvent que se trouver très-empêchés de traduire de tels barbarismes !...

Le baromètre anéroïde donc, puisque anéroïde il y a, est dû à M. Vidi. A ne le juger que par sa forme extérieure, on le confondrait à coup sûr avec le baromètre métallique de M. Bourdon. Mais ouvrons-le, et nous verrons que la spirale est remplacée par une petite boîte en cuivre de forme lenticulaire. On a fait le vide dans cette boîte comme dans le tube de Bourdon. Ses parois sont trèsminces, et leur écartement est maintenu par un ressort, qui cède sous la pression de l'air lorsque cette pression augmente, et se détend lorsqu'elle diminue. L'une des parois est fixe ; l'autre est libre, et commande une transmission de mouvement qui fait marcher l'aiguille à droite ou à gauche sur le cadran, selon que la paroi s'affaisse ou se relève.

Nous avons vu précédemment que l'air va se raréfiant à mesure qu'on s'élève à des hauteurs plus grandes : c'est-à-dire que ses molécules s'écartent, ou, en d'autres termes, que sa densité diminue. C'est là une conséquence nécessaire de son poids, en même temps que de son élasticité.

« Puisque l'air est pesant, dit Biot, les couches inférieures de l'atmosphère sont plus comprimées que les supérieures, dont elles supportent le poids. Mais, en vertu de leur élasticité, elles doivent résister à cette pression, et faire effort pour s'étendre. Par conséquent, si l'on prenait un certain volume d'air à la surface de la terre, et qu'on le portât plus haut dans l'atmosphère, il devrait s'y dilater, c'est-à-dire former un volume plus considérable [1]. »

Ce fut encore Pascal qui le premier donna la preuve expérimentale de ce principe. D'après ses instructions, son beau-frère F. Périer, qui habitait Clermont-Ferrand, prit une vessie à demi pleine d'air, la ferma hermétiquement, et la porta jusque sur le sommet du Puy-de-Dôme. A mesure qu'il montait, la vessie se gonflait par la dilatation de l'air, et lorsqu'il arriva au but de son ascension, elle se trouva toute pleine. Puis, redescendant, il la vit se dégonfler peu à peu, jusqu'à ce qu'il fût de retour au lieu du départ, au bas de la montagne, où elle était redevenue flasque comme auparavant.

Cette expérience a été répétée depuis un grand nombre de fois, de diverses manières, et elle a toujours donné le même résultat. Donc la densité de l'atmosphère diminue à mesure que la hauteur augmente, ou, en d'autres termes, elle est en raison inverse de la hauteur.

Mais il s'en faut de beaucoup qu'à une même hauteur cette densité reste constante ; elle change, au contraire, sous l'influence de plusieurs causes, et avec elle la pression de l'atmosphère ; et comme ces causes varient elles-mêmes selon les temps et les lieux, il s'ensuit que la pression moyenne n'est la même, ni dans les différentes régions du globe, ni même dans les différentes parties d'une région donnée, et que pour chaque contrée elle se modifie encore suivant la saison, l'époque du mois et l'heure du jour.

Et remarquons qu'il s'agit ici, non des changements accidentels produits par les perturbations de l'atmosphère, mais des variations périodiques et sensiblement uniformes, dues à des phénomènes astronomiques ou météorologiques parfaitement réguliers. Au surplus, les causes immédiates des variations barométiques, tant périodiques qu'accidentelles, se réduisent à trois. Au premier rang se placent les changements de température, qui, en dilatant ou en con-

_____________________

[1] *Traité élémentaire d'astronomie physique*, t. I, ch. VI.

tractant l'air dans une certaine région, le rendent plus léger ou plus pesant, et réagissent nécessairement sur les régions adjacentes. En second lieu viennent les déplacements de masses d'air plus ou moins considérables : déplacements qui, dans le plus grand nombre des cas, sont dus aux changements de température, mais qui peuvent aussi dépendre de l'attraction qu'exercent, sur l'océan aérien comme sur l'océan marin, le soleil et la lune. Au troisième rang enfin, on peut placer l'état hygrométrique de l'air, c'est-à-dire la quantité de vapeur d'eau qu'il contient, et dont l'influence sur les oscillations du baromètre ne saurait être négligée; car, la densité de la vapeur d'eau étant environ de moitié moins que celle de l'air, il est évident que la pression barométrique diminue ou s'accroît suivant que l'atmosphère est plus ou moins humide. Il est aisé de comprendre, d'après cela, comment il se fait que la moyenne des pressions ne soit pas la même en été qu'en hiver, à midi qu'à minuit; qu'elle soit autre au bord de la mer, autre dans l'intérieur des terres; qu'elle atteigne son minimum sous l'équateur, et qu'elle aille s'élevant à mesure qu'on avance vers les pôles.

Quant aux variations barométriques accidentelles et locales, elles dépendent évidemment, de la même manière, des changements qui surviennent dans l'état de l'atmosphère, dans sa température, dans la direction ou dans l'intensité du vent, etc.; et c'est la connaissance des rapports existant entre ces deux ordres de phénomènes qui permet de tirer des oscillations du baromètre des pronostics sur le beau et le mauvais temps.

Un fait remarquable et qu'il importe de signaler en terminant le présent chapitre, c'est que les moyennes annuelles des oscillations barométriques, comme les moyennes des températures, se trouvent distribuées à la surface du globe suivant des lignes à peu près parallèles, qui s'échelonnent avec une certaine régularité entre l'équateur et les pôles. Ces lignes sont appelées lignes *isobarométriques*.

« Si l'on réunit, disent MM. Becquerel, les points du globe qui ont la même oscillation mensuelle moyenne, on forme des lignes isobarométriques, de même que l'on a construit des lignes isothermes par la réunion des points où la température moyenne est la même. Ces lignes représentent les oscillations irrégulières du baromètre, et sont importantes à considérer; car ce ne sera qu'à la suite d'études approfondies sur tous les changements de l'atmosphère que l'on pourra lier entre eux les phénomènes de déplacement des masses gazeuses à la surface du soleil dans les diverses saisons.

« En général, les oscillations du baromètre sont sensiblement semblables, et donnent des courbes parallèles lorsqu'on les étudie sur des points voisins; mais, à de grandes distances, le baromètre peut monter dans un lieu et baisser dans l'autre; et ordinairement une baisse extraordinaire dans un point du globe est compensée par une hausse extraordinaire dans un autre point. Cela tient évidemment à ce qu'il se forme dans l'océan aérien comme des vagues qui s'étendent d'un pays à un autre pays, et dont les points voisins sont également affectés, tandis que deux points éloignés peuvent se trouver l'un à l'endroit où la vague s'élève, l'autre au point où elle s'abaisse [1]. »

# CHAPITRE V

## MÉCANIQUE ATMOSPHÉRIQUE

Si, avant les expériences de Torricelli et de Pascal, on eût dit à quelqu'un, fût-ce à un savant : « Au sein de cet air où vous vous croyez si libre, où vous allez et venez avec tant d'aisance, vous êtes soumis à une pression égale à celle que vous supporteriez si vous marchiez au fond d'une mer de trente-deux pieds de profondeur, ou dans un bain de vif-argent dépassant votre tête de vingt-cinq pouces, » assurément ce quelqu'un eût ri au nez de son interlocuteur, ou bien l'eût regardé de travers comme un mystificateur ou un fou. Rien n'est plus vrai pourtant : l'atmosphère, en raison de son poids et de sa masse immense, exerce sur tous les corps qui se trouvent à la surface du globe une pression que nous ne soupçonnons point, parce

[1] *Éléments de physique terrestre et de météorologie*, ch. IV.

que nous y sommes habitués, parce que, loin de nous gêner, elle
nous est nécessaire, — mais qui n'est pas moins énorme.

« Une fois qu'on est arrivé, dit M. le professeur Ganot dans son
excellent *Cours de physique expérimentale*, à savoir qu'à la surface de la terre les corps supportent, de la part de l'atmosphère,
la même pression que s'ils étaient recouverts d'une couche de mercure de 76 centimètres de hauteur, il devient facile d'évaluer cette
pression en kilogrammes. En effet, si l'on considère d'abord une surface de 1 centimètre carré, cette surface supportera la pression d'une
colonne de mercure qui aurait 1 centimètre carré de base et 76 centimètres de hauteur. Or cette colonne pouvant évidemment être
divisée en 76 parties égales, chacune de 1 centimètre cube, son volume sera de 76 centimètres cubes. Mais le centimètre cube d'eau
pesant 1 gramme, pour le mercure, qui est 13,6 fois plus dense
que l'eau, le centimètre cube doit peser 13 grammes 6; donc la
colonne de mercure qu'on vient de considérer pèse soixante-treize
fois 13 grammes 6, ou 1 kilogramme 33 grammes. Or, puisqu'on
a vu ci-dessus que la pression de l'atmosphère sur une surface
donnée est la même que celle d'une couche de mercure de 76 centimètres de hauteur, on peut donc dire que le poids de l'atmosphère
sur 1 centimètre carré est de 1 kilogramme 33 grammes; sur
1 décimètre carré, qui vaut 100 centimètres carrés, cette pression
est cent fois plus grande, c'est-à-dire 100 kilogrammes 300 grammes;
et sur 1 mètre carré, qui vaut 100 décimètres carrés, elle est de
10,330 kilogrammes. »

On a évalué, en moyenne, à un mètre carré et demi, ou 15,000
centimètres carrés, la superficie totale du corps d'un homme de
taille ordinaire. La pression que l'atmosphère fait peser sur le corps
humain est donc égale à quinze mille fois 1 kilogramme 33
grammes, ou environ quinze mille cinq cents kilogrammes. Je vois
d'ici le lecteur étonné, incrédule peut-être, devant ce chiffre formidable. Que nous supportions un tel poids et que nous puissions respirer, nous mouvoir, travailler, dormir, que nous vivions enfin, que
nous né soyons pas écrasés, anéantis, que nous n'éprouvions pas la
moindre gêne : voilà qui, même au XIXe siècle, peut, en effet, sembler étrange et soulever le doute dans bien des esprits; surtout si
l'on ajoute que cette énorme pression, loin d'être un fardeau pour

les êtres vivants, est indispensable pour maintenir l'équilibre et le jeu régulier de leurs organes; qu'elle est une condition *sine qua non* de la vie, abstraction faite du rôle capital que l'air joue, grâce à l'action chimique de l'oxigène, dans le phénomène de la respiration. Et cependant, je le répète, rien n'est plus vrai, rien ne s'explique plus aisément.

Et d'abord la pression de l'air n'agit pas seulement de haut en bas, comme on serait tenté de le croire : elle agit aussi de bas en

Expérience dans le vide.

haut et latéralement; en un mot, dans tous les sens. C'est là un principe d'hydrostatique qui s'applique rigoureusement à l'aérostatique; de sorte que toutes les pressions se neutralisent réciproquement. Je me trompe. Les pressions étant proportionnelles aux hauteurs, celles qui agissent latéralement se neutralisent seules; mais la *poussée* de bas en haut est plus forte que la pression de haut en bas; si bien que nous devons à notre grande densité spécifique de demeurer à terre. Autrement nous serions soulevés, emportés comme sont les ballons, jusque dans les couches d'air raréfié, où, l'excès de notre poids compensant enfin l'effet de la *poussée,* nous resterions suspendus en équilibre, sans pouvoir ni monter davantage ni descendre. Il n'est donc pas surprenant que, retenus au sol par la pesanteur, pressés et poussés à la fois de toutes parts, nous ne sentions point ces pressions sur une partie de notre corps plutôt que sur une autre. Mais il reste à expliquer comment notre frêle machine y peut résister. Elle y résiste par la tension et par l'élasticité des fluides qu'elle renferme, et qui la feraient éclater, la détruiraient en un instant, si elles n'étaient sans cesse tenues en respect par ce puissant contre-poids. Voyez ce pauvre petit animal qu'on a placé sous le récipient de la machine pneumatique, et qu'on a soustrait, en y faisant le vide, à cette pression salutaire. Ce n'est pas seulement le manque d'air respirable qui l'a tué : la dilatation des gaz et l'évaporation des liquides de l'organisme ont gonflé, distendu, puis déchiré les tissus; il a péri victime d'une sorte d'explosion. Qui ne sait d'ailleurs quelles sensations pénibles, douloureuses, quels accidents étranges, effrayants ont éprouvés les personnes qui se sont hasardées jusque dans les régions où la colonne barométrique est réduite à une hauteur de quelques centimètres. Des vertiges terribles, la bouffissure des membres, l'épaississement de la langue, le sang jaillissant par le nez, par les oreilles, par la bouche : tels ont été invariablement les symptômes produits par la trop grande diminution de la pression atmosphérique. Ces effets physiologiques ne sont qu'un cas particulier de la résistance que cette pression oppose à la dilatation des gaz et à la formation des vapeurs, et qu'on peut rendre sensible par diverses expériences.

Celle de la vessie contenant une petite quantité de gaz, et qui, introduite sous le récipient de la machine pneumatique, se gonfle ou se dégonfle selon qu'on extrait l'air du récipient ou qu'on l'y laisse rentrer, est un exemple du premier de ces phénomènes. Cette expérience n'est elle-même que la répétition de celle qui fut faite en Auvergne par le beau-frère de Pascal, et dont il a été parlé au chapitre précédent.

Quant à l'évaporation des liquides, elle est notablement retardée et ralentie, elle peut même être entièrement empêchée, malgré l'élévation de la température, par un accroissement artificiel de la pression de l'air. A la pression et à la température ordinaires, l'eau, l'alcool, l'éther, etc., émettent constamment de la vapeur par leur surface, et si on les chauffe, il arrive un moment, qui varie suivant l'espèce du liquide, mais qui est constant pour chacun d'eux, où la masse entière se vaporise. C'est ce qu'on nomme l'ébullition. L'eau, par exemple, bout à 100° centigrades, l'alcool à 76°, l'éther à 37°. Mais à mesure que la pression de l'air augmente, le point d'ébullition s'élève ; à mesure qu'elle diminue, le point d'ébullition s'abaisse. Sur les hautes montagnes, l'eau bout bien plus facilement que dans les plaines. Au sommet du mont Blanc, c'est à 84° qu'elle entre en ébullition ; ce qui rend très-lente et très-difficile, à cette altitude, la cuisson des aliments. Si l'on met de l'eau froide dans une capsule sous la cloche de la machine pneumatique et qu'on fasse le vide, cette eau ne tarde pas à entrer en ébullition. De l'alcool et de l'éther bouilliraient plus promptement encore, et à des températures d'autant plus basses, que leurs points d'ébullition dans les circonstances ordinaires sont moins élevés.

Si des effets physiques de la pression de l'air on passe à ses effets mécaniques, on ne sera plus étonné de leur puissance ni des applications que l'homme en a su faire bien longtemps avant d'en connaître le principe.

La plus ancienne peut-être, et à coup sûr la plus universellement employée des machines atmosphériques, celle, en outre, qui a été le prototype de presque toutes les autres, c'est la pompe. L'inventeur de la pompe, s'il était connu, devrait être placé, sans contredit, dans la reconnaissance et dans la vénération des hommes, au même rang que les inventeurs, également inconnus, hélas ! de la charrue, de la voiture et du navire !

La pompe primitive, c'est évidemment la pompe aspirante. Sa construction et son mécanisme sont d'une simplicité antique ; mais il n'en fallut pas moins, pour les concevoir et les appliquer, une inspiration qui, eu égard à l'état des connaissances scientifiques des anciens, suppose un génie exceptionnel ; à moins toutefois que cette belle invention n'ait été, comme tant d'autres, l'effet d'un hasard heureux.

Quoi qu'il en soit, la pompe aspirante se compose essentiellement de deux pièces : un tube, ordinairement cylindrique, qu'on nomme *corps de pompe*, plongeant dans le liquide qu'il s'agit d'élever, et,

dans ce corps de pompe, une masse moulée sur sa capacité intérieure, et s'y mouvant alternativement de bas en haut et de haut en
bas : c'est le *piston*. Ces deux organes, ou plutôt cet organe unique
en deux parties est devenu l'instrument par excellence, et devrait
être l'emblème de l'industrie, du travail, du génie de la mécanique
moderne. De l'humble et rustique pompe à eau de nos ancêtres, il

Pompe aspirante.

a passé dans la pompe à feu (qu'il ne faut pas confondre avec la
pompe à incendie); et la pompe à feu n'est autre chose que la machine à vapeur, présentement le premier ministre, j'ai presque dit
le ministre unique du roi de la terre : en fait, à notre époque, la
vraie souveraine du monde. Mais n'anticipons point, et revenons à
la pompe aspirante; nous en indiquerons ensuite les métamorphoses successives.

La voici telle qu'on la construit encore aujourd'hui :

C'est le corps de pompe, qui communique par le tuyau T, appelé *tuyau d'aspiration*, avec le réservoir d'eau. Un autre tuyau *e*, disposé au sommet du corps de pompe, est destiné à l'écoulement du liquide. P est le piston, surmonté de sa tige E, qui passe dans un trou pratiqué au centre du couvercle C. Une soupape S ouvre de bas en haut, et ferme de haut en bas l'orifice supérieur du conduit T. Une autre soupape R, disposée de même, est adaptée au piston. Celui-ci se manœuvre au moyen d'un levier L., articulé sur l'extrémité de sa tige. Supposons-le au bas de sa course. Si l'on vient à le soulever, la pression de l'air refoulé vers le sommet fermera la soupape R. En même temps le peu d'air contenu dans le tuyau d'aspiration se dilatera, ouvrira la soupape S, et se répandra dans le corps de pompe au-dessus du piston ; mais sa force élastique diminuera notablement et cessera de faire équilibre à la pression extérieure de l'atmosphère, qui, agissant sur l'eau du réservoir, la fera monter dans le tuyau T, et jusque dans le corps de pompe. Lors donc que le piston sera parvenu au haut de sa course, la capacité du corps de pompe sera remplie en partie d'air et en partie d'eau. Faisons maintenant redescendre le piston : sa soupape va s'ouvrir, et livrera passage d'abord à l'air, puis à l'eau, qui, en pressant l'autre soupape S, s'est fermé elle-même le retour vers le réservoir. Quand le piston sera revenu s'appliquer contre le fond du corps de pompe, toute l'eau aspirée la première fois se trouvera sur sa face supérieure ; en remontant il la refoulera de bas en haut, et la chassera par le conduit *e*. En outre, le tuyau T ne contenant plus d'air, la pression extérieure y fera monter l'eau en plus grande abondance, et au moment où le piston arrivera au haut de sa course, cette eau remplira toute la capacité du corps de pompe. Le piston redescendant alors, la soupape S se refermera, la soupape R s'ouvrira, l'eau passera au-dessus du piston, elle sera refoulée et chassée à son tour par le tube *e*, et ainsi de suite, tant que l'on continuera de faire jouer la pompe, et que le réservoir contiendra de l'eau.

La pompe foulante, probablement moins ancienne que la pompe aspirante, n'est cependant pas plus compliquée ; mais elle réalise sur la première un progrès notable, en permettant de faire monter l'eau à une certaine hauteur, non-seulement au-dessus du réservoir, mais aussi au-dessus du corps de pompe. Il est vrai qu'en revanche elle puise directement cette eau dans le réservoir, où elle est en partie immergée. Son piston est plein; une soupape S est adaptée au fond même du corps de pompe. Cette soupape s'ouvre de bas en haut comme dans la pompe aspirante. Une seconde soupape T,

Pompe foulante.

placée latéralement, s'ouvre de dedans en dehors sur l'orifice du tuyau de dégorgement D. Quand le piston monte, la pression de l'atmosphère ferme la soupape T, et en même temps force le liquide à pénétrer par la soupape S dans le corps de pompe. Quand le piston redescend, la soupape S se referme, la soupape T s'ouvre, et l'eau est foulée dans le tube D, qui peut avoir une hauteur quelconque, pourvu que la force mise en œuvre pour mouvoir le piston soit suffisamment énergique.

Un troisième genre de pompe réunit les dispositions des deux systèmes précédents, et prend le nom de *pompe aspirante et foulante*. En réalité, la pompe aspirante et foulante est une pompe foulante dont le cylindre, au lieu d'être immergé dans le réservoir d'eau, communique avec ce dernier par un tuyau d'aspiration. Elle peut, par conséquent, servir à élever l'eau à de grandes hauteurs, la longueur du tuyau d'aspiration pouvant être de 8 à 9 mètres, et celle de tuyau de dégorgement n'étant limitée, ainsi que je viens de le dire, que par la puissance du moteur.

Les pompes à incendie sont des pompes foulantes à deux corps de pompe jumeaux, dont les pistons s'articulent sur un grand levier à bras égaux. Aux extrémités de ces bras sont fixées des traverses sur lesquelles plusieurs hommes peuvent agir à la fois. Les deux corps de pompe plongent dans une bâche qu'on alimente en y versant continuellement de l'eau, et renvoient le liquide dans un réservoir, où il est repris par un long tuyau en cuir que les pompiers dirigent à volonté sur les différentes parties des édifices en proie aux flammes.

Avant de parler de la machine pneumatique et de la machine à compression, qui sont de véritables pompes servant, la première à raréfier l'air, la seconde à le condenser, je ne puis me dispenser de décrire quelques appareils où la pression de l'atmosphère est appliquée, comme dans les pompes, au déplacement des liquides, et particulièrement de l'eau, mais directement, sans le secours d'aucun mécanisme, et à l'aide de dispositions extrêmement simples.

Quoi de plus simple, en effet, que le *tâte-vin* et que le *siphon*? Le tâte-vin est un tube droit en fer-blanc, muni d'une anse et terminé à son extrémité inférieure par un petit cône à ouverture presque capillaire. On le plonge dans le tonneau dont on veut déguster le contenu. Lorsqu'il s'est rempli de liquide, on appuie le pouce sur l'orifice supérieur et l'on enlève le tube, qu'on peut transporter ainsi sans qu'il se vide, parce que la pression de l'air n'agit point sur le liquide de haut en bas, mais seulement de bas en haut; aussitôt qu'on retire le pouce, l'équilibre des pressions inférieure et supérieure s'établit, et le liquide, obéissant à la pesanteur, s'écoule par l'ouverture du cône qui termine l'instrument.

Le siphon est un tube doublement coudé, à branches inégales, qu'on emploie pour dépoter les liquides, lorsque, par un motif

Manœuvre d'une pompe à incendie.

quelconque, on ne peut ou l'on ne veut pas déranger les vases qui les contiennent. Soit V un vase rempli d'un liquide qui a laissé un dépôt et qu'on veut, sans le troubler, faire passer dans un autre vase Z. On commence par amorcer le siphon, c'est-à-dire qu'on le remplit entièrement du même liquide qu'il s'agit de dépoter; puis, tenant un  doigt appuyé sur l'orifice de la plus petite branche, on

Tâte-vin.                    Vase de Tantale.                    Siphon.

plonge cette branche dans le vase V, en ayant soin que l'autre branche se trouve au-dessus du vase Z, et l'on abandonne l'appareil à lui-même. On voit alors le liquide s'écouler par la plus longue branche, jusqu'à ce que son niveau en V affleure l'extrémité de la plus courte. Pour se rendre compte de ce phénomène, il suffit de considérer que la pression atmosphérique qui agit sur le liquide contenu dans le vase V, pour le faire monter dans le tube, n'a à triompher que d'une colonne dont la hauteur est comprise entre la surface du liquide et le coude du siphon ; tandis que pour refouler le même liquide dans le vase V, il faudrait qu'elle l'emportât sur le poids de la colonne contenue dans la grande branche. C'est pourquoi, le siphon étant une fois rempli, l'écoulement continue tant que l'air ne peut pas pénétrer dans la plus courte branche, ou, ce qui revient au même, tant que l'extrémité de celle-ci reste plongée dans le liquide.

On montre dans les cours de physique, pour l'amusement des élèves autant que pour leur instruction, un petit appareil qui n'est qu'une application du siphon, et qu'on désigne sous le nom de vase de Tantale. C'est une coupe de verre, dans laquelle se trouve un petit personnage qui représente, avec une ressemblance que je ne garantis point, l'infortuné « convive des dieux », victime de la jalousie du grand Jupiter, et dévoré d'une soif ardente qu'il lui est interdit d'étancher. Ayons pitié de lui ; versons de l'eau dans cette coupe qui va devenir pour lui une baignoire : l'eau monte, monte ; il va donc pouvoir rafraîchir son gosier brûlant ! Point ! au moment où il va y tremper ses lèvres, le liquide s'écoule, la coupe est vide. Nous la remplissons de nouveau, elle se vide comme la première fois ; nous recommencerions en vain, il faut y renoncer : le pauvre Tantale ne boira pas. C'est Jupiter, — je veux dire la pression de l'air, — qui s'y oppose. En effet, sous le vêtement du supplicié est caché un siphon dont la petite branche se trouve dans la coupe même, tandis que la plus grande traverse le fond et va déboucher au dehors. Donc, lorsqu'on verse de l'eau, le siphon se remplit en même temps que la coupe ; il est amorcé lorsque le niveau de l'eau atteint le sommet de la courbe formée par le tube ; alors, esclave impitoyable de la pesanteur, le liquide s'écoule, et bientôt laisse le baigneur à sec.

Puisque nous parlons de physique amusante, c'est ici le lieu de révéler au lecteur le secret de la bouteille inépuisable et miraculeuse d'où les prestidigitateurs versent à la ronde, au choix des spectateurs, tout un assortiment de liqueurs fines. Cette bouteille n'est pas en verre, mais en métal habilement peint et imitant le verre. Elle est partagée intérieurement, suivant son axe, en cinq compartiments, par des cloisons qui rayonnent du centre à la circonférence.

Chaque compartiment forme ainsi une petite bouteille à goulot extrêmement étroit, et d'où le liquide ne peut s'écouler qu'à la condition qu'on donne accès d'un autre côté à la pression de l'air. A cet effet, on a ménagé dans la paroi extérieure de la bouteille cinq petites ouvertures correspondant aux cinq compartiments, et disposées de telle façon que chaque doigt de la main qui tient la bou-

Bouteille enchantée.

teille ferme une de ces ouvertures. On n'a plus alors qu'à lever, par exemple, le pouce pour verser du cognac, l'index pour verser de l'anisette, et ainsi de suite. Les verres qu'on offre aux amateurs étant d'ailleurs très-petits, l'opérateur, qui a bien soin encore de ne pas les remplir, peut satisfaire un grand nombre de personnes de goûts différents. Voilà tout le sortilége.

L'appareil dont on attribue l'invention au philosophe Héron, d'Alexandrie, dut, lorsqu'il parut, un siècle environ avant Jésus-

Christ, exciter vivement l'admiration et l'étonnement. Il offre encore aujourd'hui une des plus jolies expériences que l'on puisse
montrer aux gens du monde et à la jeunesse, et n'est nullement
indigne de figurer dans une serre, dans un salon, même dans un
boudoir : d'autant que rien n'empêche de le construire avec autant

Fontaine intermittente.          Fontaine de Héron.

de richesse et d'élégance que tout autre objet de luxe ou de fantaisie.
La fontaine de Héron, — tel est le nom de cet appareil, — se compose de deux globes de verre, A et B, placés à une certaine distance
l'un au-dessus de l'autre, et réunis par deux tubes $a$ et $b$. Le globe
supérieur A est surmonté d'une cuvette traversée en son milieu par

une tubulure à jet d'eau *c,* qui plonge jusque très-près du fond du globe A. L'un des deux grands tubes *a* débouche aussi dans cette cuvette, et descend jusqu'à la partie inférieure du globe B, tandis que l'autre tube *b* va du sommet de B au sommet de A. Pour faire fonctionner cet appareil, on enlève la tubulure *c,* et par l'ouverture qu'elle laisse libre on remplit d'eau le globe supérieur A ; on remet la tubulure, et l'on verse de l'eau dans la cuvette. Cette eau s'écoule par le grand tube *a* dans le réservoir inférieur B, en chasse l'air qui remonte par le tube *b* dans le globe A, et à son tour refoule l'eau contenue dans le globe, et la fait jaillir avec force par la tubulure. Cette eau retombe dans la cuvette, et s'écoule à son tour dans le réservoir B ; de nouvelles quantités d'air sont ainsi continuellement refoulées de ce dernier dans le globe A, et le jet d'eau continue jusqu'à ce que ce globe soit vide.

La fontaine intermittente est un appareil du même genre, et qui, comme le précédent, montre, sous une forme très-ingénieuse et très-élégante, les effets de la pression et de l'élasticité de l'air. Le globe A, hermétiquement fermé avec un bouchon de verre rodé à l'émeri, se remplit d'eau jusqu'à l'affleurement du tube T, qui lui sert de support et qui descend dans le bassin B. Ce tube est percé, à une hauteur qui ne doit point dépasser celle des bords du bassin, de petits trous destinés à donner accès à l'air dans le globe A. A la partie inférieure de celui-ci sont adaptées deux tubulures *t t* qui ne se ferment point. Le bassin B est aussi muni d'un tuyau d'écoulement dont l'orifice est tel, que son débit soit moindre que celui des deux tubulures *t t* réunies. Il arrive, en conséquence, un moment où l'eau provenant du globe A s'élève dans le bassin au-dessus des trous percés dans le tube T. Alors, l'air cessant d'avoir accès dans le globe et de presser sur la surface de l'eau qu'on y a mise, l'écoulement cesse. Puis, au bout de quelques instants, l'eau ayant baissé dans le bassin, les trous sont mis à découvert, l'air pénètre de nouveau en A, l'écoulement recommence, et ainsi de suite, jusqu'à ce que toute l'eau contenue dans le globe ait été expulsée.

# CHAPITRE VI

## MÉCANIQUE ATMOSPHÉRIQUE (SUITE)

Peu de temps après que Torricelli et Pascal eurent démontré l'incontestable réalité de la pression atmosphérique et l'existence du vide, un homme qui peut être regardé à bon droit comme le plus ingénieux physicien de cette époque, Otto de Guericke, bourgmestre de Magdebourg, entreprit de construire une pompe à l'aide de laquelle on pût extraire l'air de différents vases, et se rendre compte, par diverses expériences, des propriétés et des effets de la pression atmosphérique comparés avec ceux qui résulteraient de l'absence de cette pression. Otto de Guericke parvint à ce but en créant le remarquable appareil que tout le monde connaît sous le nom de *machine pneumatique,* et qui figure aujourd'hui comme instrument indispensable dans tous les cabinets de physique et dans tous les laboratoires de chimie. Car le vide est devenu, lui aussi, entre les mains de la science, une force, un agent énergique, capable de donner naissance à des phénomènes qui, durant des siècles, étaient restés inconnus ou inexpliqués.

La machine pneumatique est, nous l'avons dit, une véritable pompe, mais une pompe qui, au lieu d'utiliser la pression atmosphérique, agit contre cette pression, et tend à la supprimer dans un espace donné. Imaginons une pompe aspirante dont le tuyau d'aspiration, au lieu d'être vertical et de plonger dans un réservoir d'eau, soit horizontal et aboutisse à un récipient dont on puisse, à volonté, établir ou interrompre la communication avec l'air extérieur. La soupape qui commande l'entrée de ce tuyau s'ouvre de haut en bas; une autre soupape adaptée au piston s'ouvre de la même manière. Au sommet du corps de pompe se trouve un simple orifice qui le fait communiquer avec l'extérieur. Supposons le robinet fermé et le piston au bas de sa course. Si l'on soulève le piston, l'air contenu dans le corps de pompe fermera la soupape du piston, et s'échappera au dehors par l'orifice pratiqué au sommet du corps de pompe. Quant à l'air contenu dans le récipient, il se dilatera et se répandra en partie dans le corps de pompe au-dessous du piston. Que celui-ci, maintenant, redescende : l'air intérieur fermera la soupape du tuyau d'aspiration, ouvrira celle du piston, et une certaine quantité de cet air passera dans la partie supérieure du corps de pompe. Au mouvement ascensionnel suivant, tout l'air qui aura passé ainsi au-dessus du piston sera chassé par l'orifice d'échappement, et l'air du

Petite machine pneumatique.

récipient subira une nouvelle dilatation. Après un certain nombre de coups de piston, il ne restera plus dans le récipient qu'une faible quantité d'air, et il arrivera un moment où cet air sera tellement raréfié, où il aura, par conséquent, tellement perdu de sa force élastique, qu'il ne pourra plus soulever les soupapes. Le jeu de l'appareil sera dès lors sans effet, et d'ailleurs très-difficile, à raison de l'énorme pression exercée sur la face supérieure du piston par le poids de l'atmosphère. On rend, il est vrai, la manœuvre du piston moins pénible, en articulant sur la tête de sa tige un levier dont la longueur multiplie la force musculaire de l'opérateur; mais ce n'est là encore qu'un artifice insuffisant, et le premier inconvénient, l'inertie des soupapes, subsiste; nous allons voir tout à l'heure comment on l'a fait disparaître des machines pneumatiques que l'on construit aujourd'hui.

Le modèle représenté par la figure ci-dessus répond à la description théorique élémentaire que je viens de donner. C'est la machine d'Otto de Guericke dans sa simplicité primitive, sauf quelques modifications de détail auxquelles il serait inutile de nous arrêter. La petite cloche de verre que l'on voit entre le récipient et le corps de pompe, et qui communique avec le tuyau d'aspiration, renferme l'*éprouvette* ou baromètre tronqué servant à mesurer le degré de raréfaction de l'air dans le récipient. On emploie encore actuellement cette machine, malgré ses imperfections, dans les laboratoires. Elle est d'un prix relativement peu élevé, et le vide qu'on y peut produire est plus que suffisant pour les expériences chimiques.

Les perfectionnements successivement apportés à la machine pneumatique sont très-nombreux. Les plus importants sont dus à Denis Papin, à Boyle, à Hauksbee, à de Mairan, à M. Babinet. De nos jours on s'est beaucoup occupé de perfectionner le mécanisme destiné à mettre en jeu les pistons, et l'on a substitué au levier divers systèmes de roues et de chaînes à engrenage. Nous donnons ici le dessin d'une de ces machines. Elle est à deux corps de pompe et à double épuisement, avec la disposition imaginée par M. Babinet.

P est la *platine* au centre de laquelle se dresse la tubulure ou *tétine* qui termine le tuyau d'aspiration A A' A''. Cette platine est un disque en glace parfaitement unie et dressée, sur lequel s'appliquent les différentes cloches dont on se sert pour les expériences, et dont les bords, dressés aussi avec soin et enduits de graisse, ne laissent pas pénétrer entre eux et la platine la plus petite quantité d'air. Le conduit d'aspiration traverse selon son axe la colonne creuse A A', suit la règle A' A'' et communique avec la cloche D qui renferme l'*éprouvette*. L'éprouvette est un véritable baromètre à siphon, dont la branche fermée et la branche ouverte sont d'égale longueur. Elle est fixée sur une planchette de cuivre portant une double échelle divisée en millimètres au-dessus et au-dessous du 0. Ce chiffre marque le point où le mercure s'arrêterait de part et d'autre si le vide était absolu, auquel cas le niveau serait évidem-

ment le même dans les deux branches. Plus la pression diminue
dans le récipient, plus les ménisques des deux colonnes de mercure
se rapprochent. La somme des deux nombres compris entre les
ménisques et le 0 donne donc la mesure de la pression du gaz confiné. Au point A'', le conduit d'aspiration se bifurque en deux
branches qui se rendent à chacun des deux corps de pompe. Cette
bifurcation est commandée par le robinet R, dont la structure constitue le perfectionnement réalisé par M. Babinet, et permet d'ob-

Machine pneumatique à deux cylindres.

tenir le vide presque absolu. Le robinet R est à trois voies. Une de
ces voies fait communiquer, ainsi que dans les machines ordinaires, le récipient avec l'air extérieur; l'autre permet la communication des deux corps de pompe avec le récipient; la troisième enfin
fait communiquer ensemble les deux corps de pompe, et l'un des
deux seulement avec le récipient. Grâce à cette disposition, tandis
que l'un des pistons extrait directement l'air du récipient, l'autre
extrait celui qui reste, après chaque coup, dans le corps de pompe
en communication avec le tuyau d'aspiration : en d'autres termes

un de ces deux corps de pompe fait le vide dans le récipient , et l'autre fait le vide dans le premier.

Ce n'est pas là le seul avantage des machines à deux corps de pompe; ce système, dont l'adoption est bien antérieure à celle du robinet à trois voies que je viens de décrire, a pour résultat principal de faire que la pression extérieure favorise la manœuvre de l'appareil, au lieu d'y mettre obstacle. En effet, tandis que dans les machines à un seul corps de pompe, la pression atmosphérique oppose au mouvement ascensionnel du piston une résistance d'autant plus grande que le vide à l'intérieur est plus complet, ici son action sur l'un des pistons est compensée par celle qu'elle exerce sur l'autre, puisque l'un de ces pistons descend quand l'autre monte. Les tiges des pistons sont dentelées en crémaillères, et engrènent sur un pignon calé lui-même sur l'arbre qui, dans l'ancienne machine de Haukshee, porte les manivelles destinées à faire mouvoir le système. Dans la machine que nous considérons, ces manivelles sont remplacées par deux roues d'angle C C', en prise avec une troisième roue d'angle B, dentée sur une moitié seulement de sa circonférence, et qui, par conséquent, n'engrène à la fois qu'avec une des deux roues C C'. La roue B est calée sur le même arbre que la grande roue F. Cette dernière est mise en communication par une chaîne sans fin avec le pignon G, lequel tourne avec le volant V. Si nous faisons tourner ce volant à l'aide de la manivelle m, le pignon G tire la chaîne; celle-ci entraîne la grande roue F et la roue d'angle B. Cette dernière engrenant, je suppose, sur la roue C, fait tourner de gauche à droite l'arbre qui agit sur les crémaillères, et l'un des pistons descend tandis que l'autre monte. Quand la roue B a effectué une demi-révolution, la circonférence non dentée se présente sur la roue C, et sa denture engrène sur la seconde roue C'; l'arbre qui commande les crémaillères tourne donc en sens inverse; le piston qui était descendu remonte, et, au contraire, celui qui était monté redescend. La machine pneumatique ainsi modifiée peut être construite de toutes les dimensions, sans qu'il faille de grands efforts pour la mettre en mouvement.

Il nous reste à examiner maintenant la structure des corps de pompe, de leurs pistons et de leurs soupapes, et à montrer comment on a fait disparaître l'inconvénient inhérent aux soupapes

ordinaires dites *à clapet*, qui se soulèvent et se referment sous la
pression de l'air, et demeurent immobiles lorsque cette pression est
devenue trop faible. La figure ci-dessous représente la coupe d'un corps
de pompe avec tous ses accessoires. Ce corps de pompe (les deux sont
entièrement semblables) est un cylindre en cristal, dont les deux
fonds sont formés par des plaques métalliques reliées et serrées avec
des écrous. Le fond supérieur F est percé d'un petit trou *t*, qui reste
toujours ouvert. Le conduit d'aspiration débouche dans le fond

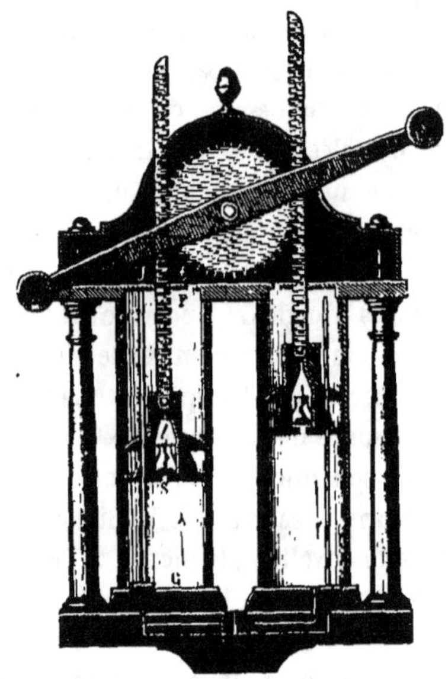

Corps de pompe et pistons de la machine pneumatique.

inférieur par un orifice tronconique O, où s'engage un bouchon
métallique qui le ferme hermétiquement, et fait fonction de soupape. Ce bouchon est fixé à l'extrémité d'une tige métallique
qui traverse le piston à frottement, passe par le trou *t*, et porte,
très-près de son extrémité supérieure, une petite traverse U. Cette
tringle se meut avec le piston, et lorsque celui-ci monte, elle
débouche l'orifice O; mais presque aussitôt la traverse U vient butter
contre l'orifice opposé, et la tringle reste immobile; puis, quand le
piston redescend, elle referme l'ouverture O; le piston continue sa
course jusqu'en bas, et rouvre de nouveau la soupape en se rele-

vant. Le jeu de cette soupape est ainsi rendu tout à fait indépendant de la force élastique de l'air confiné. Mais pour que le piston puisse, en montant, aspirer cet air, et, en redescendant, le laisser passer dans la partie supérieure du corps de pompe, il faut qu'il soit lui-même muni d'une soupape qu'on voit en son milieu sous l'étrier formé par la tige. C'est un tronc de cône surmonté d'une tige autour de laquelle s'enroule un ressort à boudin très-faible. La tige traverse sans frottement une ouverture pratiquée dans la lame métallique *l*, sur laquelle s'appuie le ressort. Ici, c'est encore la force élastique de l'air confiné qui ouvre la soupape S quand le piston descend, et c'est la pression atmosphérique qui la ferme lorsque le piston redescend.

On a construit pour certaines machines pneumatiques des corps de pompe dits « à double effet », parce que leurs pistons, à chaque mouvement ascendant et descendant, produisent le double résultat d'aspirer l'air d'un côté et de le rejeter de l'autre. Dans ce système, le piston est plein, sans soupape; mais le corps de pompe communique, d'une part, avec le tuyau d'aspiration par deux soupapes s'ouvrant, l'une de bas en haut, l'autre de haut en bas; d'autre part avec l'extérieur par deux autres soupapes, dont l'une est ouverte quand la première est fermée, et l'autre est fermée quand la seconde est ouverte. Cette disposition était adaptée notamment aux quatre grands corps de pompe de la puissante machine servant à aspirer l'air dans les tuyaux du chemin de fer atmosphérique, établi naguère entre le Pecq et Saint-Germain-en-Laye [1].

On exécute dans les cours, à l'aide de la machine pneumatique, diverses expériences bien connues, telles que celles des *hémisphères de Magdebourg*, du *coupe-pomme*, du *crève-vessie*, etc. Ces expériences, qui font voir les effets les plus remarquables de la pression atmosphérique, sont décrites dans tous les traités de physique [2]. Il serait donc superflu de nous y arrêter.

Nous avons vu la pompe employée d'abord au déplacement des liquides; nous venons de la voir, avec quelques modifications, ap-

---

[1] Voir dans les *Merveilles de l'industrie* (Chemins de fer, chap. IV), la description de cette machine.

[2] Voir le *Cours de physique expérimentale* de M. Ganot.

pliquée à raréfier l'air; nous allons la voir servir maintenant à le comprimer.

La machine de compression a beaucoup de ressemblance avec la machine pneumatique. Elle se compose de deux corps de pompe C C', avec leurs pistons P P', dont les tiges à crémaillère engrè-

Machine de compression.

nent sur un pignon, et qui sont mis en mouvement, soit par une manivelle, soit par un système de roues dentées; — d'un récipient ou réservoir de compression en cristal, à paroi épaisse, serré par des tringles à vis entre deux fonds en bronze, et enveloppé d'un treillis métallique; — d'un conduit à trois branches, faisant communiquer ce récipient avec le corps de pompe et avec un manomètre qui mesure en atmosphères la pression intérieure. Comme dans la machine pneumatique, le couvercle de chaque corps de pompe est percé d'un trou toujours ouvert. Le fond est muni d'une soupape, et une autre soupape est disposée au centre du piston. Seulement ces deux soupapes, au lieu de s'ouvrir de bas en haut, s'ouvrent de haut en bas, de façon que, le piston étant au haut de sa course, si on le fait descendre, sa soupape se ferme, celle du fond s'ouvre, et l'air enfermé dans le corps de pompe est chassé dans le réservoir. Lorsque, au contraire, le piston remonte, sa soupape s'ouvre, celle du fond se ferme, le corps de pompe se remplit d'un nouveau volume d'air qui, à l'oscillation suivante, sera, comme le précédent, refoulé dans le réservoir. Le fond supérieur de ce dernier porte une tubulure à robinet, sur laquelle on peut visser divers appareils pour y faire passer l'air comprimé. Mais le plus souvent, lorsqu'on veut emmagasiner de l'air comprimé dans un récipient quelconque, on procède d'une façon plus expéditive et plus directe, en faisant usage de la pompe à compression.

Cette pompe consiste en un cylindre dans lequel se meut un piston massif, et qui est percé latéralement, vers son sommet, d'une petite ouverture. Le fond présente une soupape, s'ouvrant de haut en bas sur un conduit qui peut s'adapter à divers appareils. Lorsque le piston est en haut de sa course, il se trouve immédiatement au-dessus de l'ouverture latérale. Le cylindre est donc plein d'air, que le piston, en descendant, comprime et chasse par la soupape. Lorsque le piston remonte, il fait le vide au-dessous de lui, la soupape se referme, et dès que l'ouverture est dépassée, l'air se précipite dans le corps de pompe, pour être refoulé comme la première fois ; et ainsi de suite.

C'est à l'aide de cette pompe qu'on charge le *fusil à vent,* où l'on utilise, pour lancer une balle, la force élastique de l'air comprimé.

Le fusil à vent se compose d'un canon qui se visse sur une crosse creuse en métal très-résistant. Ces deux pièces étant séparées l'une de l'autre, on introduit une balle dans la culasse du canon et on comprime l'air dans la crosse. On peut aller jusqu'à quarante atmosphères. Une soupape ferme la crosse du dedans en dehors, d'autant plus hermétiquement que la pression est plus forte, et empêche toute déperdition d'air. Le canon est ensuite vissé sur la crosse, et l'arme est prête. Une batterie dont la détente ouvre instantanément la soupape livre passage à un jet d'air qui chasse la balle avec une grande force. Comme la soupape se referme aussitôt, une seule charge d'air suffisamment comprimé fournit de quoi tirer plusieurs coups; mais il est aisé de deviner que la projection devient de moins en moins énergique à mesure que la crosse se vide, et qu'il arrive un moment où la balle ne va plus tomber qu'à quelques pas de la gueule du fusil. C'est alors le *telum imbelle sine ictu*, dont parle Virgile. Au début, et alors que l'arme est bien chargée, la balle peut, à trente pas, traverser une planche de un à deux centimètres d'épaisseur, et serait, par conséquent, capable de faire une blessure mortelle.

Toutes les pompes que nous venons de passer en revue sont des machines que l'homme met en jeu, par ses propres forces, pour triompher des résistances que lui opposent diverses forces physiques. Il parvient, avec leur aide, à élever de l'eau à une assez grande hauteur ou à la projeter au loin, ou bien à faire le vide dans un espace donné, ou bien, au contraire, à y condenser des gaz; mais tout cela au prix d'un travail musculaire plus ou moins énergique, d'une fatigue plus ou moins grande, et toujours, en somme, pour d'assez minces résultats.

Or, un jour, l'homme a conçu l'idée, bien simple, n'est-ce pas? de renverser, pour ainsi dire, le principe de ces engins, et, au lieu de s'évertuer à vaincre la pression ou l'élasticité de l'air, le poids de l'eau ou la force négative du vide, de laisser agir ces forces, de leur donner la machine à mouvoir. Et l'homme s'est créé ainsi des serviteurs d'une docilité et d'une puissance incomparables. Il suffit de citer la machine à vapeur.

Qu'était à son origine la machine à vapeur? Un corps de pompe, dans lequel un piston était poussé alternativement de bas en haut par la force élastique de la vapeur d'eau, et de haut en bas par la pression de l'atmosphère. Plus tard, l'action atmosphérique a été éliminée. On a trouvé plus avantageux d'employer la vapeur seule, et Watt a construit l'admirable machine à double effet, où la vapeur est amenée tour à tour sur la face supérieure et sur la face inférieure du piston [1]. Mais le mécanisme originel et fondamental est

---

[1] Voyez, dans les *Merveilles de l'industrie,* l'histoire de la machine à vapeur, de ses transformations et de ses applications.

resté, l'agent moteur seul a changé, et pourra changer encore. On a déjà tenté de substituer à la vapeur l'acide carbonique, l'éther, le chloroforme, et, tout récemment, le gaz d'éclairage enflammé et dilaté par l'électricité. On a employé aussi, avec un commencement de succès, l'air comprimé. Ce système avait séduit, par sa simplicité, d'excellents esprits. Comme il rentre d'ailleurs, au premier chef, dans la mécanique atmosphérique, sa description et son histoire sembleraient avoir leur place marquée dans ce chapitre. Mais, hélas! il en a été de la machine à air comprimé comme de tant d'autres inventions, annoncées à leur début comme devant changer la face du monde, et qui, malgré le talent et les efforts de leurs promoteurs, n'ont pas tardé à succomber devant l'arrêt souverain de ce juge incorruptible, qu'on nomme l'expérience. Donc la machine à air comprimé est morte. Laissons dormir les morts.

# CHAPITRE VII

## L'AÉROSTATION ET L'AÉRONAUTIQUE

Rien ne nous paraît plus simple aujourd'hui que l'ascension d'un arérostat. Les principes élémentaires de la physique nous en fournissent aisément l'explication. Qu'est-ce, en effet, qu'un ballon gonflé de gaz hydrogène ou de gaz d'éclairage? C'est un corps plus léger que le volume d'air qu'il déplace. Comme tous les corps plongés dans un fluide, il est soumis à la fois à trois forces, savoir : d'une part, la pesanteur, à laquelle s'ajoute la pression exercée par l'air sur l'aérostat de haut en bas, et qui tend à le faire tomber; d'autre part, la poussée qui le sollicite en sens opposé, c'est-à-dire de bas en haut. Et comme, grâce à sa faible densité, la somme des deux premières forces est moindre que la troisième, il obéit à cette dernière : au lieu de tomber, il s'élève, jusqu'à ce qu'il arrive à une hauteur où, son poids redevenant égal à celui de l'air ambiant, l'équilibre des forces contraires se rétablit, et il demeure suspendu dans l'atmosphère.

Cela est fort élémentaire assurément. Et pourtant, lorsque, — il y a, au moment où j'écris, quatre-vingt-un ans jour pour jour, — nos pères virent planer dans la région des nuages le premier de ces météores artificiels, rien n'égala leur étonnement et leur admiration.

C'est qu'alors la physique et la statique des gaz étaient à peine ébauchées ; que l'existence de fluides élastiques autres que « l'air commun » venait seulement d'être reconnue par quelques chimistes ; et qu'à force de se traduire par des théories de l'autre monde et par des tentatives insensées, l'idée si séduisante de voguer au sein de l'océan aérien avait fini par tomber au rang des chimères ridicules, avec la pierre philosophale et l'élixir d'immortalité.

Mais il n'est pas d'utopie si discréditée dans l'opinion, si solennellement condamnée par la science, qui ne passionne encore çà et là certains esprits aventureux et indisciplinés ; et il n'est pas rare qu'un hasard heureux, parfois même une conception erronée, conduise inespérément à la solution du problème quelqu'un de ces rêveurs obstinés. Ainsi, tel malade que les plus savants praticiens avaient abandonné a été guéri par le remède d'un empirique ignorant, et du même coup l'art médical s'est enrichi d'un précieux remède contre une maladie réputée jusque-là incurable.

A Dieu ne plaise qu'il entre dans ma pensée de diminuer la gloire des créateurs de l'aérostation ! Certes, les frères Montgolfier n'étaient point des ignorants. L'aîné, Michel, mourut membre de l'Institut, et les arts mécaniques lui durent plus d'une invention utile. Le plus jeune, Étienne, avait montré dès l'enfance une rare aptitude pour les sciences, et il eût sans doute conquis parmi les chimistes de son temps une place distinguée, si la mort ne l'eût arrêté au milieu de sa carrière. Nous allons voir cependant que le hasard fut bien pour quelque chose dans la découverte qui a immortalisé leur nom ; ou plutôt que les lois de la physique vinrent fort à propos corriger leurs erreurs, et qu'ils durent le succès de leurs expériences à un effet tout autre que celui qu'ils s'efforçaient d'obtenir.

On sait que les frères Montgolfier dirigeaient en commun, à la fin du siècle dernier, une importante manufacture de papiers, située à Vidalon-lez-Annonay. Leurs loisirs étaient presque entièrement occupés par des études scientifiques, auxquelles le plus jeune surtout s'adonnait avec une ardeur extrême. La pensée d'ouvrir aux hommes, comme on l'a dit plus tard, la route des cieux, leur fut, dit-on, inspirée par le spectacle des nuages qui, chaque jour devant leurs yeux, se formaient et flottaient sur les cimes des Alpes. Ils se demandèrent si l'homme ne pourrait pas produire une sorte de nuage artificiel, l'emprisonner dans une enveloppe légère, et s'y suspendre. Sachant que les nuages sont formés par la vapeur d'eau, ils gonflèrent d'abord avec cette vapeur, puis avec de la fumée de bois, des enveloppes en toile qui furent, en effet, soulevées, mais retombèrent presque aussitôt ; car la vapeur, en se refroidissant, se condensait sur les parois. Découragés par ce résultat, ils avaient suspendu leurs expériences, lorsqu'un jour Étienne, étant allé à Montpellier, y acheta la traduction, récemment publiée, de l'ouvrage de Priestley sur les *différentes espèces d'air*. Il lut avec avidité ce livre, où étaient exposées les propriétés de divers gaz jusqu'alors inconnus, et notamment celles de *l'air inflammable* (l'hydrogène), découvert, en 1777, par Cavendish. Il entrevit dans ce fluide le véhicule de la navigation aérienne, et en revenant à Annonay, il cria à son frère, du plus loin qu'il l'aperçut : « Nous pouvons maintenant voguer dans l'air ! »

Tous deux reprirent leurs essais avec une ardeur nouvelle. L'*air inflammable* leur parut, à raison de sa pesanteur spécifique, treize fois et demie moindre que celle de l'air commun, tout à fait propre à leurs desseins. Mais ce gaz avait l'inconvénient de s'échapper très-promptement à travers les tissus dont MM. Montgolfier formaient leurs enveloppes, et qu'ils ne savaient pas rendre imperméables. Ils renoncèrent donc à l'employer, et revinrent à leur idée primitive de composer, pour ainsi dire, de toutes pièces, des nuages artificiels. L'électricité était alors fort à la mode : on y avait recours pour expliquer tout ce qu'on ne comprenait pas, et on lui attribuait toutes sortes de vertus extraordinaires. Les deux frères, supposant que c'était sans doute l'électricité qui tenait les nuages suspendus dans l'atmosphère, crurent obtenir un dégagement de ce fluide en combinant une fumée alcaline, celle de la laine, avec une fumée acide, celle de la paille. Un ballon ouvert à sa partie inférieure, et sous lequel ils brûlèrent une certaine quantité de ce mélange, s'éleva, comme ils l'avaient espéré, à une assez grande hauteur, mais ne tarda pas à retomber. Ils eurent alors l'heureuse idée de suspendre un réchaud sous l'orifice, en sorte que la machine emportât avec elle la cause de son ascension. L'expérience, tentée dans ces conditions, réussit à souhait, et MM. Montgolfier se décidèrent à la renouveler publiquement : ce qu'ils firent le 3 juin 1783, à Annonay, avec un plein succès, en présence des députés aux états du Vivarais, et d'une foule nombreuse. Un globe de 11 mètres 30 de diamètre, en toile doublée de papier, pesant environ 215 kilogrammes, et chargé, en outre, d'un poids de 200 kilogrammes, s'éleva en dix minutes à une hauteur de 1,500 mètres, et alla tomber à environ 2,500 mètres de son point de départ.

Il est inutile de dire que, comme le démontra bientôt après Th. de Saussure, l'ascension de ce ballon était due, non pas à la nature particulière de la fumée produite par le mélange de paille et de laine, mais simplement à la dilatation des gaz par la chaleur. Néanmoins les frères Montgolfier se persuadèrent qu'ils avaient trouvé leur *nuage électrisé*, et même qu'ils avaient découvert un nouveau gaz; et leur erreur fut quelque temps répandue dans le public, où l'on parlait du *gaz de MM. Montgolfier,* lequel était, disait-on, deux fois moins pesant que l'air respirable.

Lorsque l'expérience d'Annonay fut connue à Paris, elle y frappa vivement l'attention du public et du monde savant. Les deux frères furent mandés par l'Académie des sciences; et la cour et la ville, comme on disait alors, ne songèrent plus qu'à organiser des expériences aérostatiques. Un physicien nommé Jacques-Alexandre-César Charles, déjà connu à cette époque pour un professeur disert et un habile expérimentateur, n'eut pas plutôt connaissance de la nouvelle découverte, qu'il s'occupa aussitôt de la perfectionner, en substituant l'*air inflammable* au prétendu gaz-montgolfier. Il ne fut point arrêté par la facilité avec laquelle l'hydrogène s'échappe à travers les tissus, et réussit sans peine à faire disparaître cet inconvénient, en enfermant le gaz dans une enveloppe de taffetas rendu imperméable par un enduit de caoutchouc dissous dans l'essence de térébenthine.

Bientôt, grâce à lui, l'expérience d'Annonay eut à Paris sa contrepartie. Tandis que les frères Montgolfier préparaient péniblement chez le papetier Réveillon la machine à air chaud qui devait s'élever

en présence des commissaires de l'Académie, un ballon à air inflammable, en taffetas gommé, construit chez les frères Robert par
les soins de Charles, s'élançait du Champ de Mars dans les airs, aux
regards émerveillés d'une multitude immense, le 27 août 1783. Le
21 novembre suivant, un jeune savant, auquel sa témérité devait
coûter la vie deux ans plus tard, Pilâtre du Rozier, osa le premier
s'aventurer dans les airs sur une *montgolfière*, ou ballon à air dilaté.
Il était accompagné, dans cette expédition, du marquis d'Arlandes.
Les deux hardis voyageurs, partis à 1 heure 50 minutes du jardin
de la Muette, allèrent descendre sans accident de l'autre côté de
Paris, dans un endroit appelé la Butte-aux-Cailles, situé entre les
barrières d'Enfer et de Fontainebleau. Enfin, le 1er décembre, les
physiciens Charles et Robert exécutèrent les premiers une ascension
à l'aide d'un ballon gonflé de gaz hydrogène, et enveloppé d'un filet
auquel était suspendue une nacelle où se placèrent les aéronautes.
Ceux-ci emportèrent un thermomètre et un baromètre pour observer
les changements de température, et mesurer les hauteurs. La nacelle était chargée de sacs de sable, et le ballon muni d'une soupape :
ce qui permettait d'augmenter la légèreté spécifique de l'appareil en
jetant du lest, ou de la diminuer en laissant échapper du gaz. Le
voyage s'exécuta sans accident, et Charles et Robert purent se convaincre que, par un temps calme, la manœuvre du ballon était
extrêmement simple et facile.

A dater de ce jour, les montgolfières furent à peu près abandonnées pour les *charliennes*, ou ballons à gaz hydrogène. L'aérostation
était créée, et l'on pourrait presque dire que son histoire finit là, si
du moins l'histoire d'un art ou d'une science doit être, comme il me
semble, celle de ses perfectionnements successifs. En effet, hormis
l'invention du parachute, due à l'ancien conventionnel Jacques
Garnerin, l'art aérostatique n'a réalisé depuis la fin de l'année 1783
aucun progrès, et je ne puis que répéter aujourd'hui ce que j'écri-
vais il y a dix ans : « On n'a rien changé et presque rien ajouté aux
dispositions imaginées par Charles, et les ballons que, de nos jours,
on donne en spectacle au public, ne sont que la copie, indéfiniment
reproduite avec d'insensibles modifications, de celui que ce physicien construisit en 1783. Charles fut donc, au moins autant que
MM. Montgolfier, le père de l'aérostation; car si ces deux frères

furent, malgré leurs erreurs, assez bien servis du hasard pour arriver les premiers à un résultat pratique, tous les perfectionnements rationnels et vraiment scientifiques introduits ensuite dans la construction et la manœuvre des ballons furent exclusivement l'œuvre de Charles [1]. »

Quant aux services que l'aérostation a rendus à la civilisation et à la science, ils se réduisent aussi à peu de chose. La presque totalité des innombrables ascensions exécutées en Europe depuis quatrevingts ans, n'ont été pour le public qu'un amusement, et pour les aéronautes qu'une spéculation très-légitime assurément, mais dans laquelle l'intérêt scientifique n'entrait, en général, pour rien. Il faut excepter toutefois celles que de savants et courageux investigateurs ont entreprises dans le but d'étudier la décroissance des températures, les conditions électriques et magnétiques de l'atmosphère, etc. Ces explorations, parmi lesquelles il faut citer surtout celles de MM. Biot et Gay-Lussac, Bixio et Barral, Glaisher et Coxwell, ont puissamment contribué, comme nous le verrons plus loin, aux progrès de la physique atmosphérique et de la météorologie. N'oublions pas non plus le rôle que l'aérostation joua dans les guerres de la révolution, et qui ne fut ni sans gloire ni sans utilité. Ce fut Guyton-Morveau qui proposa à la Convention d'employer les aérostats comme moyen d'observer les manœuvres des armées ennemies. Le comité de salut public chargea un jeune ingénieur, nommé Coutelle, d'organiser une compagnie d'*aérostiers*, et de construire un ballon muni de cordes à l'aide desquelles on pût le tenir captif, le faire monter ou descendre, et le diriger à volonté. Cette singulière machine de guerre fut employée en 1794 au siége défensif de Charleroi et au siége offensif de Maubeuge.

Pendant la bataille de Fleurus, qui fut gagnée par Jourdan, Coutelle resta pendant neuf heures en observation, et put suivre et noter tous les mouvements de l'ennemi; il contribua, de l'aveu du général en chef, au triomphe de l'armée française. Bonaparte, devenu premier consul, licencia la compagnie de Coutelle, et fit fermer l'*école aérostatique* qui avait été établie à Meudon. Il était convaincu que, la construction et la manœuvre des aérostats n'étant plus un

---

[1] *La Navigation aérienne*, 1 vol. in-12. — Tours, A. Mame, 1855.

secret pour aucune nation de l'Europe, les ennemis pourraient aisément opposer des ballons aux nôtres, et qu'ainsi l'aérostation militaire ne serait plus, dans la stratégie, qu'une complication inutile
dont il ne résulterait pour nos armées aucun avantage.

En résumé, l'aérostation demeurera un art banal et stérile, jusqu'au jour où elle se transformera en *aéronautique*, c'est-à-dire
jusqu'au jour où l'on saura, non plus seulement demeurer dans les
airs et flotter au gré de tous les vents, mais naviguer réellement, se
diriger et marcher sans le secours, et même en dépit du vent. Or
Dieu sait combien de tentatives infructueuses ont été faites dans ce
but; combien de projets insensés et de théories bizarres se sont produits; combien de mémoires, de brochures, de livres ont été écrits
et imprimés! De tout cela qu'est-il résulté? Rien. Je me trompe :
il en est résulté, pour tous les hommes compétents qui ont étudié la
question sans parti pris, sans illusion, sans esprit de système, la
conviction que, dans l'état actuel de la science, la navigation aérienne
est une chimère. En sera-t-il de cette chimère comme de l'aérostation elle-même? Se trouvera-t-elle un beau jour réalisée par quelque
utopiste qui l'aura poursuivie sans se soucier ni des arrêts de la
science, ni de l'insuccès de ses devanciers? Ce serait merveille, en
vérité, et il faudrait rayer le mot « impossible » de tous les diction-
naires. Le fait est que, dans ces derniers temps, le problème de la
direction des aérostats était fort négligé. On rencontrait bien encore
çà et là quelques ingénieurs déclassés s'amusant à construire des
poissons volants qu'ils dirigeaient avec facilité à huis clos, à l'abri
des courants d'air, et qu'ils montraient pour cinquante centimes.
Mais on y faisait peu d'attention.

D'autre part, les ballons avaient beaucoup perdu de leur ancienne
popularité : on avait épuisé les ascensions nocturnes avec feu d'artifice, les ascensions équestres, et celles où la nacelle était remplacée
par un trapèze sur lequel un gymnaste exécutait des cabrioles à
cinq cents mètres au-dessus du sol. Le public était blasé sur ce
genre d'exhibitions. Il fallait un coup d'éclat habilement préparé,
hardiment frappé, pour le faire sortir de son apathique indifférence.
On fut grandement étonné de voir, en l'an de grâce 1863, une mille
et unième solution du fameux problème de la navigation aérienne
se présenter au jour sous les auspices de noms bien connus dans le

monde artistique et littéraire, mais absolument étrangers au monde scientifique. Le nouveau système s'appelait l'*aviation*; il annonçait *la conquête de l'air par l'hélice*. Il avait pour parrains un très-agréable romancier, M. G. de La Landelle, et un intrépide fantaisiste, d'abord romancier aussi, puis caricaturiste, journaliste à ses moments perdus, et enfin photographe célèbre, M. Félix Tournachon, plus connu sous le nom de Nadar. D'où sont venues à M. Nadar une passion si enthousiaste pour l'aéronautique, et une si soudaine révélation des destinées futures de cet art trop longtemps méconnu? C'est ce que je ne saurais dire; mais il se lança dans cette nouvelle entreprise avec une infatigable activité, soutenue, à ce qu'il semble, par un ferme espoir du succès. Pour réaliser son navire aérien à hélice, il lui fallait de l'argent, beaucoup d'argent. Il résolut de le gagner. A cet effet, il commença par sacrifier une somme considérable à la construction d'un ballon de dimensions prodigieuses, qu'il appela LE GÉANT. Des avis insérés dans les journaux, des affiches énormes placardées sur les murs de Paris, annoncèrent que, le dimanche 4 octobre, *le Géant* partirait du Champ de Mars, emportant, pour un voyage de long cours, non pas une nacelle, mais une véritable maison garnie de meubles, de provisions, d'armes, etc., et pouvant loger une vingtaine de passagers. Un règlement draconien fixait les conditions de l'embarquement, les droits et les devoirs des passagers, de l'équipage et du « capitaine ».

Au jour dit, l'ascension eut lieu avec une solennité imposante, au milieu d'un concours immense de curieux. Une douzaine de personnes, parmi lesquelles se trouvait une jeune dame de haut rang, s'étaient enrôlées sous les ordres du « capitaine Nadar ». Les conditions du programme furent remplies de point en point, sauf toutefois en ce qui concernait la durée du voyage. Un léger accident força M. Nadar à opérer aux environs de Meaux sa descente, qui eut lieu sans avarie grave pour la machine, et sans dommage pour les aéronautes.

Cependant le public parisien n'était pas satisfait. Il se plaignait que le spectacle n'eût pas assez duré; il n'avait pas trouvé le ballon assez gros! M. Nadar annonça un second voyage, et promit que cette fois le public serait content. En effet, le 20 octobre, la seconde représentation fut donnée avec la même ponctualité et la même solennité que la première. Il y eut même une addition importante. Afin qu'on ne l'accusât plus d'avoir prêté à son aérostat des dimensions plus grandes que nature, M. Nadar avait préparé une double ascension. A côté du *Géant* se balançait dans le Champ de Mars un ballon de taille ordinaire monté, je crois, par M. Eugène Godard. Les deux aérostats partirent côte à côte, et voguèrent de conserve jusqu'au delà des murs de Paris; les incrédules durent, en les comparant, reconnaître que *le Géant* méritait bien son nom. Cette preuve faite, M. Godard put reprendre terre après un trajet de quelques kilomètres, tandis que *le Géant* continuait majestueusement sa route. Il portait dans sa nacelle M. et M^{me} Nadar, et six autres passagers qui étaient (sauf erreur) un descendant des Montgolfier, MM. le baron Thirion, Th. Saint-Félix, Jules et Louis Godard et Eugène d'Arnoult. Tout alla bien d'abord. Le ballon avait traversé la France dans la direction du S.-O. au N.-E., et à 9 heures du soir il franchissait la frontière belge. Mais pendant la nuit, des courants croisés le firent changer plusieurs fois de direction; vers le matin, les voyageurs entrevirent avec effroi au-dessous d'eux une plaine immense et mouvante, d'où partait un grondement sourd et formidable. C'était la mer!... Ils jetèrent du lest et remontèrent; un autre courant, par bonheur, les ramena sur le continent. A 9 heures du matin, ils descendirent et jetèrent leurs ancres; mais un vent violent régnait dans les régions inférieures de l'atmosphère. Les ancres furent brisées; le ballon fut emporté avec une rapidité vertigineuse. Il eût fallu remonter, — mais le lest manquait; ou abattre tout à fait l'aérostat, — mais la corde de la soupape était prise dans les mailles du filet.

« Nous nous élevions, a écrit M. Eugène d'Arnoult, à vingt à trente mètres, pour retomber ensuite avec une force inouïe. Peu à peu le ballon cessa de s'élever, et la nacelle tomba sur le côté. Alors commença une course échevelée, furieuse; tout disparaissait devant nous : arbres, buissons, barrières, tombaient brisés par notre choc : c'était effrayant!... Une voie ferrée est devant nous... Un train passait; nos cris l'arrêtèrent, mais nous enlevâmes les fils et les poteaux du télégraphe. Un instant après, nous aperçûmes au loin une maison rouge; je la vois encore. Le vent nous poussait droit à

Catastrophe du ballon *le Géant*.

cette maison. Pour tous c'était la mort, car nous devions nous y briser...

« Jules Godard essaya et accomplit alors un acte d'héroïsme sublime : il grimpa dans les cordages, dont les secousses étaient si terribles, que trois fois il me tomba sur la tête; enfin il put arriver jusqu'à la corde de la soupape, ouvrir celle-ci, et, le gaz ayant une issue, le ballon commença à ne plus s'élever, mais il filait toujours avec une rapidité vertigineuse. »

Enfin une forêt se présente; nul moyen de l'éviter. Nacelle et passagers y seront broyés infailliblement. A tout risque, il faut sauter hors de la nacelle. C'est ce que firent les voyageurs. Par miracle aucun ne se tua, mais tous furent blessés plus ou moins grièvement. M<sup>me</sup> Nadar, tombée sous la nacelle, faillit être écrasée. Nadar eut la jambe fracturée, un autre se rompit le bras; tous avaient de fortes contusions et d'affreuses écorchures. La chute avait eu lieu près de Nienbourg, dans le royaume de Hanovre. Les habitants vinrent au secours des naufragés, qui furent transportés à Hanovre. Là, les soins ne leur manquèrent pas, et ils reçurent du ministre de France, des autorités du pays, du roi et de la reine eux-mêmes, les marques les plus vives d'intérêt et de sympathie.

Cette fois le public dut être satisfait : il eut de quoi s'occuper pendant quinze jours.

Évidemment la veine était bonne pour les exhibitions aérostatique. Un aéronaute de profession, M. Eugène Godard, voulut en profiter. Il annonça à son tour la mise en chantier et le prochain départ d'une gigantesque montgolfière, laquelle serait chauffée par un appareil spécial, munie d'un parachute, et pourrait enlever dans sa galerie circulaire plusieurs passagers. M. Godard lui donna le nom de *l'Aigle*. Elle fut rapidement construite, et exposée pendant plusieurs semaines, — moyennant rétribution, s'entend, — à la curiosité des amateurs. Mais l'ascension fut longtemps ajournée « pour cause de l'incertitude du temps », disait M. Godard. Le public perdit patience; un dimanche, il y eut une sorte d'émeute. Peu s'en fallut qu'on ne fît un mauvais parti à M. Godard et à sa paresseuse machine. L'aéronaute se décida enfin à partir. Le jeudi 12 mai, vers 6 heures du soir, l'énorme montgolfière s'éleva d'un des terrains qui avoisinent le parc de Monceaux, franchit la partie ouest de Paris, et alla descendre doucement entre Clamart et Plessis-Picquet, à 7 heures 50 minutes. C'est là de l'aérostation primitive et vulgaire. Revenons à l'aéronautique.

L'*aviation* et l'hélice, pour l'amour desquelles M. Nadar, sa femme et ses amis ont risqué leur vie, ont-elles sombré dans le naufrage du *Géant?* Qu'est devenu, que deviendra ce nouveau projet de la locomotion aérienne? Ce qu'il devient, je l'ignore. Ce qu'il deviendra, je crois pouvoir le dire. Il aura fatalement le même sort que les systèmes qui l'ont précédé. Nous verrons tout à l'heure pourquoi. Envisageons d'abord d'une manière générale le problème de la navigation aérienne. La plupart de ceux qui ont tenté de le résoudre ont eu en vue la direction des ballons, c'est-à-dire une chose physiquement, mécaniquement impossible. C'est ce que je vais essayer de démontrer.

Les divers systèmes proposés peuvent se réduire à deux principaux. Le premier, sans prétendre diriger réellement les ballons, veut simplement mettre à profit les courants qui règnent aux diverses hauteurs de l'atmosphère, et dont quelques-uns ont une direction régulière et une durée plus ou moins longue. Ce système est, comme on le voit, exempt d'ambition; il se soumet de bonne grâce au despotisme des vents; il se résigne à attendre leur bon plaisir, à n'aller à l'orient que lorsque la bise souffle de l'ouest, au sud que quand elle souffle du nord. Ce n'est pas là une solution, c'est un aveu d'impuissance.

Dans le second système, on se préoccupe surtout de trouver la forme qu'il conviendrait de donner au ballon, les agrès et le mécanisme dont il faudrait le pourvoir pour en faire un véhicule plus commode et plus rapide que la locomotive et le bateau à vapeur. Car remarquons bien que l'aéronautique ne sera qu'une chose de fantaisie, un tour de force stérile, tant qu'elle ne réalisera pas un progrès sensible sur nos moyens actuels de transport.

Or le ballon, quelle que soit sa forme, n'est autre chose qu'une bulle de gaz tenue en suspension dans l'air, devenue partie intégrante de ce fluide, impliquée dans toutes ses fluctuations, et incapable, par conséquent, d'acquérir un mouvement indépendant. En effet, pour qu'un corps puisse se mouvoir dans un milieu, la première condition, c'est qu'il possède une plus grande *masse*, où le

Descente de la montgolfière *l'Aigle* près de Clamart.

mouvement produit puisse s'accumuler de façon à fournir toujours
une force capable de vaincre la résistance de ce milieu; et cette
plus grande masse suppose nécessairement une plus grande densité. Ainsi sont faits les oiseaux; plus lourds que l'air, comme
chacun sait, et aux pattes desquels la nature s'est bien gardée
d'attacher, sous prétexte de les soutenir, de petits ballons qui
leur eussent rendu le vol impossible. Aussi faut-il admirer la
naïveté des inventeurs qui se sont imaginé qu'ils *fendraient* l'air
avec des ballons pisciformes, conoïdes, ovoïdes... Loin de pouvoir
jamais aider à la locomotion aérienne, le ballon, quelque forme
qu'on lui donne, ne saurait être qu'un impédiment, une sorte
de boulet dont l'inertie paralysera toujours la marche de l'appareil qu'on y aura adapté; et, de deux choses l'une : ou cet appareil aura assez de force pour vaincre la résistance de l'air, dans
ce cas la même force lui servira également à se maintenir; ou il
ne pourra se soutenir seul, et alors la force motrice sera d'autant
moins capable de triompher de la résistance atmosphérique que
cette résistance trouvera un puissant auxiliaire dans le ballon, qui
portera, il est vrai, la machine, mais qu'en revanche la machine
devra traîner.

Donc, pour arriver à une solution rationnelle du problème, la
première chose à faire, c'est de renoncer au ballon, par la raison
même que le ballon augmente le volume total de l'appareil en le
rendant spécifiquement plus léger que l'air, tandis que, je le répète, un corps doit toujours être plus dense que le milieu *dans*
lequel il se meut. Je souligne *dans*, afin qu'on ne m'objecte pas
les navires : les navires, en effet, se meuvent *sur* l'eau, et non
pas *dans* l'eau; et d'ailleurs ils ne demandent point aux courants
l'impulsion nécessaire pour lutter contre ces mêmes courants; ce
qui, soit dit en passant, est l'erreur fondamentale de tous les ballons à voiles.

Et maintenant, si l'on me demande comment je conçois qu'on
puisse parvenir à naviguer dans l'air, je montre un oiseau et je
réponds : Imitez cela; construisez un navire dont la densité spécifique soit avec celle de l'air dans le même rapport que celle du
corps de cet oiseau. Donnez-lui une forme analogue, et surtout
trouvez un moteur capable de remplacer la force musculaire de

l'animal, et de produire un mouvement d'une énergie et d'une rapidité suffisantes, sans nuire à la légèreté de l'appareil [1].

M. Nadar et les partisans de l'*aviation*, quoique peu versés dans la physique et dans la mécanique, ont parfaitement compris, il faut le reconnaître, la nécessité d'abandonner le ballon et de construire un oiseau artificiel. Ils veulent donner à cet oiseau, au lieu d'ailes frappant l'air obliquement ou verticalement, des ailes tournantes et de forme héliçoïde. Soit; mais cela n'est que secondaire. L'hélice est un *organe propulseur*, et non pas un *moteur*. Comme tous ses devanciers, M. Nadar néglige le point fondamental, la production du mouvement. Sa « chère hélice », pour soutenir et faire avancer le navire, aura besoin d'opposer à l'air une surface très-étendue, d'offrir une résistance considérable et de tourner avec une extrême rapidité. Or elle ne tournera pas toute seule. Le mouvement ne peut lui être donné que par une machine puissante : quelle sera cette machine? Là est le nœud du problème, et c'est ce nœud que MM. Nadar et de La Landelle n'ont ni delié ni tranché.

Ce qui nous manque pour naviguer dans l'air, c'est précisément une force motrice à la fois douée d'une immense énergie, et n'exigeant qu'un appareil générateur de petite dimension et d'une grande légèreté.

Voilà l'*inconnu*, l'*x* faute duquel tous les projets de direction aéronautique échoueront misérablement.

---

# CHAPITRE VIII

## LE SON

S'il existe sur quelque corps céleste dépourvu d'atmosphère, sur la lune, par exemple, des êtres composés et organisés de façon à vivre dans le vide, — chose, à la vérité, bien difficile à concevoir,

---

[1] Qu'il me soit permis de noter ici que ces considérations sur le problème de l'aéronautique ont été écrites et publiées en 1856. (L'*Ami de la maison*, t. I, p. 23J.) Je n'ai rien à y changer, l'état de la question étant le même aujourd'hui qu'à cette époque.

— on peut au moins affirmer, à peu près à coup sûr, que ces êtres
sont dépourvus d'un sens, l'ouïe, et d'un organe, la voix. A moins
cependant qu'ils ne parlent ou ne crient et n'entendent à l'aide de
quelque appareil spécial toujours en contact avec le sol. Car il n'en est
pas du son comme de la lumière et de la chaleur, qui se propagent
à travers le vide ou ce qu'on est convenu de nommer ainsi. Le
son n'est autre chose, en effet, que la sensation produite sur l'or-

Ondes sonores.

gane de l'ouïe par un mouvement d'oscillation rapide des molécules de l'air, mouvement qui peut provenir, soit d'un déplacement
brusque de ces molécules sur un certain point, soit de vibrations
également rapides, imprimées par un choc ou par un frottement
aux molécules d'un autre corps élastique. Ces vibrations, à la
vérité, pourraient être perçues directement, ou transmises par
tout autre milieu que l'air; car les corps solides et liquides trans-

mettent le son plus distinctement et plus rapidement que les gaz. Mais l'air au sein duquel nous vivons, qui nous enveloppe constamment de toutes parts, n'en est pas moins, pour nous et pour tous les animaux terrestres, le véhicule indispensable du son.

Rien n'est plus propre à donner une idée du mode de propagation du son que l'effet produit à la surface d'une eau tranquille lorsqu'on y jette une pierre. Tout le monde a vu les *ondes* circulaires et concentriques qui se forment alors successivement autour du point où la pierre, en tombant, a brusquement déplacé les molécules liquides.

C'est par des ondes semblables, appelées *ondes sonores*, que le son se propage à travers les milieux élastiques, et notamment à travers l'air atmosphérique. Il y a aussi, là où le son se produit, déplacement des molécules de l'air tout autour du corps sonore, et, par suite, condensation de la couche sphérique voisine. En vertu de l'élasticité de l'air, cette condensation est bientôt suivie d'une dilatation qui réagit sur les molécules de la couche sphérique voisine, et les condense à leur tour. Cette seconde couche, par son élasticité, agit de même sur une troisième, et ainsi de suite, jusqu'à ce que ces ondulations, de plus en plus affaiblies par les résistances que chaque couche rencontre dans la couche suivante, finissent par s'éteindre tout à fait. Ce sont, on le devine, ces ondes sonores qui, lorsqu'elles viennent frapper l'organe auditif, déterminent la sensation du son.

On démontre, par une expérience parfaitement concluante, que le son ne se propage point dans le vide. Dans un ballon à robinet, semblable à celui qui sert à peser les gaz (voyez chap. 1<sup>er</sup>, page 9), on suspend par une tige rigide une petite sonnette. Si l'on agite le ballon plein d'air, on entend parfaitement le bruit de la sonnette; mais mettons-le en communication avec la machine pneumatique, faisons le vide au dedans, puis fermons le robinet, et agitons de nouveau. Nous verrons bien le battant de la sonnette frapper la paroi métallique; mais nous n'entendrons rien, parce que les vibrations de cette paroi ne se communiqueront à aucun corps qui puisse les faire parvenir jusqu'à notre oreille. La même expérience peut s'exécuter d'une manière plus saisissante, au moyen d'une sonnerie d'horloge placée sous le récipient de la machine pneumatique. Cette sonnerie, préalablement mise en mouvement, rend un son intense, que tout le monde connaît, et qui se transmet très-distinctement à travers les parois de cristal du récipient, tant que celui-ci est plein d'air. Mais si l'on fait jouer les pistons, il s'affaiblit graduellement au fur et à mesure que l'air se raréfie. Lorsque le vide est fait, le silence se fait aussi dans le récipient, bien qu'on voie toujours le marteau frapper le timbre; mais si l'on ouvre le robinet et qu'on laisse rentrer l'air peu à peu, on

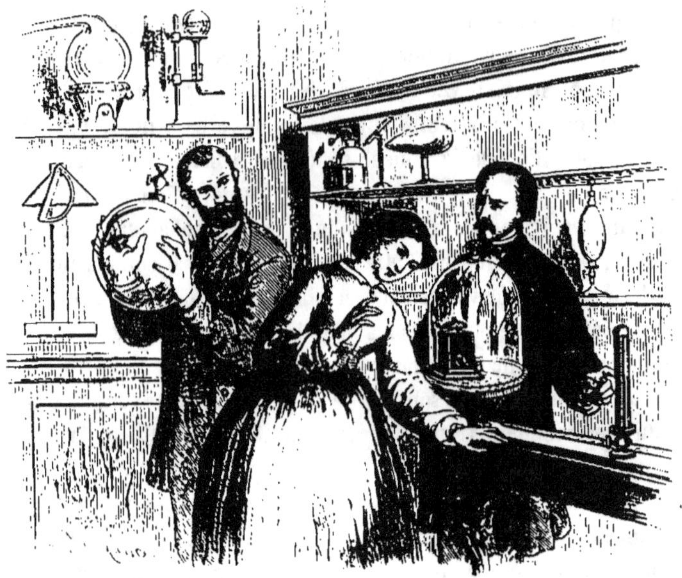

Sonnerie dans le vide.

entend de nouveau la sonnerie faiblement d'abord, puis mieux, jusqu'à ce qu'enfin le son redevienne aussi distinct qu'au début de l'expérience.

On voit par là que l'intensité du son est sensiblement accrue ou diminuée, suivant que l'air au sein duquel il se produit est plus ou moins dense. C'est aussi ce qui résulte des observations faites par un grand nombre de physiciens dans les différentes régions de l'atmosphère. Sur les cimes des hautes montagnes, le bruit des pas, la voix, les détonations même des armes à feu perdent beaucoup de leur force.

Th. de Saussure, ayant tiré un coup de pistolet sur le mont Blanc, n'entendit qu'une sorte de craquement semblable à celui d'un bâton qu'on brise. Dans les couches d'air encore plus dilaté où sont parvenus plusieurs aéronautes, on est obligé, pour se faire entendre des personnes avec qui l'on est, de leur parler dans l'oreille et de forcer sa voix comme pour crier, et le bruit d'un coup de fusil ou de pistolet est comparable à celui que fait à terre la détonation d'une capsule.

Remarquons ici que l'intensité du son dépend de la densité de l'air à l'endroit où il se produit, et non à l'endroit où se trouve l'observateur qui le perçoit. Il n'est donc pas vrai, comme on le croit vulgairement, que le son *monte*. Le son se propage également dans toutes les directions, tant horizontalement que verticalement, de bas en haut ou de haut en bas, et son intensité décroît dans tous les sens, en raison du carré de la distance : c'est-à-dire qu'à une distance double le son est quatre fois moins fort; à une distance triple, neuf fois moins, et ainsi de suite. Seulement, comme la densité de l'air décroît à mesure qu'on s'élève, la même cause qui produit à la surface du sol un bruit ou un son d'une certaine intensité, ne produira qu'un son plus faible à 100 mètres au-dessus, plus faible encore à 150 mètres, et ainsi de suite. Supposons, par exemple, une personne placée sur la plate-forme de la colonne Vendôme, et la musique d'un régiment jouant au pied de ce monument. J'ignore quelle est la hauteur de la colonne Vendôme; supposons-la de 100 mètres. Le son des instruments parviendra aux oreilles de notre observateur avec la même intensité que si celui-ci se trouvait à terre, à la même distance des musiciens. Mais il en sera autrement si nous mettons la personne au pied de la colonne et les musiciens sur la plate-forme; alors les sons lui arriveront sensiblement plus affaiblis que dans le premier cas. D'où elle sera conduite à ce raisonnement spécieux, mais faux : « Tout à l'heure j'étais là-haut, et les musiciens étaient en bas; j'entendais bien ce qu'ils jouaient. Maintenant je suis en bas, eux sont en haut; la distance d'eux à moi est la même, et cependant je les entends beaucoup moins bien : donc le son se propage mieux de bas en haut que de haut en bas. » La vérité est que dans les deux cas le son a été transmis suivant la même loi, mais qu'il était réellement plus intense dans le premier que dans le second.

Nous avons fait abstraction, dans tout ce qui précède, des mouvements de l'air et de sa température. On conçoit tout de suite que ce sont là des circonstances qui exercent une grande influence sur l'intensité du son. La direction du vent ne modifie point l'intensité du son produit, mais elle modifie celle du son perçu, en favorisant ou en contrariant sa propagation. Cela revient à dire que le son ne se propage pas dans un air agité de la même manière que dans un air calme, ou que les ondes sonores se déplacent avec le vent, comme les ondulations produites dans l'eau d'une rivière par la chute d'un corps pesant se déplacent avec le courant. C'est ce que les poëtes expriment en disant qu'un son est porté « sur les ailes du vent. » Tout le monde a été à même de constater que le bruit des cloches ou celui du canon s'entend au loin distinctement lorsqu'il vient du côté d'où souffle le vent, et que le contraire a lieu si le vent souffle dans une direction opposée.

Le froid, en condensant l'air, accroît l'intensité du son ; la chaleur la diminue en dilatant l'air. C'est pourquoi l'atmosphère est sonore pendant l'hiver, quand le thermomètre descend à plusieurs degrés au-dessous de zéro ; elle l'est beaucoup moins en été pendant les fortes chaleurs. De même une salle de spectacle ou de concert est moins avantageuse pour l'audition de la voix et des instruments lorsqu'elle est très-fortement chauffée que lorsqu'elle est maintenue à une température modérée.

Quant aux conditions intrinsèques desquelles dépend l'intensité du son, elles résultent uniquement de l'amplitude des vibrations : plus les vibrations ont d'étendue, — en d'autres termes, plus les molécules vibrantes s'écartent de part et d'autre de leur position d'équilibre, — plus le son a de force. Il ne faut pas confondre l'intensité ou la faiblesse, en un mot, la *quantité* du son, avec sa gravité ou son acuité, c'est-à-dire avec sa *qualité*. Le son rendu par un corps élastique est d'autant plus aigu, que ce corps exécute dans un temps donné un plus grand nombre de vibrations, et, par conséquent, il est d'autant plus grave que ce nombre est moindre. Pour qu'un son soit perceptible, il faut qu'il ne soit ni trop grave ni trop aigu, que les vibrations ne soient ni trop lentes ni trop rapides. Le son le plus grave que nous puissions percevoir est celui qui correspond à 32 vibrations par seconde ; le plus aigu est représenté par 73,000 vibrations.

C'est peut-être ici le lieu de rendre compte de la différence qui existe entre le son et le bruit : deux mots qu'on emploie quelquefois indifféremment comme des synonymes, et dont chacun a pourtant son sens propre.

Le premier est celui par lequel on désigne, en physique, toute sensation faible ou intense, agréable ou désagréable, excitée dans l'organe de l'ouïe par les vibrations moléculaires dont j'ai parlé ci-dessus. Lorsqu'il s'agit seulement d'étudier les phénomènes au point de vue de leur origine, de leurs effets et des lois qui les régissent, en un mot, au point de vue scientifique, on doit tendre à simplifier les expressions et à ne point multiplier sans nécessité les dénominations et les définitions. C'est pourquoi, en physique, le mot *son* est seul employé : c'est un terme abstrait qui suffit à représenter, dans quelque mode qu'on le considère, le sujet de l'*acoustique*.

Mais dans le langage philosophique ou littéraire, ainsi que dans le langage vulgaire, lorsqu'on se propose d'exprimer non plus d'une manière générale la cause ou les effets d'un certain ordre de phénomènes, mais la nature et les nuances de nos sensations, ce même mot devient insuffisant, et l'on est obligé d'en restreindre la signification. On appelle donc *son*, ou plus explicitement *son musical*, celui qui produit sur l'ouïe une sensation assez nette et assez prolongée pour qu'on puisse en apprécier la valeur : en d'autres termes, ce son-là est une *note*, ou l'ensemble de plusieurs notes musicales. Si, au contraire, la sensation est trop courte pour pouvoir être appréciée, ou si c'est un mélange confus de sons discordants, ou si enfin l'ouïe est trop brusquement et trop violemment affectée pour éprouver autre chose qu'un choc étourdissant, alors le son change de nom : il s'appelle *bruit*. Ainsi on dit le son d'une voix, d'un instrument, d'une cloche ; et le bruit d'une explosion, d'un vase qui se brise, d'un corps qui tombe, etc. Il y a en outre, dans chaque genre, des espèces, des variétés nombreuses. Ainsi, par exemple, parmi les bruits, on distingue les claquements, les craquements, les sifflements, les détonations, les roulements, etc.

Quant aux sons proprement dits, leur classification, leurs concordances et leurs discordances sont l'objet d'un art dont la théorie est presque à elle seule une science : la musique.

Ces explications données, je continuerai d'employer, dans la suite, le mot *son* pour désigner d'une manière générale toute vibration moléculaire perceptible par l'organe de l'ouïe, sans prendre souci ni de sa qualité ni des causes diverses qui peuvent la produire. Je ne prétends en aucune façon, on le pense bien, faire de ce chapitre un traité d'acoustique, mais seulement donner un aperçu des phénomènes auxquels donnent lieu la production et la propagation des sons au sein de l'atmosphère, et des lois qui y président.

Nous avons vu que l'intensité du son transmis est en raison inverse du carré de la distance. Cette intensité est, d'autre part, en proportion directe de celle du son produit : d'où il suit que, toutes choses égales d'ailleurs, un son a d'autant plus de portée qu'il a, à sa source même, plus d'intensité. Toutefois la portée du son est susceptible d'être modifiée, non-seulement par des circonstances naturelles, telles que la direction du vent ou la densité du milieu ambiant, mais aussi par des moyens artificiels qu'il n'est pas sans intérêt d'indiquer. Ces moyens sont d'abord tous ceux qui augmentent ou diminuent l'intensité même du son : notamment la disposition près de sa source de substances élastiques ou non élastiques propres à renfoncer le son, ou, au contraire, à l'absorber, à l'assourdir. Mais le procédé incomparablement le plus puissant auquel on puisse recourir pour accroître presque indéfiniment la portée du son, même le plus faible, consiste à utiliser le pouvoir conducteur des tubes ; et c'est ce qu'on fait en maintes circonstances. Témoin le porte-voix dont se servent les officiers de marine pour commander la manœuvre à leur bord, témoin surtout le système *téléphonique* proposé vers la fin du siècle dernier par dom Gauthey, remis en avant de nos jours, et appliqué, mais seulement sur une petite échelle, à la transmission verbale des ordres et instructions dans un grand nombre d'établissements publics ou privés.

La théorie de ces appareils est très-simple. Si le son s'éteint dans l'air libre à une faible distance de sa source, cela tient au développement toujours croissant que prennent les ondes sonores en se dispersant sous la forme sphérique. Mais en forçant ces ondes sonores à ne se propager que dans une seule direction, comme cela a lieu dans les tuyaux, et principalement daus les tuyaux cylindriques d'un petit diamètre, elles se propagent alors à une très-grande distance sans affaiblissement sensible. Biot a pu ainsi entretenir avec une autre personne une conversation *à voix basse*, d'une extrémité à l'autre d'un tuyau long de 950 mètres, destiné à la conduite des eaux dans Paris. Et les sons étaient perçus de part et d'autre avec une telle netteté, qu'on n'avait, dit l'illustre physicien, qu'un seul moyen de n'être pas entendu : c'était de ne pas parler du tout. Cet exemple fait assez comprendre qu'il serait facile d'établir, par ce procédé, un système de communications, non pas télégraphiques, mais *téléphoniques,* au moyen de tubes qui pourraient avoir plusieurs kilomètres de long, et par l'intermédiaire desquels les nouvelles seraient transmises de station en station, sans autre artifice que celui de la parole.

Les tubes acoustiques dont on fait usage dans les administrations sont en caoutchouc; leur diamètre est de trois centimètres environ. Leurs extrémités sont munies de cornets en bois ou en ivoire, contre lesquels on applique la bouche pour parler, ou l'oreille pour entendre. Ces tubes qui pendent à la muraille comme des cordons de sonnette, permettent aux directeurs de donner leurs ordres, de demander et de recevoir des renseignements, sans déranger leurs subordonnés, sans quitter leur cabinet ni même leur fauteuil. Le cornet acoustique dont se servent les personnes atteintes d'un commencement de surdité, pour entendre ce qu'on leur dit, est une application du même principe. Ce cornet est un véritable *porte-voix* renversé, dont l'extrémité conique est introduite dans l'oreille, et dont la partie évasée, ou *pavillon,* est dirigée vers la personne qui parle, de manière à recevoir et à concentrer les sons de la voix.

Puisque le son se transmet de son point de départ à des distances plus ou moins grandes, il est évident qu'il met un certain temps à parcourir ces distances, et l'on a dû chercher à déterminer le rapport qui existe entre le premier et le second de ces deux termes, autrement dit, à mesurer la vitesse du son. Or cette vitesse est très-grande, sans doute, si on la compare à celle des corps que nous voyons se mouvoir sous l'impulsion des différentes forces mécaniques. Mais elle n'est pas comparable, par exemple, à celle de la lumière ou de l'électricité; elle est appréciable même pour les personnes étrangères aux procédés d'observation scientifique. On sait que l'intervalle très-variable qui s'écoule entre l'apparition d'un éclair et le grondement du tonnerre est dû à ce que nous voyons le premier au moment même où il se produit, tandis que le bruit, qui pourtant est simultané, ne nous parvient qu'après un temps proportionnel à la distance. Un autre exemple bien des fois cité est celui du bûcheron qu'un observateur considère de loin, et dont il voit la cognée s'abattre sur un tronc d'arbre bien avant d'entendre le bruit du coup qu'elle a porté.

Les expériences destinées à mesurer exactement la vitesse du son ont été faites en France, avec une certaine solennité, en 1822, par les membres du Bureau des longitudes de l'Observatoire de Paris : Prony, Bouvard, Gay-Lussac, Arago et M. Mathieu. Un savant étranger s'était joint à eux, c'était Humboldt. On choisit deux stations facilement visibles l'une à l'autre : la tour de Montlhéry et l'un des plateaux qui avoisinent Villejuif. La distance entre les deux points fut exactement mesurée. Par une belle nuit du mois de juin, on se partagea en deux groupes qui se rendirent, l'un à Montlhéry, l'autre à Villejuif, emmenant chacun une pièce de canon avec ses artilleurs. On s'était muni, en outre, d'excellents chronomètres parfaitement réglés. Au moment convenu, la pièce de l'une des stations tira. Ceux de l'autre station avaient les regards attachés, à travers l'obscurité, sur le point où elle se trouvait. Le chronomètre en main, ils notèrent l'instant précis où ils virent la lumière, puis celui où le son leur parvint. Dix minutes après, leur pièce tira à son tour, et leurs collègues firent les mêmes constatations. Douze coups furent ainsi tirés alternativement, de dix minutes en dix minutes, et à chaque coup les observations furent répétées avec une ponctualité semblable. Or la distance d'une station à l'autre était de 18,612 mètres. L'intervalle moyen entre l'apparition de la lumière et l'audition des coups de canon fut trouvé de 54",6. Ce temps était précisément celui que le son avait mis à franchir l'espace compris entre les deux points d'observation : car la vitesse de la lumière est telle (308,000 kilomètres par seconde), que le temps qu'il lui fallait pour faire le même chemin est tout à fait inappréciable. On pouvait donc admettre avec certitude que le son parcourt 18,612 mètres en 54",6 : ce qui donne 340 mètres 89 centimètres par seconde, pour la température de 16 degrés au-dessus de zéro, qui était celle de l'air pendant l'expérience de Montlhéry et Villejuif. A 10° la vitesse du son n'est plus que de 337 mètres par seconde, et de 333 mètres à 0°. A peine est-il besoin d'ajouter que l'alternance des coups de canon échangés entre les observateurs de Montlhéry et ceux de Villejuif avait pour but de faire disparaître les causes d'erreur provenant de la direction du vent, qui, si l'on n'eût établi cette compensation, eût conduit à un résultat inférieur ou supérieur à la vitesse réelle du son.

Il est impossible, en étudiant la transmission du son dans l'air, de ne point s'arrêter un instant au curieux phénomène connu sous le nom d'*écho*.

Dans l'ingénieuse mythologie des Grecs, Écho était une nymphe qui eut le malheur d'aimer éperdument le beau Narcisse. C'était une affection bien mal placée. Ce type de la fatuité demeura insensible aux soupirs de la pauvre nymphe, et mourut sottement d'amour pour lui-même. Quant à la délaissée, elle se mit à errer en gémissant dans les forêts et parmi les rochers, jusqu'à ce qu'enfin elle fut changée elle-même en rocher par la miséricorde des dieux, et ne conserva que la voix pour répéter éternellement les plaintes et les cris des mortels.

Nous sommes loin aujourd'hui du temps où ces gracieuses fictions composaient à peu près toute la science des peuples. La curiosité humaine ne se contente plus de poésies; il lui faut un aliment plus substantiel.

Soyons donc de notre temps, et laissons la mythologie pour revenir à la physique.

Au xixᵉ siècle, l'écho n'est plus

Une nymphe en pleurs qui se plaint de Narcisse :

c'est un effet de la réflexion du son, comme la répétition des images par les miroirs est un effet de la réflexion des rayons lumineux.

Lorsque les ondes sonores rencontrent un obstacle, elles sont réfléchies par les mêmes lois qui président à la réflexion d'une bille sur la bande d'un billard; en sorte qu'un son ou un bruit parti d'un certain point est renvoyé vers ce même point, lorsque les ondes qu'il a soulevées viennent se heurter contre un mur ou contre tout autre objet situé à proximité. L'écho est donc dû à la répercussion du son. Mais pour que le phénomène se produise, il y a une condition indispensable : c'est que l'obstacle réflecteur soit à une distance d'au moins 17 mètres de l'observateur; sans quoi, la vitesse du son étant, comme on l'a vu ci-dessus, d'environ 340 mètres par seconde, l'intervalle entre la perception du son primitif et celle du son réfléchi serait moindre qu'un dixième de seconde, temps nécessaire pour que le son parcoure 34 mètres : soit 17 mètres pour aller jusqu'à l'obstacle, et 17 mètres pour revenir frapper l'oreille; et les deux perceptions, au lieu d'être distinctes, seraient confondues. Le son serait plus fort, mais il serait simple; il n'y aurait pas d'écho, mais seulement résonnance.

Dix-sept mètres sont donc la distance nécessaire à la répercussion du son le plus bref : d'une syllabe, par exemple; et cette distance ne comporte que l'écho monosyllabique. Si elle est double, l'écho est *dissylabique;* si elle est triple, l'écho est *trissylabique*, et ainsi de suite, tant que le mouvement vibratoire de l'air est assez intense pour être réfléchi jusqu'à l'oreille de l'observateur. Quelquefois deux obstacles, deux murs parallèles, par exemple, sont placés vis-à-vis l'un de l'autre, à une distance telle, qu'ils se renvoient réciproquement le son à plusieurs reprises. Dans ce cas, l'écho est *multiple*. « On cite, à douze kilomètres de Verdun, dit M. Ganot, un écho multiple formé par deux tours parallèles, distantes l'une de l'autre de 50 mètres environ. En se plaçant entre elles, et prononçant un mot à haute voix, il est répété douze fois. L'écho le plus remarquable en ce genre est celui du château de Simonetta, en Italie, qui répète quarante à cinquante fois un coup de pistolet. »

Remarquons, en terminant, que le son ne se réfléchit pas seulement sur des obstacles solides et résistants, mais aussi sur des surfaces liquides, sur les nuages, sur les brouillards, et même sur des couches d'air plus denses que celles où il s'est produit. A la vérité, ses réflexions sont alors moins nettes, moins complètes, et il ne tarde pas à s'éteindre entièrement. Les obstacles, suivant leur nature, modifient ordinairement le son en le répétant; ce qui donne lieu parfois à des effets étranges. Tel écho répète les paroles avec un accent plaintif, tel autre avec un accent moqueur. Combien de légendes fantastiques, de croyances superstitieuses, ont dû être enfantées par ces apparentes bizarreries de l'impassible nature !

# CHAPITRE IX

## L'ÉTHER

Le son n'est dans l'air qu'un accident passager, une perturbation légère, qui affecte seulement çà et là quelques points imperceptibles de la masse atmosphérique. C'est d'ailleurs un phénomène simple, dont l'explication n'est qu'un jeu pour le physicien, et devient aisément familière, après quelques heures d'étude, aux personnes les moins versées dans les sciences, aux intelligences les plus vulgaires. On n'en saurait dire autant de la lumière, de la chaleur, de l'électricité, du magnétisme. Ce sont là des agents mystérieux, dont l'essence est inconnue, et qui donnent lieu à des effets d'une variété merveilleuse, d'une puissance extraordinaire, mais aussi d'une complication souvent inextricable. Leur rôle dans les phénomènes physiques, chimiques et physiologiques, est capital. Et si on les considère dans leurs rapports avec l'air atmosphérique, on ne tarde pas à reconnaître que toutes les modifications que ce lieu subit, — soit qu'elles lui viennent du dehors, et qu'il les transmette à la terre et aux êtres placés à sa surface, soit qu'il les reçoive du monde terrestre, soit enfin qu'elles se produisent par des causes inhérentes à sa constitution même, — toutes ces modifications peuvent se ramener à des phénomènes calorifiques, lumineux, électriques ou magnétiques, dont l'atmosphère est à la fois le siége et le véhicule, ou plutôt, si l'on me permet l'emploi d'un terme tout philosophique, le *substratum*.

On trouvera dans la seconde partie de ce livre la description, et, autant que faire se pourra, l'explication de ces phénomènes. Je me bornerai ici à dire par quels artifices théoriques la science a pu s'en rendre compte, bien qu'elle ignore absolument la nature des causes qui les engendrent. Je donnerai au chapitre suivant une idée de la manière dont ces causes inconnues agissent sur l'atmosphère, et dont l'atmosphère, à son tour, réagit sur elles. Ces actions réciproques sont autant de manifestations des propriétés de l'air. Leur connaissance est donc le complément nécessaire des notions de physique atmosphérique qui forment le sujet de cette première partie, et une introduction indispensable à l'étude de la météorologie proprement dite.

La nature procède toujours, en toutes choses, du simple au composé. Mais l'esprit humain suit une marche contraire : il va du composé au simple. Il observe d'abord des effets nombreux et variés, et sa première tendance est de les attribuer à autant de causes diverses; puis une observation plus attentive et plus réfléchie lui fait apercevoir entre eux des analogies qui lui permettent de les grouper en catégories de plus en plus étendues, et de rapporter à une même origine tous ceux qu'il a fait entrer dans une même catégorie.

Enfin un résultat capital du progrès des sciences spéculatives a été d'accroître incessamment l'étendue de ces catégories, et d'en réduire proportionnellement le nombre. Il y a quelques années à peine que la distinction des phénomènes physiques en plusieurs classes correspondait, dans la pensée des savants, à l'existence réelle d'autant de causes différant entre elles, non pas seulement par leur mode d'action, mais par leur essence même. On considérait, par exemple, le calorique, la lumière, l'électricité et le magnétisme comme des agents pouvant avoir entre eux certains rapports, certaines analogies, mais qu'on se fût bien gardé néanmoins de ramener à un principe unique. On ne doutait point, bien entendu, qu'ils ne fussent matériels. Seulement, comme ils franchissent avec une prodigieuse rapidité des espaces immenses; comme ils se propagent soit à travers le vide (on croyait encore au vide alors), soit à travers des corps très-denses et très-volumineux ; comme d'ailleurs il était de toute impossibilité de les saisir et de les peser, on pensait que ce devaient être des substances d'une fluidité et d'une subtilité prodigieuses, et on leur donnait, par ce motif, le nom de *fluides impondérables*. Les prudents préféraient les appeler *impondérés* ; car, disaient-ils, si nous ne savons pas maintenant en déterminer le poids, rien ne prouve que nous ne le saurons pas quelque jour.

On admettait, d'ailleurs, que ces fluides étaient susceptibles de s'unir en plus ou moins grande quantité avec les corps matériels, et de s'en séparer pour passer à d'autres ou pour se perdre dans l'espace. Dans le premier cas, on disait qu'ils se trouvaient à l'état latent ou caché ; dans le second cas, que les corps chauds émettaient du calorique ; les corps lumineux, de la lumière ; les corps électrisés, de l'électricité. De là le nom de théorie de l'*émission*, sous lequel on désigne cette hypothèse, laquelle était liée à celle du vide, telle que Newton et Pascal l'avaient établie.

Cette solidarité se conçoit aisément ; car, si l'espace est vide, la lumière et la chaleur que les planètes et les satellites reçoivent de leurs soleils ne peuvent être que des fluides traversant cet espace pour aller d'un monde à l'autre. Quant aux interstices qui séparent les molécules et les atomes dont se composent les corps, on ne pouvait dire qu'ils fussent vides, bien qu'on les supposât perméables au calorique, à la lumière, à l'électricité, au magnétisme. Et notamment les dilatations, les contractions, les changements d'état des corps sous l'influence de l'échauffement et du refroidissement ne s'expliquaient que par l'interposition d'un fluide, qui écartait leurs molécules lorsqu'il y pénétrait en grande quantité, et les laissait se rapprocher lorsqu'il s'échappait au dehors. Aussi la pluralité de ces fluides qui pouvaient tous se rencontrer ensemble dans une même substance, ne laissait-elle pas d'être un peu embarrassante.

Soyons justes toutefois : la théorie de l'émission, fort dédaignée des gens qui se piquent de philosophie, a rendu à la science d'inappréciables services ; elle a surtout, grâce à la facilité avec laquelle elle se prête aux démonstrations, puissamment contribué à faciliter l'enseignement et la vulgarisation de la physique : à telles enseignes qu'on est encore obligé de s'y tenir dans les cours élémentaires ; car beaucoup d'enfants, et même des gens du monde, qui acceptent parfaitement l'intervention possible de trois ou quatre fluides, doués chacun de propriétés caractéristiques et distinctes, seraient arrêtés en maint endroit, lorsqu'il leur faudrait appliquer à l'intelligence de certains phénomènes l'hypothèse très-belle, sans doute, mais un peu abstraite, des ondulations, qu'on est en train de substituer à celle de l'émission.

J'essaierai pourtant d'initier mes lecteurs à cette nouvelle théorie, en m'efforçant de la rendre accessible aux esprits peu familiers avec les considérations philosophiques.

Cette théorie a pour point de départ la négation du vide. Elle suppose, par conséquent, l'immensité de l'espace, les intermondes, aussi bien que les interstices moléculaires des corps, entièrement remplis par un seul fluide d'une subtilité et d'une mobilité inconcevables, auquel elle restitue le nom d'*éther,* que lui avaient donné les philosophes de l'antiquité. Et de même que le son n'est autre chose que l'effet de l'ébranlement communiqué à l'air ou à tout autre milieu par les vibrations des corps sonores, et se propageant sous la forme d'ondes ou d'ondulations; de même aussi les phénomènes que nous appelons chaleur, lumière, électricité, magnétisme, ne seraient que des ondulations diversement amples et rapides imprimées à l'éther par des causes inconnues, et transmises par lui aux corps plus denses ou plus grossiers que nos sens nous permettent d'observer.

Dans cette hypothèse, tous les phénomènes physiques se trouvent ramenés à des modes variés d'un seul phénomène primordial, le mouvement. A la pluralité arbitraire des fluides impondérables se substitue semblablement l'unité du principe éthéré : que dis-je? peut-être de la matière elle-même. Car, une fois lancé dans de telles théories, rien n'empêche de les pousser jusqu'à leurs dernières conséquences. Rien n'empêche d'admettre qu'une même substance élémentaire, répandue dans les espaces infinis, a pu, en se condensant plus ou moins, en groupant ses atomes de mille et mille manières, donner naissance aux gaz, aux liquides, aux solides qui, agglomérés en masses énormes, ont formé les mondes; mais que partout autour de ceux-ci, elle est demeurée dans son état primitif de fluidité. On est conduit ainsi, de déduction en déduction, à rattacher aux mouvements de l'éther, non-seulement les phénomènes physiques, mais

encore les phénomènes astronomiques, les évolutions des corps célestes; à expliquer de cette façon ce que Newton a appelé la gravitation, et qu'il rapportait à une cause indéfinissable, *l'attraction*.
Des faits d'une haute importance fournissent, il faut bien le dire,
des arguments d'une grande valeur aux partisans des ondulations.
Au premier rang se place le phénomène si curieux des interférences, observé d'abord en 1650 par le P. Grimaldi, et que Thomas
Young et Fresnel ont mis dans tout son jour au commencement
de ce siècle, mais seulement par rapport à la lumière. Il consiste
en ce que, dans de certaines conditions, *de la lumière ajoutée à
de la lumière produit de l'obscurité*. Cet effet singulier, tout à fait
inexplicable dans le système de l'émission, devient, au contraire,
facile à comprendre, si l'on admet que la lumière se propage au sein
de l'éther par des ondulations analogues à celles qu'on voit à la surface d'un liquide. Il se passe alors dans les interférences des rayons,
disons mieux, des ondulations lumineuses, quelque chose de semblable à ce qui arriverait si l'on jetait d'une même hauteur, dans
une eau tranquille, deux pierres de même grosseur, à peu de distance l'une de l'autre. Les ondes circulaires soulevées par cette
double perturbation de l'équilibre des molécules liquides viendraient se rencontrer sur une certaine étendue; leurs mouvements
s'ajouteraient en des points donnés et détermineraient une agitation plus grande du liquide; mais en d'autres points ils se neutra-
liseraient, et l'eau resterait sensiblement calme. En un mot, on
conçoit que deux ondulations lumineuses puissent, en se rencontrant, produire les ténèbres, comme on conçoit que deux mouvements quelconques, égaux et contraires, produisent l'immobilité.
Ce qui donne, du reste, à cette explication tous les caractères de
l'évidence, c'est qu'une chose absolument semblable a lieu lorsque
des ondulations sonores de même longueur se croisent de telle
façon que la demi-onde condensante de l'une rencontre la demi-
onde dilatante de l'autre. Les deux sons se détruisent alors réciproquement, et le silence se fait. Ainsi un seul coup d'archet sur une
corde de violon, une note donnée par une flûte ou par une clarinette
produisent toujours un son; mais il peut très-bien arriver que deux
coups d'archet sur les cordes similaires de deux violons, que la
même note donnée à la fois sur deux flûtes ou sur deux clarinettes

ne produisent que le silence, et cela par un effet d'interférence sonore.

Ce n'est pas tout : si la théorie des ondulations est vraie pour la lumière, elle doit l'être aussi pour le calorique, et il doit se produire des interférences de rayons calorifiques comme il se produit des interférences de rayons lumineux. En effet, MM. Fizeau et Foucault ont démontré par l'expérience que des rayons calorifiques se rencontrant dans des conditions convenables s'entre-détruisent; qu'avec de la chaleur on peut faire du froid. Enfin il est aujourd'hui hors de doute que, comme le mouvement mécanique se transforme en chaleur, de même aussi la chaleur est susceptible de se transformer en mouvement mécanique; d'où il est logique de conclure que la chaleur et le mouvement mécanique ne sont, au fond, qu'une seule et même chose : ce que MM. Joule, Hirtz et Tyndall ont confirmé, du reste, en déterminant, et par le calcul et par l'expérience, l'équivalent mécanique de la chaleur.

Il resterait maintenant à étendre également le système du mouvement éthéré aux phénomènes électriques et magnétiques. Or rien assurément ne s'oppose à ce qu'on admette pour ces phénomènes une troisième et une quatrième espèce de mouvement se produisant au sein de l'éther. Il faut avouer cependant qu'en fait d'électricité et de magnétisme, l'hypothèse des fluides s'est si bien prêtée jusqu'ici à l'intelligence et à la démonstration des faits observés, sinon à leur explication philosophique, que les partisans les plus déterminés de la théorie des ondulations n'ont pas cru devoir insister sur son application à cet ordre de phénomènes.

Il y aurait d'ailleurs plus d'une objection sérieuse à élever contre la doctrine qui nous occupe; et peut-être, en l'examinant à fond, trouverait-on qu'il faut, comme on dit vulgairement, en prendre et en laisser. Elle a sans doute un côté grandiose et positif qui satisfait à la fois l'imagination et la raison. Il y a quelque chose de vraiment beau, de vraiment digne du génie philosophique moderne, dans cette conception de l'unité de la nature et de la simplicité de ses procédés. La négation du vide répond à une sorte de pressentiment de l'esprit humain, à une horreur instinctive, dont les meilleurs arguments n'avaient jamais pu triompher entièrement, alors même que le système contraire était dans toute sa puissance. Elle résout, en outre, bien des difficultés que les plus habiles ne pouvaient qu'éluder par des détours ingénieux, et que le grand Newton lui-même avait reconnues invincibles. Elle s'accorde enfin manifestement avec les récentes découvertes de l'astronomie. Un astronome de Berlin, M. Encke, a trouvé, en 1819, que les comètes éprouvent, dans leur course à travers l'espace, une résistance capable de les faire dévier sensiblement de la route que le calcul leur assigne. En observant la marche de la comète qui porte son nom, durant ses apparitions successives, en 1822 et 1832, il a remarqué que sa position véritable anticipait sans cesse, et d'une manière uniforme, sur sa position calculée, d'environ deux jours à chaque révolution : c'est-à-dire que le retour de cet astre s'effectuait constamment deux jours plus tôt qu'il n'aurait dû suivant le calcul théorique. Ce fait frappa si vivement Arago, qu'il écrivit en 1831 dans l'*Annuaire du Bureau des longitudes* : « La marche de la comète à courte période vient de montrer qu'un nouvel élément devra désormais être pris en considération : je veux parler de la résistance qu'une substance gazeuse très-rare, qui remplit les espaces célestes, et qu'on est convenu d'appeler *éther*, oppose au déplacement de tous les corps qui la traversent. »

On a établi depuis que la déviation de cette comète est due à la résistance de la dernière atmosphère, prodigieusement dilatée, du soleil. Mais l'observation de M. Encke n'en reste pas moins une preuve du plein de l'espace, au moins en ce qui concerne notre système planétaire.

En résumé, on peut accorder, avec Lecouturier, « qu'une substance qui s'est manifestée par une pareille résistance opposée à un corps céleste soumis au calcul n'est plus hypothétique, » et avec M. William Thompson, « que l'existence d'un milieu formant à travers l'espace une communication matérielle jusqu'aux corps visibles ou invisibles les plus éloignés, ne doit plus être mise en doute. »

Mais le plein des espaces implique-t-il nécessairement la réalité du système des ondulations et l'identité d'essence entre la lumière, la chaleur, l'électricité et le magnétisme? De simples inégalités dans la vitesse et l'amplitude des vibrations de l'éther suffisent-elles pour rendre compte des différences profondes que présentent les effets de ces agents? Ces vibrations donnent-elles la raison d'être des phénomènes si complexes du calorique latent et du calorique rayonnant, de la diathermanéité et de la conductibilité, des réfractions et des diffractions lumineuses, de la composition et de la décomposition de la lumière blanche, des attractions et des répulsions électriques, du pouvoir des pointes, des courants électriques et magnétiques?... Voilà ce qu'il est permis de contester, sans pour cela s'inscrire en faux contre la doctrine, très-rationnelle en elle-même, je le répète, du plein universel. Et maintenant le lecteur demandera-t-il ce que c'est que l'éther? Ce serait pousser bien loin la curiosité. M. William Thompson, dont je parlais il y a un instant, incline à croire que l'éther est une continuation de notre propre atmosphère. Je n'entreprendrai pas de discuter cette opinion, qui est purement arbitraire, et à côté de laquelle on pourrait élever toute autre supposition, qui ne serait ni plus ni moins soutenable ou contestable. En toute chose il faut savoir se borner, et c'est pour la science surtout une loi impérieuse, une condition indispensable de force et d'intégrité, de s'arrêter là où le terrain solide de l'observation et du calcul vient à lui manquer. A cette question indiscrète, « Qu'est-ce que l'éther? » il n'y a donc point de réponse.

Une autre objection plus légitime est celle-ci : Comment accorder l'existence de l'éther avec les résultats si saisissants et si concluants des expériences de Torricelli, de Pascal et d'Otto de Guericke, touchant la pesanteur de l'air, le vide de la chambre barométrique, etc.? Au fond il n'y a là rien de contradictoire. La théorie du baromètre et celle de la machine pneumatique restent entières. Il faut seulement ne pas perdre de vue que les mots *plein* et *vide* qu'on emploie dans les démonstrations, n'ont qu'un sens relatif, et non une valeur absolue. Lorsqu'on dit, par exemple, que la chambre barométrique ou le récipient de la machine pneumatique est vide, cela signifie seulement qu'il ne s'y trouve aucun corps dont il nous soit possible de constater la présence [1]; et il importe peu de savoir s'il est réellement vide ou s'il est occupé par de l'éther.

---

[1] On sait cependant aujourd'hui qu'il existe dans la chambre barométrique des traces de vapeur mercurielle.

# CHAPITRE X

## LUMIÈRE ET CHALEUR

Quelque opinion que l'on ait sur la nature de l'éther et sur l'unité ou la pluralité des agents mystérieux que nous nommons lumière, chaleur, électricité, magnétisme, on est obligé de reconnaître que la présence de corps pondérables est nécessaire à leurs manifestations : en d'autres termes, que si l'éther peut les transmettre de monde en monde ou de molécule en molécule, il ne peut ni leur donner naissance, ni les fixer, ni les rendre sensibles, mais que leur production, leur mise en activité, si je puis ainsi dire, et quelquefois même leur transmission exigent la présence d'une substance assez condensée pour affecter au moins un des trois états sous lesquels la matière nous est connue. De là le rôle important assigné à l'atmosphère dans la physique du globe terrestre.

Et d'abord, l'air possède, par rapport à la lumière, des propriétés remarquables, et nous pouvons bien ajouter précieuses; car sans elles la terre serait un morne et lugubre séjour.

« L'air, malgré sa transparence, dit Biot, intercepte sensiblement la lumière, et la réfléchit comme tous les autres corps. Mais les particules qui le composent étant extrêmement petites et très-écartées des unes des autres, on ne peut les apercevoir que lorsqu'elles sont réunies en assez grandes masses. Alors la multitude des rayons lumineux qu'elles nous envoient produit sur nos yeux une impression sensible, et nous voyons que leur couleur est bleue. En effet, l'air donne une teinte bleuâtre aux objets entre lesquels il s'interpose. Cette teinte colore très-sensiblement les montagnes éloignées, et elle est d'autant plus forte qu'elles sont plus distantes de nous... C'est encore la couleur propre de l'air qui forme l'azur céleste, cette voûte bleue qui paraît nous environner de toutes parts, que le vulgaire appelle le ciel, et à laquelle tous les astres paraissent attachés. A mesure qu'on s'élève dans l'atmosphère, cette couleur devient moins brillante. La clarté qu'elle répand diminue avec la densité de l'air qui la réfléchit, et sur le sommet d'une haute montagne, ou dans un aérostat fort élevé, le ciel parait d'un bleu presque noir.

« L'air n'est pas lumineux par lui-même, car il ne nous éclaire point pendant l'obscurité. La lumière qu'il nous envoie lui vient du soleil et des astres. Sa couleur prouve qu'il réfléchit les rayons bleus en plus grande quantité que les autres; car on sait par expérience que la lumière est composée de rayons différents qui produisent sur nos yeux la sensation de diverses couleurs, et ce qu'on nomme la couleur d'un corps n'est que celle des rayons qu'il nous réfléchit. L'air est donc autour de la terre comme une sorte de voile brillant, qui multiplie et propage la lumière du soleil par une infinité de répercussions. C'est par lui que nous avons le jour lorsque le soleil ne parait pas encore sur l'horizon. Après le lever de cet astre, il n'y a pas de lieu si retiré, pourvu que l'air puisse s'y introduire, qui n'en reçoive de la lumière, quoique les rayons du soleil n'y arrivent pas directement. Si l'atmosphère n'existait pas, chaque point de la surface terrestre ne recevrait de lumière que celle qui lui viendrait directement du soleil. Quand on cesserait de regarder cet astre ou les objets éclairés par ses rayons, on se trouverait aussitôt dans les ténèbres. Les rayons solaires, réfléchis par la terre, iraient se perdre dans l'espace, et l'on éprouverait toujours un froid excessif. Le soleil, quoique très-près de l'horizon, brillerait de toute sa lumière; et, immédiatement après son coucher, nous serions plongés dans une obscurité absolue. Le matin, lorsque cet astre reparaitrait sur l'horizon, le jour succèderait à la nuit avec la même rapidité.

« On peut juger de ces conséquences par ce que l'on éprouve déjà sur les hautes montagnes, où cependant la densité de l'air n'est pas même réduite à la moitié de ce qu'elle est à la surface du sol. Non-seulement la température moyenne annuelle y est déjà très-froide, mais à peine y reçoit-on d'autre lumière que celle qui vient directement du soleil et des astres. La clarté que l'air raréfié réfléchit est si faible, que, lorsqu'on est placé à l'ombre, on voit, dit-on, les étoiles en plein jour. »

L'effet étrange de l'absence d'atmosphère serait bien plus complet et bien plus saisissant, s'il nous était donné de nous transporter sur notre satellite. Essayons d'y suppléer par l'imagination et par l'art, et comparons le riant spectacle que nous offre la terre, en partie couverte de son manteau humide et ondoyant, sillonnée de fleuves, parée d'une riche végétation, peuplée d'une multitude d'animaux, embellie et animée encore par l'industrie de l'homme, enveloppée enfin de ce brillant voile d'azur brodé de nuages argentés; comparons, dis-je, ce spectacle à l'aspect morne de la lune, avec son sol de pierre ou de métal déchiré, crevassé, perforé même, dit-on, en certains endroits, avec ses volcans éteints et ses pics semblables à de gigantesques tombeaux; avec son ciel noir dont aucune vapeur ne voile la sombre profondeur, et sur lequel apparaissent, comme des myriades de taches lumineuses, des étoiles qui ne scintillent point. Là les jours ne sont en quelque sorte que des nuits éclairées par un soleil sans rayons. Point d'aurore le matin, point de crépuscule le soir. Les nuits sont absolument noires, hormis lorsque la terre renvoie à son satellite cette lumière grisâtre que les astronomes appellent *lumière cendrée*. Le jour, les rayons solaires viennent se briser, se couper aux arêtes tranchantes, aux pointes aiguës des rochers, ou s'arrêter court aux bords abrupts de ses abîmes, dessinant çà et là de bizarres figures noires aux contours anguleux et tranchés, et ne frappant les surfaces exposées à leur action que pour se réfléchir et se perdre aussitôt dans l'espace. L'humidité, et avec elle la végétation et la vie animale sont absentes. S'il existait de l'eau à la surface de la lune, elle y serait à l'état de glace aussi dure que la pierre; le mercure même y serait solide; car la température de ce corps privé de vie est celle des espaces planétaires, qui a été diversement évaluée par les physiciens, mais qui n'est pas, assurément, supérieure à 50 ou 60 degrés au-dessous de zéro.

Telle serait aussi la température de notre globe, s'il était dépourvu d'atmosphère. Il est remarquable, en effet, que l'air se comporte relativement au calorique de la même manière que relativement à la lumière. Il est diathermane ou perméable au calorique, en même temps qu'il est transparent ou perméable à la lumière; mais il ne laisse pas de retenir et de réfléchir en tous sens une partie du calorique et de la lumière que le soleil envoie à la

Jour terrestre.

terre, et qu'il sert de cette façon à emmagasiner, pour ainsi dire, à notre profit, en quantité d'autant plus grande qu'il est plus près de la surface du sol. C'est donc à la présence de notre atmosphère que nous devons la diffusion et la conservation autour de nous de la lumière et de la chaleur solaires. Plus l'atmosphère est dense, plus elle est susceptible de s'éclairer et de s'échauffer. Mais il résulte de récentes recherches faites par un physicien anglais, M. John Tyndall, que la plus grande densité de l'air dans ses couches les plus rapprochées du sol n'est pas la seule cause de l'accroissement de son pouvoir absorbant par rapport à la chaleur. Cet accroissement est dû surtout à la présence d'une plus forte proportion de vapeur d'eau.

« La vapeur d'eau de l'air, disent MM. Laugel et Grandeau dans une excellente notice sur les travaux de M. Tyndall, absorbe une quantité de chaleur beaucoup plus considérable que tous les autres gaz. L'oxygène et l'azote n'arrêtent pas beaucoup plus de chaleur que ne ferait le vide absolu ; mais la vapeur d'eau offre une grande résistance au passage du calorique... De même qu'une digue a pour effet d'augmenter localement la profondeur d'un cours d'eau, ainsi notre atmosphère, agissant comme une digue sur les rayons de chaleur émanés de la terre, produit une élévation locale de température autour de la surface terrestre. La chaleur n'y est point accumulée indéfiniment, pas plus que l'eau ne reste toujours derrière une digue ; elle se dissipe, mais elle est sans cesse remplacée. Si l'atmosphère était subitement dépouillée de vapeur d'eau, les gaz qui la renferment laissant échapper trop rapidement la chaleur terrestre, nous verrions bientôt la surface du globe descendre à des températures voisines de celle du vide céleste ; toute vie organique y serait arrêtée, et les eaux des mers se congèleraient partout, même sous la zone aujourd'hui dite torride. Pour apprécier de la manière la plus sûre la température des espaces interplanétaires, il faudrait pouvoir s'élever jusqu'à une couche atmosphérique qui ne contiendrait plus de trace de vapeur d'eau [1]. »

L'éloignement de la terre est aussi une cause de refroidisse-

---

[1] *Revue des sciences et de l'industrie pour la France et l'étranger*, 2ᵉ année. — Paris, 1863.

ment de l'air. En raison même de sa diathermanéité, ce mélange gazeux n'est pas échauffé directement par les rayons solaires, mais indirectement par la réverbération du sol, c'est-à-dire par un second rayonnement qui s'épuise en peu de temps, comme le prouve l'abaissement de la température pendant la nuit. Ces considérations font aisément concevoir les causes du froid excessif qui règne dans les hautes régions de l'air, et de la perpétuité des glaces sur les cimes des grandes montagnes, alors même que ces montagnes sont situées dans des pays dont le climat est plus brûlant; mais il est très-difficile de déterminer exactement le rapport entre la décroissance de la température et l'altitude des lieux ou des couches atmosphériques. La saison, le climat, le vent régnant, l'heure de la journée et principalement l'état hygrométrique de l'air tendent à modifier notablement ce rapport. Toutefois on l'évalue approximativement, en moyenne, à 1 degré pour 187 mètres d'élévation dans la zone torride, et 1 degré pour 150 mètres dans la zone tempérée. Dans les régions polaires, selon MM. Becquerel, le décroissement ne se fait sentir qu'à une certaine hauteur, qui n'a pas encore été déterminée. En effet, à Igloolich, par 69° 21' de latitude boréale, le capitaine Parry a enlevé un cerf-volant à 130 mètres de hauteur, avec un thermomètre à minima. La température de l'air à cette hauteur était de 31 degrés au-dessous de zéro, comme sur les glaces de la mer [1].

Humboldt a trouvé 1 degré d'abaissement pour 181 mètres sur le Chimboraço. De Saussure avait trouvé 1 degré pour 144 mètres sur le mont Blanc. Le physicien Charles, dans son ascension en ballon à gaz hydrogène, en 1785, éprouva une température de — 7 degrés Réaumur à 3,000 mètres environ. Gay-Lussac, dans le célèbre voyage aérien qu'il exécuta le 16 septembre 1804, trouva, à une hauteur de 7,000 mètres, un froid de près de 10 degrés au-dessous de glace. Dans la cour de l'observatoire de Paris, d'où il était parti, le thermomètre marquait plus de 28 degrés au-dessus de 0. L'écart était donc de 38 degrés; ce qui donnerait 1 degré pour 190 mètres environ. Mais, comme le fait observer Biot, le décroissement n'avait pas été uniformément réparti dans l'intervalle parcouru par le sa-

---

[1] *Éléments de physique du globe*, ch. 1, § 5.

Jour lunaire.

vant observateur. Il s'était accéléré à mesure que la hauteur augmentait. Dans la couche d'air immédiatement inférieure à celle où le ballon cessa de monter, une diminution de 1 degré centésimal de la température répondait à une différence de niveau de 196 mètres. A la hauteur de 6,952 mètres, le même abaissement n'exigeait plus que 156 mètres, etc. [1].

MM. Barral et Bixio, dans leur première ascension aérostatique, le 29 juin 1850, trouvèrent 7 degrés centigrades seulement à 5,983 mètres; mais dans une seconde ascension, le 26 juillet suivant, s'étant élevés, comme Gay-Lussac, à plus de 7,000 mètres, ils eurent à endurer dans cette région la température extrêmement basse de — 39 degrés. « On s'attendait si peu à cet abaissement de température, dit M. L. Foucault, que les instruments étaient impropres à l'accuser, leur graduation n'étant pas prolongée assez bas; presque toutes les colonnes étaient rentrées dans les cuvettes, et par 2 degrés de moins encore le mercure se congelait en brisant tous les tubes. Il importe de remarquer que ce froid s'est fait sentir très-brusquement, et que c'est à partir seulement des 600 derniers mètres que la loi de température s'est troublée brusquement, pour plonger les observateurs dans les frimas que probablement le nuage transportait avec lui [1]. » Ce nuage était une masse énorme d'au moins 5,000 mètres d'épaisseur, presque entièrement formé de petites aiguilles de glace, et au sein duquel un mouvement ascensionnel, provoqué par le jet de presque tout leur lest, avait subitement porté les deux aéronautes.

Enfin deux intrépides météorologistes anglais, MM. Welsh et Glaisher, ont exécuté, de 1852 à 1862, aux frais de la Société royale de Londres, de nombreuses ascensions aérostatiques dans le but d'étudier la constitution physique de l'atmosphère. Le décroissement de la température a été naturellement un des principaux sujets de leurs recherches, et ils ont reconnu que, si ce décroissement n'est pas uniforme, ses inégalités paraissent du moins assujetties à certaines lois à peu près constantes. Ainsi, d'après M. Welsh, la température décroît uniformément jusqu'à une certaine élévation, qui

---

[1] *Astronomie physique*, t. I, ch. VI.
[2] *Journal des Débats* du 28 juillet 1850.

varie suivant les jours; puis le décroissement éprouve une sorte
d'arrêt dans une couche de 600 à 900 mètres, dont la température
est sensiblement égale sur toute son épaisseur, ou même s'élève
d'abord un peu pour redescendre ensuite graduellement, mais moins
vite que dans les régions inférieures de l'atmosphère.

M. Glaisher a fait, pendant les années 1861 et 1862, huit ascensions, et il est parvenu plusieurs fois jusqu'à une hauteur de
8,300 mètres; ce qui donne à ses observations, je le dis sans jeu
de mots, une très-grande portée. Voici quels sont, en substance,
les résultats obtenus par cet audacieux explorateur de l'atmosphère. On remarquera qu'ils s'accordent parfaitement avec ceux
qu'a obtenus M. Tyndall dans les expériences dont il a été parlé
ci-dessus.

« Quand on s'élève en ballon vers un ciel nuageux, la température s'abaisse d'ordinaire jusqu'à ce qu'on arrive aux nuages;
quand on les a dépassés, on observe toujours une élévation de
quelques degrés; puis la température va de nouveau en s'abaissant. Quand on s'élève par un ciel clair, la température initiale
est, toutes choses égales d'ailleurs, plus élevée que dans le cas précédent, et la différence est mesurée à peu près par l'élévation qu'on
observe en sortant des nuages. Jamais la diminution de chaleur
n'est absolument régulière; on trouve presque toujours dans l'atmosphère des couches d'air chaud, et parfois on en rencontre jusqu'à quatre ou cinq successivement. Les couches chaudes se montrent jusqu'à une hauteur de 5 à 6 kilomètres. Elles sont de
300 à 3,000 mètres d'épaisseur, et leur excès de température varie
de 1 à 10 degrés centigrades. On voit donc que jusque au-dessus de
la zone des nuages la succession des températures est très-variable,
et nullement conforme à la loi longtemps admise, qui impliquait
une diminution de 1 degré environ par 200 mètres. Supposons
maintenant le ciel sans nuage : jusqu'à une hauteur de 350 mètres,
la diminution est d'environ 1 degré pour 90 mètres; au delà elle
devient plus petite, et, à la hauteur de 4,500 mètres, elle n'est
plus que de 1 degré pour 200 mètres; enfin, plus haut encore,
il faut traverser plus de 200 mètres pour que la température s'a-
baisse de 1 degré. »

# CHAPITRE XI

### ÉLECTRICITÉ ET MAGNÉTISME

« Je ne sais qu'une chose, disait Socrate : c'est que je ne sais rien ; » et Laplace mourant : « Ce que nous savons est peu de chose; ce que nous ignorons est immense. »

Les hypothèses et les conjectures auxquelles on est obligé de recourir pour se rendre compte, tant mal que bien, des phénomènes de lumière et de chaleur, nous ont permis déjà d'apprécier ce qu'il y a de profondément vrai dans ces solennelles paroles, expressions différentes d'une même pensée, prononcées à vingt siècles d'intervalle par deux hommes qui furent les plus vigoureux génies et les esprits les plus éclairés de leur temps. Nous en serions plus vivement frappés encore s'il nous était permis de dresser le bilan des connaissances acquises dans les deux branches de la physique qui ont pour objet l'électricité et le magnétisme. Ici l'actif, au premier abord, semble considérable. Les faits observés sont nombreux, et l'on a saisi entre eux quelques-uns de ces rapports constants que l'on nomme en physique des lois. Mais combien de questions, tant théoriques qu'expérimentales, attendent encore une réponse, sans compter le grand problème de la *raison des choses*, plus impénétrable, plus inabordable de ce côté que d'aucun autre! La nature du calorique et de la lumière nous est inconnue. Cependant l'hypothèse des ondulations est, sinon démontrée, au moins très-admissible relativement à ces deux agents; elle ne se prête pas sans quelque peine à l'explication de certains phénomènes; mais il en est beaucoup dont elle rend compte d'une manière très-satisfaisante. Et pour ce qui est des phénomènes eux-mêmes, notamment des phénomènes atmosphériques, ils ont été observés d'une manière assez exacte et assez complète pour qu'on ait pu les réunir et les classer en une série de groupes étroitement liés entre eux, convenablement ordonnés et ne présentant ni lacunes trop grandes ni anomalies choquantes.

Il s'en faut, hélas! que la science du magnétisme et de l'électricité se trouve en possession de pareils résultats. Assurément, si l'on mesure le chemin qu'elle a parcouru depuis son origine, par le nombre et l'importance des faits et des rapports particuliers qu'elle a constatés, ce chemin est immense. Mais lorsqu'on y regarde de plus près, lorsqu'on voit quelle énorme distance la sépare encore du but, — c'est-à-dire du moment où elle pourra tirer de l'ensemble de ces connaissances une conclusion générale et positive, — on reconnaît qu'elle n'a guère fait jusqu'ici que tourner dans un cercle, ou plutôt dans une spirale semblable à ces chemins qui s'enroulent autour des montagnes abruptes, et n'arrivent au sommet qu'après avoir décrit une multitude de courbes superposées. Tout objet nouveau qu'elle rencontre l'oblige à suspendre sa marche, et chaque élément qu'elle acquiert par l'observation et l'expérience accroît son embarras, en lui donnant à résoudre un problème de plus.

Elle prétend en vain trouver la raison des phénomènes électriques et magnétiques, comme celle des phénomènes de lumière et de chaleur, dans les mouvements variés d'une même substance universelle. En vain elle démontre et invoque la solidarité des forces; en vain elle nous dit que tous les phénomènes physiques sont reliés dans leur diversité par un caractère commun; qu'ils doivent tous être attribués à un état particulier du mouvement dans les molécules qui composent les corps; que nous pouvons nous représenter ces molécules animées d'une infinité de mouvements différents, rotations, translations, ou rotations et translations combinées, se modifiant et se transformant de mille manières, suivant les résistances que les forces rencontrent dans leur propagation [1]. Rien n'est plus vague que ces explications qui appellent, pour chaque ordre de faits, des explications nouvelles. Aussi, pour se tirer des formidables embarras qu'elles suscitent, est-on obligé, après bien des efforts, d'en revenir au vieux système des fluides : système peu

----

[1] Aug. Laugel, *L'Esprit de la physique moderne, Science et Philosophie.* — 1 vol. in-18. Paris, 1863.

philosophique, j'en conviens, mais par cela même beaucoup mieux approprié à notre faiblesse et à notre ignorance. Exemple : J'ouvre un traité de physique tout récemment publié par deux savants professeurs de l'Université. J'y retrouve, aux chapitres *Électricité* et *Magnétisme*, les mêmes procédés de démonstration, les mêmes théories en usage dans les collèges il y a vingt-cinq ans. J'y retrouve la distinction des deux électricités statique et dynamique, celle du fluide positif et du fluide négatif : — une étrange invention que celle-là; car je défie bien qu'on me dise ce que c'est qu'un fluide qui existe en plus et un fluide qui existe en moins, et comment de la combinaison de ces deux fluides en peut résulter un troisième, qui existe à la fois en plus et en moins, ou qui n'existe ni d'une façon ni de l'autre!... J'y retrouve les courants, les attractions, les répulsions, les pôles magnétiques, etc. De l'éther et des ondulations, pas un mot. Pourquoi? Parce que les auteurs, admettant la théorie des ondulations comme vraie pour la chaleur et la lumière, la regardent comme fausse pour l'électricité et le magnétisme? Non, sans doute; mais, je suppose, parce qu'ils ont pensé sagement que cette théorie, ainsi que toutes les théories générales, est à la science ce qu'un toit est à un édifice, et qu'on se hâte trop de vouloir donner ce couronnement à une science dont les matériaux sont encore insuffisants et mal assemblés.

Imitons leur prudente réserve, et, sans nous égarer dans la recherche des causes premières, jetons un rapide coup d'œil sur les propriétés de l'air dans ses rapports avec l'électricité et le magnétisme. Très-perméable, comme on sait, à la lumière et au calorique; en d'autres termes, très-transparent et très-diathermane, mais très-mauvais conducteur du calorique, qui ne se propage dans sa masse que par le déplacement des molécules, l'air paraît se comporter, à l'égard de l'électricité et du magnétisme, d'une façon particulière, mais sur laquelle on ne possède jusqu'ici que des données fort incomplètes. On peut dire en thèse générale qu'il conduit très-mal l'électricité, et aussi qu'il s'électrise difficilement, et d'ordinaire faiblement. Les observateurs qui ont étudié la constitution électrique de l'atmosphère l'ont trouvée tantôt électro-positive, tantôt électro-négative lorsque le temps était nuageux, et toujours électro-positive lorsque le ciel était serein. La saison, la température, l'humidité ou

la sécheresse sont autant de circonstances qui influent d'une manière très-marquée sur son état électrique. En dehors de la relation
directe qui existe entre les phénomènes électriques et les changements de température, on sait que l'évaporation des liquides, et
en particulier de l'eau, est toujours accompagnée d'un dégagement
d'électricité d'autant plus intense que l'évaporation est plus rapide
et plus abondante. Aussi la plupart des physiciens pensent-ils que
l'évaporation de l'eau à la surface de la terre est une des principales
sources de l'électricité atmosphérique. Et comme la formation des
vapeurs est d'autant plus active que la température est plus élevée,
il s'ensuit que c'est pendant les fortes chaleurs qu'il s'accumule
dans l'atmosphère le plus d'électricité.

Cette électricité ne tarde pas à être reprise par les nuages, qui,
en se formant, commencent par être électrisés positivement; ces
premiers nuages agissent par influence sur ceux qui se forment
ensuite, et qui, n'étant que faiblement électrisés, perdent le fluide
positif qu'ils avaient emprunté à l'atmosphère, pour ne conserver
que le fluide négatif. « Qu'un nuage faiblement électrisé, disent
MM. Boutan et d'Almeida, se trouve au-dessous d'un nuage très-
fortement chargé, des phénomènes d'influence auront lieu : l'élec-.
tricité positive du nuage le plus faible sera repoussée tout entière;
puis une décomposition du fluide neutre se fera, et sur le nuage
le plus faible se développera du fluide négatif. Alors que, par une
cause quelconque, ce nuage ainsi influencé soit en communication
avec le sol; si, par exemple, il touche le flanc d'une montagne, il
perdra son électricité positive libre, et se trouvera chargé d'électricité négative. Voici une preuve de la vérité de cette théorie : quand
par un jour serein on lance un jet d'eau à une grande hauteur dans
l'atmosphère, les gouttes qui tombent sont chargées d'électricité
négative : on le constate en les recevant sur un électroscope [1]. »

L'air, n'étant point conducteur de l'électricité, oppose à la reconstitution du fluide neutre entre deux corps, — deux nuages, par
exemple, — diversement électrisés, une résistance qui ne peut être
vaincue que par une certaine tension existant de part et d'autre :
tension qui doit être d'autant plus forte que la distance entre les

---

[1] *Cours élémentaire de physique*, liv. III, ch. IV. — 1 vol. in-8°. Paris, 1861.

deux corps est plus grande. Le rapport entre la densité de l'air et la résistance qu'il oppose au passage de la décharge électrique n'a pas été exactement déterminé; mais plusieurs physiciens, et, en dernier lieu, M. de la Rive, ont établi que l'air, comme les autres gaz, atteint à un certain degré de raréfaction son maximum de conductibilité, et que cette conductibilité va ensuite de nouveau en diminuant jusqu'au vide absolu, à travers lequel la propagation n'a plus lieu. Car « il est bien établi maintenant, dit M. de la Rive, principalement par les expériences de M. Gassiot, que *le vide absolu ne transmet en aucune façon l'électricité,* mais qu'il suffit de la présence de la plus petite quantité de *matière pondérable* pour que cette transmission puisse avoir lieu [1]. » N'est-ce pas là encore, soit dit en passant, un fait qui, affirmé avec une telle autorité, met quelque peu en défaut l'hypothèse des ondulations de l'éther?

La question de savoir si, et dans quelles limites, la force électrique diminue à mesure qu'on s'élève dans l'atmosphère, est loin jusqu'à présent d'être décidée, bien qu'un grand nombre de savants aient tenté de la résoudre par l'observation.

Robertson et Lhoest, dans l'ascension aérostatique qu'ils firent à Hambourg, le 18 juillet 1803, crurent remarquer qu'à une hauteur où leur baromètre ne marquait plus que 12 pouces $\frac{1}{100}$, ce qui correspond à une altitude d'environ 4,300 mètres, les phénomènes d'électricité statique étaient sensiblement affaiblis, le verre, le soufre et la cire à cacheter ne s'électrisant presque plus par le frottement. Gay-Lussac et Biot, dont l'ascension, exécutée l'année suivante sous les auspices de la classe des sciences de l'Institut, avait pour objet de contrôler les observations recueillies par Robertson relativement à la diminution des forces électrique et magnétique dans les régions supérieures de l'air, trouvèrent, au contraire, une électricité résineuse (ou négative) « croissant avec les hauteurs ». « Résultat conforme, dit Biot, a ce que l'on avait conclu par la théorie, d'après les expériences de Volta et de Saussure. » Enfin M. Glaisher a constaté, dans une de ses ascensions, que l'air était chargé d'électricité positive, et que la quantité d'électricité

[1] *Comptes rendus des séances de l'Académie des sciences,* tome LVI (premier semestre de 1863). *Recherches sur la propagation de l'électricité à travers les fluides élastiques très-raréfiés.*

diminuait à mesure qu'on s'élevait jusqu'à 7,000 mètres; au delà de ce point elle était trop faible pour être observée. Ce dernier résultat, d'accord avec ceux que MM. Gassiot et de la Rive ont obtenus, donne raison à Robertson contre Biot et Gay-Lussac, et même contre Saussure et Volta; ce qui, du reste, ne doit point surprendre, si l'on songe combien la science de l'électricité était encore peu avancée au commencement de notre siècle.

Nous ne pouvons nous arrêter en ce moment aux phénomènes que produit l'électricité au sein de l'atmosphère. On sait qu'elle se manifeste par des effets qui peuvent parcourir presque le cercle entier des phénomènes naturels : physiques, mécaniques, chimiques, physiologiques. L'électricité est une source de lumière, de chaleur, de magnétisme; elle est susceptible de produire des effets mécaniques très-puissants; elle paraît être l'agent spécial des compositions et des décompositions chimiques, des mouvements nerveux et de la circulation organique. Les effets lumineux de l'électricité sont des plus remarquables : la lumière électrique ne ressemble ni à celle du soleil et des astres, ni à celle qu'on obtient par la combustion des huiles, des graisses ou du gaz. Elle a un éclat qui lui est propre, et peut acquérir une intensité extrême. La lumière électrique qu'on obtient artificiellement en faisant passer un courant voltaïque par deux cônes de charbon juxtaposés [1], jouit d'un pouvoir éclairant supérieur à celui de toutes les autres sources lumineuses dont nous disposons. « Comparée à la lumière des bougies, on a trouvé que quarante-huit couples à charbon faibles éclairent autant que cinq cent soixante-douze bougies; et quarante-six couples plus forts ont donné une lumière équivalant au quart de celle du soleil. La lumière électrique est si vive, qu'avec cent couples elle peut donner des maux d'yeux très-douloureux, et qu'avec six cents, un seul instant suffit pour occasionner des maux de tête et d'yeux violents, et pour brûler la figure, comme le ferait un fort coup de soleil [2]. »

Plusieurs essais ont été faits pour appliquer la lumière électrique à l'éclairage public; malheureusement cette lumière éblouissante

---

[1] Voyez notre *Feu du ciel*, ch. xv.

[2] A. Ganot, *Cours de physique expérimentale :* Électricité, ch. ix.

Éclairage par la lumière électrique de l'avenue de l'Impératrice à Paris.

a l'inconvénient de n'être nullement diffusible. Un réflecteur placé derrière les cônes de charbon incandescents projette à de très-grandes distances un faisceau de rayons d'une extrême puissance, mais dont la lueur ne se répand point en dehors de son parcours rectiligne. On en a pu juger par les expériences faites à plusieurs reprises à Paris, et notamment par celles qui ont eu lieu pendant l'été de 1863. Un appareil avait été placé sur l'entablement de l'arc de triomphe de l'Étoile, et sa lumière, dirigée sur l'avenue de l'Impératrice, éclairait cette avenue sur toute sa longueur; mais les rues, les avenues et les jardins adjacents restaient plongés dans la plus profonde obscurité. On a cependant tiré de la lumière électrique un excellent parti pour éclairer pendant la nuit de grands travaux, entre autres ceux du palais de l'Industrie et de quelques-uns des nouveaux ponts construits à Paris, et ceux du magnifique pont tubulaire qui réunit, près de Kehl, les deux rives du Rhin. On s'en est servi aussi dans les théâtres pour reproduire des effets de soleil et de clair de lune; ces derniers étaient les mieux réussis. La lumière électrique a bien la même nuance que celle de la lune, mais elle fatigue les yeux, et ne dit rien à l'imagination; au contraire, la lumière adoucie que la lune nous envoie repose la vue, répand sur la nature un charme mélancolique, inspire les artistes et les poëtes, et porte à la rêverie les esprits les plus prosaïques.

Nous avons peu de chose à dire du magnétisme : non que son intervention dans les phénomènes de l'air puisse être mise en doute, et que son importance au point de vue météorologique ne soit aujourd'hui bien démontrée; mais force nous est bien de nous arrêter devant une barrière que nos recherches nous feraient rencontrer presque dès les premiers pas, et qui marque la limite du connu à l'inconnu. Ce serait ici ou jamais le cas de rappeler le mot de Laplace; car le connu se réduit à presque rien, et l'inconnu est un abîme dont notre imagination même ne saurait aujourd'hui nous faire entrevoir le fond. Les liens étroits qui rattachent le magnétisme à l'électricité, la simultanéité constante des effets directs de celle-ci avec les manifestations de celui-là, sont de nature à faire supposer que ces deux agents ne sont que des formes différentes, mais inséparables, d'une même force, d'un même principe.

Tous ceux qui possèdent quelques notions de physique savent ce

que c'est qu'un aimant, et les pôles d'un aimant. On sait aussi
que, de même que les électricités de même nom se repoussent,
et les électricités de nom contraire s'attirent, de même aussi les
pôles magnétiques de nom contraire s'attirent, et les pôles de même
nom se repoussent; de telle sorte que, si au pôle austral d'un
barreau aimanté on présente l'extrémité d'une aiguille également
aimantée, et suspendue de façon à pouvoir tourner librement autour

Boussole de déclinaison.

de son centre dans un plan horizontal, cette extrémité sera attirée
ou repoussée suivant qu'elle sera, qu'on me passe cette expression
surannée, chargée de fluide boréal ou de fluide austral. Mais maintenant éloignons le barreau aimanté, et laissons l'aiguille prendre
spontanément son équilibre. Nous la verrons osciller pendant
quelque temps, puis s'arrêter dans une certaine position; et si
nous essayons de l'en écarter, elle y reviendra toujours, dès qu'elle
sera abandonnée à elle-même. Cette position est telle, que le

pôle austral de l'aiguille est dirigé à très-peu près vers le nord, et, par conséquent, son pôle boréal vers le sud. C'est en vertu de ce fait, constamment observé sous toutes les latitudes, que les physiciens ont assimilé le globe terrestre à un énorme aimant ayant ses pôles magnétiques voisins de ses pôles astronomiques, et exerçant sur tous les barreaux aimantés librement suspendus la même action, non pas attractive, mais simplement directrice, que nous venons de reconnaître. A peine est-il besoin de rappeler que la *boussole*, cet instrument si merveilleux en sa simplicité, ce guide infaillible des navigateurs, n'est autre chose qu'une aiguille aimantée, reposant, par son milieu creusé en chape, sur un pivot très-aigu, et mobile autour de ce pivot dans un plan horizontal. A la face supérieure de l'aiguille est collé un disque de cuivre très-mince, revêtu d'une feuille de papier sur laquelle est figurée une *rose des vents*. L'axe de la branche N.-S. représente le méridien géographique; et l'axe de l'aiguille elle-même, le méridien magnétique. L'angle que ces deux méridiens forment entre eux est ce qu'on nomme l'angle de *déclinaison*. L'aiguille étant toujours dirigée vers le nord magnétique, les points N, S, O, E, de la rose qui lui est solidaire coïncident, plus ou moins exactement, avec les quatre points cardinaux, quelle que soit la position de l'instrument; et le navigateur, en consultant l'instrument, connaît toujours la route que suit son vaisseau.

Il est essentiel que la boussole marine conserve toujours une position horizontale; ce qui n'aurait point lieu si l'on n'avait recours à un artifice particulier qui la rende indépendante des mouvements du navire. La disposition adoptée à cet effet consiste dans le mode de suspension appelé suspension de Cardan, du nom de l'astronome français qui l'a imaginé. En premier lieu, la boîte circulaire qui contient l'aiguille et son pivot est suspendue, par deux tourillons placés aux deux extrémités d'un de ses diamètres, dans l'intérieur d'un premier cercle métallique, suspendu lui-même, mais par les deux extrémités d'un diamètre perpendiculaire au premier, à un deuxième cercle; ce dernier seul est fixe, et participe aux oscillations du navire. En second lieu, le fond de la boîte est lesté avec une substance très-pesante, afin que son centre de gravité se trouve le plus bas possible. De cette façon, malgré les mouvements des sup-

ports extérieurs, le pivot ne peut être dérangé de la position verticale, et l'aiguille conserve toujours son horizontalité.

L'action directrice dont la boussole marine est une si précieuse
application n'est pas la seule que le magnétisme terrestre exerce
sur l'aiguille aimantée. En effet, au lieu de poser cette aiguille sur
un pivot vertical, suspendons-la, toujours par son centre, à un axe
horizontal autour duquel elle puisse tourner librement comme le fléau
d'une balance, et dirigeons son pôle austral vers le pôle boréal de la
terre. Nous supposons, bien entendu, que les deux moitiés sont parfaitement symétriques et de même poids. Cependant, au lieu de se
tenir horizontalement en équilibre, l'aiguille s'incline spontanément ; son pôle austral s'abaisse, et forme avec l'horizon un certain angle qui est toujours le même pour une même latitude magnétique, c'est-à-dire pour une même distance au pôle magnétique ;
mais qui va en diminuant jusqu'à l'équateur magnétique, où
l'aiguille redevient horizontale, et en augmentant jusqu'au pôle
magnétique, où elle prend une position tout à fait verticale. C'est au
moins ainsi que les choses se passent sur notre hémisphère. L'inverse a lieu sur l'hémisphère austral. Là c'est le pôle boréal de
l'aiguille aimantée qui s'incline vers la terre, et forme avec l'horizon un angle d'autant plus grand qu'on approche davantage du
pôle magnétique austral du globe. On désigne ce singulier phénomène sous le nom d'*inclinaison magnétique*, et l'instrument qui
sert à le produire est appelé *aiguille* ou *boussole d'inclinaison*.

J'ai dit que l'aiguille de la boussole marine, qui est une boussole
de déclinaison, indique « plus ou moins exactement » la position
réelle des quatre points cardinaux. C'est qu'en effet l'angle qu'elle
forme avec le méridien géographique n'est pas constant. On peut
en dire autant de l'angle d'inclinaison. L'un et l'autre varient
selon les lieux et selon les temps ; aussi construit-on des boussoles
dites *de variation*, destinées à indiquer et à mesurer les oscillations
de l'aiguille aimantée.

« La force magnétique de notre planète, dit Humboldt, se manifeste à la surface par trois classes de phénomènes, dont l'une répond
à l'*intensité* variable de la force elle-même, tandis que les deux
autres comprennent les faits relatifs à sa direction variable, c'est-
à-dire l'*inclinaison* et la *déclinaison* ; ce dernier angle est compté en

chaque lieu, dans le sens horizontal, à partir du méridien terrestre.
L'effet complet que le magnétisme produit à l'extérieur peut ainsi
se représenter graphiquement à l'aide de trois systèmes de lignes,
à savoir : les lignes *isodynamiques*, les lignes *isocliniques* et les lignes
*isogoniques,* ou, en d'autres termes, les lignes d'égale intensité,
d'égale inclinaison et d'égale déclinaison [1]. »

Boussole d'inclinaison.

La déclinaison est orientale ou occidentale, selon que le pôle
magnétique est à l'est ou à l'ouest du pôle terrestre. Parmi les
variations qu'elle subit, les unes sont régulières, les autres accidentelles. On donne aux variations régulières des noms différents,
suivant la durée de leur période. Ainsi, elles sont séculaires, annuelles, ou diurnes.

« Par suite des variations séculaires, dit M. Menu de Saint-
Mesmin, l'aiguille aimantée accomplit, à l'est et à l'ouest du méri-

[1] *Cosmos,* t. I.

dien géographique, des oscillations dont la durée est de plusieurs siècles. A Paris, en 1580, le pôle austral de l'aiguille était à l'est de la méridienne géographique; la déclinaison égalait 11° 50'. L'écart angulaire, après avoir décru d'une manière continue, a passé par 0 en 1663. Puis la déclinaison est devenue occidentale, et en 1814 elle a atteint un maximum de 22° 34'. Depuis cette époque, la déclinaison a constamment diminué; elle n'égale plus aujourd'hui que 18 degrés environ.

« Les variations annuelles n'ont frappé les physiciens que vers la fin du xviiie siècle. Le premier, Cassini remarqua, en 1784, que, depuis l'équinoxe de printemps jusqu'au solstice d'été, l'aiguille aimantée rétrograde vers l'ouest, du 22 juin au 21 mars suivant. Il évalua à une vingtaine de minutes l'amplitude de l'oscillation pour une année.

« Soixante-deux ans avant la découverte des variations annuelles, en 1722, Graham avait observé des variations diurnes. Ces dernières sont surtout sensibles de 7 heures du matin à 10 heures du soir. Au lever du soleil, l'aiguille se met en marche vers l'ouest, et ne s'arrête qu'à 1 heure de l'après-midi. Elle retrograde ensuite vers l'est jusqu'au soir, et demeure à peu près immobile pendant la nuit [1]. »

Quant aux variations accidentelles, qu'on désigne plus ordinairement sous le nom de perturbations, elles correspondent aux *orages magnétiques*, dont nous nous occuperons dans la seconde partie de ce livre, et qu'une solidarité mystérieuse semble rattacher aux changements physiques de la photosphère solaire.

Mais quel est, dans tous ces phénomènes, le rôle de notre atmosphère? Est-elle sans influence sur le magnétisme? Oppose-t-elle un obstacle à son action, ou lui sert-elle, au contraire, comme à la lumière et au calorique, de véhicule et de réceptacle? Ce sont là des questions auxquelles la science n'a pas répondu jusqu'ici, et qu'il ne semble pas que les physiciens aient pris grand souci de résoudre. Plusieurs cependant ont cherché à s'assurer si l'action magnétique, dont on place le foyer au sein du globe terrestre, perd de son inten-

---

[1] *Les Orages magnétiques*, notice insérée dans l'*Annuaire scientifique* publié par M. Dehérain, 1 vol. in-18. Paris, 1863.

Clair de lune.

sité dans les couches élevées de l'atmosphère. Mais ici encore les observations les mieux faites n'ont donné que des résultats incertains. Th. de Saussure, d'après des expériences faites sur le Col-du-Géant, à 3,435 mètres de hauteur, avait cru y reconnaître une diminution sensible de la force magnétique, diminution qui se traduisait par un ralentissement des oscillations de l'aiguille aimantée. Robertson et Lhoest, dans leur ascension aérostatique du 18 juillet 1803, crurent reconnaître également qu'à trois mille et quelques cents mètres d'élévation, l'aiguille aimantée oscillait avec plus de lenteur qu'à la surface de la terre. Biot et Gay-Lussac entreprirent bientôt après de vérifier ces assertions; mais le mouvement de rotation lente dont leur aérostat fut presque continuellement animé rendit leurs observations très-difficiles. Toutefois, dans les rares moments d'immobilité que le vent voulut bien leur laisser, ils parvinrent à relever quelques observations. Depuis 2,900 jusqu'à 4,000 mètres, leur aiguille donna constamment trente-cinq oscillations en trente-cinq secondes. « Or, dit Biot, les expériences faites à terre donnent 35" ¹/₄ pour cette durée. La petite différence d'un quart de seconde n'est pas appréciable, et, dans tous les cas, elle ne tend pas à indiquer une diminution... Il nous semble donc que ces résultats établissent avec quelque certitude la proposition suivante : La propriété magnétique n'éprouve aucune diminution appréciable depuis la surface de la terre jusqu'à 4,000 mètres de hauteur; son action, dans ces limites, se manifeste constamment par les mêmes effets, et suivant les mêmes lois. »

Enfin M. Glaisher, qui s'est élevé, en 1862, jusqu'à 8,000 mètres et plus, affirme que, comme l'avaient avancé Saussure et Robertson, l'aiguille aimantée oscille un peu plus lentement à de grandes élévations que sur la terre. Ce qui ressort le plus clairement de ces discordances, c'est que la force magnétique, aux différentes hauteurs, est influencée par des causes locales non encore déterminées; que probablement ces causes résident surtout dans les conditions de température et dans l'état électrique des diverses couches de l'atmosphère; qu'enfin l'intensité magnétique ne décroît qu'avec une extrême lenteur. Mais quelle loi préside à ce décroissement? Quelle est la limite où s'arrête l'action de ce principe qu'on a nommé arbitrairement *magnétisme terrestre,* comme si la terre seule en était la source, et qui pourrait bien être aussi universel que la lumière ou le calorique?... Ce sont là des problèmes dont la solution est encore, selon l'expression de Pline, « cachée dans la majesté de la nature, *in majestate naturæ abdita.* »

---

# CHAPITRE XII

### CE QU'IL Y A DANS L'AIR

Depuis que les hommes ont commencé, si je puis ainsi dire, à contempler l'univers avec les yeux de l'esprit, à réfléchir sur ce qui se passe autour d'eux, ils ont dû être frappés de ce fait, que l'aspiration et l'exhalaison de l'air est, chez tous les animaux, l'acte essentiel et caractéristique de la vie; que tout être privé d'air succombe au bout de quelques instants; que même l'air altéré, mélangé de certaines émanations, de certaines vapeurs, devient malsain ou mortel. Cela est si vrai que, dans les langues les plus anciennes, *respirer* et *vivre, expirer* ou *cesser de respirer* et *mourir,* sont des expressions absolument équivalentes.

Un autre fait non moins remarquable, qui n'a pu échapper aux hommes les plus ignorants, c'est que, faute d'air, toute flamme, comme toute vie, s'éteint étouffée. Les peuples anciens avaient parfaitement saisi l'analogie étroite de ces deux phénomènes; ils avaient deviné que le feu et la vie sont, au fond, une seule et même chose, et le premier était pour eux, ainsi que pour nous, l'emblème de la seconde.

Et pourtant des milliers d'années se sont écoulées, des générations sans nombre ont passé avant que, même parmi ceux qui s'étaient donné pour tâche d'interroger la nature, quelqu'un songeât à rechercher ce que c'était en réalité que l'air, à quel principe merveilleusement actif il devait cette propriété unique d'entretenir la vie et le feu.

Ce fut seulement au XVII<sup>e</sup> siècle que l'attention des chimistes se porta sur ce grave problème. A cette époque, John Mayow prouva qu'il existe dans l'air un gaz qui est l'agent spécial de la combustion et de la respiration, et qui se fixe sur les métaux calcinés. Mais les expériences de ce chimiste, — dont à peine encore on sait aujourd'hui le nom, — passèrent inaperçues, tandis que la fameuse théorie du *phlogistique,* imaginée par G.-E. Stahl, était adoptée comme une révélation d'en haut par le monde savant. J'ai exposé ailleurs cette théorie célèbre, qui pendant plus d'un siècle régna sans partage et sans opposition dans la science [1]. Je me bornerai donc à rappeler que, selon Stahl, le phlogistique était un fluide contenu dans toutes les *chaux* et *terres* (on appelait alors ainsi les oxydes métalliques) et dans toutes les matières combustibles, et qui s'en échappait sous l'influence d'une température élevée. D'après cela, un corps qui brûlait, un métal qui se changeait en chaux ou en terre, perdaient leur phlogistique. Stahl ne pouvait ignorer cependant que les terres sont plus pesantes que leurs radicaux métalliques, ce qui prouve bien évidemment qu'au lieu de contenir quelque chose de moins, elles contiennent quelque chose de plus. Mais ni lui ni personne ne vit là une difficulté, et plus tard, lorsque les novateurs français s'avisèrent de cette objection, les disciples fidèles du chimiste allemand ne craignirent pas de répondre que « le phlogistique possédait le singulier privilége d'*ôter du poids* aux corps avec lesquels il était uni. »

Le succès de la théorie du phlogistique s'explique pourtant par ce qu'elle avait, malgré sa fausseté, de large et de séduisant, et par le peu qu'on savait alors de la constitution de l'air, et, en général, des propriétés des gaz. En 1731, Stahl écrivait que, « dans aucune circonstance, il n'était possible de faire prendre à l'air une forme solide en le combinant et en le fixant sur certaines matières. » Une assertion aussi catégorique, émanée d'un homme qui jouissait d'une aussi grande autorité, ne pouvait manquer d'exercer sur les recherches des chimistes une fâcheuse influence; aussi s'écoula-t-il encore plusieurs années avant qu'aucun d'eux se hasardât à rien tenter en dehors des données de cet axiome magistral. Cependant, vers 1770, le chimiste anglais Hales osait soutenir que « l'air de l'atmosphère, le même que nous respirons, entre dans la composition de la plus

---

[1] *Voyage scientifique autour de ma chambre,* ch. v.

grande partie des corps; qu'il y existe sous forme solide, dépouillé de son élasticité et de la plupart des propriétés que nous lui connaissons; que cet air est en quelque sorte le lien universel de la nature, le ciment des corps; que même après avoir existé sous forme solide et concrète, et avoir passé par des épreuves de toute espèce, il peut, dans certaines circonstances, redevenir un fluide élastique semblable à celui de notre atmosphère; qu'en un mot, véritable Protée, tantôt fixe, tantôt volatil, il doit être compté au nombre des principes chimiques, et occuper comme tel le rang qu'on lui a toujours refusé. »

A la même époque, la découverte de l'*air fixe* (acide carbonique), par Black, et celle de l'*air inflammable* (hydrogène), par Cavendish, ouvrirent aux études chimiques un nouvel horizon, et l'on se décida enfin à secouer le joug des doctrines de Stahl, auxquelles l'oxygène ne devait pas tarder à porter le coup fatal. C'est encore à un chimiste anglais, Priestley, que revient l'honneur d'avoir inauguré cette révolution mémorable. Voici comment Priestley décrit lui-même, dans son ouvrage *De l'Air déphlogistiqué, et de la constitution de l'atmosphère*, les expériences qui lui firent entrevoir un secret si important et si longtemps ignoré.

« Il y a, je crois, dit-il [1], peu de maximes en physique mieux établies dans tous les esprits que celle-ci : que l'air atmosphérique, abstraction faite des diverses matières étrangères qu'on a toujours supposées dissoutes et mêlées dans cet air, est une substance élémentaire simple, indestructible et inaltérable au moins autant que l'est l'élément de l'eau. Je m'assurai cependant bientôt, dans le cours de mes recherches, que l'air de l'atmosphère n'est pas une substance inaltérable, puisque le phlogistique (Priestley croyait encore au phlogistique) dont il se charge par la combustion des corps, par la respiration des animaux et par différents procédés phlogistiques, l'altère et le déprave au point de le rendre totalement incapable de servir à l'inflammation des corps, à la respiration des animaux et aux autres usages auxquels il est propre... Mais j'avoue que je n'avais aucune idée de la possibilité d'aller plus loin dans

---

1 J'emprunte cette citation, et quelques-unes de celles qu'on trouvera dans la suite de ce chapitre, à l'excellente notice sur *la Composition de l'atmosphère* insérée par M. P.-P. Dehérain dans son *Annuaire scientifique* de 1863.

cette carrière, et d'arriver au point d'obtenir une espèce d'air plus
pur que le meilleur air commun...

« Le 1ᵉʳ août 1774, je tâchai de tirer de l'air du précipité *per se*
(notre oxyde rouge de mercure), et je trouvai sur-le-champ que,
par le moyen de ma lentille, j'en chassais l'air très-promptement.
Ayant recueilli de cet air environ trois à quatre fois le volume de
mes matériaux, j'y admis de l'eau et trouvai qu'elle ne s'absorbait
pas; mais ce qui me surprit plus que je ne puis l'exprimer, c'est
qu'une chandelle brûla dans cet air avec une vigueur remarquable;
un morceau de bois y étincelait exactement comme du papier
trempé dans une dissolution de nitre, et s'y consomma très-rapidement. »

Ayant ensuite calciné du minium (composé d'acide plombique et
d'oxyde de plomb), Priestley obtint de nouveau le même *air* si
propre à activer la combustion; ce qui le confirma dans l'idée que
le mercure calciné « doit emprunter de l'atmosphère la propriété de
fournir cette espèce d'air, le procédé de cette préparation étant semblable à celui par lequel on fait le minium. »

Une fois engagé dans cet ordre de recherches, il fallait que la
chimie eût à tout prix le mot de l'énigme : nul respect des paroles
d'un maître, nulle autorité de doctrine ne devait plus l'arrêter. A
peine Priestley avait-il publié ses recherches, que le pharmacien
suédois Guillaume Scheele abordait la question plus hardiment
encore, en proclamant la souveraineté de l'expérience.

« Je crois, disait-il, pouvoir adopter autant d'espèces d'air que
l'expérience m'en indique. Ainsi, si je recueille un fluide élastique,
et si j'observe que la propriété qu'il a de se dilater augmente par la
chaleur et diminue par le froid, en conservant néanmoins sa fluidité
élastique; si je lui trouve avec cela des propriétés différentes de celles
de l'air commun, je me crois autorisé à penser que c'est là une espèce
d'air particulier [1]. »

Après ce début catégorique, il rappelle les propriétés caractéristiques de l'air commun, et déclare que tout fluide élastique qui ne
possède pas toutes ces propriétés, ne lui en manquât-il qu'une

---

[1] *Traité de l'air et du feu*, publié en 1777 et traduit en français, par le baron
de Dietrich, en 1781.

seule, n'est pas de l'air commun. Il décrit ensuite l'expérience par laquelle il a séparé cet air en deux éléments, dont l'un s'est fixé sur le foie de soufre alcalin (sulfure de calcium), et l'a transformé en gypse (sulfate de chaux); tandis que l'autre, demeuré dans le vase, manifestait, par son inaptitude à entrer dans les combinaisons

Découverte de la composition de l'air. — Expérience de Scheele.

chimiques, ses propriétés en quelque sorte négatives. Enfin il indique le procédé très-simple à l'aide duquel il a obtenu artificiellement l'*air de feu* (c'est l'oxygène qu'il appelle ainsi), procédé qui est encore employé dans les laboratoires pour préparer ce gaz.

« Je mêlai, dit-il, à de la poudre de manganèse fine (bioxyde de manganèse) autant d'huile de vitriol (acide sulfurique) qu'il en

fallait pour faire une bouillie épaisse; je distillai ce mélange à feu
nu dans une petite cornue; j'y adaptai, au lieu du récipient, une
vessie vidée d'air; dès que le fond de la cornue rougit, il passa de
l'air qui dilata peu à peu la vessie; et cet air avait toutes les propriétés de l'air de feu. »

Découverte de la composition de l'air. — Expérience de Lavoisier.

Malheureusement Scheele ne comprit nullement la portée de ses
expériences, qui sont pour nous aujourd'hui si claires et si concluantes. Il se perdit, pour les expliquer, dans un dédale de considérations confuses, où il fit intervenir le phlogistique, la prétendue
combinaison de ce principe avec l'air, et je ne sais quelles autres
chimères, qui ne firent que l'éloigner de la vérité. Il était réservé

au plus grand des chimistes français, à l'immortel Lavoisier, de débrouiller ce chaos, de déterminer d'une manière simple, nette, lumineuse, la véritable composition de l'air atmosphérique et les rôles respectifs des éléments dont il est essentiellement formé.

Par un hasard assez remarquable, les premières expériences de Lavoisier coïncident avec la publication du livre de Priestley (1774), et les dernières (je veux dire les plus décisives sur la question qui nous occupe) avec celle du *Traité de l'air et du feu,* de Scheele. Comme Annibal, qui savait vaincre, mais non profiter de la victoire, le chimiste anglais et le chimiste suédois savaient expérimenter; mais l'inspiration et la logique leur avaient manqué pour tirer la conclusion théorique des faits qu'ils avaient observés ou produits. Lavoisier l'emporta sur eux par la puissance et la rectitude de la raison, disons le mot, par le génie. Il eut cet inappréciable avantage de n'opérer point au hasard, mais de savoir ce qu'il faisait, et pourquoi il le faisait. Enfin il sut se donner pour auxiliaire l'oracle infaillible, que nul depuis John Mayow et Jean Rey ne s'était avisé de consulter : la balance. J'emprunte aux *Mémoires de l'Académie des sciences* les principaux passages de la note dans laquelle Lavoisier rend compte de l'expérience admirable qui le conduisit à la détermination, non plus seulement hypothétique, mais positive et palpable de la composition de l'air [1].

---

[1] M. P.-A. Cap, l'élégant historien des savants d'autrefois, a lu à l'Académie des sciences (séance du 17 octobre 1864) une note dans laquelle il attribue à un chimiste aujourd'hui oublié, Pierre Bayen, pharmacien à Dijon, l'honneur d'avoir le premier découvert l'oxygène, en 1772, « en l'obtenant de la réduction directe des précipités mercuriels, par la chaleur, sans l'intervention « du charbon. » D'après M. Cap, Lavoisier aurait eu à son tour le mérite « de découvrir, par intuition, que l'oxygène devait être la source d'une « théorie générale de la combustion, de la respiration animale et de l'augmen-« tation du poids des métaux par la calcination. » Mais M. le D[r] Hœfer, auteur d'une excellente *Histoire de la chimie,* a établi, en réponse aux assertions de M. Cap, que Bayen avait connaissance des expériences de Lavoisier avant de publier les siennes, et qu'il a découvert, non pas l'oxygène, mais le mercure fulminant. M. Hœfer rappelle à ce propos « qu'aucune grande découverte « n'est sortie, armée de toutes pièces, de la tête d'un seul homme », et il ajoute que la découverte de l'oxygène dans la seconde moitié du XVIIIe siècle « n'est que l'éclosion de l'œuf couvé dans les siècles précédents. » (*Moniteur scientifique,* année 1864; t. VI, p. 1029.)

« J'ai renfermé, dit-il, dans un appareil convenable cinquante pouces cubiques d'air commun; j'ai introduit dans cet appareil quatre onces de mercure très-pur, et j'ai procédé à la calcination de ce dernier, en l'entretenant pendant douze jours à un degré de chaleur presque égal à celui qui est nécessaire pour le faire bouillir... Au bout de douze jours, ayant cessé le feu et laissé refroidir les vaisseaux, j'ai observé que l'air qu'ils contenaient était diminué de huit à neuf pouces cubiques, c'est-à-dire d'environ un sixième de son volume. En même temps il s'était formé une portion assez considérable, et que j'ai évaluée à environ quarante-cinq grains, de mercure précipité *per se* (oxyde rouge), autrement dit de chaux de mercure.

« C'est air, ainsi diminué, ne précipitait nullement l'eau de chaux; mais il éteignait les lumières, et faisait périr en peu de temps les animaux qu'on y plongeait...; en un mot, il était dans un état absolument méphitique... Il paraissait donc évident que, dans l'expérience précédente, le mercure, en se calcinant, avait absorbé la partie la meilleure, la plus respirable de l'air, pour ne laisser que la partie méphitique ou non respirable. L'expérience suivante m'a confirmé de plus en plus cette vérité.

« J'ai soigneusement rassemblé les quarante-cinq grains de chaux de mercure qui s'étaient formés pendant la calcination précédente; je les ai mis dans une très-petite cornue de verre, dont le col, doublement recourbé, s'engageait sous une cloche remplie d'eau, et j'ai procédé à la réduction sans addition. J'ai retrouvé, par cette opération, à peu près la même quantité d'air qui avait été absorbée par la calcination, c'est-à-dire huit à neuf pouces cubiques environ; et en recombinant ces huit à neuf pouces avec l'air qui avait été vicié par la calcination du mercure, j'ai rétabli ce dernier assez exactement dans l'état où il était avant la calcination, c'est-à-dire dans l'état d'air commun : cet air ainsi rétabli n'éteignait plus les lumières; il ne faisait plus périr les animaux qui le respiraient; enfin il était presque autant diminué par l'air nitreux que l'air de l'atmosphère.

« Voilà l'espèce de preuve la plus complète à laquelle on puisse arriver en chimie, la décomposition de l'air et sa recomposition; et il en résulte évidemment :

« 1° Que les quatre cinquièmes de l'air que nous respirons sont dans l'état de *mofette*, c'est-à-dire incapables d'entretenir la respiration des animaux, l'inflammation et la combustion des corps; 2° que le surplus, c'est-à-dire un cinquième seulement du volume de l'air, est respirable; 3° que dans la calcination du mercure, cette substance métallique absorbe la partie salubre de l'air pour ne laisser que la mofette. »

# CHAPITRE XIII

### CE QU'IL Y A DANS L'AIR (SUITE)

« L'analyse de l'air, par Lavoisier, dit avec raison M. Dehérain, inaugure la chimie nouvelle. » Elle donne, en effet, la clef du phénomène de la respiration des animaux, de la combustion, de l'oxydation des métaux et de la réduction des oxydes. Il suffit de traduire dans le langage de la chimie moderne les conclusions de l'illustre chimiste, d'appeler oxygène l'air respirable ou air vital (*air déphlogistiqué* de Priestley, *air de feu* de Scheele), d'appeler azote la mofette ou air méphitique, pour retrouver dans ces quelques lignes le résumé de tout ce que les recherches ultérieures des chimistes nous ont appris de la composition de l'air, et des rôles respectifs de ses éléments. Ces recherches ont démontré que l'air atmosphérique libre, qu'il soit pris dans les profondeurs les plus considérables ou aux plus grandes hauteurs, à la surface des mers ou dans l'intérieur des continents, présente toujours et partout les mêmes proportions d'azote et d'oxygène, savoir : en poids, 7,699 du premier et 2,301 du second; en volume, 79,19, d'azote et 20,81 d'oxygène. Il renferme, en outre, en quantités variables, et relativement très-petites, de l'acide carbonique et de la vapeur d'eau.

L'oxygène et l'azote sont les deux principes constituants, essentiels et primordiaux de l'air atmosphérique. Ils n'y sont point à l'état de combinaison, mais seulement à l'état de mélange intime, en sorte que chacun d'eux conserve intégralement ses propriétés.

L'un et l'autre sont des gaz insipides, inodores, incolores. L'oxygène a une densité supérieure à celle de l'air : la densité de l'air étant représentée par 1,000, celle de l'oxygène est 1,105; un litre de ce dernier gaz pèse donc, à la température de 0°, et à la pression barométrique normale, 1,43 centigr. L'azote a une densité plus faible : 0,97; aussi un litre de ce gaz ne pèse que 1,25 centigr. Tous deux sont des gaz permanents, c'est-à-dire qu'ils supportent sans se liquéfier le froid le plus intense et la pression la plus énorme qu'il nous soit possible de produire. Mais s'ils ont entre eux, par leurs caractères physiques, une grande ressemblance, il en est tout autrement au point de vue de leurs propriétés chimiques : celles de l'azote sont à peu près nulles; c'est un corps inerte, et dont la présence dans l'air semble avoir pour but unique de tempérer les affinités extrêmement énergiques de l'oxygène. Celui-ci est l'agent le plus puissant des combinaisons et des décompositions chimiques. Uni à l'hydrogène, il constitue l'eau. En se fixant sur les métaux, il forme les bases (*chaux*, *terres* et *alcalis* des anciens chimistes); de sa combinaison avec les métalloïdes résultent la plupart des acides, qui, s'unissant eux-mêmes avec les bases, forment les sels. Le feu qui nous chauffe ou nous éclaire est toujours l'effet de la combinaison de l'oxygène avec un corps organique riche en carbone ou en hydrogène (houille, bois, graisse, huile, gaz d'éclairage, etc.). Enfin l'oxygène seul entretient la respiration des animaux, véritable combustion lente, où l'excès de carbone et d'hydrogène dont le sang a été chargé par la nutrition est brûlé et transformé en vapeur d'eau (oxygène et hydrogène) et en acide carbonique (oxygène et carbone), et source principale de la chaleur qui se répand et se maintient incessamment dans tout le corps, tant que dure la vie.

Lorsque Hales comparait l'air à « un véritable Protée » (c'était l'élément actif, l'oxygène qu'il avait en vue), il ne se doutait pas que cent ans plus tard les chimistes lui donneraient raison, en faisant connaître les singulières transformations dont cet air est susceptible. L'oxygène est encore aujourd'hui considéré comme un corps simple. En sera-t-il toujours ainsi? Il est permis d'en douter. Déjà l'on sait que, sous l'influence de fortes décharges électriques, ou lorsqu'il se trouve à l'état *naissant*, c'est-à-dire au sortir d'une combinaison, l'oxygène ne se ressemble plus à lui-même. Il acquiert une odeur forte, piquante, ressemblant beaucoup à celle de l'acide sulfureux. Cette odeur a été remarquée par toutes les personnes qui ont eu la fortune de se trouver assez près d'un endroit où la foudre tombait pour observer les effets du terrible météore, et assez loin pour n'en pas devenir victimes. Elle a fait naître et entretient encore dans le vulgaire l'opinion que la foudre n'est autre chose qu'un jet de soufre enflammé. Cependant la même odeur se manifeste aussi lorsqu'on tire des étincelles d'une machine électrique, et quand on dégage l'oxygène de l'eau au moyen d'un courant voltaïque, c'est-à-dire dans des circonstances où l'on peut s'assurer que le soufre et l'acide sulfureux ne sont pour rien dans ce qui se passe. Dès 1786, Van Marum avait observé ce phénomène. Il avait vu que l'oxygène électrisé est absorbé par le mercure avec une rapidité extraordinaire; mais il avait attribué l'odeur du soufre à la *matière électrique*, et l'oxydation du mercure à l'acide azotique que l'oxygène pouvait contenir. Ce ne fut qu'en 1840 que M. Schœnbein crut reconnaître que cette substance odorante et oxydante n'était autre que l'oxygène lui-même, dans un état particulier. Il lui donna le nom d'*ozone*. L'ozone a été étudié depuis par MM. Frémy, Becquerel et Houzeau, qui ont confirmé par de nombreuses expériences les vues de M. Schœnbein. On admet donc aujourd'hui que ce gaz est identique à l'oxygène; mais qu'en outre de l'odeur particulière dont je viens de parler, il jouit de propriétés bien plus énergiques que celles qu'on observe dans l'oxygène normal. Ses affinités sont, pour ainsi dire, exaltées; il est plus oxydant, plus comburant; il déplace l'iode de ses combinaisons; mis en présence de l'eau oxygénée, il revient à l'état d'oxygène ordinaire, en détruisant autant d'eau oxygénée qu'il en faut pour fournir un volume d'oxygène égal à celui de l'ozone détruit. Ce dernier fait, découvert par M. Schœnbein, l'a conduit à supposer l'existence de deux espèces d'oxygène actif : l'un, auquel il conserve le nom d'ozone; l'autre, qu'il appelle l'*antozone*. Ce serait ce dernier qui se trouverait dans l'eau oxygénée (bioxyde d'hydrogène), et qui lui communiquerait ses propriétés singulières. De la combinaison de l'ozone et de l'antozone résulterait l'oxygène ordinaire, ou neutre.

Il paraît probable qu'il existe de l'ozone dans l'atmosphère, mais en quantité très-variable, selon les temps et selon les lieux. Quelques savants ont attribué à ce principe une grande influence sur la salubrité ou l'insalubrité de l'air. Un chimiste — M. Braconnot (de Nancy), je crois — a même avancé qu'en temps de choléra la mortalité augmentait ou diminuait infailliblement suivant que l'air des localités infestées contenait moins ou plus d'ozone. Des observations et des expériences longuement suivies, souvent répétées et d'une exactitude inattaquable, pourraient seules nous apprendre ce qu'il y a de vrai dans ces assertions, qui ne s'appuient encore que sur des preuves insuffisantes. La présence même de l'ozone dans l'air et la valeur des procédés ozonométriques employés jusqu'ici ne sont pas à l'abri de toute objection.

Nous nous occuperons, dans la seconde partie de ce livre, de la vapeur d'eau qui fait partie de notre atmosphère, et des phénomènes météorologiques qui se rattachent à sa production et à sa condensation. Je me bornerai, pour le moment, à faire remarquer que son importance, au point de vue de la physiologie animale et végétale, est beaucoup plus grande qu'on ne serait tenté de le croire. Un air chargé d'humidité est très-favorable à la végétation; il est malsain pour la plupart des animaux, et en particulier pour l'homme; un air entièrement sec serait également funeste aux plantes et aux animaux, en activant outre mesure la transpiration et l'évaporation des liquides de l'organisme.

Nous venons de voir que, dans l'acte de la respiration, les animaux transforment en acide carbonique une certaine quantité d'oxygène. Cette quantité est considérable. L'air expiré par un homme en repos, dans l'état de santé, contient, en moyenne, 4 pour 100 d'acide carbonique. Un adulte vigoureux rend, dans l'espace de vingt-quatre heures, 867 grammes ou 443,409 centimètres cubes de ce gaz. En outre, des sources naturelles abondantes, et d'innombrables foyers allumés par la main de l'homme versent continuellement dans l'atmosphère des torrents d'acide carbonique. Il doit donc sembler étonnant que, malgré cela, depuis que la terre est habitée, l'air n'ait pas cessé d'être respirable, et ne contienne toujours que des traces d'acide carbonique. Mais il ne faut pas oublier que, tandis que les animaux absorbent de l'oxygène et rendent de l'acide carbonique, les plantes, au contraire, absorbent de l'acide carbonique, s'assimilent le carbone, et restituent à l'air de l'oxigène; qu'ainsi la composition chimique de l'atmosphère n'est point altérée. D'ailleurs « le calcul montre, dit M. Dumas, qu'en exagérant toutes les données, il ne faudrait pas moins de huit cent mille années aux animaux vivant à la surface de la terre pour faire disparaître l'oxygène en entier. Par conséquent, si l'on supposait que l'analyse de l'air eût été faite en 1800, et que pendant tout le siècle les plantes eussent cessé de fonctionner à la surface du glode entier, tous les animaux continuant d'ailleurs à vivre, les analystes, en 1900, trouveraient l'oxygène de l'air diminué de $1/8000$ de son poids, quantité qui est inaccessible à nos méthodes d'observation les plus délicates, et qui, à coup sûr, n'influerait en rien sur la vie des animaux ou des plantes...

« En ce qui concerne la permanence de la composition de l'air, nous pouvons dire, en toute assurance, que la proportion d'oxygène qu'il renferme est garantie pour bien des siècles, même en supposant nulle l'influence des végétaux, et que néanmoins ceux-ci lui restituent de l'oxygène en quantité au moins égale à celle qu'il perd, et peut-être supérieure; car les végétaux vivent tout aussi bien aux dépens de l'acide carbonique fourni par les volcans qu'aux dépens de l'acide carbonique fourni par les animaux eux-mêmes [1]. »

L'acide carbonique a passé longtemps pour un gaz vénéreux. On confondait alors ses effets avec ceux de l'oxyde de carbone, qui se produit d'abord dans les fourneaux lorsque la combustion du charbon est encore peu active, et qui, brûlant à son tour avec une jolie flamme bleue, passe à l'état d'acide carbonique. La vérité est que l'acide carbonique, loin d'être un poison, jouit, au contraire, de propriétés salutaires. Ingéré dans les voies digestives avec les boissons gazeuses, il exerce sur les organes digestifs et sur toute l'économie une action légèrement stimulante, qui le fait souvent recommander par les médecins. En Allemagne, on l'emploie depuis plusieurs années pour guérir les douleurs rhumatismales et traumatiques [2]. Respiré en petite quantité avec l'air normal, il n'incommode point; mais il est aisé de comprendre que, dans un espace confiné où il s'est substitué en tout ou en partie à l'oxygène,

---

[1] *Essai sur la statique chimique des êtres organisés.* Paris, 1864.

[2] En plongeant le membre malade ou blessé dans une atmosphère d'acide carbonique.

la respiration devienne pénible et bientôt impossible. Les hommes ou les animaux périssent alors par asphyxie.

« L'acide carbonique, dit M. J. Girardin [1], est à coup sûr un des corps les plus répandus dans la nature... Il se rencontre pur, ou presque pur, dans les diverses cavités ou grottes que présentent les pays volcaniques, et quelques-uns des terrains calcaires. Il existe aussi au fond des puits, dans les mines et dans les carrières. Comme il est plus pesant que l'air (sa densité est 1,529), il n'occupe jamais que la partie inférieure de ces cavernes, à moins que la quantité qui se dégage continuellement du sol ne soit assez considérable pour les remplir entièrement, ce qui arrive dans quelques localités... Dans les mines mal aérées et dans les houillères, il manifeste souvent sa présence en éteignant les lumières des mineurs, et en rendant leur respiration excessivement pénible ; ils le nomment *mofette asphyxiante*. »

Les grottes d'où s'exhale du gaz acide carbonique sont très-communes sur le territoire de Naples et dans quelques parties de l'Italie. La plus célèbre est la *grotte du Chien*, située au bord du lac d'Agnano, près de Puzzuolo. Son nom lui vient de ce que, de temps immémorial, les habitants du voisinage exercent l'industrie d'offrir aux étrangers qui viennent visiter cette grotte le spectacle de l'asphyxie d'un chien : asphyxie incomplète ordinairement. Voici, au surplus, les renseignements très-circonstanciés que donne sur cette curiosité naturelle un voyageur anglais, le docteur C. James.

« La grotte du Chien est située près de Puzzuolo, sur le penchant d'une petite montagne extrêmement fertile, en face et à peu de distance du lac d'Agnano. L'entrée en est fermée par une porte dont un gardien a la clef. La grotte a l'apparence et la forme d'un petit cabanon dont les parois et la voûte seraient grossièrement taillées dans le rocher. Sa largeur est d'environ un mètre, sa profondeur de trois mètres, sa hauteur d'un mètre et demi. Il serait difficile de juger par son aspect si elle est l'œuvre de l'homme ou de la nature. L'aire de la grotte est terreuse, humide, noire, brûlante. De petites bulles sourdent dans quelques points de sa surface, crèvent, et lais-

---

1 *Leçons de chimie élémentaire appliquée aux arts industriels* (2 vol. in-8°. Paris, 1860), t. I, 3ᵉ leçon.

sent échapper un fluide aériforme qui se réunit en un nuage blanchâtre au-dessus du sol. Ce nuage est formé de gaz acide carbonique que colore un peu de vapeur d'eau. La couche de gaz a une hauteur de vingt à soixante centimètres. Elle représente donc un plan incliné, dont la plus grande hauteur correspond à la partie la plus profonde de la grotte. C'est là une conséquence toute physique de la disposition du sol. L'aire de la grotte étant à peu près au même niveau que l'ouverture extérieure, le gaz trouve une issue au dehors par le seuil de la porte, et coule comme un ruisseau le long du sentier de la montagne. On peut suivre le courant à une assez grande distance. Une bougie qu'on y plonge s'éteint à plus de deux mètres de la grotte.

« Voici l'expérience que le gardien montre aux visiteurs. Il a un chien dont il lie les pattes pour l'empêcher de fuir, et qu'il dépose ensuite au milieu de la grotte. L'animal manifeste une vive anxiété, se débat, et paraît bientôt expirant. Son maître alors l'emporte hors de la grotte, et l'expose au grand air, en le débarrassant de ses liens. Peu à peu l'animal revient à la vie; puis tout à coup il se lève et se sauve précipitamment, comme s'il redoutait une seconde épreuve. Voilà plus de trois ans que le chien que j'ai vu fait le service, et qu'il est ainsi chaque jour asphyxié et désasphyxié plusieurs fois. Sa santé générale est excellente; il paraît se trouver à merveille de ce régime. Ce chien a un instinct bien remarquable; du plus loin qu'il aperçoit un étranger, il devient triste, hargneux, aboie sourdement, et est disposé à mordre. Il faut que son maître le tienne en laisse pour le conduire à la grotte, et encore se fait-il traîner en baissant la queue et les oreilles. Quand, au contraire, l'expérience est finie et que l'étranger s'en retourne, il l'accompagne avec tous les témoignages de la joie la plus vive et la plus expansive.

« Un chien meurt au bout de trois minutes, un chat en quatre minutes, les lapins en soixante-quinze secondes. Un homme y périt en moins de dix minutes, quand il est plongé dans la couche du gaz. »

On raconte que l'empereur Tibère fit jeter dans la grotte du Chien deux esclaves qui périrent aussitôt, et que Pierre de Tolède, vice-roi de Naples, y fit enfermer deux condamnés qui eurent le même sort.

La Grotte du Chien près de Pouzzoles.

M. Girardin cite, comme source d'acide carbonique très-remarquable, la *Fontaine empoisonnée* qui se trouve près d'Aigueperse, en Auvergne. .

« C'est, dit-il [1], un trou arrondi, placé au milieu d'un petit enfoncement du terrain, et d'où il sort continuellement une énorme quantité de gaz. Ordinairement cette cavité contient de l'eau bourbeuse, à travers laquelle le gaz se dégage sous forme de grosses bulles qui, en crevant à la surface, font entendre un bruit qu'on perçoit à la distance de cinq à six mètres. La végétation la plus riche entoure cette source dangereuse; tous les oiseaux, les petits quadrupèdes, les insectes qui sont attirés par la fraîcheur du feuillage, tombent asphyxiés; aussi le sol est-il sans cesse jonché de cadavres dans un rayon assez étendu. Les bergers ont grand soin d'empêcher les bestiaux d'en approcher.

« Une source d'acide carbonique non moins curieuse, ajoute le savant professeur, existe dans les bois qui entourent le lac Laacher, sur les bords du Rhin. Le gaz se fait jour silencieusement à travers le sol, et vient aboutir dans une espèce de fosse, de six à neuf décimètres de profondeur, pratiquée dans la terre végétale, au milieu des broussailles. Lorsque l'air est calme, la cavité se remplit presque uniquement d'acide carbonique. Le fond du trou est couvert de débris; les insectes et les fourmis y arrivent en grand nombre pour chercher leur nourriture; mais, privés d'air, ils y meurent pour la plupart, et les oiseaux à leur tour, apercevant l'appât trompeur, volent vers le piége, et y sont pris. Les bûcherons, connaissant fort bien cette manœuvre, visitent souvent l'endroit, et tirent profit de cette chasse dont la nature fait tous les frais. Ces phénomènes naturels, dont les auteurs n'ont presque pas parlé, ont quelque chose de plus magique et de plus pittoresque que la grotte du Chien, dont on a trop exalté la merveille. »

Les substances que nous venons de passer en revue, — à savoir : l'azote, l'oxygène, la vapeur d'eau et l'acide carbonique, — entrent toujours et partout, en proportions sensiblement constantes, dans la composition de l'air. Mais il en est d'autres, en très-grand nombre, qui peuvent s'y trouver mêlées, quelquefois en assez grande quan-

---

[1] *Leçons de chimie élémentaire*, t. I, 3<sup>e</sup> leçon.

tité pour exercer une action délétère sur les hommes et sur les animaux qui les respirent. Dans ce cas, on les désigne sous le nom de *miasmes*. Ces substances étrangères sont gazeuses, liquides ou solides. Parmi les gaz qui le plus souvent altèrent la pureté de l'air il faut citer l'oxyde de carbone, l'acide azotique, l'ammoniaque, l'hydrogène carboné, l'hydrogène phosphoré, et l'hydrogène sulfuré ou acide sulfhydrique.

M. Boussingault a établi que les végétaux ne décomposent pas complétement l'acide carbonique absorbé par leurs feuilles sous l'influence de la lumière, et que l'oxygène qu'ils rendent à l'atmosphère est mélangé d'oxyde de carbone. Ce gaz est d'ailleurs, comme nous l'avons vu, un des produits de la combustion du charbon. Il est tellement vénéneux, que l'air devient mortel à respirer lorsqu'il en contient seulement un centième ou un centième et demi. Heureusement ce qui en peut exister dans l'air libre ne représente qu'une fraction infiniment plus petite; mais dans les espaces confinés où se trouvent des foyers dont le tirage est nul ou insuffisant, il n'est pas rare que l'oxyde de carbone occasionne de véritables empoisonnements.

Les gaz oxygène et azote, simplement mélangés dans l'air, sont susceptibles de se combiner par l'effet de fortes étincelles électriques. Aussi n'est-il pas rare qu'il se forme dans l'atmosphère, pendant les orages, de l'acide azotique qui se retrouve dans l'eau de pluie, soit à l'état libre, soit à l'état de sel, le plus souvent d'azotate d'ammoniaque.

L'ammoniaque, en effet, est un des corps dont la présence dans l'atmosphère est la plus fréquente, surtout au-dessus des lieux habités; et cela s'explique aisément, puisque ce gaz est un produit constant de la décomposition des matières animales. On a évalué à 0 milligramme 42 la quantité d'ammoniaque contenue dans un litre d'eau de pluie à la campagne. Pour les villes, la proportion serait bien plus forte. A Paris, par exemple, d'après M. Barral, l'eau tombée pendant l'année 1851 renfermait 3 milligrammes 06 d'ammoniaque. M. Boussingault a trouvé pour moyenne générale 3 milligrammes 08. « Il n'y aurait, au reste, rien de surprenant, dit cet éminent chimiste, à ce que la pluie, après avoir lavé l'atmosphère d'une grande cité, contînt plus d'ammoniaque. Paris, sous

Feux follets.

le rapport des émanations, peut être comparé à un tas de fumier d'une étendue considérable. »

« Ceci, remarque M. Dehérain, n'est pas flatteur pour la capitale du monde civilisé; mais il n'en est pas moins vrai qu'à de certains jours d'été, quand la population se porte en foule sur les grandes voies de communication, on y sent très-nettement l'odeur d'ammoniaque. »

Les brouillards et la neige absorbent encore plus d'ammoniaque que l'eau de pluie; ce qui explique et l'odeur désagréable des premiers, et l'heureux effet que produit sur les champs le séjour de la seconde.

La présence de l'hydrogène sulfuré dans l'air est, comme celle de l'ammoniaque, un résultat de la décomposition, disons mieux, de la putréfaction de substances animales; mais elle n'est heureusement que locale et accidentelle. L'hydrogène sulfuré se reconnaît aisément à son odeur d'œufs pourris. Il s'exhale abondamment des fosses d'aisance, des sentines où sont accumulées les immondices des grandes villes, de certains marécages tourbeux où des cadavres d'animaux sont mêlés à des détritus végétaux; enfin de plusieurs sources d'eaux minérales. C'est un gaz extrêmement délétère : $^1/_{1500}$ suffit pour tuer un oiseau.

L'hydrogène protocarboné se forme en grande quantité dans la vase des marécages; aussi lui a-t-on donné le nom de *gaz des marais*. On peut le recueillir en agitant cette vase avec un bâton au-dessous d'un entonnoir plongé dans l'eau et surmonté d'un flacon renversé. En outre il se dégage du sol dans certaines localités, où l'on peut l'enflammer, et, comme il brûle parfois d'une manière continue, les habitants du pays l'utilisent pour faire cuire leurs aliments. « Il existe en Italie, sur la pente septentrionale des Apennins, des dégagements de gaz qui soulèvent une boue imprégnée de sel marin, et forment ces volcans de boue appelés *salze*. Il existe de semblables sources de ce gaz dans le departement de l'Isère, en Angleterre, en Crimée, sur les bords de la mer Caspienne, en Perse, à Java, au Mexique [1]. » C'est le même gaz qui, dans les mines de houille, constitue avec l'air ce mélange détonant dont les formi-

---

[1] H. Debray, *Cours élémentaire de chimie*, 1 vol. in-8°. Paris, 1863.

dables explosions sont justement redoutées des mineurs. Ceux-ci le désignent sous le nom de *feu grisou.*

Enfin, l'hydrogène phosphoré se dégage, surtout pendant les nuits d'été qui succèdent à de chaudes journées, des tourbières et plus encore des cimetières. Et comme il s'enflamme spontanément au contact de l'air, il donne naissance à ces flammes bleuâtres qui

Gaz des marais (hydrogène protocarboné) recueilli dans un flacon.

voltigent dans l'air au gré du vent. On sait que, suivant une croyance superstitieuse encore très-répandue dans les campagnes, ces *feux follets* attirent à leur suite les gens égarés ou attardés, et les conduisent à quelque rivière où ils se noient, à quelque fondrière où ils se brisent les os. L'hydrogène phosphoré résulte de la décomposition de la matière cérébrale et nerveuse des animaux, et principalement de l'homme : matière dont le phosphore est un des éléments.

Les liquides qui peuvent se trouver en suspension dans l'atmosphère sont très-peu nombreux, ou plutôt ils se réduisent à un seul, l'eau. Les nuages et les brouillards ne sont autre chose que des masses d'eau extrêmement divisée, à l'état de vésicules, ou de gouttelettes, ou même de petites aiguilles de glace. Nous nous en occuperons plus loin. Il arrive quelquefois que, par suite de circonstances particulières, les gouttelettes en suspension dans l'air tiennent en dissolution des substances acides, alcalines, salines, etc. Au bord de la mer, par exemple, l'air recèle des gouttelettes imperceptibles d'eau salée, provenant de l'écume des vagues, et qui lui donnent une saveur salée quelquefois très-sensible.

Quant aux corps solides qui perpétuellement nagent dans l'atmosphère, ils sont de plusieurs sortes. On a constaté au sein de l'air la présence de l'iode, du phosphore, de l'amidon; de germes d'êtres microscopiques, d'infusoires et de cryptogames; de débris de matières végétales. On peut se faire une idée de l'incalculable multitude de ces corpuscules, en considérant l'air éclairé par un faisceau de rayons solaires pénétrant dans un endroit relativement obscur. Il y a là tout un monde d'infiniment petits; et ces infiniment petits, êtres organisés ou poussières, exercent peut-être, en maintes circonstances, sur la santé et sur la vie une influence non moins puissante et non moins funeste que celle des émanations gazeuses susceptibles de se dissoudre dans la vapeur d'eau ou dans l'air lui-même, et auxquelles s'applique plus particulièrement le terme de *miasmes*.

L'histoire de ces poisons de l'air serait celle des épidémies qui tant de fois, depuis les temps historiques, ont ravagé le monde, et des maladies endémiques qui rendent certaines contrées presque inhabitables. Mais leur nature est à peu près inconnue, leur mode d'action et de propagation l'est tout à fait. On sait seulement qu'en général ils ont leur source dans les endroits à la fois chauds et humides, dans les étangs et les marais, dans les deltas stagnants que forment quelques grands fleuves. Des contrées entières sont connues par les maladies qui sévissent sur leurs habitants pendant une partie de l'année. Les côtes plates des mers, les étangs du Languedoc, les Maremmes, les marais Pontins et la campagne de Rome, les rivages d'Alexandrette, les côtes de Madagascar, celles de la Guyane, nous en présentent des exemples malheureusement célèbres. On attribue donc la formation des miasmes aux actions combinées de la chaleur et de l'humidité sur des matières végétales qui tombent en putréfaction, et dont les vents emportent et répandent d'imperceptibles débris.

Mais cette explication, satisfaisante en ce qui concerne les fièvres paludéennes, ne s'applique pas aussi bien aux épidémies diffusibles qui dévastent non-seulement le voisinage de leurs foyers présumés, mais de vastes continents, et parfois le monde entier. La peste, fléau de l'antiquité et du moyen âge, qui subsiste encore dans quelques coins de l'Europe orientale et de l'Asie, et dont les dernières apparitions dans l'Europe occidentale, à Marseille, à Barcelone, ont laissé de si funestes souvenirs; le choléra-morbus, fléau de notre temps, que l'Inde tenait en réserve depuis des siècles dans le delta du Gange pour le donner comme successeur à la peste; la fièvre jaune, fléau de l'Amérique, qui déjà plusieurs fois a touché du bout de son aile quelques points des côtes d'Espagne et de France; la variole, fléau cosmopolite que Jenner n'a point vaincu, quoi qu'on dise, et qui imprime à ceux dont il épargne la vie d'ineffaçables stigmates; le typhus, fléau des armées, plus redoutable cent fois que les canons rayés, les carabines perfectionnées et les balles coniques; la grippe même, fléau bénin si on le compare à ses terribles confrères, mais que pourtant la mort ne dédaigne pas toujours de prendre pour ministre; les épizooties enfin, qui de temps à autre dévorent par milliers les animaux utiles à l'homme, depuis les bœufs jusqu'aux vers à soie; et les maladies qui s'attaquent à nos plantes alimentaires, au blé, à la vigne, à la pomme de terre, sont autant de poisons subtils, insaisissables, que l'air recèle et transporte s'il ne les élabore tous, et dont la science avec ses puissants microscopes, avec ses merveilleux procédés d'investigation et d'analyse, avec son arsenal de médicaments et de réactifs, n'a pu ni pénétrer l'origine ni conjurer les effets.

Peste de Barcelone en 1821.

# DEUXIÈME PARTIE

## PHÉNOMÈNES DE L'AIR

## CHAPITRE I

### LE TEMPS

« Il est, dit M. Laugel, une science à la portée de tous les esprits, qui pour être cultivée, même avec succès, ne demande presque aucune préparation, qui fournirait facilement une ressource admirable à ceux qui, peu disposés à s'assujettir à des études préliminaires longues et ardues, se sentiraient néanmoins quelque goût pour l'observation des phénomènes naturels : on pourrait l'appeler plaisamment la science de la pluie et du beau temps, bien qu'elle se décore d'ordinaire du nom magnifique de météorologie. Le baromètre, le thermomètre, la girouette, sont les simples instruments qu'elle emploie; son champ est l'atmosphère terrestre, dont elle s'efforce d'analyser les mouvements réguliers ainsi que les perturbations. Comme M. Jourdain faisait de la prose sans le savoir, ainsi nombre de gens ont fait et font encore de la météorologie sans en connaître même le nom [1]. »

M. Laugel compare justement les gens qui font de la météorologie sans en connaître même le nom, à ceux qui, comme M. Jourdain, font de la prose sans le savoir. Mais il y a météorologie et météorologie, de même qu'il y a prose et prose. De ce que tout le monde s'exprime en prose, il ne s'ensuit point que l'art oratoire ou l'art d'écrire soit un art facile; et de ce que tout le monde s'occupe du

---

[1] *Science et philosophie. — Progrès de la météorologie.*

beau et du mauvais temps, il ne s'ensuit pas davantage que la météorologie soit « à la portée de tous les esprits ». Je ne vois pas
moins de différence entre la météorologie telle que l'entend le vulgaire, et celle que nous enseignent les Kaemtz, les Maury, les Jan-
sen, les Arago, les Humboldt, les Dove, les Becquerel, qu'entre le
langage d'un M. Jourdain et celui d'un Bossuet ou d'un Mirabeau;
entre le style d'un écrivain public et celui d'un Pascal, d'un Voltaire
ou d'un Lamartine. Tout le monde aussi fait de la politique : est-ce
à dire que tout homme ait en soi l'étoffe d'un Colbert ou d'un
Turgot?

Prétendre que la météorologie n'exige, pour être cultivée même
avec succès, aucune préparation, est donc, selon moi, une erreur
grave, dangereuse même jusqu'à un certain point, et à laquelle il
est fâcheux de voir un savant, un penseur du mérite de celui que je
viens de citer, prêter l'appui de son autorité. Le nombre est assez
grand de ceux qui se mêlent d'interpréter, d'expliquer, voire de
prédire les phénomènes atmosphériques. Dieu sait l'abus que font
les ignorants de la pluie et du beau temps, du chaud et du froid.
Dieu sait quels lieux communs se débitent et se répètent à perpétuité sur cette matière, qui est, on le sait de reste, la ressource
de tous les diseurs de riens, « la planche de salut qu'on tend aux
timides et aux sots », dit M. Laugel lui-même. M. Laugel reconnait
que les habitants des villes, qui parlent sans cesse du temps, ne s'y
connaissent guère, et n'y trouvent qu'un thème banal de conversation. Mais il ne veut point qu'on dédaigne la « science pratique » des
paysans et des matelots, « fruit d'une expérience séculaire ». « Si
les explications qu'elle propose sont souvent erronées, les faits
qu'elle prend pour base sont, selon lui, *toujours certains.* » Voilà,
ce me semble, une affirmation bien absolue, et qui m'étonne venant
d'un écrivain aussi profondément pénétré que l'est M. Laugel de la
haute mission de la science. On ne peut nier qu'à force d'observer
les phénomènes de l'atmosphère avec une attention commandée par
leurs plus chers intérêts, les agriculteurs et les marins ne soient
parvenus à se faire une sorte de *compendium* météorologique, contenant sur les signes du temps quelques données exactes. Mais de
combien d'erreurs, de préjugés, de superstitions même ces notions
tout empiriques ne sont-elles pas mêlées? Est-il un seul paysan

qui ne fasse entrer comme élément fondamental dans toutes ses prévisions les phases de la lune; qui n'accepte comme axiomes indiscutables un certain nombre de dictons où la rime, — et quelle rime! — tient lieu de raison et de bon sens; qui n'ait une foi entière dans les prédictions saugrenues de l'*Almanach Liégeois* ou autre, dont les volumes achetés chaque année composent d'ordinaire toute sa bibliothèque?

C'est faire trop bon marché de la théorie, que de croire qu'une science qui n'explique point les phénomènes qu'elle observe, ou qui les explique par des hypothèses irrationnelles, puisse jamais arriver, si ce n'est par hasard, à des résultats de quelque valeur. Tant que, sous les noms d'alchimie et d'art hermétique, la chimie s'est fourvoyée dans le dédale des recherches chimériques, qu'elle a constaté et reproduit, sans pouvoir les expliquer, des combinaisons et des décompositions, ses progrès n'ont marché qu'avec une excessive lenteur; elle a pris, au contraire, un rapide essor à partir du jour où elle a pu se rendre logiquement compte des actions réciproques des corps. Pourquoi en serait-il autrement de la météorologie? Par quel privilége aussi échapperait-elle à la loi de solidarité qui régit le développement des sciences, et qui permet tout au plus de les partager en deux ou trois groupes, jusqu'à un certain point indépendants les uns des autres, mais formant chacun un tout indissoluble?

On est convenu de distinguer les sciences mathématiques ou sciences exactes des sciences physiques, et celles-ci des sciences naturelles. Mais tout en plaçant, par exemple, l'astronomie et la mécanique dans le premier groupe, on est obligé de reconnaître que ces deux sciences, étroitement liées entre elles, ne le sont guère moins avec la physique; que celle-ci à son tour est inséparable de la chimie; que d'autre part l'astronomie se rattache directement à la géologie, qui suppose elle-même la connaissance de la physique et de la minéralogie, et qui rentre avec cette dernière dans la classe des sciences dites naturelles : si bien qu'on ne peut exceller dans une quelconque de ces sciences fondamentales sans posséder aussi celle du même groupe, et souvent encore une ou deux d'un groupe voisin.

Or la météorologie appartient manifestement au groupe des

sciences physiques; mais elle n'a point, en réalité, d'existence
propre. Tous les phénomènes qu'elle comprend sont dus à des
causes physiques ou mécaniques. Elle n'est donc qu'une branche
de la physique; et comme elle se confond à peu près entièrement avec ce qu'on nomme la physique du globe, elle se trouve
ainsi rattachée par certains points à l'astronomie, à la géologie,
surtout à la géographie physique. Cela est si vrai qu'elle n'a réellement pris naissance que du jour où ces sciences ont pu donner
la clef des phénomènes atmosphériques, demeurés si longtemps
inexplicables. Si l'on n'avait, grâce aux découvertes et aux calculs
des physiciens et des astronomes, déterminé les mouvements de
notre globe, les actions qu'il reçoit du soleil et de la lune, la marche
des saisons; si l'on n'avait pénétré les mystères de l'électricité et
du magnétisme, du calorique et de la lumière; si la chimie enfin,
aidée de la physique, n'avait fait connaître la véritable constitution
de l'atmosphère, à quoi se réduirait la météorologie? A ce qu'elle
était pour les anciens, et à ce qu'elle est encore aujourd'hui pour
les bonnes gens dont on nous vante la « science pratique » : c'est-
à-dire à un fatras d'observations incohérentes, souvent erronées, sur
le chaud et le froid, la pluie et la sécheresse, la direction des vents,
les aspects du ciel, la couleur et la forme des nuages. Et des observations même exactes, n'en déplaise à M. Laugel, ne peuvent avoir
de valeur qu'à la condition d'être raisonnées; un fait ne porte en
soi son enseignement que si l'on en connaît la cause, si l'on sait
par quel lien il se rattache aux faits de même ordre. Autrement
il reste à l'état d'énigme : chose dont les esprits les moins éclairés
ne s'accommodent point, et qu'à défaut d'explication rationnelle
ils résolvent tant mal que bien par des hypothèses de fantaisie.

Les instruments dont se sert le météorologiste sont simples,
dit-on. M. Laugel cite le baromètre, le thermomètre, la girouette.
Il eût pu en ajouter quelques autres qui ne sont pas moins nécessaires : les anémomètres, les pluviomètres, les udomètres, les
hygromètres, les électroscopes, les boussoles d'inclinaison, de déclinaison, d'intensité et de variations, les magnétomètres. Ces appareils ne sont pas, en général, d'une structure très-compliquée; mais
ils sont délicats à manier; il faut savoir s'en servir, et surtout saisir
le sens de leurs indications, comprendre leur langage. Et ce langage,

— qu'on me passe cette métaphore vulgaire, — est de l'hébreu pour une personne étrangère à la physique. Mettez entre les mains d'un ignorant le traité de météorologie le plus élémentaire : il sera arrêté dès la première page par des considérations dont il n'entendra pas un mot, et il fermera le livre.

En résumé, l'étude des phénomènes de l'air présente des difficultés qu'il ne faut pas se dissimuler; il exige des aptitudes et une somme de connaissances faute desquelles les météorologistes improvisés s'exposent à bien des mécomptes. En revanche il en est peu d'aussi attrayantes; il en est peu qui piquent plus vivement la curiosité, et qui, à tout prendre, la satisfassent plus aisément, pourvu qu'on n'aspire pas au rôle de prophète, et qu'on n'ait pas la prétention de tout savoir sans avoir eu la peine de rien apprendre. Car s'il n'est pas donné au premier venu d'être bon météorologiste, non plus que d'être bon médecin ou bon ingénieur, il n'est personne qui, doué d'un esprit curieux des choses de la nature, ne puisse s'initier avec un peu d'application aux principes fondamentaux de la météorologie. Une fois en possession de ces principes, on trouve, dans l'observation directe des variations atmosphériques et dans la lecture des ouvrages où elles sont décrites ou expliquées, une occupation pleine de charmes, une source de jouissances toujours nouvelles. Le temps n'est plus ce lieu-commun banal auquel on a niaisement recours lorsqu'on ne sait de quoi parler, et qui est épuisé lorsqu'on a répété pour la millième fois les cinq ou six phrases que tout le monde sait par cœur : le temps est un vaste ensemble de faits dont la connaissance et l'intelligence nous importent au plus haut point; c'est un sujet de recherches intéressantes, de discussions sérieuses et instructives; c'est, en outre, un spectacle d'une magnificence et d'une variété incomparables, et dont on sent d'autant plus vivement les beautés, qu'on connaît mieux les ressorts invisibles qui en changent à chaque instant la mise en scène. Dire quel sens nous attachons à ce mot, le *temps,* c'est dire de quel point de vue nous allons considérer le grand objet qu'il représente. Cet objet, je le répète, est essentiellement complexe. Il comprend une multitude de phénomènes dont l'origine et le lien échappent nécessairement aux observateurs superficiels, souvent aussi à ceux qui savent le mieux interroger la nature. Les apparences mêmes de ces

phénomènes peuvent être trompeuses. Nous nous efforcerons de les
voir, non-seulement tels qu'ils semblent être, mais tels qu'ils sont
réellement. Nous rechercherons les forces qui les engendrent, les
lois qui les régissent, les influences qu'ils exercent. Chacun d'eux
soulèvera ainsi une triple question de cause, de rapport et d'effet:
La science positive est le seul oracle auquel nous demanderons
d'y répondre. Lorsqu'il nous arrivera de la trouver muette, nous
nous garderons bien de suppléer à son silence par des explications
arbitraires; car la science est le seul guide que nous puissions suivre
avec sécurité; là où ce guide hésite, la raison nous prescrit de
nous arrêter, et d'attendre qu'il ait frayé plus loin le chemin de la
vérité.

# CHAPITRE II

## LE CHAUD ET LE FROID

Nous avons vu au chapitre X de notre première partie ce que
serait la chaleur pour le globe terrestre, si celui-ci n'avait point d'atmosphère. Voyons maintenant ce que serait l'atmosphère, je ne dis
pas, si elle était sans chaleur, — cette hypothèse est inadmissible;
l'absence totale de calorique dans les corps ne se conçoit pas, — mais
si elle était toujours, dans toutes ses parties, également chaude
ou froide. Oh! dans ce cas, la météorologie serait une science bien
simple; car la météorologie est la science des mouvements, des
changements d'état, des perturbations de l'air; et l'air serait immobile, ou ses mouvements seraient à peine sensibles et d'une régularité parfaite; son état ne changerait point; il ne serait sujet à
aucune perturbation. Il n'y aurait ni beau ni mauvais temps, ni
temps sec ni temps humide, ni saisons ni climats. Les habitants de
la terre jouiraient d'un printemps, ou d'un été, ou d'un hiver perpétuel; les eaux seraient toujours gelées, ou toujours tièdes, ou
toujours en vapeur; la végétation n'existerait point, où elle serait

toujours en activité : le tout suivant le degré de température au-
dessous ou au-dessus de zéro qu'il vous plaira de supposer.

S'il en est autrement, c'est que la température est inégalement
répartie à la surface du globe, et que pour un même lieu elle
éprouve, selon l'époque de l'année, selon l'heure du jour, sous l'influence de causes nombreuses qui se combinent ou se contrarient de
mille manières, de continuelles alternatives d'abaissement et d'élévation. Ce sont ces alternatives qui produisent dans l'air les contractions et les dilatations d'où résultent l'accroissement et la diminution de la pression barométrique, et les fluctuations de la masse
atmosphérique; qui déterminent la formation et la précipitation
des vapeurs aqueuses; qui font que le ciel est limpide et bleu, ou
qu'il se voile d'épais nuages; que des ruisseaux se transforment en
fleuves impétueux, ou des torrents en paisibles cours d'eau, que
les campagnes disparaissent sous les frimas, ou se parent de
verdure et de moissons; que les arbres agitent au vent leurs
branches dépouillées, ou se couvrent de feuillage et se chargent de
fruits.

« L'étude de la météorologie, si superficielle qu'on la suppose,
dit Kaemtz, nous conduit immédiatement à reconnaître que la chaleur joue un rôle immense dans l'atmosphère comme dans tout le
reste de la nature. Dès qu'on eut reconnu l'importance de cet agent,
la science fit de rapides progrès. »

C'est donc par la chaleur qu'il convient de commencer notre
étude des phénomènes de l'air. Et d'abord il n'est pas inutile de
donner quelques explications sur le sens qu'on doit attacher à ces
mots : chaleur, froid, température, calorique. On croit communément que ce dernier mot n'est que le synonyme scientifique du
terme vulgaire de chaleur. Cela n'est pas exact. Ces deux mots,
bien que les physiciens eux-mêmes les emploient souvent dans le
même sens, ont cependant des significations bien distinctes. Le
calorique est proprement la cause inconnue dont dépendent tous
les phénomènes d'échauffement et de refroidissement, la dilatation
et la contraction des corps, leur liquéfaction et leur vaporisation,
leur solidification. Les mots « chaleur et froid » n'expriment autre
chose que les sensations contraires que nous éprouvons au contact des
corps, suivant que leur température est élevée ou basse. Enfin la

température elle-même est l'état actuel du calorique sensible dans ces corps, soit qu'on admette l'hypothèse de l'émission ou celle des ondulations. En d'autres termes, soit qu'on voie dans le calorique un fluide spécial ou une vibration particulière du fluide universel, on constate, comme fait d'expérience, que tous les corps émettent sans cesse du calorique; qu'ils rayonnent en tous sens, et qu'ils se refroidiraient indéfiniment s'ils ne recevaient à leur tour le calorique que leur envoient les autres corps. Suivant donc qu'un corps émet plus ou moins de calorique à un moment donné, on dit qu'il est plus ou moins chaud ou froid, ou que sa température est plus ou moins élevée. D'où l'on voit qu'il ne faut pas confondre la température d'un corps avec la quantité de calorique qu'il contient. « De ce qu'un corps, à un instant donné, dit M. B. Dupiney, nous fait éprouver une sensation de chaleur plus intense qu'un autre corps, nous aurions tort de conclure qu'il en contient davantage... Comme exemple propre à établir cette distinction, nous pouvons dire qu'à poids égal l'eau bouillante contient plus de calorique que le fer rouge, quoique la température de celui-ci soit évidemment beaucoup plus élevée [1]. »

On ne peut mesurer d'une manière absolue ni la quantité de calorique contenue dans un corps, ni celle qu'il émet; mais on mesure d'une manière relative, c'est-à-dire en prenant un terme de comparaison arbitraire, la quantité de chaleur que les corps absorbent ou abandonnent lorsque leur température s'élève ou s'abaisse d'un nombre déterminé de degrés : c'est la *calorimétrie;* on mesure de même, à l'aide des instruments appelés *thermomètres,* les changements qui surviennent dans l'état thermique des corps, en un mot, leur température.

Les thermomètres sont tous fondés sur le même principe, à savoir sur les dilatations et les contractions que les corps, et notamment les liquides, éprouvent en s'échauffant et en se refroidissant. Tout le monde sait que les thermomètres employés pour mesurer la température de l'atmosphère, — les seuls dont nous ayons à nous occuper ici, — consistent en un tube capillaire plus ou moins

_______________

[1] Dictionnaire français et Encyclopédie illustrée, art. *Calorimétrie* (2 vol. in-4°. Paris, 1860.)

long, muni à son extrémité inférieure d'une ampoule ou réservoir qui contient du mercure ou de l'acool. Des divisions appelées degrés sont tracées, soit sur l'instrument lui-même, soit sur la monture à laquelle il est fixé. Le mercure a l'avantage de se dilater et de se contracter d'une manière uniforme, de ne point donner de vapeur à la température ordinaire, et de ne bouillir qu'à une température très-élevée (360°). Aussi est-ce de ce métal qu'on se sert pour la construction des thermomètres-étalons, qui doivent être d'une grande précision. L'alcool se dilate et se contracte moins régulièrement; il émet des vapeurs à toutes les températures, et bout à 76°; mais, tandis que le mercure se solidifie à 40° au-dessous de 0°, l'alcool ne se congèle point, à quelque refroidissement qu'on le soumette. Les thermomètres à alcool conviennent donc parfaitement pour la mesure des températures très-basses.

On sait aussi que l'échelle en usage en France et dans beaucoup d'autres pays est l'échelle centigrade; que le zéro de cette échelle correspond à la température de la glace fondante, et son centième degré à celle où l'eau distillée entre en ébullition, sous la pression moyenne de soixante-seize centimètres; que les divisions sont continuées au-dessous du zéro et au-dessus du point 100°; que pour écrire l'indication d'une température supérieure à zéro, on place ordinairement en avant du chiffre des degrés le signe + (*plus*), et qu'on fait précéder du signe — (*moins*) le chiffre des degrés représentant une température inférieure à 0°; mais que cette distinction des degrés positifs et des degrés négatifs n'est que conventionnelle, et ne signifie nullement que les premiers soient des degrés de *froid*, et les seconds des degrés de *chaleur*. Je n'insisterai donc pas sur ces considérations, non plus que sur l'histoire du thermomètre et sur son mode de construction et de graduation [1]. Mais je ne pouvais me dispenser de rappeler sommairement en quoi consiste cet appareil, et quel est le sens vrai de ses indications, qui ne sont pas moins que celles du baromètre un élément essentiel et fondamental de toute observation, de toute recherche météorologique.

Revenons maintenant aux phénomènes de chaud et de froid

---

[1] Ce sujet est traité *in extenso* au chap. VIII du *Voyage scientifique autour de ma chambre*.

que présente l'atmosphère. La presque totalité du calorique répandu à la surface de la terre et retenu dans son enveloppe
gazeuse, est fournie par le soleil. Les roches qui forment la croûte
solide du globe conduisent si mal le calorique, que celui qui provient du feu central ou des couches intérieures incandescentes,
arrive à peine à la surface en assez grande quantité pour fondre, en
un an, une pellicule de glace de six millimètres d'épaisseur, qui
couvrirait cette surface entière. On voit que si notre planète venait
par malheur à perdre son soleil et à n'avoir plus pour se chauffer
que son propre foyer, les êtres qui l'habitent ne tarderaient pas à
périr; car elle reviendrait à la température des espaces célestes :
température qu'il est impossible d'évaluer exactement, mais qui, à
coup sûr, est tout à fait incompatible avec la vie végétale, et que
les animaux ne supporteraient pas longtemps. Elle atteindrait,
d'après M. Pouillet, le chiffre formidable de — 140°; mais les autres
physiciens sont arrivés par leurs calculs à des résultats plus modé-
rés. Fourier dit de — 50 à — 60°; Svanberg, — 50°,3; Arago,
— 56°,7; Péclet, — 60°; Saigey, de — 65° à — 77°; sir John Herschell,
— 91°. En tout cas, et si basse que soit la température de l'espace,
elle n'en exerce pas moins une action bienfaisante, en s'opposant,
dans une certaine mesure, au refroidissement indéfini de la terre
elle-même. « De prime abord, dit Humboldt, il doit paraître singulier d'entendre parler de l'influence relativement bienfaisante que
cette effroyable température de l'espace, si inférieure au point de
congélation du mercure, exerce sur les climats habitables de la
terre, ainsi que sur la vie des animaux et des plantes. Pour sentir
la justesse de cette expression, il suffit cependant de réfléchir aux
effets du rayonnement. La surface de la terre échauffée par le soleil,
et même l'atmosphère jusqu'à ses couches supérieures, rayonnent
librement vers le ciel. La déperdition qui en résulte dépend presque
uniquement de la différence de température entre les espaces célestes
et les dernières couches d'air. Quelle énorme perte de chaleur n'au-
rions-nous donc pas à subir par cette voie, si la température de l'espace, au lieu d'être de — 60°, ou de — 90°, ou même de — 140°,
se trouvait réduite à — 800° ou à mille fois moins encore ! »

Nous savons déjà comment la température de l'air varie, en vertu
des propriétés physiques de ce gaz, suivant son plus ou moins de

densité, et en vertu de sa composition, suivant qu'il est plus ou moins chargé de vapeur d'eau; comment de ces causes intrinsèques résulte un abaissement de température sensiblement proportionnel à l'élévation des couches atmosphériques. Nous savons qu'à ce refroidissement de l'air est due l'existence de neiges et de glaces éternelles, partout où se trouvent des montagnes assez hautes pour que leurs sommets atteignent les régions où l'air ne s'échauffe jamais au delà du point de congélation de l'eau. J'ajouterai seulement ici, à ce sujet, que l'altitude de ces régions dépend de la latitude : en d'autres termes, que la limite des neiges perpétuelles est, d'une manière générale, d'autant moins élevée qu'on s'avance plus près des pôles, et d'autant plus qu'on approche davantage de l'équateur; mais que cette limite dépend encore d'un grand nombre d'autres circonstances, telles que « la différence des températures propres à chaque saison; la direction des vents régnants, et leur contact, soit avec la mer, soit avec la terre; le degré habituel de sécheresse ou d'humidité des couches supérieures de l'atmosphère; l'épaisseur absolue de la masse de neige qui est tombée ou qui s'est accumulée; le rapport entre la hauteur de la limite inférieure des neiges et la hauteur totale de la montagne; la position relative de cette dernière dans la chaîne dont elle fait partie; le voisinage d'autres cimes également couvertes de neige perpétuelle, etc. [1]. » Dans les régions arctiques, et, à plus forte raison, dans les régions antarctiques, la ligne qui forme la limite des neiges perpétuelles descend jusqu'au niveau de la mer. « Sous l'équateur et en Amérique, dit encore Humboldt, la limite inférieure des neiges atteint la hauteur du mont Blanc de la chaîne des Alpes, puis elle baisse vers le tropique boréal; les dernières mesures la placent à trois cent douze mètres environ plus bas, sur le plateau du Mexique, par 19° de latitude nord. Elle s'élève, au contraire, vers le tropique austral; car Pentland a trouvé que, sur la Cordillère maritime du Chili (de 14° ¼ à 18° de latitude australe), cette limite est de huit cents mètres plus élevée que sous l'équateur, près de Quito, sur le Chimborazo, le Cotopaxi et l'Antisana. Le docteur Gillies assure même que, par 33° de latitude australe, la limite des neiges éternelles se trouve comprise entre quatre

---

[1] Humboldt, *Cosmos*, t. I.

mille quatre cent vingt et quatre mille cinq cent quatre-vingts
mètres, sur les versants du volcan de Penquènes. Lorsque le ciel est
pur pendant l'été, la sécheresse extrême de l'atmosphère favorise à
tel point l'évaporation de la neige, que le volcan d'Aconcagna (au
N.-O. de Valparaiso, latitude 32° ½) a été vu complétement privé de
neige; et pourtant sa hauteur dépasse de quatre cent cinquante
mètres celle du Chimborazo, d'après les mesures de l'expédition du
*Beagle* [1]. »

Après avoir cherché à nous rendre compte de l'augmentation et
de la diminution de la température atmosphérique dans le sens vertical, il nous reste à en étudier la répartition dans le sens horizontal.
Or nous avons déjà vu [2] que cette répartition peut, comme celle des
pressions barométriques, être représentée par des lignes à peu près
parallèles dans leur direction générale, et s'échelonnant avec une
certaine régularité entre l'équateur et les pôles. On donne le nom
d'*isothermes* aux lignes qui réunissent tous les points pour lesquels
la moyenne thermométrique annuelle est la même. En réunissant
sur une mappemonde tous les lieux qui ont la même moyenne
estivale, on a de nouvelles courbes appelées *isothères* (ἴσος, égal,
θέρος, été); et celles qui passent par les points ayant une même
moyenne hibernale sont dites *isochimènes* (χειμών, hiver). C'est à
Humboldt qu'on doit ce mode ingénieux de représentation graphique
qui, dit-il lui-même, donnera une base certaine à la climatologie
comparée, si les physiciens consentent à réunir leurs efforts pour le
perfectionner.

« Tracées mois par mois, dit M. F. Zucher, de semblables lignes
peignent aux yeux la marche de la chaleur sur le globe. Par la succession des saisons, on les voit monter vers les pôles, et redescendre
vers l'équateur. Ainsi, dans notre hémisphère, la ligne de 0°, qui
passait par Naples au plus fort de l'hiver, recule en été jusqu'au
Spitzberg et à la Nouvelle-Zemble. Ce n'est que dans la zone torride
que les lignes isothermes suivent à peu près les parallèles de latitude.
Elles ont de fortes courbures dans les zones tempérées et glaciales,
où elles dépendent de la position des mers par rapport aux terres, et

[1] Mesures données par M. Darwin dans son *Journal des voyages de l'*Adven-
ture *et du* Beagle.

[2] Ch. IV de la première partie.

Glaciers.

des vents qui y règnent. On les voit, par exemple, s'abaisser très-sensiblement en allant de l'Europe aux États-Unis, et une inflexion semblable indique que les côtes occidentales sont généralement plus chaudes que l'intérieur du continent européen... Les centres d'extrême chaleur se trouvent en Nubie et dans un espace situé entre la Guyane et le Yucatan, où la température moyenne est de 33° [1]. »

« Le nombre des observations, dit Kaemtz, n'est pas encore assez grand pour pouvoir tracer les isothères et les isochimènes avec une parfaite exactitude; mais elles sont suffisantes pour faire voir que ces lignes sont loin de coïncider avec les parallèles qui joignent les points situés à la même distance de l'équateur; car les isochimènes s'abaissent vers le sud à mesure qu'on s'éloigne de la côte occidentale de l'Europe en marchant vers l'orient, parce que les pays situés vers l'est ont des hivers beaucoup plus rigoureux que ceux qui sont à l'ouest. Les isothères, au contraire, s'élèvent vers le pôle quand on marche d'occident en orient; et c'est seulement dans l'intérieur du continent qu'à latitude égale les moyennes estivales sont les mêmes. Dans l'Amérique du Nord, on observe quelque chose de semblable; car, à distance égale de l'équateur, les lieux situés à l'ouest des Alleghanis ont des hivers plus froids que ceux qui sont situés au bord de la mer [2]. »

Quant aux lignes isothermes, Humboldt a établi que leur forme est modifiée par un très-grand nombre de causes, dont les unes élèvent la température moyenne, tandis que les autres l'abaissent. Parmi les premières, il signale :

La proximité d'une côte occidentale, dans la zone tempérée ;

La forme découpée des continents, et la présence de méditerranées et de golfes pénétrant profondément dans les terres ;

La direction sud ou ouest des vents régnants, s'il s'agit de la bordure occiden'ale d'un continent situé dans la zone tempérée ;

La rareté des marécages, l'absence de forêts sur un sol sec et sablonneux ;

La sérénité constante du ciel pendant l'été; enfin le voisinage

---

[1] *Les Phénomènes de l'atmosphère.* — 1 vol. in-32. Paris, 1863. (*Bibliothèque utile.*)

[2] Kaemtz, *Cours complet de météorologie*, ch. IV.

d'un courant océanique ayant sa source dans l'un des æstuaires équatoriaux.

Les principales causes d'abaissement de la moyenne thermométrique annuelle sont :

L'élévation de la contrée au-dessus du niveau des mers;

Le voisinage d'une côte orientale, pour les hautes et les moyennes latitudes;

La configuration compacte d'un continent dont les côtes sont dépourvues de golfes, ou une grande extension des terres vers le pôle;

Des chaînes de montagnes fermant l'accès aux vents tièdes; des forêts interceptant les rayons du soleil;

Un ciel nébuleux pendant l'été, limpide pendant l'hiver;

Enfin le voisinage d'un courant pélagique venu des régions polaires.

---

# CHAPITRE III

## LES CLIMATS ET LES SAISONS

La surface du globe, considérée au point de vue de la distribution des températures, peut être divisée et subdivisée en un très-grand nombre de régions, dont chacune présente un ensemble de conditions météorologiques qui lui est propre, et qui constitue ce qu'on nomme un climat.

Les anciens géographes avaient partagé l'hémisphère boréal, le seul qui leur fût connu, en trente zones parallèles, distinguées les unes des autres par la durée de leur plus long jour au solstice d'été. Vingt-quatre de ces zones, comprises entre l'équateur et le cercle polaire, étaient appelées *climats horaires* ou de demi-heure, parce que, de l'un à l'autre, la différence entre les plus longs jours était d'une demi-heure. Les six autres zones, comprises entre le cercle polaire et le pôle même, étaient dites *climats de mois,* parce qu'à partir du cercle polaire le plus long jour de chacune de ces zones était d'un mois plus long que celui de la précédente. Ainsi le climat équatorial était celui où les jours sont toujours égaux aux nuits, et durent, par conséquent, douze heures; c'était le premier. Le second était celui où le plus long jour est de douze heures et demie; le troisième, celui où le plus long jour est de treize heures; et ainsi de suite jusqu'au vingt-quatrième, où, à l'époque du solstice d'été, le soleil demeure pendant vingt-quatre heures au-dessus de l'horizon. Le premier climat de mois s'étendait depuis le cercle polaire jusqu'au parallèle au-dessus duquel le soleil reste levé, une fois par an, pendant un mois entier; le second allait de ce parallèle à celui où le plus long jour est de deux mois; est ainsi de suite jusqu'au climat polaire, où l'année se compose d'un seul jour et d'une seule nuit, chacun de six mois [1].

On a donné le nom de climats astronomiques à des divisions où il n'est tenu compte, en effet, que de deux circonstances purement atmosphériques, savoir : la durée plus ou moins longue de la présence du soleil au-dessus de l'horizon aux époques successives de l'année, et l'incidence plus ou moins oblique des rayons de cet astre lors de son passage au méridien : circonstances fondamentales, il est vrai; car c'est de leur concours que résulte le phénomène des saisons, si étroitement lié à celui des climats, qu'on pourrait définir ces derniers : les différentes manières d'être des saisons dans les différentes contrées. Mais ces manières d'être, bien que gouvernées essentiellement par le cours du soleil et par la latitude du lieu, ne laissent pas d'être modifiées encore par une multitude de causes secondaires qu'il n'est pas permis de négliger. Ces causes ont conduit les météorologistes modernes à distinguer des climats astronomiques, qui ne sont guère qu'une conception théorique, les climats physiques ou atmosphériques, qui sont les climats réels.

« Si la terre, dit M. Alfred Maury, était parfaitement homogène et d'un égal rayon; » Humboldt dit plus explicitement : « Si sa sur-

---

1 Pour ne pas compliquer ces indications, j'ai négligé l'effet de la réfraction qu'éprouvent les rayons solaires en traversant l'atmosphère, et qui augmente d'autant plus la durée du jour qu'on s'éloigne davantage de l'équateur; si bien qu'au pôle même le jour n'est pas, en réalité, de six mois seulement, mais de six mois et soixante-sept heures.

« face était formée d'un seul fluide homogène ou de couches possé-
« dant même couleur, même densité, même éclat, même faculté
« d'absorber les rayons solaires, même pouvoir de rayonner la
« chaleur vers les espaces célestes, » les climats atmosphériques
correspondraient exactement aux climats des anciens géographes.
Mais il n'en est point ainsi. La surface de notre globe offre, suivant
les lieux, des différences dans la constitution et l'élévation du sol,
dans le rapport de la terre ferme et des eaux. Les climats se modifient donc suivant les localités, et présentent des alternatives et des
modes de distribution que l'observation seule a pu déterminer...

« Aux diverses époques de l'année, la terre perd par le rayonnement une partie de la chaleur qu'elle a reçue du soleil; mais en été,
dans notre hémisphère, elle reçoit bien plus qu'elle ne perd. Les
vapeurs, les vents, les pluies modifient sensiblement ces premiers
éléments climatologiques : tantôt ils refroidissent l'atmosphère en y
apportant l'air d'une contrée plus froide, ou la réchauffent en y
poussant l'air d'une région plus échauffée; tantôt ils déterminent
la formation de nuages dont se charge l'atmosphère, et qui diminuent le rayonnement de notre planète... Ainsi chaque lieu de la
terre a son climat propre, qui est, pour nous servir d'une expression
mathématique, *fonction* d'une foule de *variables*, dont quelques-
unes sont liées entre elles par une dépendance particulière. Toutefois certaines causes sont générales ou permanentes, et on peut les
appeler fondamentales; d'autres sont accidentelles ou secondaires.
De même que le mouvement de notre globe et sa position par rapport au soleil sont la cause externe fondamentale des climats et des
températures, la prédominance des terres ou des eaux en est la cause
interne principale. Suivant qu'une contrée est placée au voisinage
des mers ou à l'intérieur des continents, son climat change de
constitution. A la surface de l'Océan, les révolutions thermométriques et hygrométriques suivent une tout autre loi que dans les
déserts de l'Asie ou de l'Afrique, sur les hauteurs des Alpes ou de
l'Himalaya [1]. »

L'inégalité de température entre l'hiver et l'été devient, en général, d'autant plus sensible qu'on s'éloigne davantage des côtes de

---

[1] *La Terre et l'Homme*, ch. II. — 1 vol. in-18. Paris, 1861.

Paysage des tropiques.

la mer pour s'enfoncer dans l'intérieur des terres. Cette particularité a pu être remarquée par toutes les personnes qui ont habité tour à tour Paris, et l'un des ports de notre côte occidentale. On sait qu'à Paris le thermomètre monte souvent en été jusqu'à + 30° et même + 32°, et qu'il n'est pas rare de le voir descendre, en hiver, jusqu'à — 8° et — 10°. A Brest, par exemple, il ne gèle que rarement en hiver; une température de — 1° ou — 2° passe pour très-rigoureuse; mais au plus fort de l'été, on ne voit guère le thermomètre accuser plus de 25° ou 26°. Il convient de dire, cependant, qu'à mesure qu'on s'éloigne des pôles cette différence entre les climats marins et les climats continentaux diminue graduellement, et disparaît à peu près sous l'équateur.

C'est dans les climats marins que la loi géographique des latitudes souffre les exceptions les plus nombreuses et les plus remarquables. On sait, en effet, que l'Océan est parcouru en tous sens par d'immenses courants : les uns chauds, comme le *Gulf-stream* et le *Fleuve noir;* les autres froids, comme les courants polaires. Il est donc aisé de concevoir que des contrées maritimes situées sous le même parallèle puissent avoir, l'une un climat très-doux, l'autre, au contraire, un climat très-rigoureux, suivant qu'elles sont baignées par un courant équatorial ou par un courant polaire. Le continent septentrional du nouveau monde nous offre un curieux exemple de ces apparentes anomalies; tandis que, grâce au voisinage d'une des branches du grand courant parti du golfe de Bengale, les côtes occidentales de l'Amérique du Nord jouissent d'une température généralement douce, les côtes orientales du même continent subissent l'influence du courant d'eau froide qui descend du pôle arctique, et qui, pénétrant toutes leurs sinuosités, fait régner dans ces parages un climat des plus rigoureux. Humboldt a constaté que le courant antarctique réagit d'une manière analogue sur le littoral ouest de l'Amérique méridionale, et notamment sur les côtes du Chili. D'autre part, le célèbre Gulf-stream adoucit d'une façon notable le climat des contrées qui se trouvent sur son passage : entre autres, celles d'une grande partie du nord de l'Europe. Sans lui l'Angleterre et une partie de la France seraient condamnées à des hivers aussi rigoureux que ceux du Labrador.

De l'ancienne climatologie astronomique les géographes modernes n'ont conservé que les cinq grandes divisions ou *zones* formées, de part et d'autre de l'équateur, par les tropiques et par les cercles polaires. Tout le monde sait que la zone intertropicale a reçu le nom, un peu hyperbolique, de zone torride; que les zones polaires sont appelées plus justement zones glaciales; qu'enfin celles qui, sur chaque hémisphère, occupent l'espace compris entre le cercle polaire et le tropique, sont dites zones tempérées.

Cette division a sans doute, comme toutes les divisions de ce genre, l'inconvénient d'être trop absolue, trop tranchée, de ne tenir aucun compte des transitions. Il est certain, par exemple, que les zones qu'on nomme tempérées auraient pu être elles-mêmes partagées en trois bandes, dont la médiane seule aurait mérité de conserver la qualification primitive de tempérée, tandis que les deux extrèmes eussent été bien désignées, par exemple, sous les noms de zone sub-torride ou sub-tropicale, et de zone sub-polaire ou sub-glaciale.

Quoi qu'il en soit, on ne peut nier que la nouvelle division n'ait sur l'ancienne de grands avantages. En premier lieu, elle n'a rien d'arbitraire : elle est fondée sur des données astronomiques positives et précises, puisque les tropiques sont les cercles qui passent par les points solsticiaux, — et les cercles polaires, ceux qui limitent, autour des extrémités de l'axe terrestre, les rayons où les jours et les nuits atteignent et dépassent la durée de vingt-quatre heures. En second lieu, elle donne tout d'abord une idée saisissante, et, en somme, assez vraie, de la constitution climatérique qui caractérise chacune des zones. En effet, sur toute la ligne équinoxiale, où les jours sont constamment égaux aux nuits, les rayons du soleil arrivent suivant une direction qui, lors du passage de l'astre au méridien, est presque verticale, et qui l'est rigoureusement deux fois par année; après quoi le soleil s'écarte, tantôt à droite, tantôt à gauche, de 23° 28', c'est-à-dire jusqu'au tropique. Il est vrai que l'équateur thermal (on entend par là la courbe qui relie ensemble tous les points où la moyenne annuelle de la température est la plus élevée) ne coïncide pas sur tous ses points avec l'équateur géographique. Mais ces divergences ne sont dues qu'à des circonstances secondaires, telles que l'altitude des lieux, la nature du sol, la présence ou l'absence de grandes masses d'eau, etc., qui déterminent en certains endroits une absorption de chaleur plus grande qu'en d'autres endroits, et il n'en est pas moins incontestable qu'à l'équateur la terre reçoit du soleil plus de calorique que partout ailleurs.

A mesure qu'on s'éloigne de ce grand cercle, soit vers le nord, soit vers le sud, les rayons solaires prennent une direction plus constamment oblique; cependant, pour la zone torride, cette direction reste voisine de la verticale, et tous les lieux compris dans cette zone ont au moins un jour où, à midi, les rayons tombent perpendiculairement sur le sol. Aussi leur température se rapproche-t-elle beaucoup de celle de l'équateur, lorsque même, par l'effet de quelqu'une des causes dont j'ai parlé ci-dessus, elle n'est pas plus élevée encore. Passé les tropiques, l'incidence des rayons solaires est toujours plus ou moins oblique; l'inégalité des jours et des nuits devient de plus en plus sensible; la température moyenne s'abaisse graduellement, sinon régulièrement. Enfin, à partir du cercle polaire, les rayons calorifiques et lumineux prennent une direction presque parallèle à l'horizon; les jours d'été et les nuits d'hiver durent de vingt-quatre heures à six mois. On conçoit donc que, dans l'intérieur de ces cercles, la moyenne thermométrique soit moindre qu'en aucune partie des zones précédentes. Il faut ajouter cependant que, de même que l'équateur thermal s'écarte de la ligne équinoxiale, de même aussi ce n'est pas aux pôles mêmes du globe que règne la plus basse température. Les *pôles du froid* paraissent même être situés à une assez grande distance des pôles géographiques. On ne sait rien à cet égard de l'hémisphère austral, qui n'a pas été suffisamment exploré dans ses hautes latitudes; mais on admet, dans l'hémisphère boréal, l'existence de deux pôles du froid, qui se trouveraient vers 80° de latitude, l'un en Asie, l'autre en Amérique. C'est là ce qui a encouragé les navigateurs à chercher entre ces deux points un passage libre de l'ancien au nouveau monde. « Il est aujourd'hui devenu très-probable, dit M. Alfred Maury, que les mers s'étendent jusqu'aux pôles, et en particulier jusqu'au pôle nord. La grande mer ouverte que le docteur Kane croit avoir découverte, et à laquelle il a donné le nom de Kennedy, est venue fortifier cette probabilité. Tout donne à penser que la température moyenne du pôle nord doit se rapprocher de — 8°; d'où l'on conclut une température de — 5°, 7 pour celle de la mer en ce lieu, température qui n'est pas assez basse pour que la mer soit congelée. » Il est bon de faire remarquer, avec le même auteur, que l'hémisphère austral présente, sous des latitudes correspondantes, une température beaucoup moins élevée que l'hémisphère boréal, du moins à partir du cinquantième parallèle : ce qui doit sans doute être attribué en grande partie à la prédominance des eaux et à la configuration particulière des continents.

Aux conditions générales de température qui résultent de la direction des rayons solaires et des longueurs relatives des jours et des nuits correspondent des différences profondes dans le cours et la forme des saisons, dans l'état ordinaire de l'atmosphère et dans la nature de ses perturbations, ainsi que dans les caractères de la faune et de la flore de chaque zone, et dans ceux des races humaines qui peuplent les continents et les îles des deux hémisphères.

Si nous considérons d'abord les saisons, nous voyons qu'au pôle on n'en compte que deux dont on peut dire à la lettre qu'elles sont, l'une par rapport à l'autre, « le jour et la nuit ». A mesure qu'on s'éloigne de cette morne région, outre que la moyenne thermométrique de l'année s'élève, et que les durées des jours et des nuits deviennent moins inégales, on passe moins brusquement de l'hiver à l'été et de l'été à l'hiver. Dans les zones tempérées, les époques de transition entre les deux saisons extrêmes sont elles-mêmes de véritables saisons intermédiaires; en sorte que les habitants de ces zones ont quatre saisons, dont deux, l'hiver et l'été, commencent aux solstices, et deux autres, le printemps et l'automne, commencent aux équinoxes.

On sait que les saisons sont inverses dans les deux hémisphères boréal et austral; que l'été règne dans le premier hémisphère lorsque la terre décrit la plus grande portion de son orbite, et dans le second lorsqu'elle décrit la plus petite; et qu'en conséquence l'un a constamment des étés plus courts et des hivers plus longs que l'autre : ce qui achève d'expliquer le refroidissement de l'hémisphère austral [1].

Sous les tropiques, la distinction des saisons s'efface presque complétement. Il n'y a plus de printemps ni d'automne, ni même,

---

1 Voyez, relativement aux effets présumés de ce refroidissement, le ch. vi de la première partie des *Mystères de l'Océan*.

Paysage tempéré.

à proprement parler, d'été et d'hiver. J'ai dit que les habitants de la région équatoriale voient deux fois chaque année le soleil sur leurs têtes; après quoi le soleil s'écarte tour à tour, vers le sud et vers le nord, de 23° environ. Il semble donc que ces contrées doivent avoir deux étés, compris entre deux automnes, ou, si l'on veut, entre deux printemps. Mais lorsque le soleil est à l'équateur et darde perpendiculairement ses rayons vers la terre, la chaleur extrême qu'il développe détermine en même temps la formation d'énormes quantités de vapeurs d'eau, qui bientôt se condensent et donnent lieu à des orages violents et à des averses torrentielles; en sorte que ces deux prétendus étés sont les plus mauvaises saisons des climats équatoriaux. On les désigne sous le nom de saisons des pluies ou d'hivernages. Au contraire, lorsque le soleil incline vers l'un ou l'autre tropique, ses rayons, étant moins perpendiculaires, absorbent beaucoup moins de vapeurs, et il en résulte deux saisons moins chaudes, mais sèches et sans orages. Dans le voisinage des tropiques, au lieu de deux saisons sèches et de deux hivernages, il n'y en a plus, d'ordinaire, qu'une de chaque espèce, et la différence de température entre l'une et l'autre est peu sensible. Au surplus, les contrées tropicales, et en général, les contrées chaudes, présentent, selon les conditions géographiques où elles se trouvent placées, selon la nature de leur sol, l'abondance et la rareté des cours d'eau, etc., des caractères climatériques très-divers. « Dans la Guyane française, dit M. Alfred Maury, les températures de l'été et de l'hiver ne diffèrent que de trois à quatre degrés. La saison sèche dure de quatre à cinq mois, pendant lesquels il pleut fort rarement; la saison pluvieuse dure de sept à huit mois, et est ordinairement interrompue en mars par trois ou quatre semaines de beau temps. Aux Indes, les époques de la saison sèche et de l'hivernage varient pour les différentes régions; elles n'arrivent ni aux mêmes époques, ni avec une même mousson; l'une caractérise la partie orientale, tandis que l'autre règne sur les pays de l'Ouest. La chaîne des Ghâtes forme, dans la presqu'île gangétique, la ligne de démarcation entre les deux systèmes de saisons. A l'île de la Réunion, la saison humide dure de décembre à avril, et la saison sèche pendant les sept autres mois [1]. »

[1] *La Terre et l'Homme*, ch. II.

Il existe des pays où l'on ignore ce que c'est que des saisons, et où la pluie est un phénomène à peu près inconnu. On sait que l'Égypte jouit d'un ciel toujours limpide et bleu, et que la fécondité proverbiale de son sol, qui fournit, presque sans culture, trois ou quatre récoltes par an, n'est due qu'aux inondations périodiques du Nil. Au Pérou, à côté de contrées où il pleut presque toute l'année, il en est d'autres où il ne pleut jamais, et qui cependant ne laissent pas de nourrir une luxuriante végétation. J'emprunte à un remarquable mémoire de M. Boussingault [1] la description de ce climat béni, qui réalise le printemps perpétuel rêvé par les poëtes.

« La partie du littoral de la mer du Sud où git le guano, dit le savant voyageur, offre cette particularité que, sur une étendue considérable, depuis Tumbes jusqu'au désert d'Atacama, la pluie est, pour ainsi dire, inconnue; tandis qu'en dehors de ces limites, au nord de Tumbes, dans les forêts impénétrables et marécageuses du Choco, il pleut presque sans interruption. A Payta, placé au sud de cette province, lorsque je m'y trouvai, il y avait dix-sept ans qu'il n'avait plu. Plus au sud encore, à Chocope, on citait comme un événement mémorable la pluie de 1726. Il est vrai qu'elle dura quarante nuits, car elle cessait pendant le jour.

« La rareté des pluies dans ces contrées est attribuée à la permanence et à l'intensité des vents de S.-S.-E. C'est en mai et juin qu'ils soufflent avec le plus de force. Le ciel est alors d'une admirable pureté; la température baisse par l'effet de ces courants d'air venus des régions polaires australes, qui annoncent la fin de l'été (*verano*). Il n'y a pas d'orages sur cette côte péruvienne; un habitant de Lima, de Piura, de Sechura, s'il n'a pas voyagé, n'a aucune idée du tonnerre. Cependant on se tromperait singulièrement si l'on s'imaginait que la sécheresse est permanente sur le littoral. Pendant plusieurs mois, la terre est abreuvée sans recevoir de pluie; les vallées, les coteaux se couvrent de verdure. C'est qu'il arrive une époque où le vent des régions australes est remplacé par un vent du nord à peine perceptible, si faible qu'il a tout juste la force nécessaire pour faire mouvoir une girouette, pour agiter les banderoles

---

[1] *Mémoire sur le guano des îles Chincha* (côtes du Pérou), présenté à l'Académie des sciences, décembre 1860.

des navires ; c'est une légère agitation de l'air, un calme indécis, indiquant que la brise S.-S.-E. a cessé. A partir de ce changement, dé juillet à novembre, l'atmosphère prend un aspect tout différent, que le vent, en reprenant peu à peu, avec mollesse, la direction normale S.-S.-E., ne modifie qu'avec lenteur. On est alors en hiver (*invierno*). A la vive lumière dont le pays était comme inondé a succédé un demi-jour qui attriste l'esprit. Le ciel est voilé par un épais brouillard ; ce n'est plus que rarement, pendant quelques éclaircies, que l'on aperçoit le soleil. Régulièrement, entre dix heures et midi, de la vapeur vésiculaire s'élève et se maintient à une certaine hauteur, où elle devient un nuage. Pendant ce mouvement ascensionnel, une partie du brouillard se réduit en bruine, en *garna* qui mouille la terre à la manière de la rosée. Les *garnas*, — c'est l'expression indienne, — ne sont jamais assez abondantes pour rendre les chemins impraticables, pour pénétrer les vêtements les plus légers ; mais, par leur persistance, elles introduisent dans le sol assez d'eau pour le rendre fertile, pour le maintenir dans un état convenable d'humectation quand le vent du sud, reprenant son impétuosité, les chasse et s'oppose à leur apparition. »

C'est grâce à la différence des températures et des climats que la nature présente, selon les latitudes, des aspects si divers, que les espèces végétales et animales, et les races humaines sont distribuées à la surface du globe d'après des lois qui ne souffrent que des exceptions très-restreintes.

Sous les tropiques, l'ardente chaleur du soleil communique à l'activité créatrice de la nature une extrême énergie ; mais l'homme y est écrasé par cette ligue formidable des puissances matérielles qui, l'obligeant à lutter de force et de ruse avec les bêtes, et ne lui laissant rien à faire pour approprier à ses besoins les choses qui l'environnent, n'éveillent en lui ni les hautes facultés de l'intelligence, ni les sentiments nobles et doux. Partout, sous ces latitudes, l'autochthone est demeuré laid, sauvage, cruel et stupide. Dans les pays où une certaine civilisation s'est développée, dans l'Inde, dans l'Afrique centrale, au Mexique, au Pérou, il est au moins probable qu'elle a été apportée par des races venues d'ailleurs. Et encore a-t-on toujours retrouvé, chez ces races dépaysées, quelque chose de la sensualité grossière et de la férocité astucieuse qui sont les traits dominants de l'homme des tropiques, et qui, on le dirait, s'infiltrent dans son sang avec l'air qu'il respire.

Il est vrai, la création se manifeste là dans toute sa majesté; nulle part elle ne déploie autant de magnificence et de variété; nulle part elle ne se montre aussi prodigue de chefs-d'œuvre et de bienfaits. Mais c'est là aussi que, par une compensation terrible, elle réunit le plus de monstres et de fléaux; que ces agents de destruction sont le plus nombreux, et, si l'on me permet cette expression, le plus savamment organisés.

La zone torride a son soleil resplendissant dans l'azur foncé d'un ciel limpide; son sol qui récèle les pierreries et les métaux précieux; sa décoration de verdure éternelle, ses forêts vierges; ses savanes et ses prairies aux hautes herbes, où paissent en liberté d'innombrables troupeaux de bisons, de buffles, d'antilopes, de gazelles, de girafes; elle a les pachydermes énormes, éléphants, rhinocéros, hippopotames, qui sont peut-être les derniers représentants des créations éteintes; les singes de toute taille et de toute forme, depuis le hideux et farouche gorille jusqu'au gentil ouistiti; elle a des légions d'oiseaux au plumage éclatant; elle a les lions, les tigres, les jaguars, les panthères, tyrans superbes des déserts, qui par leur force et leur beauté rachètent du moins leurs appétits sanguinaires. Mais elle a aussi d'horribles reptiles, et son air est infesté de myriades d'insectes immondes, incommodes et dévorants; ses fleuves et ses lacs sont peuplés de caïmans ou d'alligators; des boas et des pythons se suspendent aux branches de ses grands arbres; des crotales, des trigonocéphales rampent dans ses broussailles, et menacent à chaque instant d'une mort foudroyante quiconque ose pénétrer dans leurs retraites.

La flore des tropiques est d'une richesse incomparable. Elle comprend une foule d'arbres remarquables, soit par leur taille gigantesque et leur impénétrable feuillage, soit par les propriétés de leurs fruits ou de leurs tissus. C'est dans les régions tropicales que croissent les palmiers, les bananiers, l'arbre à pain, le baobab, le figuier des banians; c'est là que presque sans culture on récolte en abondance la vanille et le cacao, le thé, le café, les épices, le coton, la canne à sucre; c'est là qu'on trouve le santal, le cèdre, l'acajou, le tek, l'ébène, le palissandre; ce sont les forêts de l'Amérique

Paysage polaire.

tropicale qui nous donnent le quinquina. Mais aussi que de poisons cachés dans les fruits, dans les écorces, et jusque dans les feuilles et les fleurs de certaines plantes tropicales! Il suffit de citer la redoutable famille des *euphorbiacées*, à laquelle appartient le célèbre mancenillier, sous l'ombre duquel on ne s'endort pas, dit-on, impunément, et celle des *loganiacées*, qui comprend dans son sein le strychnos vomiquier, le strychnos vénéneux et l'*upas-tieuté*, d'où les Indiens extraient le poison célèbre connu sous le nom de *curare*, qui rend mortelle la plus légère blessure de leurs flèches.

La zone tempérée est le vrai royaume de l'homme. Il y a établi rapidement sa souveraineté : d'une part, parce qu'il avait moins à combattre pour se défendre contre ses ennemis; d'autre part, parce qu'il lui fallait conquérir par son travail et son industrie ce que la nature plus avare ne lui donnait pas spontanément; et aussi parce qu'incontestablement, et quelque théorie qu'on adopte touchant l'origine des variétés humaines, les races blanches qui habitent les régions moyennes et septentrionales ne se distinguent pas moins par leurs tendances et leurs aptitudes natives que par la couleur de leur peau, des races noires, olivâtres et cuivrées des climats tropicaux.

Entre les espèces animales et végétales la différence est encore plus tranchée. La plupart de celles qui abondent d'un côté du tropique manquent complétement de l'autre côté. Les quadrumanes, les grands féliens, les grands pachydermes, les girafes, les antilopes, les gazelles, les chameaux, etc., ne dépassent guère le 30° parallèle au nord de l'équateur. Il en est de même des grands reptiles : sauriens, ophidiens et chéloniens. Le plumage des oiseaux perd ses couleurs éclatantes, sauf de rares exceptions; les insectes sont moins incommodes. Le gibier est moins varié, moins abondant; la chasse, par conséquent, offre moins de ressources. En revanche, les animaux susceptibles de domestication sont très-nombreux. Quant aux plantes, il en est fort peu que l'homme puisse utiliser telles que la nature les lui présente : céréales, arbres fruitiers, plantes textiles, il n'obtient rien que par la culture. Il a dû s'ingénier aussi pour se garantir contre les intempéries de l'air, contre le froid de l'hiver, pour garder ses troupeaux et ses récoltes, pour s'assurer la possession de son champ et de sa maison, la disposition des fruits de son travail. La civilisation était donc pour lui une nécessité, et c'est par la civilisation qu'il a, pour ainsi dire, transformé autour de lui la nature; qu'il a défriché les forêts, desséché les marais, aménagé les bois, amendé les terres, canalisé les rivières. Au surplus, même dans les rares contrées de notre zone où la nature a conservé son caractère primitif, on voit aisément que ce caractère est tout autre que dans les pays chauds. Un des traits les plus frappants de cette dissemblance, ce sont les proportions minimes qu'affectent, sous les climats tempérés, les plantes herbacées ou demi-ligneuses : les graminées, par exemple, qui sous les tropiques atteignent souvent des dimensions colossales. Chez nous toutes ces plantes sont petites. Parmi nos arbres proprement dits il en est qui peuvent acquérir une très-grande taille; mais bien rarement, hélas ! la hache du bûcheron leur en laisse le temps.

A mesure qu'on avance vers le nord, la terre se dépouille peu à peu de sa riante parure, le règne végétal va s'appauvrissant; les plantes et les arbres ont un feuillage sombre, un aspect sévère et morne. Les graminées, les sapins, les cyprès, les bouleaux dominent dans la flore arctique; mais ces arbres eux-mêmes ne résistent plus aux froids terribles du pôle, et sur les dernières terres on ne rencontre plus pour toute végétation que des lichens, tapissant çà et là des rochers à peine revêtus d'une mince couche de terre. Là s'arrêtent aussi les derniers herbivores, les rennes, si précieux pour les misérables peuplades de l'extrême nord. On entre dans la région glacée, où la mer est le seul réservoir de substances alimentaires, et où ne vivent que des carnassiers : des ours blancs qui font la guerre aux phoques, lesquels eux-mêmes se nourrissent de poissons. On ne peut songer sans étonnement que, non loin du pôle, il y a encore des hommes, êtres chétifs et misérables, s'abritant sous des huttes de neige, et se couvrant de la peau des amphibies, dont ils dévorent la chair et la graisse.

On peut considérer le cercle polaire arctique comme la dernière limite de la civilisation. Nos arts, nos industries, nos sciences ont déjà pris possession de la zone torride, et leur empire ne peut que s'y étendre et s'y affermir. Mais que faire là où toute vie cesse, là où manquent la chaleur et la lumière, là où, au lieu de terre et d'eau, il n'y a plus que de la glace?...

D'héroïques efforts ont été faits, non pour conquérir, mais pour franchir le pôle nord. On sait ce qu'ils ont coûté. Le résultat probable est-il proportionné aux sacrifices? Cela est déjà douteux; à plus forte raison serait-il peu sensé de chercher à peupler un tel désert. Je ne vois qu'un seul moyen de civiliser les Lapons, les Esquimaux et les Samoyèdes : c'est de leur faire abandonner ces régions inhospitalières pour les ramener sous un ciel plus clément. Les voyageurs vantent la douceur, les bons instincts, l'intelligence même de ces pauvres gens. Pour développer leurs forces, éveiller leur esprit, pour les élever au niveau des peuples les plus policés, il ne leur manque peut-être que du soleil !

---

# CHAPITRE IV

### LES VENTS. — GIROUETTES ET ANÉMOMÈTRES

L'air est bien rarement à l'état de repos. Presque toujours il éprouve des déplacements, tantôt graduels et lents, tantôt brusques et rapides; il se transporte d'un lieu à un autre en masses plus ou moins grandes. De là dans l'atmosphère des fluctuations, des courants qu'on appelle *vents*. En un mot, le vent n'est autre chose que de l'air en mouvement. C'est donc un phénomène très-simple en lui-même, mais dont l'importance dans l'économie physique de notre globe est immense, et dont l'étude, ainsi qu'on va le voir, est loin d'être aussi facile qu'on pourrait le croire au premier abord. C'est le vent qui donne à l'atmosphère, en mélangeant incessamment ses diverses parties, une composition partout la même, partout également propre à l'entretien de la vie chez les animaux et chez les plantes; c'est le vent qui renouvelle l'air là où il a subi quelque altération : dans les villes notamment, où, sans cette agitation salutaire, il tiendrait à se surcharger d'émanations qui le rendraient irrespirable. C'est le vent qui apporte dans les contrées torrides la fraîcheur des climats froids, et qui adoucit ces derniers en y faisant circuler l'air tiède des zones méridionales; c'est le vent qui répand sur les continents les vapeurs aqueuses fournies par l'évaporation des mers; c'est le vent, enfin, qui favorise la reproduction des végétaux en agitant leurs tiges ou leurs branches, en soulevant le pollen des fleurs mâles et en transportant au loin cette poussière vivante qui va tomber sur les fleurs femelles, et féconder leurs carpelles.

La météorologie considère dans les vents leur direction actuelle

Rose des vents.

et leur direction moyenne; leur marche, leur vitesse ou leur force; leurs causes et les lois qui les régissent : d'où résultent leur caractère permanent ou accidentel, général ou local, leur origine, leur température, etc.

La direction actuelle d'un vent est son caractère le plus apparent et le plus facile à observer. Pour la déterminer, on suppose l'horizon partagé en quatre arcs égaux par deux diamètres perpendiculaires entre eux, dont l'un est dirigé du sud au nord, l'autre de l'est à l'ouest. Les points où ces diamètres coupent l'horizon sont les quatre *points cardinaux*. Mais ces points seraient insuffisants, car le vent peut prendre une foule de directions intermédiaires. On indique ces directions par de nouveaux diamètres, qui partagent l'horizon en seize parties égales, et l'on a ainsi, sauf des différences négligeables, l'indication de toutes les aires du vent. La figure qui représente ces divisions, et que nous donnons ci-dessus, est connue sous le nom de *Rose des vents*. On y a tracé, outre les lettres N, S, E, O (nord, sud, est, ouest), les initiales N.-E., E.-N.-E., S.-O., S.-S.-O., etc., qui signifient *nord-est, est-nord-est, sud-ouest, sud-sud-ouest*, etc. A peine est-il besoin de rappeler que l'aire du vent s'exprime toujours par le point d'où il vient, et jamais par celui vers lequel il souffle; ainsi vent d'ouest veut dire vent qui vient de l'ouest; vent de sud-est, vent qui vient du sud-est, etc.

Lorsqu'on sait s'orienter et qu'on peut trouver autour de soi quelques objets susceptibles d'être impressionnés par les mouvements de l'air, il est aisé de reconnaître la direction du vent; mais on a souvent recours à un instrument, le plus ancien sans doute de tous ceux qui servent aux observations météorologiques : je veux parler de la girouette. On sait que la girouette consiste en une feuille de métal, ordinairement de fer-blanc ou de zinc, découpée d'une façon plus ou moins élégante, et mobile sur une tige à laquelle est fixée une croix horizontale, dont les bras portent à leurs extrémités les lettres N, S, O, E, découpées à jour. La girouette se place sur la partie la plus élevée du toit des édifices. Il est à remarquer qu'autrefois elle était le complément obligé, non-seulement des palais et des châteaux, mais même des plus modestes maisons, dont les façades à pignons semblaient faites tout exprès pour la recevoir. Cette particularité des mœurs de nos pères a inspiré à M. Laugel un charmant passage de son étude sur les progrès de la météorologie.

« On a toujours parlé du temps, dit-il, si l'on n'a pas toujours parlé de météorologie, et, bien que le nom ait été inventé de nos jours, je suis tenté de croire que nos aïeux avaient plus que nous souci de ce qu'il représente. En faut-il donner une preuve? On voit bâtir aujourd'hui nombre de belles maisons, de châteaux, où l'architecte a oublié la girouette. Jadis, dessinée avec goût, de formes originales, elle ornait toujours les toits des habitations. Il y a quelque chose de poétique dans cet emblème du changement et de la fixité réunis dans un seul objet. N'est-ce pas l'image de notre pauvre vie, de tant d'efforts, de troubles, de luttes, sur un point étroit où l'on naît, et où il faut mourir? La girouette domine la maison; elle marque fidèlement toutes les incertitudes, toutes les tempêtes du ciel; au-dessous s'agitent toutes les passions humaines. Elle grince

Girouettes et paratonnerres.

encore, à demi usée, au-dessus des vieilles demeures désertes que plus rien n'anime au dedans, et ses brusques mouvements forment un contraste lugubre avec le calme et le silence que la mort et l'oubli ont laissés derrière eux. »

Il faut bien avouer toutefois que la girouette est un instrument primitif, dont la précision laisse à désirer. Exposé à toutes les intempéries de l'air, il se rouille et se détériore, devient paresseux, n'obéit plus aux impulsions du vent. Il arrive aussi que sa tige se déjette, et alors, déplacée de sa position d'équilibre, la girouette retombe toujours du même côté. D'ailleurs elle est ordinairement placée à une faible hauteur, où divers obstacles peuvent dévier le vent de sa direction normale, et où elle n'est, en tout cas, impressionnée que par les courants inférieurs, dont l'influence sur le temps est nulle, ou du moins secondaire. Il n'est pas rare que l'atmosphère soit parcourue par plusieurs courants superposés et entre-croisés. Dans ce cas, le courant principal, celui qui, si l'on peut ainsi dire, gouverne le temps, est, en général, placé à une grande hauteur, quand même il n'est pas le plus élevé de tous; et c'est la marche des nuages qui le fait connaître. Là est le meilleur et le plus sûr indice de l'aire du vent. Mais cette marche n'est pas commode à suivre des yeux directement. Aussi les météorologistes font-ils souvent usage aujourd'hui d'un miroir qui permet d'observer aussi longtemps qu'on veut, et sans fatigue, ce qui se passe dans les hautes régions de l'air. Ce miroir est un disque en glace étamée, sur lequel est gravée une rose des vents. On le fixe horizontalement, et on l'oriente au moyen d'une boussole de déclinaison. On examine alors par réflexion la marche des nuages, et l'on obtient leur direction angulaire actuelle, et par conséquent, celle du vent. Lorsque le ciel est sans nuages, on est bien obligé de se contenter d'autres signes moins sûrs. La fumée des cheminées, surtout des grandes cheminées d'usines, lorsqu'il s'en trouve à proximité, un drapeau flottant sur un édifice, les feuilles des arbres, sont autant d'anémoscopes qui ne trompent guère un œil exercé.

La direction moyenne du vent est un des éléments les plus propres à faire connaître le climat d'un lieu, car elle se relie étroitement à l'état hygrométrique de l'air, à la fréquence ou à la rareté des pluies. On ne peut la déterminer que par une série d'observations journalières, faites avec soin pendant une ou plusieurs années. Dans nos contrées, la prédominance des vents d'ouest et de sud-ouest est la marque d'un climat doux, mais pluvieux; celle des vents de nord et de nord-est, d'un climat sec et froid; celle du vent du sud, d'un climat chaud et orageux.

Il ne faut pas confondre la marche des vents avec leur direction.

Cette dernière, en effet, peut n'être que locale. Un flot d'air peut, après avoir suivi pendant quelque temps une certaine direction, s'en détourner, par suite de la rencontre d'obstacles, tels que des chaînes de montagnes, ou d'autres flots arrivant d'autres parties de l'horizon. Il éprouve alors des inflexions plus ou moins prononcées, parfois même revient vers son point de départ. C'est l'ensemble des courbes ainsi décrites par une masse d'air en mouvement, qui constitue sa marche, laquelle, comme on le voit, peut s'effectuer dans plusieurs directions successives. Certains ouragans ont une marche constamment curviligne. Nous reviendrons sur cette particularité en nous occupant des perturbations de l'atmosphère.

On sait que la force vive ou l'effet mécanique d'un corps qui se meut| a pour expression M V $^2$, c'est-à-dire la *masse* de ce corps multipliée par le carré de sa *vitesse*. Or la masse ou la densité de l'air ne variant que dans des limites très-restreintes, la force du vent dépend presque entièrement de sa vitesse, et croit comme le carré de celle-ci. J'emploierai donc indifféremment ces deux termes : force du vent, et vitesse du vent. Cette propriété, non moins variable que la direction, n'est pas à beaucoup près aussi facile à déterminer exactement. Ce n'est que grâce aux récents progrès de la physique et de la mécanique qu'on est parvenu à construire des appareils qui permettent de la mesurer avec précision. Ces appareils sont désignés sous le nom d'*anémomètres*. Il suffira d'en faire connaître deux, qui sont aujourd'hui les plus employés, et dont j'emprunte la description au très-savant ouvrage que publie en ce moment, sous un titre trop modeste, un des plus habiles constructeurs de Paris, M. Jules Salleron [1].

La figure ci-après représente l'anémomètre inventé par M. le docteur Robinson, de l'observatoire d'Armagh (Irlande). Cet instrument se compose d'un axe vertical, supportant quatre rayons horizontaux de même longueur, croisés à angles droits, et à l'extrémité desquels quatre demi-sphères creuses sont soudées de manière que, 1° le grand cercle qui termine chacune d'elles soit toujours

---

[1] *Notice sur les instruments de précision;* in-8°, petit texte, avec de nombreuses figures. Cet ouvrage n'est, en réalité, rien de moins qu'un traité complet de science expérimentale. Les trois premières parties, actuellement publiées, traitent des instruments de météorologie, de chimie et de physique.

dans un plan vertical, et que, 2° la partie concave de l'une quelconque regarde la partie convexe de la suivante.

Quand ce moulinet se trouve exposé dans un courant d'air, le vent rencontre toujours deux demi-sphères concaves et deux autres convexes. Comme il a plus d'action sur les premières que sur les

Anémomètre de MM. Robinson et Piazzi-Smith.

secondes, il imprime à tout le système un mouvement de rotation, et le nombre des tours du moulinet est toujours proportionnel à la vitesse du vent ; en d'autres termes, le chemin parcouru par le centre des sphères est une fraction constante du chemin parcouru par le vent, et M. Robinson a trouvé que le nombre trois représente assez exactement le rapport qui existe entre l'un et l'autre. Ainsi, en mesurant la circonférence du cercle que décrit le centre d'une des demi-sphères, et en multipliant cette longueur par trois, on a le chemin parcouru par le vent pour chaque révolution du moulinet.

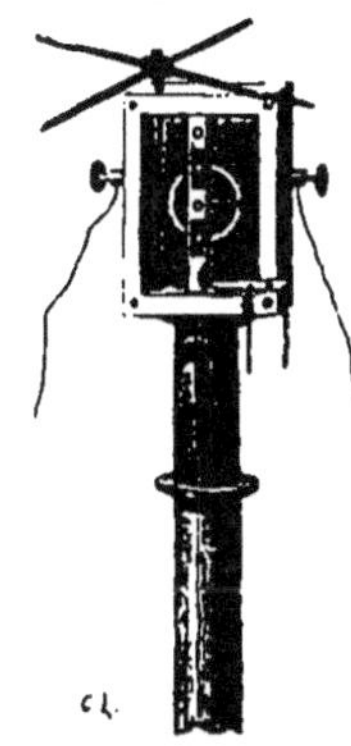

L'axe A B autour duquel tourne ce dernier porte une vis tangente qui engrène sur un compteur C à roues dentées, permettant de compter jusqu'à dix mille tours des ailes.

Pour installer un anémomètre à poste fixe, il faut choisir un endroit élevé et bien découvert, et alors il est souvent difficile à observer, surtout pendant la nuit. On doit à M. Piazzi-Smith une disposition qui rend ces observations beaucoup plus commodes, principalement dans les observatoires et à bord des navires. Sur la roue C du compteur de l'anémomètre est rivée une petite goupille de platine. Un petit ressort isolé de la roue touche la goupille à chacune de ses révolutions; deux vis de pression communiquant, l'une avec la roue, l'autre avec le ressort, permettent d'y attacher deux fils de cuivre isolés partis du poste de l'observateur, et dont les extrémités communiquent avec une pile D. Dans le circuit, on a placé un petit galvanomètre E, formé par une aiguille aimantée, sous laquelle passe le courant. A chaque tour complet de la roue du compteur, le circuit voltaïque se trouve fermé, et l'aiguille déviée. Si la roue porte cent dents, chaque déviation de l'aiguille aura lieu après cent révolutions du moulinet. Il suffira dès lors, pour trouver le chemin parcouru par le vent en une seconde ou en une heure, de mesurer le temps écoulé entre chaque déviation du galvanomètre.

M. J. Salleron construit un instrument beaucoup plus complet, qui enregistre graphiquement la direction et la vitesse du vent à chaque instant de la journée. C'est l'*anémométrographe électrique*, que représente la figure ci-après. Cet instrument se compose de deux parties bien distinctes : l'*anémomètre* proprement dit, qui reçoit l'action du vent, et l'*enregistreur*, qui en inscrit, dans le cabinet même de l'observateur, la direction et la vitesse.

« Dans la construction de l'anémomètre, dit M. Salleron, j'abandonne tout à fait la disposition des anciennes girouettes qui, si elles sont peu sensibles, n'obéissent pas aux vents faibles, et, si elles sont trop légères, ne restent jamais immobiles, et enregistrent une foule de directions au milieu desquelles il est souvent très-difficile de discerner la veritable. J'ai mis à profit une nouvelle disposition qui a déjà été employée par M. Piazzi-Smith, le savant directeur de l'observatoire d'Édimbourg.

« Deux grandes roues à ailes D D sont calées sur un arbre horizontal B, lequel porte une vis sans fin C. Ces roues sont un assemblage

Anémométrographe électrique.

de petites palettes inclinées, maintenues dans un plan vertical, et propres à prendre un mouvement de rotation au moindre vent. La vis sans fin tourne avec les roues, et engrène sur un cercle denté horizontal A ; par suite de ce mouvement, les grandes roues se trouvent entraînées autour du cercle denté. De la sorte, lorsque le vent souffle dans une direction oblique au système des petites palettes, les roues se mettent à tourner sur leur axe, et en même temps autour du cercle denté, jusqu'à ce qu'elles se soient placées dans une direction parallèle à celle du courant d'air : direction qui, en effet, est la seule où le vent n'ait plus d'action, puisque alors il frappe sur le tranchant des palettes. Le vent vient-il à changer, les roues se mettent à tourner de nouveau, et se replacent d'elles-mêmes parallèlement au courant d'air...

« La direction des roues se trouve enregistrée par le moyen de l'électricité; l'axe vertical qui tourne avec les roues entraîne une roulette frottant sur un cercle E, partagé en huit secteurs correspondant aux huit aires de vent principales; huit fils de cuivre isolés conduisent l'électricité dans l'enregistreur. »

Pour mesurer la vitesse du vent, M. Salleron a adopté le moulinet à ailes hémisphériques du docteur Robinson. Le compteur de ce moulinet est une roue à deux cent cinquante dents, qui engrène sur la vis tangente F. Les dimensions de l'appareil sont calculées de telle sorte que chaque tour complet de la roue équivaut à un kilomètre de chemin parcouru par le vent. Un contact électrique fixé sur la roue, et un petit ressort isolé qui vient le toucher à chaque révolution, ferment le circuit de la pile et envoient le courant électrique dans l'enregistreur. Cette dernière partie de l'appareil peut être disposée de plusieurs manières. M. Salleron a adopté celle que M. Th. du Moncel avait déjà employée avec succès, et qui consiste en un cylindre horizontal, recouvert de papier, et commandé par une horloge. Sur le papier sont tracées vingt-quatre droites équidistantes qui représentent les heures, et qui sont coupées à angle droit par neuf autres lignes, dont huit correspondent aux huit principaux vents de la rose, et la neuvième au chemin parcouru par le vent. Neuf crayons, disposés sur une seule ligne parallèle à l'axe du cylindre, terminent les armatures d'autant d'électro-aimants, dont les fils communiquent par une de leurs extrémités avec les fils du câble qui descend de l'anémomètre, tandis que l'autre extrémité vient aboutir à l'un des pôles d'une pile dont le second pôle se relie avec la roulette de la direction.

Il en résulte que l'électro-aimant par lequel passe le courant attire son armature, et avec elle le porte-crayon qui la termine. Ce crayon appuie alors sur le cylindre, et trace une ligne qui correspond, pour l'heure et pour la durée, à celle du vent lui-même. Quand le vent change, le courant envoyé par un autre segment fait agir le crayon d'un autre électro-aimant, tandis que le premier crayon se relève sous l'action d'un ressort antagoniste. Huit électro-aimants servent de cette façon à enregistrer les directions du vent; le neuvième, qui communique avec le moulinet des vitesses, trace un point chaque fois que le courant se trouve fermé par le compteur de ce moulinet. Chacun de ces points correspond à un kilomètre de chemin parcouru par le vent.

Les marins acquièrent par l'expérience une grande habileté à évaluer, sans le secours des anémomètres, les degrés d'intensité que peut prendre le vent, et leur langage contient des expressions qu'ils savent appliquer fort à propos pour les caractériser. Ainsi ils appellent *petite brise* un vent faible qui parcourt environ deux mètres par seconde; *jolie brise* ou vent *frais*, un vent modéré qui en parcourt quatre; vent *bon frais*, un vent qui en fait six à sept; *forte brise*, le vent qui parcourt de huit à neuf mètres; *très-forte brise* ou vent *grand frais*, celui qui a une vitesse de neuf à dix mètres; *très-grand frais*, celui qui en a une de quinze mètres. Quand la vitesse atteint de vingt à trente mètres, il y a *coup de vent*, bourrasque ou tempête; à partir de trente-cinq à quarante mètres par seconde, c'est un ouragan. Les marins appellent aussi quelquefois *brise carabinée* un vent continu assez fort pour mettre en danger les petits navires. Lorsque le vent atteint une vitesse de quarante mètres par seconde, soit cent soixante kilomètres par heure, il devient capable, comme nous le verrons bientôt, de produire les effets les plus terribles, de déraciner des arbres, de renverser des maisons, de faire périr les plus grands vaisseaux.

Comme les vents sont toujours produits par une rupture d'équilibre dans l'atmosphère, il semblerait au premier abord qu'ils dussent reconnaître un grand nombre de causes diverses. Mais un examen attentif a permis de ramener toutes ces causes à des différences de température entre des contrées voisines. L'opinion vulgaire, se fondant sur l'analogie qui existe entre l'Océan marin et l'Océan atmosphérique, attribue à l'attraction de la lune et à celle du soleil une influence considérable sur les déplacements de l'air. Or il est aisé de démontrer qu'ici l'analogie conduit à des conclusions erronées.

Sans doute l'air est soumis, comme l'Océan, à l'attraction luni-solaire. Il y est même d'autant plus sensible que sa mobilité est plus grande, et que ses couches extrêmes sont plus éloignées du centre du globe. Il y a donc, incontestablement, des marées atmosphériques, qui suivent les mêmes lois que les marées neptuniennes; mais les oscillations qui en résultent peuvent à peine se faire sentir près de la terre. On sait, en effet, que l'attraction sidérale s'exerce proportionnellement aux masses; que chaque molécule d'un corps soumis à une force quelconque obéit également à cette force, que le corps dont il fait partie soit très-rare ou très-dense; que seulement, dans le premier cas, le nombre des molécules attirées est, à volume égal, plus grand que dans le second : ce qui ne modifie en aucune façon l'action même de la force. Il faut se rappeler aussi que l'effet de l'attraction luni-solaire sur l'Océan est superficiel et se réduit à peu de chose, puisque les plus hautes marées n'élèvent pas de plus de vingt à vingt-cinq mètres le niveau de la mer sur un point donné. Transportons cet effet à l'atmosphère, dont la hauteur est peut-être égale à cinquante ou soixante fois la profondeur moyenne de l'Océan, et nous serons obligés d'avouer que la part de l'attraction luni-solaire dans les mouvements qui agitent l'enveloppe de notre globe est tout à fait insignifiante. Les vents plus ou moins violents qui soufflent sur nos côtes à l'entrée du printemps et de l'automne, et qu'on connaît sous le nom de *tempêtes d'équinoxe*, n'ont avec les grandes marées qu'un rapport de coïncidence, et sont dus à une rupture d'équilibre produite par les changements de température qui se manifestent à cette époque de l'année.

# CHAPITRE V

### LES VENTS (SUITE) — CIRCULATION GÉNÉRALE DE L'ATMOSPHÈRE — ALIZÉS ET CONTRE-ALIZÉS

C'est, je le répète, dans les changements de température qu'éprouvent à chaque instant les diverses parties de l'atmosphère qu'il faut chercher la cause véritable des vents : car l'air, en s'échauffant, se dilate, augmente de volume; en se refroidissant, il se contracte, il diminue de volume. L'équilibre, ainsi rompu sur des étendues plus ou moins grandes, tend à se rétablir : ce qui ne peut avoir lieu que par l'afflux de l'air froid vers les parties raréfiées, et par l'écoulement de l'air dilaté vers les régions abandonnées par l'air le plus dense. Ajoutons que ce phénomène fondamental est d'ailleurs soumis à des causes très-nombreuses de modification. La plus puissante, surtout en ce qui concerne les grands courants, est, sans contredit, la rotation terrestre.

Donc la chaleur d'une part, le mouvement diurne du globe d'autre part : tels sont les deux agents essentiels de la circulation atmosphérique. La théorie de cette circulation est due surtout aux savantes recherches de **M. Dove**, de Berlin, et à celles de **M.** le commandant Maury.

**M. A. Laugel** explique comme il suit la loi à laquelle le nom de **M. Dove** reste attaché, et qu'on appelle aussi quelquefois la loi de rotation des vents.

« L'air participe au mouvement de rotation qui emporte la terre autour d'un axe. Nul au pôle, ce mouvement atteint des vitesses de plus en plus fortes jusqu'à l'équateur. Lorsque, par une cause particulière, une masse d'air se trouve poussée près de l'équateur, elle arrive dans des régions où la vitesse rotative de la terre est supérieure à la sienne ; il en résulte que ce courant polaire avance plus lentement vers l'orient que les points de la surface du globe qui sont au-dessous de lui, et paraît ainsi, pour un observateur placé sur la terre, se mouvoir d'orient en occident.

« Si j'ai bien expliqué ce phénomène, on comprendra que tous les vents qui viennent du pôle nord et se dirigent vers l'équateur sont, par suite du mouvement même de la planète, déviés de plus en plus vers l'ouest, et tendent ainsi graduellement à se convertir en vents d'est. Ainsi, quand un courant polaire s'établit dans l'atmosphère, on le voit venir d'abord du nord, puis du nord-est, enfin de l'est. En comparant la rose des vents à une horloge, on peut dire que le vent tourne du nord à l'est dans le même sens que les aiguilles. Si maintenant, au lieu d'un courant polaire, il s'agit d'un courant équatorial, ou parti de l'équateur, il montera d'abord, je suppose, directement vers le nord ; mais, pénétrant dans les latitudes où la vitesse du mouvement de la surface terrestre s'atténue de plus en plus, le courant, qui conserve sa vitesse rotative, ira plus vite vers l'orient que les parties de la terre qu'il dominera. L'air paraîtra donc venir du côté de l'occident, et s'infléchira de plus en plus dans cette direction. Les vents du sud ont donc une tendance naturelle à tourner vers l'ouest, et entre ces deux points cardinaux le vent se meut encore dans le même sens qu'entre le nord et l'est, comme une aiguille d'horloge, pour rester fidèle à ma comparaison. »

Il est aisé d'ailleurs de comprendre qu'un vent chaud se dirigeant dans un sens donne nécessairement naissance à un vent froid se dirigeant en sens contraire, et réciproquement; et que le premier affecte les couches supérieures de l'air, tandis que le second se trouve près de la surface du sol. Ce phénomène est parfaitement représenté par une ingénieuse et très-simple expérience de Franklin. Soient deux chambres contiguës, dont une seulement est chauffée. Ouvrez la porte qui les fait communiquer : il s'établira aussitôt, de la chambre froide vers la chambre chauffée, un courant inférieur, et de celle-ci vers celle-là un courant supérieur. On s'en assurera en posant une bougie sur le plancher, et en en tenant une autre élevée près du sommet de la porte : la flamme de la première se dirigera de la chambre froide vers la chambre chaude, et la flamme de la seconde en sens contraire. Tous les vents peuvent se ramener ainsi, soit à un phénomène de tirage semblable à celui que nous produisons à l'aide de nos cheminées, soit à un phénomène inverse. De tels échanges d'air froid et d'air chaud s'opérant d'une manière permanente ou momentanée, sur des étendues tantôt immenses, tantôt restreintes, suffisent, avec la loi de Dove, pour rendre parfaitement compte de la circulation et de la plupart des agitations atmosphériques. La formation et la précipitation des vapeurs et les autres circonstances accessoires qui interviennent dans ces agitations, se rapportent toujours aux mêmes causes, c'est-à-dire à des phénomènes d'échauffement et de refroidissement.

Nous étudierons d'abord les vents généraux et permanents, auxquels s'applique spécialement la loi de Dove, et qui constituent proprement la circulation générale de l'atmosphère.

Ces vents sont les alizés et les contre-alizés. D'après le savant météorologiste F. Maury, ils partagent la surface du globe en neuf zones. La zone centrale est celle des calmes de l'équateur, où l'air

fortement échauffé est animé d'un mouvement ascensionnel, et
vers laquelle afflue incessamment l'air plus froid des deux hémisphères. Au nord de cette première zone se trouve celle des alizés
du N.-E., et au sud, celle des alizés du S.-E. Nous voyons ici une
preuve de la déviation que le mouvement diurne de la terre fait
subir aux grands courants qui, du nord et du sud, se dirigent vers
le foyer équatorial. Au delà des alizés, on rencontre deux nouvelles

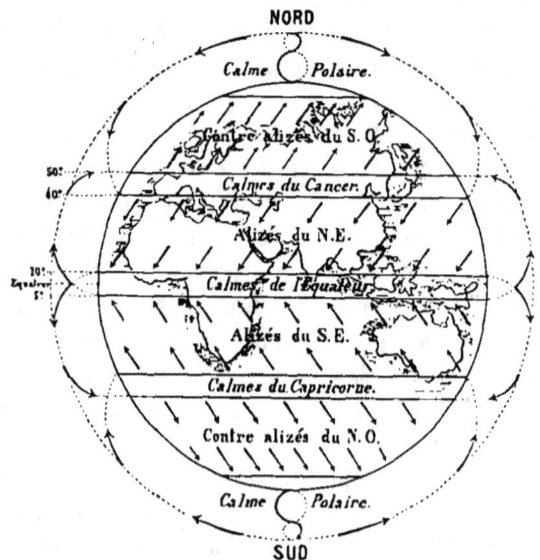


Diagramme des vents.

zones de calme : celle du Cancer et celle du Capricorne; puis viennent, au sud les contre-alizés du N.-O., et au nord les contre-alizés
du S.-O.; enfin, aux pôles, aucun courant ne se fait sentir, ce qui
donne encore deux zones extrêmes de calme. Maury a représenté
cette distribution des courants et des calmes constants par une
figure qu'il nomme le *diagramme des vents*, et que nous reprodui-
sons ici d'après l'excellent opuscule de M. F. Zurcher, *les Phénomènes de l'atmosphère*. J'emprunterai au même ouvrage l'exposé
succinct de la théorie anémographique de l'illustre directeur de
l'observatoire de Washington : théorie que Maury n'avait d'abord
proposée que comme une hypothèse, mais que les recherches ulté-

rieures des météorologistes et les observations des navigateurs semblent devoir pleinement confirmer.

« Suivons, dit M. Zurcher, un navire qui quitte les côtes du Groënland pour se rendre aux îles Shetland du sud. Voici les zones qu'il va traverser :

« 1° En mettant à la voile il navigue dans la région des vents du sud-ouest, ou *contre-alizés* du nord, appelés ainsi parce qu'ils soufflent dans une direction opposée aux alizés de leur hémisphère.

« 2° Après avoir croisé le parallèle de 50°, et avant d'atteindre celui de 35°, il traverse la zone des vents de la partie de l'ouest, où le sud-ouest et le nord-ouest prévalent avec une égale persistance sur les autres vents.

« 3° Entre le 40° et le 45° degré, il y a une région de vents très-variables et de calmes. Les vents y soufflent, dans l'année, également des quatre quartiers pendant trois mois.

« 4° Aux vents d'ouest qui ont prévalu jusqu'à présent, succède la région des vents alizés, qui conduisent le navire jusqu'au parallèle de 10° nord, où

« 5° Il entre dans la zone de calme équatoriale, qui n'a qu'une largeur de 5°.

« 6° De 5° nord jusqu'à 30° sud soufflent les vents alizés du sud-est.

« 7° Vient ensuite la zone de calme du tropique du Capricorne, analogue à celle que nous avons trouvée au tropique du Cancer.

« 8° Du 35° au 40° degré sud, dominent les vents qui soufflent moyennement de l'ouest, en s'étendant jusqu'au nord-ouest et au sud-ouest.

« 9° Enfin le navire atteint au 40° degré les contre-alizés du sud, qui ont la direction du nord-ouest, et prévalent aussi loin que les observations ont été faites du côté du pôle austral...

« Les masses d'air que les vents apportent sans cesse vers l'équateur doivent retourner par un trajet quelconque vers les pôles. Les courants de retour ne peuvent se trouver que dans les régions supérieures, du moins jusqu'aux parallèles qui limitent ces vents, et, par suite de la rotation de la terre, ils doivent avoir la direction du sud-ouest dans l'hémisphère nord, et celle du nord-ouest dans l'hémisphère sud. Les voyageurs ont constaté l'existence de ce courant supérieur sur le pic de Ténériffe. »

Selon Maury, les calmes des tropiques sont dus à la rencontre des courants contraires, qui produisent une accumulation d'air suffisante pour neutraliser leur propre pression. On constate, en effet, que le baromètre est plus haut dans ces zones que dans les régions voisines. « Près de l'équateur, continue M. Zurcher, la rencontre des molécules d'air qui ont suivi la direction des vents alizés produit une zone de calme, dont l'air, échauffé par le soleil, prend un mouvement ascensionnel : phénomène inverse de celui qui a pour siége les calmes des tropiques. Les contre-alizés, en pénétrant dans les régions polaires, coupent obliquement tous les parallèles, de sorte qu'il se forme à chaque pôle une zone de calme, car le mouvement du vent en spirale tend à produire un tourbillon ascensionnel. »

En résumé, les alizés ne sont autre chose que les deux grands courants froids de surface qui, de chaque hémisphère, arrivent au foyer équatorial suivant une direction rendue oblique par la rotation terrestre. Ils apportent là des masses d'air qui s'échauffent, se dilatent, s'élèvent et forment deux courants supérieurs et divergents, lesquels vont remplacer au pôle l'air qui en avait été déplacé. Ce sont ces deux courants de retour que Maury appelle les contre-alizés. L'atmosphère est ainsi, comme l'Océan, le siége d'un vaste système de courants et de contre-courants, qui mélangent continuellement ses parties les plus éloignées, et assurent l'identité de sa composition. Cette identité est une preuve de la communication établie entre les deux hémisphères par le croisement des courants indiqués dans le diagramme de Maury. Le phénomène si curieux des *brumes rousses* est encore un argument à l'appui de son ingénieuse théorie.

Ces brumes consistent en une poussière rougeâtre, qui tombe parfois en très-grande abondance près des îles du Cap-Vert, et couvre d'une couche assez épaisse les voiles des navires. « Elle arrive, dit M. Zurcher, mais en moindre quantité, jusqu'à la Méditerranée et au midi de l'Europe. On la croyait d'abord originaire de l'Afrique; mais les expériences microscopiques d'Ehrenberg ont, au contraire, démontré qu'elle se compose d'infusoires et de débris organiques provenant, non de ce continent, mais bien de l'Amérique du Sud, qui est balayée par les alizés du sud-est. Les expériences ont porté sur des échantillons recueillis au Cap-Vert, à Gênes, à Lyon et dans le Tyrol, et les résultats ont été aussi identiques que si tous fussent provenus du même tas. On a observé, en outre, que ces pluies de poussière sont plus fréquentes au printemps qu'en automne; et à ces époques, précisément, la vallée de l'Orénoque est dans la saison sèche. Ses marais et ses plaines sont convertis en déserts arides; l'eau en a, pour ainsi dire, disparu, et les alizés peuvent entraîner facilement avec eux la poussière qui tourbillonne dans ces savanes desséchées. Puisqu'on la trouve dans les régions voisines des calmes du Cancer, elle y est apportée par ces alizés devenus courants supérieurs, aux alizés du nord-est, après le croisement de la zone équatoriale. Les vents sont ainsi *étiquetés* par ces débris d'infusoires, qui tiennent lieu de ces bouteilles au moyen desquelles les marins parviennent à marquer les courants de l'Océan. »

Les vents alizés soufflent toute l'année, et leur intensité est à peu près constante. Ce ne fut pas là un médiocre sujet d'étonnement pour les premiers navigateurs qui, au xv° siècle, s'aventurèrent dans les régions tropicales de l'océan Atlantique. Les compagnons de Colomb furent saisis d'épouvante en se voyant poussés par des vents d'est continus, qui semblaient devoir rendre leur retour impossible. Mais, comme l'indique le diagramme de Maury, les vents alizés ne parcourent pas, sur les deux hémisphères, des espaces d'égale largeur. Ceux du nord-est ne dépassent pas le 10° degré de latitude nord. Ceux du sud-est, au contraire, franchissent la ligne, et remontent à peu près jusqu'au 5° parallèle. La partie de l'Océan qu'embrassent les alizés du nord ne représente que les deux tiers de la surface correspondante où règnent les alizés du sud. « La vitesse, des deux côtés, étant à peu près uniforme, dit M. Julien, il en résulte pour l'hémisphère austral une incontestable prépondérance. Sans vouloir chercher l'explication complète de cette différence, on peut cependant en attribuer la principale cause à l'inégale répartition de la terre et des mers de chaque côté de la ligne équatoriale. La terre, en effet, n'agit pas seulement par le relief de ses montagnes ou par les obstacles matériels qu'elle peut opposer à la marche des vents. Son action principale se manifeste surtout avec énergie par le rayonnement des surfaces inégalement échauffées, et par la perturbation qui ne peut manquer de se produire ainsi dans les diverses couches de l'atmosphère [1]. »

La prédominance des terres, leur configuration et leurs reliefs accidentés, et, plus que tout cela, les différences de température entre les continents asiatique, africain et australien qui enserrent l'océan Indien, troublent, ou plutôt modifient dans cet océan la régularité de l'alizé du nord-est, et transforment ce vent constant en deux courants périodiques alternatifs, qui soufflent chacun très-régulièrement pendant six mois de l'année. Ces deux courants sont connus sous le nom de *moussons*, qui n'est qu'une corruption du mot arabe et malais *moussin* (saison). L'alizé du sud-est, qui règne dans la partie méridionale de l'océan Indien, n'éprouve aucune perturbation; mais dans la partie septentrionale, au nord de l'équateur, le vent du nord-est ne souffle que d'octobre en avril; c'est un vent de sud-ouest, au contraire, qui souffle d'avril en octobre. Le premier est, pour l'Inde, la mousson d'hiver, et le second, la mousson d'été.

L'alternance des moussons s'explique par celle des saisons, entre les deux hémisphères austral et boréal. Pendant l'hiver de l'hémisphère boréal, l'été règne dans l'hémisphère austral; alors la température du continent asiatique se refroidit, tandis que les contrées et les mers situées au sud de l'équateur, l'Afrique et la Nouvelle-Hollande, reçoivent du soleil une plus grande quantité de chaleur. Il se forme, en conséquence, un courant qui va des régions les plus froides vers les régions les plus chaudes, c'est-à-dire du nord au sud, mais qui, dévié par la rotation de la terre, prend la direction nord-est. Durant l'autre moitié de l'année, les phénomènes se renversent : c'est l'hémisphère boréal qui est dans la saison chaude, et l'hémisphère austral qui est dans la saison froide. La mousson souffle donc du sud au nord; ou plutôt, — en raison de la position du continent asiatique par rapport au continent africain et à l'Australie, d'où arrive surtout l'air froid; en raison aussi du mouvement terrestre, que doivent devancer des masses d'air s'éloignant de l'équateur, — la mousson arrive du sud-ouest. Les deux périodes

---

[1] *Les Harmonies de la mer*, ch. VIII. — 1 vol. in-18. Paris, 1861.

sont parfois séparées par un calme plus ou moins prolongé; mais ordinairement le changement de mousson se fait d'une façon très-brusque, et sans transition.

Ce n'est pas seulement dans l'Asie méridionale et dans l'océan Indien qu'on rencontre des moussons, ou vents réguliers. Mais leur périodicité change selon les climats. Ceux de la Méditerranée sont appelés vents étésiens (du grec ἔτος). Ce sont les *etesiæ* des anciens. Les causes qui les engendrent sont tout à fait semblables à celles qui produisent les moussons proprement dites. C'est le Sahara qui est le grand foyer dont le tirage appelle, lors de la déclinaison australe du soleil, l'air relativement froid de la mer Méditerranée, et celui plus froid encore du continent européen. C'est alors l'été pour les Sahariens, et l'hiver pour nous. Le vent du nord ou du nord-ouest règne sur la Méditerranée. On le connaît, dans le midi de la France, sous le nom de *mistral*. Lors de la déclinaison boréale du soleil, l'air de la Méditerranée est plus échauffé que celui du désert. Le vent prend une direction contraire, et souffle du sud ou du sud-est vers le nord ou le nord-ouest. La configuration des continents, la présence des îles, la forme et l'importance des chaînes de montagnes modifient notablement la périodicité et les divers caractères des vents réguliers. En quelques lieux, ces vents changent, non pas deux fois, mais quatre fois par an. Dans d'autres, on constate une sorte de réaction qui donne lieu à des contre-moussons.

---

# CHAPITRE VI

**LES VENTS (SUITE). — BRISES JOURNALIÈRES. — VENTS FROIDS ET VENTS CHAUDS. — LE SIMOUN**

Outre les vents dont nous venons de parler, et qu'on peut appeler « à grandes périodes », on observe dans un bon nombre d'endroits, surtout au bord de la mer, des vents qui changent soir et matin, par suite de l'échauffement et du refroidissement alternatifs résultant du rayonnement solaire pendant le jour, et du rayonnement terrestre pendant la nuit. C'est ce qu'en météorologie on nomme les *brises journalières*, ou simplement les *brises*. Dans les contrées maritimes, on dit souvent aussi vents de terre et brises de mer.

. « Sur les côtes, dit Kaemtz, lorsque le temps est calme, on ne sent aucun mouvement dans l'air jusqu'à huit ou neuf heures du matin; mais alors il s'élève peu à peu une brise de mer. Faible d'abord et limitée à un petit espace, elle augmente peu à peu de force et d'étendue, jusqu'à trois heures de l'après-midi; puis elle s'affaiblit pour céder la place au vent de terre, qui s'élève peu après le coucher du soleil, et atteint son maximum de vitesse et d'extension au moment du lever de cet astre.

« La direction de ces deux brises est perpendiculaire à celle de la côte; mais si un autre vent souffle en même temps, alors elle se modifie de diverses manières. Si c'est le vent d'est qui souffle près d'une île, la brise de mer sera très-forte sur la côte orientale de l'île, et le vent de terre sera faible; sur la côte occidentale, au contraire, le vent de terre sera plus fort que la brise de mer. Sur la côte septentrionale, la direction des brises ne sera pas normale à celle de la côte : le vent de terre soufflera du S.-E. au moment de sa plus grande force; et la brise de mer, du N.-E. Dans le cours de la journée, le vent prendra toutes les directions intermédiaires. Au fond des golfes, les brises de mer sont très-faibles; sur les promontoires, ce sont celles de terre. Ces brises existent entre les tropiques, et l'on en remarque quelques traces au Groënland.

« L'alternance de ces vents s'explique par l'échauffement inégal de la terre et de la mer. Vers neuf heures du matin, la température est à peu près la même sur la terre et sur la mer, et l'air est en état d'équilibre. A mesure que le soleil s'élève au-dessus de l'horizon, le sol s'échauffe plus que l'eau; il en résulte un vent de terre supérieur, qu'on reconnaît souvent à la marche des nuages élevés, et une brise marine soufflant en sens contraire. Au moment du *maximum* de température de la journée, cette brise acquiert sa plus grande force; mais vers le soir, l'air de la terre se refroidit, et au coucher du soleil il a la même température que l'air marin. Il en résulte quelques heures de calme parfait. Pendant la nuit, la terre se refroidit plus que l'eau, et il règne un vent de terre dont le *maxi-*

14

*mum* de force coïncide avec ce moment du *minimum* de la température des vingt-quatre heures, qui est aussi celui où la différence de température entre la terre et la mer est la plus grande
possible [1]. »

M. Fournet, professeur à la Faculté des sciences de Lyon, a constaté qu'il existe, dans les pays montagneux, des brises de jour et de
nuit tout à fait semblables aux brises de mer. Le matin, il s'établit,
le long des flancs des montagnes, un courant ascendant qui persiste pendant la plus grande partie de la journée, mais qui, le
soir, est remplacé par un courant descendant. Ces brises sont bien
connues des montagnards, ainsi que des habitants des vallées, qui
les désignent dans leurs dialectes respectifs sous les noms de *vésine*,
de *pontias*, de *rebas*, d'*aloup du ben*, de *solore*, etc. M. Fournet
explique le courant ascendant du matin par l'action calorifique du
soleil levant sur les versants et les cimes des montagnes, et le courant descendant du soir par l'échauffement de la plaine, beaucoup
plus considérable, pendant le jour, que celui de la montagne.

Nous savons tous combien, dans les climats tempérés où nous
vivons, les vents sont variables. Ce n'est pas certes dans la zone
des alizés qu'on eût inventé ce proverbe, si populaire chez nous :
« Changeant comme le vent. » C'est que la zone intermédiaire, qui
n'engendre point de grands courants, est le lieu où se rencontrent
tous les vents généraux allant, soit de l'équateur au pôle, soit du
pôle à l'équateur. Ces vents, ayant alors perdu en grande partie
leur température et leur impulsion premières, sont susceptibles de
se modifier, et se modifient, en effet, sous l'influence d'une multitude de causes. Toutefois leur mutabilité n'est pas telle, qu'on ne
puisse reconnaître dans chaque région la prédominance de certains
vents ou leur retour à des époques assez régulières; que leurs changements ne soient soumis à des lois qu'il est possible de déterminer.
Ainsi M. Dove a reconnu qu'en Europe les vents se succèdent généralement dans l'ordre suivant : sud, sud-ouest, ouest, nord-ouest,
nord, nord-est, est, sud-est, sud; et il a justement assimilé cette
rotation à celle des aiguilles sur le cadran d'une horloge : elle s'ac-

---

[1] *Cours complet de météorologie*, traduit de l'allemand par Ch. Martins. —
In-18. Paris, 1843.

complit, en effet, dans le même sens. Il a constaté en outre, — et c'est ce que tout le monde est à même de vérifier, — que cette succession des vents a surtout lieu en hiver avec une grande régularité, et qu'elle se relie d'une manière à peu près constante aux oscillations du baromètre et du thermomètre, en un mot, aux changements de temps.

« Lorsque le sud-ouest, qui souffle toujours avec plus de force, est complétement établi, dit le savant météorologiste allemand, il élève la température au-dessus de 0°; par conséquent, il ne peut plus tomber de neige; mais il tombe de la pluie, tandis que le baromètre s'abaisse à son minimum de hauteur. Ensuite le vent passe à l'ouest, et alors la chute d'épais flocons de neige, ainsi que l'ascension du baromètre et la dépression du thermomètre, coïncide avec la présence d'un vent plus froid. Avec le vent du nord, le ciel s'éclaircit; avec le nord-est, le froid augmente, et le baromètre s'élève encore. Mais peu à peu ce dernier s'abaisse; de légers *cirrus* (nuages ondulés), qui apparaissent dans les régions supérieures de l'atmosphère, montrent par la direction de leur marche que l'aire du vent commence à changer, et il vire ainsi vers le sud, bien que la girouette n'indique rien de cette mutation et continue à marquer l'est. Cependant le vent du sud commence à supplanter le vent d'est. Le baromètre descend, la girouette marque le sud-est, le ciel se couvre de plus en plus, il tombe de la neige; puis la température s'élève, le vent souffle du sud, et enfin il repasse au sud-ouest en amenant de la pluie. Alors la rotation recommence de la même manière. » C'est ainsi, du moins, que les choses se passent généralement. Il n'est pas rare, sans doute, de voir cette rotation troublée, renversée même. Il peut arriver que tout à coup le vent passe d'un point de l'horizon au point diamétralement opposé. C'est ce qu'on appelle une *saute de vent*. D'autres fois, le vent, au lieu de se déplacer dans le sens des aiguilles d'une horloge, se déplace en sens inverse : plus souvent du côté occidental que du côté oriental de la rose des vents. Mais ces évolutions n'ont rien de durable, et le vent ne tarde jamais beaucoup à reprendre sa marche normale.

M. Kaemtz a donné, dans son *Cours de météorologie*, un tableau qui indique la fréquence relative des différents vents dans les prin-

cipaux pays de l'Europe et dans l'Amérique du Nord. Le nombre
total des vents qui règnent dans un temps donné étant pris pour
unité, les fractions décimales représentent leur fréquence relative.
On peut encore, ce qui revient au même, désigner par mille le
nombre total des vents; alors les fractions décimales deviennent des
nombres entiers. Je reproduis ici ce tableau.

| NOMS DES PAYS. | Nord. | N.-Est. | Est. | Sud. | S.-Ouest. | Ouest. | N.-Ouest. |
|---|---|---|---|---|---|---|---|
| Angleterre. . . . . . | 0,082 | 0,111 | 0,099 | 0,111 | 0,225 | 0,171 | 0,120 |
| France et Pays-Bas. | 0,126 | 0,140 | 0,084 | 0,117 | 0,192 | 0,155 | 0,110 |
| Allemagne. . . . . | 0,084 | 0,098 | 0,119 | 0,097 | 0,185 | 0,198 | 0,131 |
| Danemark. . . . . | 0,065 | 0,098 | 0,100 | 0,092 | 0,193 | 0,161 | 0,156 |
| Suède. . . . . . | 0,102 | 0,104 | 0,080 | 0,128 | 0,210 | 0,159 | 0,106 |
| Russie et Hongrie. . | 0,099 | 0,191 | 0,081 | 0,098 | 0,143 | 0,166 | 0,192 |
| Amérique du Nord . | 0,096 | 0,116 | 0,049 | 0,123 | 0,197 | 0,104 | 0,210 |

Les chiffres de ce tableau qui concernent la France ne s'appliquent exactement qu'à la partie la plus septentrionale de son territoire. En effet, on peut, avec M. Fournet, partager la France, sous
le rapport du régime des vents, en trois régions : 1° la région atlantique, qui comprend le nord, le nord-est, le nord-ouest et l'ouest de
l'empire, et où domine le vent de sud-ouest; 2° le bassin du Rhône,
où le vent du nord souffle depuis Dijon jusqu'à la latitude de
Viviers; 3° la région méditerranéenne, dont la partie occidentale
est soumise tantôt au vent d'ouest, tantôt au vent d'est, tandis que
la partie orientale est sujette alternativement au vent de sud-est et
au vend de nord-ouest. Ce dernier, qui constitue proprement le
*mistral*, est plus fréquent.

« Lorsque les vents, dit Kaemtz, viennent de contrées éloignées,
ils possèdent une partie des propriétés qui caractérisent ces contrées...
Dans le sud de l'Europe, les vents du nord sont célèbres par leur
violence et leur âpreté. L'opposition entre la température élevée de
la Méditerranée et celle des Alpes couvertes de neige, donnent lieu à
des courants aériens d'une extrême rapidité. Si leur effet s'ajoute à
celui d'un vent du nord général, il en résulte une *brise* d'une violence dont on ne se fait pas d'idée. En Istrie et en Dalmatie, ce vent
est connu sous le nom de *bora*, et sa force est telle, qu'il renverse

quelquefois des chevaux et des charrettes. Il en est de même dans la vallée du Rhône, où règne souvent un vent du nord-ouest très-froid, qui se nomme mistral, et qui n'est pas moins redoutable que le vent du nord connu en Espagne sous le nom de *gallego*. »

De même que les montagnes aux neiges éternelles communiquent au vent du nord, déjà froid naturellement, une température très-basse, de même aussi les grandes plaines arides, brûlées par le soleil, absorbent rapidement d'énormes quantités de chaleur qu'elles renvoient au fur et à mesure à l'atmosphère; en sorte que lorsque les déserts de l'Afrique, par exemple, sont balayés par le vent du sud ou du sud-est, ce vent acquiert dans sa marche une température de plus en plus élevée, et une vitesse de plus en plus grande. Il soulève et entraîne, en outre, des nuages de poussière et de sable qui achèvent de le rendre presque irrespirable. Tel est le vent de sud-est si fréquent dans les déserts de l'Afrique et de l'Arabie, et si redouté des voyageurs qui traversent ces grandes mers de sable pendant la saison chaude. En Arabie, en Perse et dans la plupart des contrées de l'Orient, ce vent est connu sous les noms de *simoun*, de *semoun* et de *samoun*, dérivés de l'arabe *samma*, qui signifie poison. Dans la partie occidentale du Sahara, on l'appelle *harmattan;* en Égypte, on le nomme *chamsin* (cinquante), parce qu'il souffle chaque année pendant cinquante jours environ, depuis la fin d'avril jusqu'en juin, époque où commence l'inondation du Nil. La plupart des auteurs le désignent de préférence sous le nom de *simoun*, et ceux qui en connaissent l'étymologie ne manquent pas d'insister sur sa signification terrible, et sur les ravages qu'il cause, « sans réfléchir, dit Kaemtz, que, semblables aux enfants, les peuples non civilisés appellent poison tout ce qui est désagréable ou dangereux. » Le fait est que le simoun, lorsqu'il souffle pendant plusieurs jours de suite, ce qui est rare, peut devenir funeste aux hommes et aux animaux qu'il surprend au milieu du désert. Sa haute température et la vitesse dont il est animé déterminent à la surface du corps une évaporation rapide, qui sèche la peau, accélère outre mesure la respiration, enflamme le gosier et cause une soif dévorante. En même temps il vaporise l'eau dans les outres, et prive ainsi les malheureux voyageurs des moyens d'étancher l'ardeur qui les consume. Le sable brûlant dont il est chargé, et qui pénètre dans les yeux et dans

les voies respiratoires, met le comble à leurs souffrances. On sait que
le simoun anéantit jadis l'armée de Cambyse. Bien des fois depuis,
ce vent a fait périr des caravanes entières, et, il y a quelques années
seulement, il faillit être funeste au corps d'armée que commandait
le général Desvaux. Les phénomènes qui le précèdent et l'accompagnent ne sont d'ailleurs, il faut l'avouer, rien moins que rassu-
rants.

« Le samoun, dit M. Alfred Maury, s'annonce par une tache particulière qui se montre à l'horizon. Elle s'agrandit continuellement, jusqu'à ce que le vent se fasse sentir. Le ciel tout entier
s'obscurcit, le soleil ne donne plus d'ombre; et vue à travers la
poussière jaune, bleue ou violette dont est semée l'atmosphère, la
nature prend une teinte particulière. La chaleur devient dévorante;
le thermomètre peut atteindre jusqu'à 48° centigrades. Le sable est
agité comme la mer, et s'amoncelle en monticules; l'homme est
contraint de se jeter à terre et de se voiler la figure, pour n'être
pas étouffé, ou tout au moins pour échapper aux douleurs intolérables qu'il endure. »

L'harmattan, très-fréquent dans le Sahara occidental, où il souffle
souvent cinq à six et quelquefois quinze jours de suite, est accompagné, dit encore M. A. Maury, d'un brouillard si obscur, qu'on
n'aperçoit le soleil que pendant quelques heures après midi. Il
dépose sur les plantes et sur la peau une poussière minérale, ordinairement blanche; il dessèche avec une incroyable rapidité les
végétaux et tous les objets humides. Tout craque et se fend. Les
nègres, pour échapper aux douleurs cuisantes que l'harmattan leur
cause aux yeux, aux lèvres, au palais et sur les membres, ont soin
de s'enduire de graisse tout le corps. « Telle est l'influence que ce
vent exerce sur l'atmosphère, qu'il guérit les fièvres, et empêche
l'infection de se communiquer, même par l'art. » On voit, d'après
cela, que les propriétés vénéneuses qu'on a prêtées au vent chaud
du désert sont purement imaginaires. Il ne serait même pas impossible qu'elles eussent été inventées par les Arabes pour effrayer les
voyageurs qui tentent de s'aventurer dans ce qu'ils considèrent
comme leur domaine.

« De tout temps, dit Kaemtz, l'Arabe du désert, nomade et pauvre,
a détesté l'habitant des villes, qui mène une vie commode et tran-

Le Simoun.

quille. Aussi, quand le marchand est forcé de traverser le désert, le Bédouin lui vend-il sa protection au poids de l'or... Pour les habitants des villes, le désert était le théâtre des scènes d'horreur les plus exagérées. Tous les récits merveilleux d'aventures extraordinaires trouvaient en eux des auditeurs crédules ou prévenus, de même que de nos jours les Turcs se font de l'Europe les idées les plus fausses et les plus ridicules. Les habitants du désert n'avaient garde de détruire ces erreurs qui faisaient leur force; ils les accréditaient, au contraire, chaque fois qu'ils visitaient les villes. Les négociants qui avaient traversé le désert connaissaient seuls la vérité; mais ils étaient en petit nombre, faisaient de grands bénéfices dans ces voyages, et cherchaient à effrayer ceux qui auraient été tentés de les imiter. C'est ainsi que ces croyances se répandirent de plus en plus parmi la multitude.

« Les écrivains arabes sont remplis de mensonges sur tout ce qui regarde le désert. Les voyageurs européens ont encore enchéri sur eux. Le mahométan croit faire œuvre méritoire en trompant l'infidèle, et en lui fermant l'entrée du désert. Tous ceux qui y sont allés ont fait bon marché de ces craintes ridicules, dont les Arabes eux-mêmes leur ont avoué l'exagération. L. Burckhardt, de Bâle, est le premier qui nous ait fourni des renseignements positifs sur les phénomènes du désert, et en particulier sur les vents qui y règnent. Il a aussi réduit à leur juste valeur les récits fantastiques de ses prédécesseurs, Beauchamp, Bruce et Niebuhr. »

Burckhardt raconte, en effet, qu'au mois de juin 1813, se rendant de Siout à Esné, il fut surpris par le samoun, dans la plaine qui sépare Farschiout de Berdys. « Lorsque le vent s'éleva, dit-il, j'étais seul, monté sur mon dromadaire, loin de tout arbre et de toute habitation. Je m'efforçai de garantir mon visage en l'enveloppant d'un mouchoir. Pendant ce temps le dromadaire, auquel le vent chassait le sable dans les yeux, devint inquiet, se mit à galoper, et me fit perdre les étriers. Je restai couché par terre sans bouger de place, car je n'y voyais pas à la distance de dix mètres, et m'enveloppai de mes vêtements jusqu'à ce que le vent se fût apaisé. Alors j'allai à la recherche de mon dromadaire, que je trouvai à une assez grande distance, couché près d'un buisson qui protégeait sa tête contre le sable enlevé par le vent. » Malcolm et Morier, qui ont traversé les déserts de la Perse; Ker-Porter, qui a visité celui qui est à l'est de l'Euphrate, sont d'accord avec Burckhardt pour déclarer que lorsqu'ils ont été exposés au simoun, ils n'ont rien éprouvé qu'une impression très-désagréable, très-pénible même, mais dont leur santé n'a été nullement altérée.

Ce n'est pas seulement dans les déserts de sable de l'Afrique et de l'Asie que les vents chauds sont à redouter, mais dans presque toutes les contrées continentales voisines des tropiques. Dans l'Inde, ces vents sont connus sous le nom de *souffle des diables*. Ils sévissent fréquemment durant la saison sèche, et répandent dans les campagnes, et jusque dans les villes, l'effroi et la dévastation. Les effets délétères de ces vents ont été sans doute, comme ceux du simoun, fort exagérés. La qualification de souffles empoisonnés que leur appliquent, par exemple, deux historiens anglais, William Thorn et John Macdonald Kimseil, est évidemment hyperbolique. Il est certain toutefois que des vents animés d'une vitesse formidable, emportant avec eux des flots de sable, et dont la température s'élève à 40° et plus, doivent exercer sur leur parcours une action malfaisante, et devenir surtout funestes aux Européens, qui ne savent nullement s'en garantir. A la Louisiane, au Chili, dans les *llanos* ou *pampas* de l'Orénoque, on redoute aussi certains vents brûlants, et, dit-on, malsains. Sur les côtes de la Nouvelle-Hollande, les vents de terre ont également une très-haute température. Enfin, dans l'Europe méridionale règnent souvent en été des vents chauds, appelés *sirocco* en Italie et *solano* en Espagne. Ces vents ont probablement la même origine que le simoun. Kaemtz suppose cependant que, dans certains cas, ils peuvent prendre naissance sur les rochers arides de la Sicile, ou dans les plaines de l'Andalousie.

# CHAPITRE VII

### LES TEMPÊTES

L'atmosphère est sujette à des perturbations, à des convulsions dont la violence, l'étendue, la durée, peuvent varier considérablement, et qui revêtent en outre, selon la cause qui les produit, des caractères tout différents. Il importe donc de distinguer ces phénomènes les uns des autres; de ne point confondre les orages avec les tempêtes, les trombes avec les cyclones. Les orages sont des phénomènes essentiellement électriques. Les trombes paraissent avoir la même origine. Les tempêtes et les ouragans ne sont autre chose que des vents animés d'une très-grande vitesse, et dus, comme tous les vents, à des ruptures d'équilibre produites dans la masse atmosphérique par la dilatation ou la contraction de l'air, par l'évaporation ou la précipitation abondante et rapide de grandes quantités d'eau dans une région circonscrite, par le renversement des courants périodiques, etc.

On se rappelle que c'est à partir de la vitesse de vingt-cinq à trente mètres par seconde, que, pour les marins, le vent perd son doux nom de *brise*, et devient bourrasque, puis tempête ou tourmente, puis enfin ouragan. Ce dernier terme exprime le plus haut degré de force que puisse atteindre le vent. Il correspond à une vitesse de cent cinquante à cent soixante-dix kilomètres par heure. Mais les tempêtes ne diffèrent pas seulement par leur plus ou moins d'intensité : elles se distinguent encore les unes des autres, d'une manière beaucoup plus tranchée, par la nature de leur mouvement, qui peut être rectiligne ou giratoire. Sous les zones tempérées ou polaires, les tempêtes rectilignes sont de beaucoup les plus fréquentes, tandis que sous les tropiques on a surtout à redouter les tempêtes tournantes, ou cyclones. Les vents de saison, tels que le *mistral* et le *gallego* des côtes de la Méditerranée, le *simoun* des déserts de l'Afrique et de l'Asie, le *souffle des diables*, les *pamperos* (vents des.pampas de l'Amérique méridionale), le *sirocco* et le *solano* d'Italie et d'Espagne, prennent d'ordinaire toute la violence de véritables tempêtes. Les vents de nord-ouest, notamment, rendent très-dangereuse, en hiver, la navigation de la Méditerranée et les abords de la côte africäine. « Nous nous souvenons, disent MM. Zurcher et Margollé, d'un coup de vent de nord-ouest (*mistral*) qui fit franchir à notre petit brick la distance de Toulon à Athènes en cinq jours. Sous un ciel clair, la mer couronne d'écume ses grandes vagues d'un bleu foncé. Par intervalles, les rafales soulèvent dans l'air des nuages de poussière liquide. La nuit surtout, on est frappé du contraste de cette tourmente avec le radieux aspect des constellations, qui brillent d'un plus vif éclat [1]. »

« Sur un aviso à vapeur qui faisait le service du littoral, disent les mêmes auteurs, nous avons essuyé à Stora un de ces coups de vent, tenant sur quatre ancres et faisant constamment fonctionner la machine. Dix navires avaient été broyés sur la côte, où se voyaient encore quelques débris de la corvette *la Marne,* naufragée en janvier 1840. Cinquante-deux marins avaient péri dans ce dernier naufrage, et parmi eux un ami, officier d'un rare mérite, le lieutenant Th. Dagorn [2]. »

Il ne faudrait pas prendre trop à la lettre la qualification de rectilignes qu'on applique aux tempêtes de nos climats. En réalité, ces tempêtes suivent d'ordinaire une courbe plus ou moins flexueuse; mais leur mouvement de translation ne se complique pas, comme celui des cyclones, d'un mouvement de rotation sur elles-mêmes. Elles embrassent souvent une immense étendue en largeur, parcourent avec une extrême rapidité plusieurs centaines de lieues, et ne s'arrêtent, en perdant peu à peu leur vitesse, qu'après avoir marqué leur passage sur la mer et sur les continents par de terribles ravages. Des observations barométriques faites méthodiquement sur un grand nombre de points à la fois ont permis d'analyser ces météores, et d'en déterminer, pour ainsi dire, le mécanisme.

[1] *Les Tempêtes,* par MM. Zurcher et Margollé. — 1 vol. in-18. Paris, 1864, collection Hetzel. Cet intéressant ouvrage me servira plus d'une fois de guide dans le cours de ce chapitre.

[2] *Ibid.*

« Par l'étude régulière du baromètre dans les différentes villes de l'Europe, et en comparant les observations faites à une même époque, disent encore MM. Margollé et Zurcher, il est facile de représenter l'état général de l'atmosphère à un moment donné. On a été conduit ainsi à la découverte d'un remarquable phénomène relatif aux tempêtes. A certaines époques, on a vu le baromètre monter extraordinairement, dans une suite de points qui dessinaient sur la carte une courbe régulière tracée du nord au sud. Mais cet état particulier ne dure pas longtemps. On retrouve le lendemain cette courbe de pression maximum transportée parallèlement vers l'est, indiquant par son mouvement la translation d'une onde atmosphérique condensée. Ce phénomène est suivi d'un phénomène inverse : une dépression du baromètre marque, sur tous les points que couvrait d'abord l'onde comprimée, le passage d'une onde raréfiée qui la suit. Des ondes semblables se succèdent ainsi à des intervalles plus ou moins éloignés, et l'on observe que les ondes comprimées ne troublent pas le temps, tandis que le passage des ondes dilatées amène des tempêtes. Ces mouvements de l'atmosphère, qu'on peut comparer à ceux des vagues de l'Océan, sont assez fréquemment observés. En 1854, deux grandes ondes traversèrent l'Europe, du Havre à la Crimée, dans l'espace de quatre jours. Des tempêtes s'ensuivirent, et celle du 14 novembre causa dans la mer Noire d'épouvantables désastres. » Parmi les sinistres causés par cette tempête, je rappellerai la perte du magnifique vaisseau *le Henri IV* et de la corvette à vapeur *le Pluton*, et celle d'un paquebot anglais portant deux cent cinquante prisonniers russes, qui sombra devant Odessa. A bord de la frégate à vapeur *le Sané*, une pièce de trente, amarrée sur le gaillard d'avant, fut enlevée dans un coup de roulis, et passa par-dessus bord, sans endommager la muraille. C'est en suivant sur le baromètre le déplacement des courbes de pression minima, maxima et de pression moyenne, et en transmettant au loin ces indications par le télégraphe, qu'on est parvenu récemment à indiquer à l'avance la marche des tempêtes, à signaler aux ports et stations maritimes placés sur leur chemin le danger qui les menace, et à prévenir ainsi de grands malheurs.

En Europe, la plupart des tempêtes viennent de l'ouest ou du sud-ouest; mais lorsqu'elles suivent cette dernière direction, qui est la plus ordinaire, il n'est pas rare qu'arrivées à une certaine hauteur, rencontrant un courant du nord ou du nord-est, elles se détournent brusquement, redescendent vers le sud, et quelquefois reprennent de nouveau leur direction primitive. Quelques météorologistes les considèrent comme les contre-coups des cyclones de la zone torride. Cette opinion est d'autant plus vraisemblable, que ces tempêtes surviennent généralement dans la saison où les cyclones se déchaînent au-dessous de l'équateur. Quoi qu'il en soit, elles ne sont pas moins dangereuses pour les navigateurs que leurs congénères des régions tropicales. Leur passage à travers l'océan Atlantique et leurs apparitions dans la Méditerranée sont toujours signalés par d'innombrables sinistres de mer. A terre, elles perdent beaucoup de leur force, et n'occasionnent guère dans les villes et dans les campagnes que des dégâts relativement insignifiants.

Une de celles qui ont laissé parmi les marins les plus lugubres souvenirs, est la tempête du mois de novembre 1703. Le célèbre auteur de *Robinson Crusoé*, Daniel de Foe, en a laissé une monographie très-détaillée, publiée en 1704. Elle atteignit son maximum d'intensité dans la nuit du 26 novembre, et fit d'affreux ravages sur les côtes de l'Angleterre et des Pays-Bas, et dans presque toute l'Europe septentrionale.

MM. Zurcher et Margollé parlent d'une autre tempête qui, en 1836, commença à Londres, aussi au mois de novembre, vers dix heures du matin, et qui, le même jour, atteignit la Haye à une heure, Emden à quatre, Hambourg à six, Stettin à neuf heures et demie. Sa vitesse était donc, en moyenne, de trente mètres par seconde. M. Michelet, dans *la Mer*, a décrit avec son inimitable talent la terrible tourmente d'octobre 1859 (toujours du sud-ouest), qui dura cinq jours et cinq nuits, et sema de naufrages toutes nos côtes occidentales. Des tempêtes non moins violentes ont sévi sur l'océan Atlantique et sur l'Europe, en octobre 1862, et au commencement de décembre 1863. D'après M. Marié-Davy, de l'observatoire de Paris, la première aurait été le résultat d'un conflit entre le courant polaire et le courant tropical. Elle prit naissance entre Moscou et Riga, où, dès le 14, on signalait un centre de faible pression environné d'ondes concentriques, dont la pression croissait avec la distance. En même temps l'air semblait en proie à un désordre extrême. Le vent soufflait du nord-est à Stockholm, à Haparanda, dans le golfe de Bothnie; de l'ouest, à Copenhague; du sud-ouest, à Vienne; du sud, à Constantinople. Il se précipitait de toutes parts vers le centre de pression minimum dont je viens de parler. Puis, le 15, s'opère un changement soudain : le vent tourne au nord à Moscou, au nord-ouest à Haparanda, au nord-est à Constantinople. Dans toutes ces localités, une élévation subite et considérable de la température accompagne une ascension presque insensible du baromètre; dans toute l'Europe occidentale, au contraire, le baromètre éprouve une baisse notable. En France, la chaleur devient presque accablante. Enfin, le 16, la tempête éclate avec violence. Cette explosion était prévue. Les signes précurseurs fournis par l'observation des lignes d'égale pression et par les variations énormes du thermomètre, ne pouvaient laisser aucun doute sur le dénoûment de cette grande perturbation atmosphérique.

Des prodromes semblables ont annoncé la tempête qui s'est déchaînée sur l'Europe dans les premiers jours de décembre 1863, et qui, malheureusement, n'a pas laissé d'amener de nombreuses et déplorables catastrophes; moins nombreuses cependant qu'elles n'eussent été sans les prompts avis qui, dès les premières manifestations de la tourmente, ont pu être expédiés sur la plupart des points menacés.

Selon M. Marié-Davy, la tempête des 2 et 3 décembre envahit l'Europe par les côtes nord-ouest de l'Irlande : « Dès le 27 décembre, dit ce savant météorologiste, l'aspect général des courbes d'égale pression nous inspirait des doutes sur la conservation du calme qui régnait assez généralement sur nos côtes... Depuis la veille le vent était devenu fort de l'est à San-Fernando, près Cadix, et la pression commençait à y faiblir d'une manière sensible, tandis qu'elle restait très-élevée sur l'Europe centrale. Le 28, jour où nous considérions la situation comme très-douteuse, la baisse barométrique avait fait de nouveaux progrès sur le sud-est de l'Espagne... De plus, la dépression barométrique avait gagné le golfe de Gascogne, où la pression était descendue de 767$^{mm}$4 à 764$^{mm}$5 depuis la veille, tandis qu'à Brest, au contraire, à Penzance et à Valentia, le baromètre était resté presque stationnaire; il était même remonté à Greencastle, au nord de l'Irlande; enfin les vents étaient devenus forts du sud ou du sud-ouest sur l'Irlande.

« Le 29, qui se trouvait un dimanche, nous n'avions pas d'observations anglaises, sauf celles de l'observatoire de Greenwich; mais l'agitation des côtes irlandaises s'était étendue au golfe de Gascogne, où le baromètre était descendu à 760$^{mm}$ 3, ce qui formait une diminution de sept millimètres en deux jours. La baisse barométrique commençait également à devenir sensible à Brest. Le 30, la pression s'est relevée sur l'Espagne; elle a remonté un peu sur le golfe de Gascogne, tandis qu'elle est descendue de cinq millimètres à Brest, et que sur l'Irlande elle est restée à peu près stationnaire. »

Ces faits, rapprochés ultérieurement de la marche suivie du 1$^{er}$ au 5 décembre par la tourmente, ont conduit M. Marié-Davy à considérer comme très-probable qu'ils étaient les signes sensibles de l'arrivée progressive d'une grande convulsion atmosphérique, et qu'ils annonçaient, non une tempête ordinaire, mais un « tourbillon », et peut-être un véritable cyclone, dont le centre se serait trouvé le 27 ou le 28 à la hauteur des Açores; le 29, sur le golfe de Gascogne, et le 30, à peu près à la hauteur de l'embouchure de la Manche, pour arriver le 1$^{er}$ décembre sur l'Irlande, et le 2, à huit heures du matin, près de Shrewsbury, au sud de Liverpool. A ce moment, la tempête avait atteint, sur Paris, une extrême violence, et tout faisait craindre qu'elle ne parcourût toute la France du nord au sud, lorsque, à partir d'une heure, le baromètre remonta.

« La tempête, dit M. Marié-Davy, rebroussait chemin vers le nord. L'ébranlement vers le sud ne devait toutefois pas s'arrêter complétement, et, dans la nuit du 3 au 4, un vent violent s'élevait sur les golfes de Lyon et de Gênes, et s'étendait jusqu'à l'Adriatique nord. Le 3, le centre du tourbillon était revenu sur l'Angleterre dans le voisinage d'York. A partir de ce moment, le phénomène reprit sa marche habituelle vers l'est. Le 4, nous le voyons un peu au nord de Copenhague. Le 5, il semble quitter la Baltique, Libau et Kœnigsberg... Les positions occupées les 1$^{er}$, 2, 3, 4 et 5 décembre par le centre de ce tourbillon, qui a été d'une extrême énergie, montrent que sa vitesse de translation a été d'une dizaine de lieues à l'heure. »

Je n'entreprendrai pas d'énumérer tous les sinistres, tous les accidents causés par cet ouragan, qui restera tristement célèbre dans les fastes de la marine. En moins d'une semaine, les journaux anglais et français eurent à enregistrer des centaines de naufrages arrivés, soit en pleine mer, soit sur les côtes. Ainsi que je l'ai dit plus haut, des avertissements avaient pu être donnés à quelques ports de notre littoral Atlantique; mais en beaucoup d'endroits aussi, les marins furent surpris par la tempête. Les navires qui arrivaient du large, où aucun signal n'avait pu leur parvenir, et qui essayèrent d'entrer dans les rades ou dans les ports de l'Ouest, furent presque tous engloutis ou jetés à la côte. La tempête ne s'abattit sur l'Europe méridionale qu'après avoir sévi pendant deux jours sur l'Ouest et le Nord-Ouest. Grâce à cette circonstance, tous nos ports de la Méditerranée purent être avertis en temps utile. On y eut tout le loisir de prendre les précautions indiquées en pareil cas, et de ce côté les navires sur rade purent braver impunément les efforts de l'ouragan.

Je me bornerai à rapporter, d'après les journaux de nos principales villes maritimes de l'Ouest et du Midi, quelques épisodes de cette grande perturbation atmosphérique.

On lisait dans *le Phare de la Manche*, du 3 décembre 1863 :

« Le sloop *l'Argus*, de Granville, capitaine Deslandes, venant du Havre, chargé de diverses marchandises pour Cherbourg, s'étant échoué dans la nuit sur le rocher de Happetout, à la pointe N.-O. de l'île Pelée, une embarcation de la frégate cuirassée *la Couronne*, montée de dix-huit hommes, et commandée par un lieutenant de vaisseau, est allée à son secours malgré l'état affreux de la mer. Cette embarcation mit trois de ses hommes à bord de *l'Argus*, et le sauva d'une perte corps et biens, l'équipage du malheureux navire étant tellement fatigué qu'il ne pouvait plus manœuvrer..

« *L'Argus*, emporté par la tourmente, est allé faire côte dans l'anse du Moulin, sous Bretteville. Le capitaine Deslandes s'est noyé en voulant mettre sa chaloupe à la mer. Quant à l'embarcation de *la Couronne*, qui s'était si généreusement dévouée, et que le petit vapeur *la Navette* avait remorquée jusque sur le lieu du sinistre, elle a dû couper sa remorque pour ne pas sombrer, et a été drossée par la tempête, alors dans toute sa violence, et brisée sur les

rochers de la côte de Fermanville. Des quinze hommes qui étaient
à bord, deux seulement se sont sauvés; les treize autres ont péri
victimes de leur dévouement. Le corps du lieutenant de vaisseau
commandant l'embarcation, M. de Besplas, a été retrouvé ce matin
sur la grève. »

Le même jour, vers trois heures et demie de l'après-midi, une
barque de pêche, *le Voué-à-Marie,* de Trouville, patron Pierre
Hamelin, se trouvait à dix milles O.-N.-O. du Havre, lorsque son
équipage aperçut la goëlette anglaise *Triumph,* à sec de toile, avec
ses voiles en pantenne, ses focs à l'eau et son pavillon en berne.

« *Le Voué-à-Marie,* dit *le Courrier du Havre,* se dirigea vers
elle, lui fit des signaux pour l'engager à la suivre, ce qu'elle fit, et
la barque de pêche, au lieu de rentrer à Trouville, se dirigea sur
le Havre. Le temps était affreux, et deux coups de mer tombèrent
sur *le Voué-à-Marie,* qui faillit chavirer. Les lames enlevèrent tout
ce qui se trouvait sur le pont, même le poisson. Le gouvernail fut
brisé et perdu, les pavois enfoncés, les voiles déchirées. La barque
ne put rentrer au port qu'avec un gouvernail de fortune. Cependant,
au prix de ces graves avaries, *le Voué-à-Marie* a empêché un sinistre; car nul doute que sans son aide la goëlette, qui est entrée
dans notre port vers dix heures, une demi-heure environ avant la
barque conductrice, ne se fût perdue corps et biens. »

Le même journal racontait ainsi le naufrage de la goëlette
*Gabrielle.*

« Un navire, incapable de résister au gros temps, s'est perdu
hier (le 2), vers sept heures du soir, à Fécamp, en touchant, pour
ainsi dire, au port. C'est la goëlette *Gabrielle,* de Saint-Vaast-la-
Hougue, venant d'Angleterre avec un chargement de charbon, et
ayant à son bord six hommes d'équipage. Jetée sur le galet, la
goëlette s'y est brisée, et trois des hommes qui la montaient ont
péri dans les flots, malgré les efforts généreux tentés pour les en
arracher. Parmi eux est le capitaine Lefebvre. Les deux infortunés
qui ont partagé son sort sont un novice de dix-huit ans, et un
mousse de seize ans, dont le cadavre a été retrouvé défiguré à
quelque distance du lieu où le navire s'est échoué. Le second capitaine, qui, avec deux matelots, a eu le bonheur d'échapper au
naufrage, a été également blessé au visage. »

Dans les bassins mêmes du Havre, la violence du vent fit éprouver à plusieurs navires des avaries plus ou moins graves. Dans le bassin-dock, le trois-mâts *Sans-Nom* chavira. Sur le quai de la Barre, un pieu fut arraché par les amarres d'un navire américain. Dans l'avant-port, la goëlette *Reine des cieux* eut son arrière défoncé sur le talus, près de la grande écluse de l'Eure. La ville ne fut pas non plus épargnée : des cheminées furent abattues, des volets et des toitures enlevés, des personnes renversées à terre, ou blessées par des tuiles et des ardoises.

A Cherbourg, la tempête causa aussi, sur terre et sur mer, des dégâts et des accidents nombreux. Des arbres furent arrachés ou brisés, des cheminées abattues, des fenêtres défoncées, des maisons en partie découvertes. Pendant la journée du 2 et la nuit du 2 au 3, les tuiles et les ardoises voltigeaient de toutes parts dans les rues. Le 2, trois navires de commerce mouillés en rade eurent les chaînes de leurs ancres et leurs amarres rompues, furent drossés au rivage, et firent côte. Le 3, une goëlette anglaise chargée de charbon pour le Havre, et qui avait mouillé sur rade à neuf heures, fit côte à onze heures dans les Mielles. Au même moment un lougre venant de Bordeaux, à destination d'Abbeville, s'ensablait sur la même plage.

L'ouragan se déchaîna sur Brest et sur les côtes voisines dans la soirée du 2 décembre, « avec une violence telle, dit le journal *l'Océan,* qu'on ne peut le comparer qu'aux ouragans de l'Inde ou des Antilles. » Il dura toute la nuit et toute la journée du lendemain sans interruption. En ville, les cheminées, les ardoises, les gouttières tombaient de tous côtés dans les rues; des toitures furent arrachées, et l'on en cite une qui fut transportée par le vent à plus de cent mètres. Plusieurs personnes furent tuées ou blessées. La toiture mobile du grand vaisseau *la Bretagne*, en réparation dans le port, fut enlevée. Heureusement, on était sur ses gardes. Dans le port, les attaches des navires avaient été doublées. La rade était consignée, et les vaisseaux qui s'y trouvaient avaient pris toutes les précautions nécessaires pour résister à la tempête, en sorte qu'ils ne firent aucune avarie sérieuse. Mais sur les côtes environnantes, hérissées de rochers, dans les golfes nombreux qui découpent l'extrémité de la presqu'île armoricaine, plusieurs barques de pêche et navires de commerce se perdirent sans qu'il fût possible de leur porter secours.

Lorsque la tempête atteignit le littoral de la Méditerranée, elle n'avait rien perdu de sa fureur. Je n'en donnerai pour preuve que l'extrait suivant d'une lettre adressée de Toulon, le 5 décembre, à un journal de Paris.

« ... Le jeudi 3, le temps fut calme et très-beau jusque sur les sept heures et demie du soir, heure à laquelle le vent du nord se mit à souffler avec une extrême violence, en augmentant progressivement jusque vers le milieu de la nuit, où il dégénéra en tempête. Le lendemain vendredi 4, il a continué ainsi toute la matinée; mais l'après-midi, ce n'était plus une tempête : c'était un ouragan terrible, arrachant, brisant, renversant et enlevant des branches d'arbre d'un volume considérable, une quantité prodigieuse de vitres et de cheminées, des toitures, etc.; par suite le passage des piétons dans les rues devenait très-dangereux. A trois heures, un tourbillon épouvantable enlevait une partie de la toiture zinguée recouvrant le dôme de notre nouveau théâtre, et une feuille de zinc, arrachée avec une violence extrême, alla couper le bras à un homme qui passait dans la rue voisine, en même temps que deux jeunes gens étaient renversés sur la place même par la force du tourbillon...

« Enfin la force de l'ouragan était telle, qu'au Mourillon des tuiles qui tombaient d'une toiture assez vieille ont occasionné la mort de deux pauvres enfants. Dans les environs de la ville, des murailles, des barrières, etc., ont été renversées, et en partie entraînées très-loin.

« La rade était consignée, chose qui n'était pas arrivée depuis bien des années. Les vaisseaux de l'escadre et autres avaient mouillé leurs ancres de veilles, dépassé leurs mâts de perroquet et leurs mâts de hune, et amené le pavillon qui flotte ordinairement à la brigantine en corne; la mer était monstrueuse, et déferlait avec un bruit épouvantable. »

Tempête du 2 décembre 1863 sur la côte du Finistère.

# CHAPITRE VIII

## LES CYCLONES

Nous voici arrivés aux véritables ouragans (*hurracan*, mot indien ou caraïbe) [1], aux terribles tempêtes tournantes des régions tropicales. Ces tourbillons sont surtout fréquents dans la zone des calmes de l'équateur; car l'état d'équilibre auquel ces calmes sont dus n'est rien moins que stable : la moindre perturbation dans le régime des vents périodiques le renverse, et l'on voit alors succéder à l'immobilité de l'air des tempêtes justement redoutées des marins qui fréquentent ces parages, et des hommes qui ont fixé leur demeure sur les côtes et dans les îles de l'océan Indien ou de la mer des Antilles. Les premiers navigateurs portugais et espagnols qui furent à même de les observer les avaient désignées sous les noms de *travados* et de *tornados*. Dans les Indes et dans l'Indo-Chine, on les appelle *typhons*. Enfin le savant ingénieur anglais Piddington, qui les a particulièrement étudiées, et qui a le premier indiqué la loi de leur mouvement, leur a donné le nom de *cyclones*, que les météorologistes ont définitivement adopté. Ce nom est assez justifié par le double mouvement de rotation sur eux-mêmes et de translation en ligne courbe qui est le caractère propre des ouragans dont nous parlons.

M. L. Maillard, dans son savant ouvrage intitulé *Notes sur l'île*

---

[1] Dans la *Description de l'Inde occidentale* adressée à Charles-Quint par Fernando de Oviedo, on lit ce qui suit, relativement aux superstitions des Indiens de la terre ferme :

« Quand le démon veut les terrifier, il les menace du *hurracan*, ce qui veut dire tempête. Le hurracan se lève si violemment, qu'il renverse les maisons et arrache beaucoup d'arbres. J'ai vu des forêts profondes entièrement détruites sur l'espace d'une demi-lieue en longueur et d'un quart de lieue en largeur; tous les arbres grands et petits étaient déracinés. C'était un spectacle si terrible à voir, qu'il paraissait être sans nul doute l'ouvrage du diable : on ne pouvait le considérer sans terreur. » (*Les Tempêtes*, par MM. Margollé et Zurcher, note 8.)

*de la Réunion*, cite un fait qui ne peut laisser aucun doute sur la marche particulière aux cyclones. Il y a quelques années, le navire *la Maria,* déclaré incapable de tenir la mer, dut, à l'approche d'un cyclone, et par ordre supérieur, être abandonné sur la rade de Saint-Denis. Ayant chassé sur ses ancres, il fut entrainé au large par le tourbillon. Dieu sait quelle route il fit, quelle courbe immense il décrivit, emporté ainsi par la tourmente. Le fait est que le lendemain il reparut au sud-ouest de l'ile, en vue de Saint-Leu, où il eût été jeté à la côte, si, par bonheur, ses ancres, qu'il avait toujours trainées avec lui, ne se fussent accrochées au fond; de telle sorte qu'il resta mouillé sur la rade, où il supporta bravement le reste de la tempête. Ce fut là que son équipage vint le reprendre pour le conduire à Maurice, où il fut réparé.

« S'il n'y avait eu que *rotation*, dit M. Maillard, le tourbillon eût naturellement ramené le navire à son point de départ; mais comme il fut soumis aussi au mouvement général de *translation* du cyclone, qui voyageait du N.-E. au S.-O., c'est à Saint-Leu qu'il vint si heureusement faire côte. »

Les cyclones, ces grandes convulsions de l'atmosphère, qu'on a comparées aux maladies de l'organisme, ne sont, non plus que celles-ci, soumises au hasard. Dans ces désordres, il y a encore un certain ordre; car ce sont, en définitive, des phénomènes naturels, et aucun phénomène, quel qu'il soit, ne se produit qu'en vertu de certaines lois. Or, de même que les médecins peuvent tracer à l'avance la marche d'une maladie, en indiquer les prodromes, les symptômes, la durée et la terminaison probables, de même aussi les météorologistes connaissent les signes précurseurs et la marche des spasmes de l'océan aérien. Romme, Redfield, Maury, Keller, Dove et Piddington ont déterminé la loi qui préside à leur foudroyante évolution.

« La loi principale des cyclones, dit M. Maillard, est leur tourbillonnement, qui, dans l'hémisphère nord, marche en sens inverse des aiguilles d'une montre, et dans l'hémisphère sud, marche dans le même sens que ces aiguilles. Ce tourbillonnement, dont la vitesse, quelquefois assez faible, peut aller jusqu'à cent et deux cents milles à l'heure, s'opère autour d'un centre qui lui-même a un mouvement de translation dont la direction est variable, mais à peu près connue. Ainsi, vers l'équateur, ce mouvement va de l'est à l'ouest, puis s'infléchit vers le nord ou le sud, dans l'hémisphère nord ou sud. Par 20° ou 25° la ligne de translation se courbe de plus en plus, finit par devenir nord et sud par 25° ou 30°, et décrit ensuite une autre partie de parabole à peu près semblable à la première.

« Le mouvement de translation des cyclones, qui varie d'un à cinq milles à l'heure, est en moyenne de cinq à dix milles, et leur diamètre entre cinquante et cent milles. (Dans les mers de Chine,

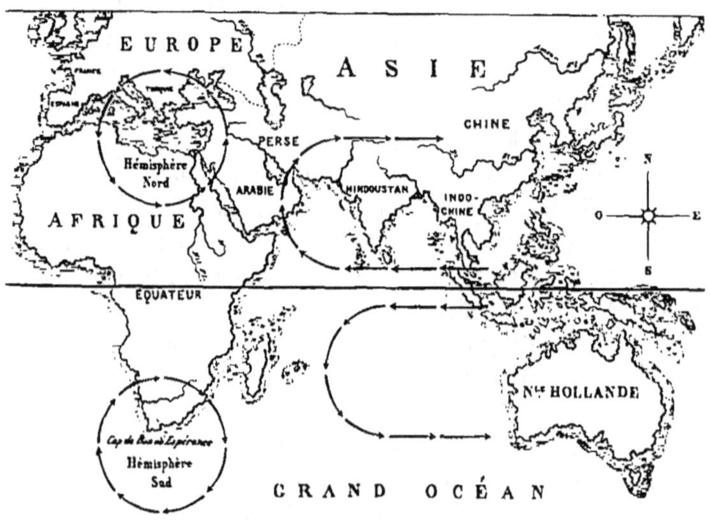


Mouvement de rotation et de translation des cyclones.

la marche des typhons varie quant à la direction de translation; la loi des cyclones ne peut donc s'appliquer entièrement à ces phénomènes.) »

La figure ci-dessus, dessinée d'après celle que M. Maillard a donnée dans son ouvrage, représente le double mouvement de rotation circulaire et de translation parabolique des cyclones. On peut d'ailleurs se faire une idée très-exacte de ces formidables ouragans, en considérant les petits tourbillons de vents rendus visibles par la poussière qu'ils soulèvent sur nos routes, sur nos promenades, et qui sont, pour ainsi dire, des miniatures de cyclones. Au centre du météore, il règne ordinairement un calme relatif, quelquefois même un calme absolu, qu'on attribue à la raréfaction de la coloune d'air autour de laquelle le cyclone tourne comme un immense anneau : c'est l'axe, ou, comme disent les Espagnols, l'*œil* de la tempête. Il n'est pas rare de voir en ce point les nuages se dissiper, l'azur ou les étoiles du ciel apparaître un instant; ou, si la région du calme est très-restreinte, le centre du cyclone se révèle seulement par un cercle plus pâle dessiné sur le sombre voile des nuages.

C'est pourtant près de ce centre que la force du tourbillon est le plus à craindre; en sorte que les marins surpris par l'ouragan doivent, avant tout, chercher à s'éloigner de son centre et de sa ligne de translation présumée. Lorsque les vents sont bien établis, le vent régnant étant tangent au cyclone, « le centre se trouve toujours sur la perpendiculaire intérieure à la direction du vent, c'est-à-dire à droite de la marche du vent dans l'hémisphère sud, et à gauche dans l'hémisphère nord. » (Maillard.)

Quant à la marche du cyclone, voici, d'après le même auteur, comment on peut la déterminer approximativement. On trace, à un moment donné, sur une carte marine, 1° la position du navire; 2° la direction du vent régnant; 3° la perpendiculaire à cette direction. C'est, on vient de le voir, sur cette perpendiculaire que se trouve le centre du tourbillon. En répétant quelques heures plus tard le même tracé, on a pour ce centre deux positions approximatives qui donnent la ligne de translation du cyclone, c'est-à-dire la ligne à éviter. La même opération fait connaître aussi la vitesse du météore. Quant à la distance, elle se déduit des observations barométriques, en tenant compte de la longueur de rayon du cyclone, et des *brises folles* qui règnent à son pourtour. Ces brises correspondent ordinairement à une hauteur barométrique de sept cent cinquante à sept cent cinquante-cinq millimètres, tandis qu'au centre le baromètre descend à sept cent trente millimètres et souvent au-dessous.

D'une manière générale, la dépression du mercure est d'autant plus grande que le centre du cyclone est plus près. Toutefois le baromètre éprouve souvent, après une première baisse, des oscillations qui sont, dit M. Maillard, le plus sûr indice de l'approche du cyclone, et qui s'expliquent par le passage d'ondes aériennes, alternativement dilatées et condensées. Ces oscillations se font sentir souvent lorsque le cyclone est encore éloigné de huit à neuf cents milles.

Les cyclones s'annoncent d'ailleurs, assure-t-on, plusieurs jours à l'avance, par des signes auxquels ne se méprennent guère les habitants des contrées tropicales, et les marins accoutumés à naviguer dans ces parages.

« Sous l'effort de l'ouragan, disent MM. Margollé et Zurcher, une immense partie de l'atmosphère est entrée en vibration. Bientôt aussi une longue houle se lève; la mer brise sur les rochers et les couvre d'écume.

« Durant cinq à six jours, de nombreux cirrus se forment dans le ciel encore clair. Ces nuages légers et très-élevés, qu'on croit composés de fines aiguilles de glace, se dissolvent bientôt en une couche blanchâtre, laiteuse, dans laquelle on voit fréquemment des halos. De lourdes nuées leur succèdent, en même temps qu'une panne sombre se montre à l'horizon.

« Tous les observateurs parlent de l'étrange couleur que revêtent les nuages au lever et au coucher du soleil. L'aspect du ciel est menaçant. Un brouillard rouge, qui teint à la fois la mer et le ciel, s'étend sur tous les objets, et donne au soleil cette couleur sanglante que Virgile, dans ses *Géorgiques*, indique comme un signe précurseur des tempêtes. Le phénomène, assez rarement, il est vrai, dure pendant la nuit, aux clartés de la lune, et la mer se couvre en même temps de lueurs phosphorescentes. Quelquefois le vent alizé, qui soufflait en brise régulière, tombe pendant vingt-quatre heures; le calme règne, interrompu seulement par quelques bouffées d'air chaud, étouffant. La nature semble réunir toutes ses forces pour accomplir l'œuvre de dévastation qui va marquer le passage du funeste météore.

« Chacun se réfugie dans les endroits les moins élevés et les plus couverts, quelquefois dans une *maison d'ouragan*, solidement construite en pierres de taille. L'impression produite sur les animaux est surtout remarquable. Ils semblent agités par une vive anxiété. Les oiseaux de mer rallient de toutes parts la terre, où ils cherchent un abri contre les fureurs de la tempête qu'ils pressentent.

« Le banc de nuages noirs aperçu à l'horizon se couronne souvent d'une immense flamme électrique. Dans la mer de Java, suivant Piddington, des éclairs multipliés *s'en écoulent,* semblables à une cascade lumineuse. Quelquefois des rayons s'élèvent. simultanément au-dessus d'une frange pourprée, comme dans les aurores boréales... A partir de l'instant où tombent les premières rafales, la violence de la tempête s'accroît jusqu'au voisinage du centre. Une épaisse voûte de nuages a couvert le ciel. De l'abîme ténébreux, la pluie, souvent la grêle, se précipitent comme des torrents, et se mêlent à l'écume que le vent arrache à la mer.

« Au commencement des cyclones, un bruit sourd, étrange, s'élève quelquefois et tombe « avec un gémissement semblable à « celui du vent dans les vieilles maisons pendant les nuits d'hi- « ver. » (Piddington.) Un bruit analogue qui vient du large, et qui annonce les tempêtes, est connu en Angleterre sous le nom d'*appel de la mer.* Les rafales qui déchirent l'air pendant le cyclone font entendre, disent les relations, comme un rugissement de bêtes sauvages, un effroyable tumulte de voix sans nombre et de cris de terreur. Sur le passage du centre, un bruit formidable ressemblant à des décharges d'artillerie, un continuel grondement de tonnerre, la voix même de l'ouragan, éclate et domine tout.

« Près de ce centre, où le plus grand vide se produit, le vent paraît décrire, en s'élevant, une spirale immense. Sa furie redouble. Dans l'axe du cyclone, une puissante succion élève la mer en montagne conique, et forme la lame de tempête qui, en avançant sur la surface de l'Océan, inonde les côtes et y produit le terrible phénomène des *ras de marée* [1]. »

En résumé, les lois qui régissent les cyclones, les signes qui les précèdent et les symptômes qui les caractérisent sont aujourd'hui assez bien connus pour qu'on ait pu tracer aux marins, avec certitude, la conduite à tenir, les manœuvres à exécuter, soit pour éviter le météore, soit pour diminuer notablement les périls dont il menace ceux qui n'ont pu s'écarter à temps de son chemin. On distingue, en effet, dans le cyclone, un côté dangereux et un côté maniable : le côté dangereux est celui où la vitesse du vent est égale

---

[1] Je laisse à MM. Margollé et Zurcher la responsabilité de cette explication des ras de marée, explication très-contestable, et à laquelle on en a opposé d'autres également hypothétiques. Voyez, à ce sujet, le chapitre v de la seconde partie des *Mystères de l'Océan.*

au mouvement de rotation plus le mouvement de translation; le côté maniable est celui où la vitesse est égale au premier mouvement diminué du second. D'où il suit que si l'on n'a pu éviter le cyclone, on doit, s'il est possible, se jeter dans le côté maniable.

Mais quelle est la cause qui produit au sein de l'air ces effroyables convulsions? Nul encore n'a pu trouver à cette question une réponse satisfaisante. Il est probable que la cause des cyclones est fort complexe; qu'il faut la chercher dans un concours de circonstances dérivant à la fois de la constitution météorologique des zones tropicales, et du régime des vents pendant la saison chaude dans ces régions. Mais ce sont là des données vagues dont il est bien difficile de tirer une explication précise. On n'a pas beaucoup avancé le problème en disant que les cyclones sont engendrés par les courants d'air qui, de points opposés, se précipitent vers les endroits où l'air est fortement échauffé par les rayons du soleil, et qui, dans leur parcours, rencontrent la surface de l'Océan où l'évaporation et, par suite, la tension électrique sont très-intenses. Cette théorie générale s'applique également à toutes les tempêtes, à tous les vents; elle ne rend point compte des propriétés spéciales des cyclones et du double mouvement qui leur est propre. Il serait superflu de discuter une question à laquelle la science n'a fait jusqu'ici que des réponses hypothétiques. Nous nous en tiendrons, en conséquence, à l'étude du météore considéré en lui-même et dans ses plus remarquables effets.

Les cyclones se produisent toujours, ainsi que je viens de le dire, dans la saison la plus chaude. Aux îles Mascareignes, où ils sont si fréquents et si funestes, ils surviennent ordinairement en décembre, janvier ou février; jamais plus tard qu'en mars. Ils sont souvent doubles ou triples, c'est-à-dire qu'ils se composent de deux ou de trois cyclones qui se meuvent presque parallèlement. Dans les hautes latitudes, ils perdent de leur intensité, et se transforment en tempêtes, ou coups de vent rectilignes : leur côté appelé dangereux, — celui où les vitesses de rotation et de translation s'ajoutent, — se faisant seul sentir. Le commandant Maury a le premier fait remarquer que les perturbations atmosphériques, et notamment les cyclones, sont surtout fréquentes aux abords des grands courants océaniques, et que le Gulf-stream, par exemple, joue un rôle important dans les mauvais temps de l'Atlantique. On observe cependant aussi, quoique plus rarement, des tempêtes tournantes dans la Méditerranée. Il paraît prouvé que le naufrage de *la Sémillante*, qui périt pendant la guerre de Crimée sur les écueils du canal Bonifacio, entre la Corse et la Sardaigne, fut causé par un véritable cyclone, dont la violence mit en défaut toute l'habileté des excellents officiers qui commandaient ce navire.

Les cyclones sont ordinairement accompagnés de pluies torrentielles et de phénomènes électriques, qui se manifestent surtout pendant le passage de la seconde moitié du tourbillon. Quelquefois aussi on voit des trombes apparaître dans leur axe. Cette circonstance explique la confusion que beaucoup d'auteurs ont faite entre ces deux phénomènes, très-distincts cependant quant à leur cause, à leur mode de production, à leur aspect et à leur action. Il ne faudrait pas croire, du reste, que les prodromes et les symptômes des tempêtes tournantes se reproduisent partout et toujours d'une façon identique. Ces phénomènes varient, dans de certaines limites, d'une contrée à l'autre. D'après le médecin anglais Boyle, qui a séjourné sur la côte occidentale d'Afrique, les *tornados* de ces parages s'annoncent par une petite tache claire, de couleur argentée, qui apparaît d'abord à une grande hauteur dans le ciel, puis descend avec lenteur vers l'horizon en grandissant. A mesure qu'elle approche, cette tache s'entoure d'un anneau noir qui s'étend dans toutes les directions, et finit par l'envelopper d'une obscurité impénétrable. « A ce moment, dit le docteur Boyle, la vie semble suspendue sur terre et dans l'atmosphère ; une inquiète attente oppresse tous les êtres. L'esprit resterait abattu sous le coup d'une terreur anticipée, s'il n'était relevé par l'éclair d'une large flamme électrique, par les grondements de la foudre qui se rapproche rapidement, et dont les éclats deviennent formidables. Alors un tourbillon terrible se précipite, avec une incroyable violence, de la partie la plus sombre de l'horizon, enlevant les toits, brisant les arbres et désemparant les navires qu'il surprend. A ce tourbillon succède un déluge de pluie, qui tombe à torrents et termine cette affreuse convulsion. »

Le caractère essentiel commun à tous les cyclones, c'est la vitesse extraordinaire du vent, vitesse qu'aucun instrument ne peut mesurer, et qu'on n'évalue à peu près que par ses effets. On l'a comparée à celle d'un boulet de canon, au quadruple de celle d'une locomotive lancée à toute vapeur. Ces comparaisons ne semblent point hyperboliques, lorsqu'on songe à la force effrayante que l'air, ce fluide si léger, d'une si faible masse, acquiert par la seule rapidité de son mouvement.

Dans l'ouragan qui dévasta la Guadeloupe le 25 juillet 1825, des maisons solidement bâties furent renversées, et un édifice neuf, construit aux frais de l'État avec la plus grande solidité, eut une aile entière complétement rasée. Le vent avait imprimé aux tuiles une telle vitesse, que plusieurs pénétrèrent dans les magasins à travers des portes et des volets très-épais. Une planche de sapin qui avait un mètre de long, vingt-cinq centimètres de large et vingt-trois millimètres d'épaisseur, se mouvait dans l'air avec une telle rapidité, qu'elle traversa d'outre en outre une tige de palmier de quarante-cinq centimètres de diamètre. Une pièce de bois de quatre à cinq mètres de long et de vingt centimètres d'équarrisage, projetée par le vent sur une route empierrée, battue et fréquentée, pénétra dans le sol de près d'un mètre. Une belle grille de fer, servant de clôture à la cour du palais du gouverneur, fut descellée et rompue. Enfin trois canons de vingt-quatre furent poussés par le vent jusqu'à la rencontre de l'épaulement de leur batterie.

MM. Margollé et Zurcher, dans leur livre des *Tempêtes,* donnent plusieurs descriptions très-circonstanciées des ravages que causent les tempêtes tournantes. L'exemple le plus tristement mémorable de ces horribles bouleversements est peut-être celui des deux cyclones qui coup sur coup, dans une même année (1780), dévastèrent les Antilles. Le premier de ces cyclones anéantit Savana-la-Mary, sur la côte ouest de la Jamaïque. Quatre vaisseaux anglais mouillés sur la rade furent engloutis; trois autres furent désemparés et à peu près défoncés.

Le second ouragan étendit ses ravages sur presque toutes les Antilles. Il surprit, au sud de la Martinique, un convoi de cinquante bâtiments de commerce français escortés par deux frégates, et portant cinq mille hommes de troupes. Sept seulement de ces navires parvinrent à se sauver. Le reste « disparut ». Quelques-uns des vaisseaux échappés au désastre de Savana-la-Mary cherchaient à gagner un port de refuge. Enveloppés de nouveau par la tempête, ils furent jetés à la côte, et l'un d'eux périt corps et biens. A Saint-Eustache, vingt-sept navires vinrent se briser sur les rochers. Au cyclone se joignit un ras de marée d'une violence inouïe; on suppose même que le cataclysme se compliqua d'un tremblement de terre qui se confondit dans l'effroyable conflit des éléments : au moins est-il difficile d'expliquer autrement les prodiges de destruction qui s'accomplirent alors en quelques heures.

A la Martinique, il périt neuf mille personnes, dont mille à Saint-Pierre, où pas une maison ne resta debout. La mer, s'étant élevée de plus de huit mètres par l'effet du ras de marée, balaya d'un seul coup cent cinquante habitations. A Fort-Royal, la cathédrale, sept autres églises, et cent quarante maisons furent détruites de fond en comble; près de mille malades furent ensevelis et périrent sous les décombres de l'hôpital. A la Dominique, la manutention royale, les magasins de la marine et presque toutes les maisons situées sur le port furent engloutis. A Sainte-Lucie, il périt six mille personnes; les plus solides édifices furent renversés; la mer roula des canons à plus de trente-cinq mètres de leurs embrasures, et s'éleva à une telle hauteur, que le fort fut démoli et qu'un vaisseau, enlevé par les lames, alla retomber sur l'hôpital, qui en fut écrasé. De six cents maisons qui formaient la ville de Kingstown, dans l'île de Saint-Vincent, il n'en resta debout que quatorze. Enfin des bancs de coraux furent arrachés du fond de la mer et lancés sur le rivage. « Il est impossible, disait dans son rapport l'amiral anglais George Rodney, de décrire l'épouvantable spectacle présenté par la Barbade. » Quand l'ouragan fut passé et que la lumière se répandit sur cette île, la veille si fertile et si florissante, elle n'offrait plus que le triste aspect de l'hiver : pas une feuille ne restait aux arbres que l'ouragan avait laissés debout.

M. le lieutenant de vaisseau Bridet, capitaine de port à la Réunion, décrit ainsi, dans une savante *Étude sur les ouragans de l'hémisphère austral,* un cyclone qu'il eut à essuyer à Mozambique, où il se trouvait en mission à bord de la goëlette *l'Églé* :

« Le 1ᵉʳ avril 1858, dans la nuit, le vent prit par rafales, du sud-est au sud-sud-est, accompagné d'une pluie diluvienne. La mer, un peu grosse, était néanmoins arrêtée par la terre, et ne fatiguait pas trop le navire, mouillé sur deux ancres. A six heures du matin, le baromètre marquait sept cent cinquante-huit millimètres. Vers midi, le baromètre continuant à baisser et le vent à augmenter sans changer de direction, nous vîmes bien que nous allions avoir affaire à un ouragan des tropiques, et nous prîmes nos précautions en conséquence. Deux autres ancres furent mouillées et filées avec les deux premières, qui se trouvèrent alors avec cinquante brasses de chaîne, et les deux dernières avec vingt-cinq. Un trois-mâts portugais, à peu de distance de la goëlette, ne nous permettait pas d'en filer davantage; mais nous étions par cinq brasses de fond; avec nos quatre ancres, nous pouvions résister. La mâture fut réduite aux deux seuls bas-mâts, et, à deux heures de l'après-midi, nous n'avions plus qu'à attendre les effets du vent, qui soufflait toujours du sud-est avec la plus grande violence. Le baromètre indiquait sept cent cinquante-cinq.

« Toute la journée le vent augmenta, et le baromètre baissa. A six heures du soir, il était à sept cent quarante-huit. La mer devenait très-grosse malgré l'abri de la terre, et la goëlette tanguait de manière à faire croire à chaque instant à la rupture des chaînes. Le plus grand nombre des bateaux arabes, à l'ancre près de nous, chassaient sur leurs faibles amarres; quelques-uns déjà étaient à la côte; la nuit se faisait, et le vent soufflait en augmentant encore.

« Vers neuf heures du soir, la pluie redouble d'intensité, le vent de fureur.

« A onze heures, le baromètre marque sept cent quarante-deux. A onze heures quarante-cinq minutes, un calme subit succède aux rafales, au moment où elles semblaient augmenter de violence. La tempête s'est apaisée d'une façon si brusque, que nous passons sans transition des craintes les plus vives à la sécurité la plus complète. Le temps s'embellit, la pluie cesse...

« Autour de nous flottent les débris appartenant aux nombreux bateaux arabes qui sont déjà naufragés. Des cris se font entendre, et ce sont les Français qu'on implore. A quelque distance, nous apercevons une masse noirâtre qui va à la dérive, et le temps est assez clair pour que nous apercevions quelques matelots cramponnés à ce débris flottant : c'est une goëlette portugaise qui a chaviré, et sur la quille de laquelle ils se maintiennent à grand'peine...

« Pendant que le temps semblait revenir au beau, et que le calme

le plus complet permettait de tenir sur le pont une bougie allumée,
le baromètre se maintenait à sept cent quarante millimètres, et nous
indiquait que nous passions par le centre de l'ouragan, qui, suspendu pour un moment, allait reprendre avec fureur.

« A une heure, en effet, les premières rafales du nord-ouest tombaient à bord comme un coup de foudre, et faisaient pirouetter la

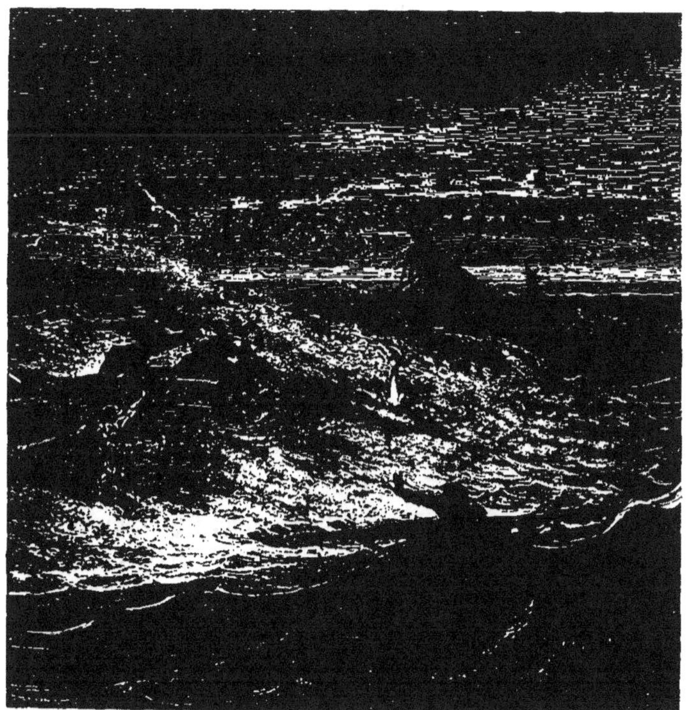

Cyclone sur la côte de Mozambique.

goëlette, qui allait subir un nouvel assaut. Cette fois, le vent et la
mer nous poussent sur l'île Mozambique, à peu de distance de laquelle nous sommes mouillés. La mer, venant du fond de la baie,
est tellement grosse qu'à chaque instant *l'Églé* disparaît tout
entière. Mais le danger le plus terrible vient d'une pangaie arabe
qui s'était arrêtée à quelques brasses de nous : la direction tout à
fait opposée du vent fait qu'elle est droit sur notre avant, et nous
ne tardons pas à nous apercevoir qu'elle ne peut résister aux efforts

de la tempête. Une heure se passe, pleine d'anxiété fiévreuse; la pluie a recommencé avec la saute de vent, et la mer devient monstrueuse. La pangaie se rapproche, et, dans une rafale affreuse, vient tomber en travers sur notre beaupré. *L'Églé*, soulevée par la mer, enfonce son avant dans le flanc du bateau; des craquements se font entendre; les mâts et les vergues tombent à bord, et dans cette lutte entre deux faibles navires, il est à craindre qu'il n'y ait deux victimes.

« Enfin la pangaie cède, et ses deux tronçons nous quittent, chargés encore de malheureux Arabes qui vont à la mort sans un geste, sans un cri, sombres et résignés, eux si bruyants à la moindre manœuvre... Nous en avions sauvé quatorze avec les cordes que nous leur avions lancées; les autres se noyaient à quelques brasses, sans qu'il nous fût possible de les arracher à la mort. A peine ces infortunés ont-ils disparu, que nous songeons à nous-mêmes. La goëlette ne fait pas d'eau; mais deux chaînes ont été cassées, les ancres chassent, nous sommes poussés à la côte par les coups de mer qui nous couvrent de bout en bout.

« Cependant le baromètre remonte et nous indique que l'ouragan, s'il n'a pas diminué de violence, touche du moins à son terme; il est trois heures du matin, et dans quelques heures nous pouvons être sauvés. Cet espoir s'évanouit bientôt : un coup de talon nous annonce que nous sommes à la côte. Le gouvernail est démonté, la roue vole en éclats; nous sentons à chaque coup de mer le pont nous manquer sous les pieds, et les mâts vibrent comme des joncs, nous menaçant à chaque instant de leur chute. *L'Églé* n'est, pour ainsi dire, qu'une épave, que la mer couvre à chaque instant. La pluie est si intense, l'obscurité si profonde, que nous ne pouvons voir l'endroit de la côte où nous avons été jetés. La nature des chocs nous fait cependant espérer que nous sommes sur la seule plage de sable qui existe près du débarcadère. L'avant de la goëlette flotte encore, l'arrière seul frappe le fond. Elle pourrait se briser; mieux vaut l'échouer complétement. Les chaînes sont prises à l'avant, une voile nous fait abattre, le navire monte sur la plage, et se couche sur un lit de sable; nous sommes sauvés!...

« Le spectacle qui s'offrit à nous aux premières lueurs du jour est navrant. De tous les navires mouillés dans la baie, trois seuls ont résisté. Tous les bateaux arabes sont à la côte; plus de deux cents hommes se sont noyés. L'ouragan a été terrible à terre : les plantations ont été ravagées, des arbres séculaires arrachés, les cocotiers dévastés : partout la désolation et la ruine !… »

Aux îles Maurice et de la Réunion, les cyclones sont redoutés comme le plus funeste de tous les fléaux, et ils y sont malheureusement très-fréquents. Il s'écoule quelquefois, à la vérité, plusieurs années sans qu'on en voie; mais il n'est pas rare non plus qu'on en ait deux ou trois à essuyer dans une même saison. M. Maillard n'en compte pas moins de soixante-dix-huit de l'année 1640 à l'année 1861 inclusivement.

« Quand un de ces tourbillons, dit-il, vient tomber sur la colonie (la Réunion), et que le centre passe sur l'île, on ne voit de tous côtés que cases écrasées, arbres déracinés et plantations détruites. » Le météore est généralement accompagné d'inondations qui font plus de mal encore que la violence du vent. On cite parmi les ouragans les plus meurtriers que la Réunion ait eu à subir celui de 1829, qui anéantit vingt-deux navires avec leurs équipages; celui du 17 janvier 1858, qui fit périr, dans la colonie, cinquante personnes; celui du 26 février 1860, où trois navires se perdirent corps et biens, trois furent jetés sur la côte de Madagascar, et trente éprouvèrent des avaries plus ou moins graves. Les pertes matérielles causées par ces tempêtes ne purent être évaluées; mais on en aura une idée lorsqu'on saura que le total des sommes qui durent être payées par les seules assurances maritimes aux propriétaires des bâtiments naufragés ou avariés, s'éleva à trois millions trois cent soixante-dix mille francs.

M. Maillard raconte comment il fut lui-même surpris en pleine campagne, avec plusieurs autres personnes, par le terrible ouragan du 16 au 17 janvier 1858. Chargé, comme ingénieur de la colonie, d'une étude relative au détournement d'une source située dans l'intérieur de l'île, vers le centre de la plaine dite *des Cafres*, il partit de Saint-Denis le 16 à 5 heures du matin. Il était accompagné de son porte-mire, un jeune créole malais âgé de quatorze ans, d'un conducteur et de deux employés des ponts et chaussées, et du maire de la commune au profit de laquelle le détournement de la source avait été autorisé. Des domestiques suivaient, portant les effets et les instruments des voyageurs; une douzaine de terrassiers chinois, cafres et malgaches avaient été envoyés en avant, chargés des provisions et des outils, pour installer le campement. Il fallait huit heures de marche, tant à pied qu'à cheval, pour arriver au but de l'expédition. L'obscurité avait empêché qu'on ne pût observer le temps avant le départ, et lorsque le jour se leva, l'aspect du ciel parut de nature à donner des inquiétudes. A midi, l'imminence de l'ouragan était manifeste; mais on était trop avancé pour songer à retourner en arrière, et d'ailleurs on espérait trouver de bons abris près de la source. Or ces abris consistaient en quelques métairies très-distantes les unes des autres, qui n'étaient en réalité que des parcs pour les bœufs, avec une ou deux cabanes pour les gardiens, et une case pour les tournées accidentelles du propriétaire.

« La première case qui s'offrit à nous, dit M. Maillard, avait été récemment construite en bois et en paille pour abriter nos ouvriers. Derrière celle-ci se présentait celle que le propriétaire de la métairie occupait lorsqu'il venait voir son troupeau, et qui nous était réservée. Une troisième, très-petite et de chétive apparence, avait été mise en partie à la disposition de nos domestiques. Enfin le parc à bœufs, vaste hangar occupé par une cinquantaine de ces animaux, terminait le campement. »

Nos voyageurs étaient encore en route et à pied, lorsque la pluie commença de tomber par ondées chaudes et de plus en plus fortes. A deux heures, ils durent renoncer à sortir des cases où ils s'étaient réfugiés. M. Maillard et ses compagnons s'installèrent dans la leur, et prirent leur repas. Un grand chien de montagne, attiré par l'odeur de la cuisine, avait quitté, pour s'installer près d'eux, les bœufs dont il avait la garde. Le repas fini, il demeura obstinément dans la case, et se cacha sous un lit d'où il fut impossible de le faire sortir, bien qu'il fût d'ordinaire très-obéissant. M. Maillard remarqua qu'il ne dormait pas; il semblait, au contraire, en proie à une agitation extrême, tandis que les bœufs ne donnaient aucun signe d'inquiétude.

Cependant le baromètre baissait à vue d'œil, et annonçait une nuit terrible. M. Maillard examina la case où il se trouvait. Elle était composée de deux pièces fort petites, dont l'une contenait quatre lits. C'était une construction en bois couché, à la manière du pays, avec une couverture en planches et en bardeaux, et n'ayant pour toute ouverture qu'une porte tournée vers le soleil couchant. Un rocher se dressait à quelques décimètres de l'angle sud-ouest de cette cabane.

Bientôt la pluie cessa, et de courtes rafales s'élevèrent, de plus en plus menaçantes. A six heures et demie, l'atmosphère redevint calme; l'horizon était chargé d'une brume épaisse. A huit heures, le baromètre était tellement bas, que M. Maillard s'étonnait de ne pas voir encore la tempête éclater. Elle ne se fit pas attendre long-temps. Elle arriva, ronflant et mugissant entre les pitons, courbant et faisant craquer les grands arbres; puis, après avoir comme suspendu un instant sa course, elle s'abattit avec fureur sur le frêle abri des voyageurs. Ceux-ci se sentirent soulevés et poussés en avant; le vent éteignit leurs lumières; le toit de la cabane fut en partie brisé. Plusieurs bourrasques semblables se succédèrent, avec des intervalles de calme qui inspiraient chaque fois à M. Maillard et à ses compagnons le fallacieux espoir d'avoir essuyé le dernier assaut de l'ouragan. Vers dix heures, les voyageurs voulurent sortir pour voir si les autres cases ne leur offriraient pas un meilleur refuge; mais ils s'aperçurent que la leur avait été déplacée et retournée de telle façon, que la porte se trouvait obstruée par le rocher. De onze heures à minuit, le vent acheva d'enlever planche par planche la toiture; puis la paroi tournée vers le nord-est fut défoncée. Il devenait dès lors possible de fuir; mais c'eût été là une ressource illusoire, car l'obscurité était complète, et autour de la petite éminence sur laquelle la cabane était construite, l'inondation roulait des vagues semblables à celles de la mer.

Trempés par la pluie, transis de froid, les malheureux voyageurs se sentaient, en outre, gagner par un découragement plein d'angoisse, qui chez plusieurs d'entre eux devint du désespoir et presque de la démence. M. Maillard, craignant pour lui-même la contagion de ce trouble fatal, et songeant que, comme chef de l'expédition, il lui appartenait de veiller au salut de ceux qui l'entouraient, voulut les tirer à tout prix de l'inaction et de l'abattement funestes où ils s'engourdissaient. Il fit porter et accoter les quatre lits contre la paroi la plus menacée, défendit que personne eût recours, pour

Ouragan à l'île de la Réunion.

se ranimer, aux boissons alcooliques, exigea que chacun bût, de temps à autre, un peu de bouillon concentré, dont on avait une provision convenable, et fit étendre au-dessus de la cabane une couverture, à laquelle il fallut se cramponner avec force, pour qu'elle ne fût pas arrachée par le vent. Dans l'intervalle des rafales, une caisse vide et renversée, dans laquelle on allumait une bougie, permettait de regarder l'heure et de consulter le baromètre. Ce dernier, sans merci, baissait toujours. Ce ne fut qu'à deux heures du matin qu'il cessa de descendre; à deux heures et demie, il commença à remonter; les rafales enfin diminuèrent graduellement d'intensité, et les esprits se ranimèrent. Aux premiers rayons du jour, M. Maillard et ses compagnons sortirent des débris de leur cabane, et se dirigèrent vers les autres cases, qu'ils espéraient peu retrouver, même en ruines. Ils ne furent pas médiocrement surpris de trouver debout et parfaitement intacte la plus voisine, qui était la plus chétive : celle que leurs domestiques partageaient avec les bouviers. Elle était close et muette. En y pénétrant, ils virent leurs gens tranquillement établis autour d'un bon feu. « Nous étions tellement transis, dit M. Maillard, que la vue de ce feu bienfaisant faillit nous faire tout oublier. Mais il fallait songer à nos douze travailleurs installés dans la case neuve, et nous fîmes, pour aller tout de suite à leur recherche, un effort que je me rappellerai toujours comme une chose considérable dans ma vie d'aventures. »

De la grande case en bois et en paille, il ne restait que quelques débris épars. Sept hommes blottis sous un gros tronc d'arbre abattu étaient là immobiles, dans un état d'hébétude pitoyable. Les cinq autres gisaient dans l'eau, roides et déjà froids comme des cadavres. On se hâta de les emporter près du feu, et de les frictionner énergiquement. Les deux premiers qui sortirent de leur léthargie donnèrent des signes de démence frénétique; ils voulaient se jeter dans le feu. Deux autres, des Malgaches, eurent un réveil plus effrayant encore : leur face souillée, égarée, furieuse, dit notre narrateur, était horrible à voir, et notre lutte pour les sauver ressemblait à un combat. » Quant au cinquième, tous les efforts pour le rappeler à la vie demeurèrent infructueux. On lui creusa une fosse provisoire, et on le couvrit d'un peu de terre. Il fallut aussi laisser là la plus grande partie des bagages. « Les buttes ayant cessé d'être des îles sans issues, dit en terminant M. Maillard, nous pûmes descendre dans la plaine, où l'écoulement se faisait assez régulièrement par les deux ravines qui sillonnent en sens contraire le nord et le sud du plateau... Nous pûmes franchir non sans peine, mais sans catastrophe nouvelle, les trois courants du bras de Ponteau, qui ne charriait ni arbres ni rochers, et dont les flots étaient restés clairs, grâce à la compacité du sol. Ainsi marchant dans l'eau, jusqu'aux genoux dans la plaine, jusqu'aux épaules dans les fonds, le plus souvent sans retrouver aucune trace de chemin, rencontrant à chaque pas les énormes tamarins des *hauts* gisant brisés sur le sol, nous atteignîmes, après trois heures de marche bien pénible, la métairie la plus voisine. Le temps était magnifique, le ciel d'un bleu pur, et le soleil brillait sur la campagne dévastée. »

---

# CHAPITRE IX

### L'HUMIDITÉ ET LA SÉCHERESSE. — LES HYGROMÈTRES

On a déjà vu que la vapeur d'eau est un des éléments constituants de l'air, mais que la proportion pour laquelle elle entre dans sa composition est peu considérable. Cette proportion est, en outre, très-variable. Un certain espace ne peut jamais contenir qu'une quantité limitée de vapeur. Cette quantité est la même, que l'espace dont il s'agit soit d'ailleurs parfaitement vide, comme l'est, par exemple, la chambre barométrique, ou qu'il contienne déjà de l'air ou tout autre gaz proprement dit. Dans les deux cas, lorsque l'espace ou l'air qui y est compris a absorbé toute la vapeur qu'il est capable de recevoir, on dit qu'il est *saturé*. Mais le point de saturation varie avec la température. Si dans deux vases d'égale capacité, l'un vide, l'autre plein d'air sec, ayant même température, on introduit une quantité d'eau telle que la totalité de cette eau transformée en vapeur soit nécessaire pour les saturer, on verra, dans le vase vide, l'eau se vaporiser et disparaître très-rapidement; elle se vaporisera et disparaîtra aussi dans l'autre, mais beaucoup

plus lentement. Le vase vide sera donc saturé immédiatement;
tandis que l'espace plein d'air ne le sera qu'après un temps d'autant plus long que la densité de l'air sera plus grande, ou, en d'autres termes, que l'air sera plus comprimé. D'où l'on voit que la
pression de l'air est sans influence sur le point de saturation d'un
espace donné, mais qu'elle a pour effet de retarder la formation et
l'expansion des vapeurs. Si maintenant on ajoute de part et d'autre
une nouvelle quantité d'eau, il ne se formera plus de vapeur, à
moins qu'on n'élève la température. Bien plus, comme l'addition
d'un certain volume de liquide dans les deux vases aura nécessairement diminué l'espace précédemment saturé, cet espace ne pouvant plus contenir la même quantité de vapeur, une partie de cette
dernière reviendra à l'état liquide, ou, comme disent les physiciens,
se *précipitera*. Un abaissement de température produirait le même
résultat.

On conçoit aisément, d'après cela, qu'au sein de l'atmosphère,
la formation et la précipitation des vapeurs dépendent exclusivement de la température de l'air; que, dans les divers phénomènes
auxquels cette formation et cette précipitation donnent lieu, c'est
toujours la chaleur qui, comme dans les vents et les tempêtes, joue
le principal rôle; qu'en un mot, ici encore, le soleil, ce « grand
agitateur des masses aériennes », dit M. Babinet, exerce sur le
*temps* une action souveraine, modifiée, bien entendu, par une foule
de causes secondaires.

C'est, en effet, sous l'influence de la chaleur solaire, que les mers,
les fleuves, les lacs, les étangs émettent incessamment des vapeurs
qui se répandent dans l'atmosphère. La plus ou moins forte proportion de vapeur que l'air tient en dissolution constitue son humidité ou sa sécheresse, ou, pour nous servir d'une expression
plus scientifique, son état *hygrométrique* ou sa *fraction de saturation*.

Il est d'un grand intérêt, dans les recherches météorologiques, de
déterminer l'état hygrométrique de l'air, en d'autres termes, le
rapport qui existe entre la quantité de vapeur qu'il contient actuellement, et celle qu'il renfermerait s'il était saturé à la même
température. On fait usage, pour cela, d'instruments appelés *hygromètres*. Ces instruments sont aujourd'hui très-nombreux; mais ils

peuvent être tous ramenés à quatre espèces, savoir : les hygromètres *chimiques*, les hygromètres *à absorption*, les hygromètres *à condensation* et les *psychromètres*.

Les hygromètres chimiques sont des appareils dans lesquels on fait passer, à l'aide d'un *aspirateur*, un volume d'air déterminé, dont la température est connue, sur une substance très-avide d'eau, telle, par exemple, que le chlorure de calcium. Cette substance a été pesée avant l'expérience. On la pèse de nouveau après que l'air lui a abandonné toute son humidité. La différence représente évi-

Hygromètres populaires.

demment la quantité de vapeur d'eau que l'air tenait en dissolution. On en déduit par le calcul la fraction de saturation.

Les hygromètres à absorption sont fondés sur la propriété que possèdent certaines matières organiques de s'allonger lorsqu'elles absorbent de l'humidité, et de se raccourcir, au contraire, en se desséchant. A cette espèce d'instrument appartiennent les hygromètres populaires qui sont censés annoncer la pluie et le beau temps, et auxquels le vulgaire accorde une confiance aussi peu justifiée que le nom de *baromètres* qu'on leur donne communément. Je veux parler de ces figures en carton, représentant, soit un moine qui ôte son capuchon quand le temps est au beau, et qui le rabat sur sa tête quand la pluie menace, soit un chat qui tient sa patte baissée dans le premier cas, et, dans le second, la relève vers sa tête comme pour « faire sa toilette ». Le moteur de ces petites machines prophétiques est une *corde de boyau*, fixée par une de ses extrémités à la planchette qui soutient la figure, et par l'autre à un petit levier relié au capuchon du moine ou à la patte du chat. Cette corde s'allonge bien lorsque le temps est humide, se raccourcit quand le temps est sec, et fait mouvoir le levier; malheureusement, ce résultat ne se produit qu'avec une extrême lenteur; de sorte qu'il n'est pas rare de voir la prédiction suivre l'événement, au lieu de l'annoncer.

Le célèbre physicien Théodore de Saussure a construit un hygromètre à cheveu dont le mécanisme est analogue à celui des instruments dont je viens de parler, et qui, bien que beaucoup plus délicat, ne laisse pas de présenter aussi de graves imperfections. Il se compose d'un cadre sur lequel est tendu un cheveu, fixé invariablement par un bout, tandis que l'autre bout s'enroule sur une poulie à double gorge. Sur la seconde corde de la poulie est enroulé, en sens contraire du cheveu, un fil de soie auquel est suspendu un petit contre-poids, de manière à maintenir le cheveu toujours également tendu. Une aiguille fixée à la poulie décrit sur un cadran des arcs proportionnels aux allongements et aux raccourcissements du cheveu. Il est indispensable que ce dernier, avant d'être adapté à l'instrument, ait été dégraissé dans l'éther, puis lavé à grande eau. Il faut, en outre, que le mécanisme de la poulie et de l'aiguille soit extrêmement léger et mobile. Enfin la graduation du cadran doit être faite en prenant le point cent, ou de saturation, dans un vase hermétiquement fermé, et contenant une épaisse couche d'eau. Le point zéro ou de sécheresse extrême, doit être déterminé dans le même vase, où l'eau est remplacée par de l'acide sulfurique concentré.

M. Régnault a prouvé que, malgré ces précautions, des hygromètres à cheveu peuvent bien être comparables entre eux lorsqu'ils ont été construits avec des cheveux de même espèce, lessivés de la même manière, et qu'ils ont été réglés dans le même vase; mais qu'il n'en est plus ainsi pour des hygromètres dont les cheveux diffèrent seulement de nature, à plus forte raison quand les points extrêmes n'ont pas été déterminés dans des conditions identiques.

En 1752, Le Roy, médecin de Montpellier, s'avisa le premier, pour mesurer la quantité de vapeur dissoute dans l'air, de condenser cette vapeur sur les parois extérieures d'un vase métallique, contenant de l'eau qu'il refroidissait en y ajoutant successivement de petits morceaux de glace. Un thermomètre plongé dans le vase donnait la température de saturation de l'air ambiant ; ce qu'on a appelé le *point de rosée*. Plusieurs physiciens ont construit depuis des appareils de formes et de dispositions différentes, mais destinés égale-

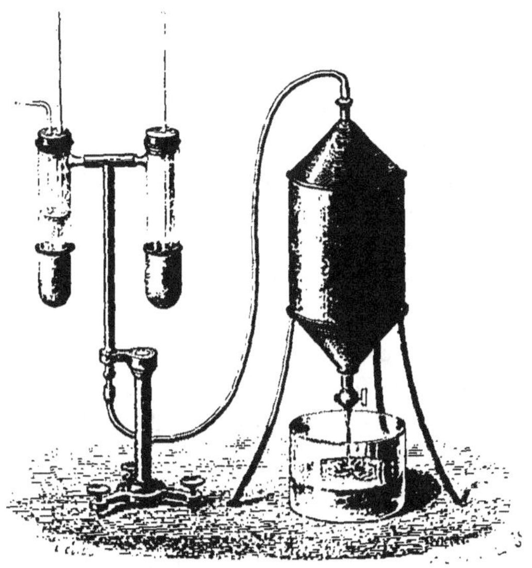

Hygromètre à condensateur, de M. Regnault.

ment à mesurer la fraction de saturation de l'air par la condensation de sa vapeur. Je citerai dans ce genre l'hygromètre de M. Régnault, qui est le plus ingénieux et le plus parfait, et dans lequel l'eau glacée dont se servait Le Roy est remplacée avec avantage par de l'éther, dont l'opérateur active ou modère à son gré l'évaporation. Ce liquide est contenu dans une petite capsule d'argent adaptée à l'extrémité d'un tube de verre dans lequel plonge un thermomètre, et qui communique, d'une part avec l'air extérieur, d'autre part avec un aspirateur [1].

[1] Voyez, pour la description complète de cet instrument et des autres hygromètres des diverses systèmes : la *Notice* de M. J. Salleron *sur les instru-*

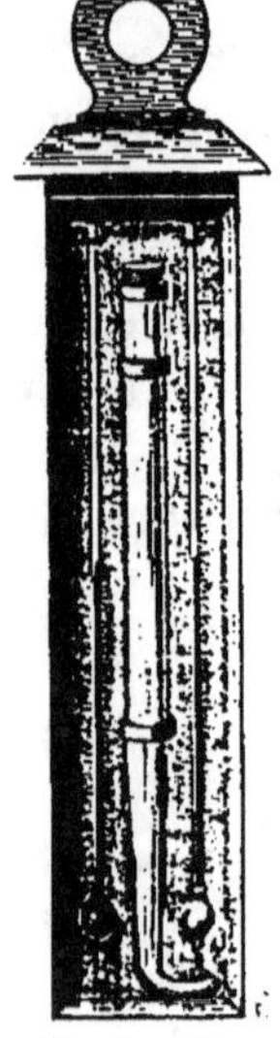

Psychromètre
de M. August.

La méthode dite *psychrométrique*, dont la première idée appartient à Gay-Lussac, se réduit à l'observation comparative de deux thermomètres, dont l'un est simplement exposé à l'air ambiant, tandis que le réservoir de l'autre est constamment humecté par une mèche de coton trempant dans l'eau. M. August (de Berlin) a établi, d'après des considérations théoriques qu'il serait hors de propos d'exposer ici, une formule au moyen de laquelle on déduit l'état hygrométrique de l'air des seules indications de ces deux thermomètres. L'usage de ce procédé est devenu général, depuis quelques années, dans les observatoires. Cependant M. Régnault a démontré, par des expériences d'une précision incontestable, que les résultats obtenus par cette méthode ne sont réellement exacts que lorsque les observations ont été faites dans un air calme. Dans un air agité, l'évaporation de l'eau autour de la boule mouillée, et, par suite, le refroidissement de cette boule sont dus en partie à des causes tout autres que l'humidité de l'air.

Le vent doit être, en effet, placé au premier rang parmi les causes qui modifient l'action de la chaleur et celle du froid dans la formation et la précipitation des vapeurs. En général, le vent accélère plus ou moins l'évaporation des liquides, en renouvelant sans cesse l'air en contact avec leur surface, et en emportant les vapeurs à mesure qu'elles se produisent. Comme d'ailleurs la vapeur ne peut jamais se former qu'en faisant passer à l'état latent une partie du calorique sensible du corps dont elle provient, ce phénomène est toujours accompagné d'un abaissement de température proportionnel à la rapidité de l'évaporation. De là la sensation de fraîcheur ou même de froid que le vent nous fait ordinairement éprouver; de là aussi le phénomène que présentent les alcarazas, vases de terre poreuse, à travers les parois desquels s'établit une exsudation continuelle, et dont on se sert en Espagne pour rafraîchir l'eau.

ments de précision; l'article *Hygrométrie* du *Dictionnaire illustré* de M. Dupiney de Vorepierre; les *Traités de physique* de M. Ganot, de MM. Boutan et d'Almeida, etc.

Tout le monde sait qu'il y a des vents secs et des vents humides, et que leur plus ou moins de sécheresse ou d'humidité dépend à la fois de leur température et de la nature des régions sur lesquelles ils ont passé. En Europe, par exemple, les vents de l'est et du nord-est sont toujours secs; les vents de l'ouest, du nord-ouest et du sud-ouest sont toujours humides. On peut dire que la tension de la vapeur d'eau par les différents vents suit une gradation descendante depuis le nord-est jusqu'au sud en passant par l'est, et ascendante depuis le sud jusqu'au nórd-est en passant par l'ouest et le nord. C'est ce que montre le tableau suivant dressé par Kaemtz, et dans lequel les tensions de vapeur sont exprimées en millimètres.

| mm. | mm. |
|---|---|
| N. 6,69 | S. 7,82 |
| N.-E. 6,56 | S.-O. 7,46 |
| E. 6,90 | O. 7,26 |
| S.-E. 7,31 | N.-O. 6,90 |

Mais il ne faut pas confondre la tension de vapeur avec l'humidité ou l'état hygrométrique de l'air. Ici la gradation n'est plus la même, parce que, ainsi qu'on l'a vu déjà, le point de saturation de l'air est d'autant plus bas que sa température est moins élevée, et réciproquement. D'où il suit qu'un vent froid peut être très-humide, bien que tenant en dissolution une faible quantité de vapeur, et qu'un vent chaud peut être sec, quoiqu'il en renferme une forte proportion.

« La quantité de vapeur, dit Kaemtz, est aussi petite que possible lorsque le vent souffle entre le N. et le N.-E.; elle augmente quand il tourne à l'est., au S.-E. et au S., et atteint son *maximum* entre le S. et le S.-O., pour diminuer de nouveau, en passant à l'O. et au N.-O. La cause de ces différences est bien simple. Avant d'arriver à nous, les vents d'O. passent sur l'Atlantique et se chargent de vapeurs, tandis que ceux qui soufflent de l'E. viennent de l'intérieur des continents de l'Europe ou de l'Asie. Ces vapeurs se résolvent déjà en pluie lorsque les vents occidentaux arrivent en France; mais cette eau se vaporise presque immédiatement, et il en résulte qu'en Allemagne ces vents sont toujours plus chargés de vapeurs que ceux de l'E. Le vent d'O.-S.-O., venant à la fois de la mer et de contrées plus chaudes, peut se charger d'une plus grande proportion de vapeur que le vent d'O., qui est plus froid. Aussi, quoique ce dernier ait moins de chemin à faire pour arriver depuis la mer jusqu'à Halle [1], contient-il une moindre proportion de vapeur que le S.-O. »

L'humidité de l'air par les différents vents varie selon les saisons. D'après les observations de Kaemtz, ce sont les vents de l'E. et du N.-E. qui, en hiver, sont les moins chargés de vapeur, et néanmoins les plus humides, parce qu'en raison de leur basse température ils sont aussi les plus rapprochés de leur point de saturation. En été, ce sont les vents d'O. et de S.-O. dont la fraction de saturation est la plus forte. Au printemps, ce sont les vents du N. et du N.-O.; et en automne, ceux du N.-O. et du S.-E. La moyenne hygrométrique de l'hiver est la plus élevée; puis vient celle de l'automne, puis celle du printemps, et en dernier lieu celle de l'été. Si l'on égale à cent la quantité de vapeur d'eau capable de saturer chaque vent, on trouve comme *maxima* et *minima* pour chaque saison les chiffres suivants :

|  | Hiver. | Automne. | Printemps. | Été. |
|---|---|---|---|---|
| *Maximum.* | E. 92,6 | N.-O. 82,7 | N. 75,0 | O. 71,4 |
| *Minimum.* | O. 80,9 | E. 75,7 | E. 66,9 | E. 61,3 |

Je ne m'arrêterai pas aux variations mensuelles que l'on a pu constater dans l'état hygrométrique de l'air, et qu'on pourrait appeler le détail des variations de saison. Mais je dois dire quelques mots des variations diurnes, et de celles qui résultent de la constitution des lieux.

Et d'abord, la tension de la vapeur d'eau ne reste pas la même aux différentes heures du jour et de la nuit. C'est le matin, avant le lever du soleil, que la quantité absolue de vapeur d'eau contenue dans l'air est à son minimum; mais c'est aussi à ce moment qu'en raison de l'abaissement de la température l'atmosphère est le plus humide. A mesure que le soleil s'élève au-dessus de l'horizon, l'évaporation s'accélère, et la tension de la vapeur s'accroît propor-

---

[1] La ville de Halle, en Prusse, située par 51° 29' de latitude N., et 9° 38' de longitude E., est le lieu où Kaemtz a fait les nombreuses observations desquelles il a déduit les conclusions que je reproduis. Ces conclusions sont, à très-peu près, applicables au centre de la France.

tionnellement à l'élévation de la température; l'une et l'autre atteignent simultanément leur maximum vers une heure ou deux, en même temps que l'humidité, qui a suivi une marche inverse, atteint son minimum. Après quoi, la température s'abaissant graduellement, la tension de vapeur va de nouveau en diminuant, et l'humidité en augmentant jusqu'au lendemain matin. « On reconnaît, disent MM. Becquerel, que dans les mois d'hiver il n'y a que ce seul maximum et ce seul minimum pour les heures de la journée; mais en été, vers midi, il y a un second maximum de tension, et, entre ce maximum et l'autre, il existe un second minimum qui est moins faible que celui du matin. La différence entre le maximum et le minimum de tension diurne ne s'élève pas à plus d'un millimètre de mercure. »

Quant aux variations hygrométriques locales, il est évident que, toutes choses égales d'ailleurs, elles tiennent d'une part à l'altitude, de l'autre à la présence ou à l'absence, à l'abondance ou à la rareté des eaux. Nous nous sommes occupés précédemment de l'influence de l'altitude sur l'humidité de l'air. Relativement à l'influence du sol et des eaux, je me bornerai à l'indication de quelques faits généraux. On sait que la quantité absolue de vapeur dissoute dans l'air va en diminuant avec la chaleur de l'équateur aux pôles; mais on ignore jusqu'à présent si, dans les localités semblables, bien que situées à des distances inégales du pôle, l'humidité relative se comporte de la même manière ou d'une manière différente. Sur l'Océan, à toutes les latitudes, l'air doit être à l'état de saturation. Cependant, comme l'eau de mer est salée, la tension de vapeur est un peu moindre qu'elle ne serait pour de l'eau pure, à température égale; ou, en d'autres termes, elle est la même que si l'eau était pure et que la température fût un peu plus basse qu'elle n'est en réalité.

Sur les côtes, à latitude égale, l'humidité est plus grande qu'en aucun lieu des continents, et elle diminue à mesure qu'on pénètre dans l'intérieur. Cette loi, sauf les irrégularités dues à la présence des lacs ou des cours d'eau, ne souffre point d'exception. Elle se vérifie aussi bien dans la Sibérie que dans les plaines de l'Orénoque, dans l'intérieur de la Nouvelle-Hollande que dans les déserts de l'Asie et de l'Afrique. Ces déserts, où l'eau manque presque entièrement, ne sont le siége d'aucune évaporation sensible; mais d'autre part l'ardente température qui y règne, accrue encore par la réverbération du sable, s'oppose aux précipitations aqueuses. L'air qui y afflue des latitudes supérieures conserve donc toute la vapeur dont il est chargé; mais il y acquiert une température qui diminue d'autant sa fraction de saturation. Ce n'est donc pas sans raison que les voyageurs parlent du vent « desséchant » des déserts, et l'on peut se faire une idée de l'avidité avec laquelle l'air absorbe l'humidité partout où il la rencontre, après avoir passé ou séjourné dans ces fournaises de la zone torride.

# CHAPITRE X

## LES HYDROMÉTÉORES

Lorsque l'air est très-chargé de vapeur d'eau et que sa température vient à s'abaisser, il arrive souvent que, par le fait de ce refroidissement, son point de saturation est dépassé. Une partie de la vapeur qu'il contenait doit revenir à l'état liquide. Mais elle n'y revient pas toujours sous la même forme. Le plus ordinairement même, avant de se précipiter en eau, elle passe par un état particulier de division qui lui permet de rester suspendue dans l'air, tantôt près du sol, tantôt à des hauteurs plus ou moins grandes, jusqu'à ce que, par l'effet de leur trop grande accumulation, d'un nouveau refroidissement ou d'une perturbation électrique de l'atmosphère, elle se condense tout à fait ou même se congèle, et tombe en plus ou moins grande abondance. Les divers modes de précipitation de la vapeur contenue dans l'air donnent lieu aux phénomènes de la rosée, du givre ou gelée blanche, des brouillards, des nuages, de la pluie, de la neige, du grésil et enfin de la grêle.

La rosée a été autrefois le sujet de bien des hypothèses erronées, de bien des fables. Ce qui intriguait fort les physiciens (au temps où les physiciens savaient peu de chose du calorique et de ses effets sur les corps), c'est que la rosée se produit toujours la nuit, quand le temps est beau; et cette sorte de pluie tombant sans qu'on la voie ni qu'on la sente tomber, en absence de tout nuage, ne leur semblait pas un moindre prodige que des foudres éclatant dans un ciel serein. Plusieurs la prenaient pour *la sueur de la terre;* d'autres, pour une pluie très-fine, venue des hautes régions de l'atmosphère; quelques-uns même y voyaient une émanation des astres, et lui attribuaient des propriétés merveilleuses. C'est un médecin anglais, le docteur Welsh, qui a donné enfin de ce prétendu prodige une explication très-simple et très-satisfaisante. Il a montré que le phénomène de la rosée est le même qui se passe journellement sous nos yeux, lorsque de la *buée* se dépose sur les vitres de nos appartements, la température extérieure étant peu élevée, ou sur la surface d'une carafe contenant de l'eau fraîche, qu'on apporte dans une pièce chaude; que ce n'est, en un mot, qu'une condensation de vapeur produite par le refroidissement des couches d'air en contact avec une surface refroidie.

Pendant le jour, sous l'action des rayons solaires, l'air s'imprègne plus ou moins de vapeur. Lorsque le soleil a disparu derrière l'horizon, la terre ne reçoit plus de chaleur; c'est elle, au contraire, qui rayonne dans l'espace le calorique qu'elle a reçu; au lieu de s'échauffer, elle se refroidit, et elle se refroidit d'autant plus, que le ciel est plus pur; car si le ciel est voilé de nuages, ceux-ci rendent à la terre une partie de la chaleur qu'elle leur envoie. Les couches d'air en contact avec le sol participant à son refroidissement, la vapeur qu'elles contenaient se condense, humecte la terre, ruisselle sur les pierres, ou se suspend en gouttelettes limpides aux brins d'herbe et aux pétales des fleurs. Si le temps est assez froid pour que la température s'abaisse au-dessous de zéro, la rosée se congèle et devient du *givre* ou de la *gelée blanche.*

La gelée blanche ne se produit pas seulement en automne et en hiver, mais aussi au printemps, surtout dans le mois d'avril, époque où souvent, dans nos climats, souffle le vent du nord-est. Les journées sont belles et tièdes, partant l'évaporation est abondante; mais les nuits sont froides et longues encore. Le rayonnement nocturne devient alors funeste aux jeunes pousses, que le froid désorganise et roussit comme si elles eussent été brûlées.

Le vulgaire qui, dans ces nuits claires et froides, voit la lune briller au ciel dans tout son éclat, attribue cet effet au pauvre astre, qui n'en peut mais. C'est la *lune rousse*, dit-il, qui grille les plantes. D'illustres physiciens, Arago entre autres, se sont donné la peine de combattre cet absurde préjugé, qui n'en persiste pas moins parmi le peuple des campagnes. Heureusement ce préjugé-là n'induit pas, comme tant d'autres, les cultivateurs en des actes contraires à leurs intérêts. Tout en attribuant à tort à la lune une action malfaisante dont elle n'est nullement coupable, ils ne laissent pas de prendre des précautions qui atténuent ou empêchent le mal : à savoir, de couvrir pendant la nuit leurs plantes potagères avec des toiles ou des nattes de paille. Ils croient les garantir ainsi des rayons dangereux de la lune; ils les garantissent, en réalité, du refroidissement qui leur serait fatal.

Ce qu'on nomme le *serein* est un phénomène très-analogue à la rosée. Seulement, tandis que celle-ci se dépose pendant toute la nuit et principalement aux approches du matin, le serein ne se produit que le soir, en été, après le coucher du soleil. C'est une petite pluie très-fine, qui tombe sans que le ciel soit nuageux, et qui provient de la vapeur condensée au sein des couches peu élevées de l'atmosphère.

Il faut, on le voit, des circonstances particulières, une nuit froide et sereine succédant à une journée chaude ou tiède, un refroidissement brusque du sol et des couches d'air qui l'avoisinent, pour amener directement la précipitation de la vapeur sous forme de gouttes d'un certain volume et d'un certain poids. Ordinairement les choses ne se passent pas ainsi. Avant de se condenser tout à fait et de retomber sur la terre, la vapeur d'eau passe par un état, en quelque sorte intermédiaire, qui est celui auquel on applique communément — et improprement — le nom de vapeur, c'est-à-dire par l'état de globules très-ténus, mélangés de petites gouttelettes, et dont l'agglomération en grandes masses constitue les *nuages* et les *brouillards*.

Disons tout de suite que ces deux mots désignent un seul et même phénomène : toute la différence est que les brouillards demeurent à la surface du sol, tandis que les nuages flottent dans les régions supérieures de l'atmosphère. L'aéronaute dans la nacelle de son ballon, le voyageur sur les cimes des hautes montagnes, traversent souvent des nuages qui pour eux deviennent des brouillards; et lorsque, environnés d'un air limpide, ils abaissent leurs regards vers les contrées placées au-dessous d'eux, ils y voient fréquemment des masses vaporeuses aux contours arrondis et argentés, ayant le même aspect que les nuages qui se meuvent au-dessus de leur tête, et ne différant, en effet, de ceux-ci que par leur position. Le spectacle de brouillards vus ainsi de haut, par une belle matinée ou par une belle nuit, est assurément un des plus saisissants et des plus curieux que les campagnes accidentées offrent aux amateurs de pittoresque. On l'observe journellement dans les pays de montagnes, sur les vallées arrosées par des cours d'eau ou coupées de marécages. Le soir, les brouillards se forment souvent avec assez d'abondance pour couvrir la vallée d'une nappe irrégulière, du sein de laquelle on voit saillir çà et là un arbre, un clocher d'église, une pointe de rocher, qu'on dirait noyés dans une inondation ou bien ensevelis sous des monceaux de neige. A mesure que la nuit s'avance, le brouillard va s'épaississant; mais aux premiers rayons du soleil, au premier souffle de la brise du matin, il s'entr'ouvre çà et là, se déchire, se subdivise en masses inégales. Bientôt ce ne sont plus que des nuages disséminés dans les gorges, dans les prairies, sur les flancs des collines. On dirait d'énormes moutons aux formes bizarres, à la toison blanche et floconneuse, errant ou paissant sous la garde d'un pasteur invisible, et qui, les uns après les autres, disparaissent, s'évanouissent comme une vision fantatisque.

Th. de Saussure, dans son *Essai sur l'hygrométrie*, peint très-exactement ce mode de condensation des vapeurs.

« Arrêté, dit-il, par un vent pluvieux sur la cime ou le penchant de quelque haute montagne, je cherchais à épier la formation des nuages que je voyais naître presque à chaque instant sur les forêts ou sur les prairies situées au-dessous de moi. Nul brouillard ne couvrait leur surface, l'air qui les environnait était parfaitement net et transparent; mais tout à coup, tantôt ici, tantôt là, il apparaissait quelques-uns de ces nuages, sans que jamais je pusse saisir le commencement de la formation. Dans une place que mon œil venait de quitter, où deux secondes avant il n'en existait pas, j'en voyais tout à coup un déjà grand, du diamètre au moins de deux à trois toises... Lorsque le temps allait au beau, ces nuages s'élevaient, diminuaient en montant, et se dissolvaient entièrement dans l'air. Si, au contraire, le vent se disposait à la pluie, ils augmentaient de volume, tantôt à la même place, tantôt en montant, quelquefois en descendant le long de la montagne. »

Selon Kaemtz, les brouillards ne se forment que là où l'air est complétement saturé d'humidité. Les circonstances au milieu desquelles ils prennent naissance diffèrent d'ailleurs beaucoup de celles où se produit la rosée. Quand celle-ci se dépose, le sol est plus froid que l'air; c'est le contraire quand la vapeur se précipite en brouillard : le sol humide est plus chaud que l'air, et les vapeurs qui montent deviennent visibles comme celles qui s'élèvent au-dessus de l'eau bouillante, ou comme celle que l'homme et les animaux exhalent dans l'acte de la respiration. Aussi voit-on souvent, en automne, des brouillards au-dessus des rivières et des lacs, dont l'eau est beaucoup plus chaude que l'air au lever du soleil.

Les brouillards sont surtout épais et fréquents dans les contrées humides, marécageuses, au-dessus des fleuves, des rivières, des lacs, lorsque la température de l'air est froide, et que celle du sol et des eaux se maintient à un degré plus élevé. C'est ce qu'on remarque, par exemple, pendant la plus grande partie de l'année dans les Pays-Bas et la Grande-Bretagne, et pendant l'hiver à Paris. Londres est bien connu pour son atmosphère presque constamment brumeuse, et la renommée des brouillards de la Tamise n'est point usurpée. Il ne se passe point d'année, à Londres, où l'on ne soit plusieurs fois obligé d'allumer en plein jour les becs de gaz pour permettre aux passants de se reconnaître et de se guider tant bien que mal dans les rues. A Paris même, nous avons tous vu, en certains jours de novembre ou de décembre, les sergents de ville échelonnés de distance en distance avec des torches à la main, pour éclairer la marche des citadins.

On peut, d'après cela, se faire une idée de ce que sont les brumes de mer dans certains parages, notamment dans les hautes latitudes, sur le parcours des grands courants d'eau tiède dont les abondantes vapeurs se condensent incessamment au sein d'une atmosphère très-froide. Ces brumes, très-persistantes, et qui embrassent de vastes étendues, sont pour les marins, sur les routes très-fréquentées par les navires, une source de sérieux dangers. Les feux et les signaux ne s'apercevant pas à quelques mètres de distance, il en résulte souvent, entre les navires qui se croisent au milieu de ces ténèbres impénétrables, des abordages meurtriers. La perte de l'un des bâtiments au moins, sinon de tous deux, est à peu près certaine. Tantôt, s'ils sont de force très-inégale, c'est le plus fort qui passe par-dessus le plus faible; tantôt, c'est un navire qui enfonce son avant dans le flanc de l'autre, le coupe en deux, et lui-même, brisé par la violence du choc, ne peut ni porter secours à sa victime ni se défendre contre la mer qui l'envahit et le fait sombrer.

On pourrait appeler les brouillards des nuages terrestres, et les nuages des brouillards aériens. Il est à remarquer cependant que, si les seconds s'abaissent souvent vers la terre, ils n'y retombent jamais tout à fait, au lieu que les premiers demeurent rarement près du sol. Ceux-ci se dissipent par l'effet de la chaleur; ou bien ils achèvent de se condenser sous forme d'une petite pluie très-fine, vulgairement connue sous les noms de *bruine* et de *crachin;* ou bien enfin ils s'élèvent dans l'air et deviennent des nuages proprement dits. MM. Becquerel pensent même que l'origine de tout nuage est un brouillard. Ce qu'il y a de certain, c'est qu'en général la constitution de ces deux variétés de météores est identiquement la même. Je dis *en général*, parce que dans certains nuages, tels que celui que MM. Bixio et Barral traversèrent avec leur aérostat le 26 juillet 1850, l'eau est à l'état solide [1]. Mais dans la grande majorité des cas, les nuages, comme les brouillards, sont formés d'une multitude infinie de très-petites sphérules, dont Kaemtz évalue le diamètre moyen à deux cent vingt-quatre dix-millièmes de millimètre, entremêlées d'une grande quantité de gouttelettes d'eau. Ces sphérules sont-elles pleines, ou creuses? Les météorologistes ne sont pas d'accord sur cette question. Cependant la plupart inclinent vers la seconde hypothèse, et considèrent ces éléments des nuages et des brouillards comme autant de petites bulles remplies, soit d'air, soit de vapeur, et dont l'eau n'est que l'enveloppe. Ils les appellent, en conséquence, des *vésicules de vapeur*, ou de la *vapeur vésiculaire*.

Quoi qu'il en soit, il se présente ici une question très-importante, et qui a fort exercé la sagacité des physiciens : c'est celle de

---

[1] Voyez le chap. IX de la première partie.

savoir quelle force tient suspendues à plusieurs centaines, à plusieurs milliers de mètres au-dessus du sol, les particules d'eau ou de glace qui constituent les nuages, et comment il se fait que ces derniers ne tombent jamais, bien que leur poids spécifique soit incontestablement plus considérable que celui de l'air.

« Quand on voit, dit Kaemtz, un nuage se résoudre en pluie et verser des milliers de litres d'eau, on ne comprend pas comment il peut flotter dans l'atmosphère... Nous devons admettre que les vésicules de brouillard sont plus lourdes que le milieu dans lequel elles sont suspendues; cependant elles s'élèvent avec une grande rapidité... En effet, un nuage n'est pas une masse immobile, comme on pourrait le croire en l'observant de loin; il est, au contraire, dans un mouvement perpétuel. Quand les vésicules entraînées par le vent arrivent dans un air sec, elles se dissolvent, tandis que du côté du vent la vapeur se précipite à l'état vésiculaire. Ainsi un nuage immobile en apparence s'abaisse souvent lentement, et sa partie inférieure se dissout continuellement, tandis que la supérieure s'accroît sans cesse par l'addition de nouvelles vésicules.

« Il existe, en outre, une force directement opposée à la chute des nuages : c'est celle des courants ascendants. Par un beau temps, la vésicule tombe avec une vitesse d'environ trois décimètres par seconde; mais le courant ascendant a une vitesse beaucoup plus considérable, et par conséquent il entraînera la vésicule.

« Qui n'a observé, ajoute le savant météorologiste, des graines, des plumes, du sable, etc., élevés à une hauteur prodigieuse et transportés à de grandes distances? A plusieurs myriamètres de la côte d'Afrique, des navires ont été couverts de sable venant du Sahara, et l'on sait que le vent transporte à des distances énormes les cendres vomies par les volcans. Ces corps sont cependant beaucoup plus denses que les vésicules d'eau. Ne cherchons donc point à expliquer leur suspension par des causes extraordinaires; elle est aussi facile à comprendre que celle de la poussière. »

Laplace expliquait ces phénomènes de suspension des corpuscules solides ou liquides dans l'air en supposant « que le calorique des molécules aériennes exerce sur le calorique des molécules d'un corps réduit en partie très-fines, une force répulsive d'autant plus grande que ces molécules se rapprochent plus de la ténuité des particules de l'air, ce qui, dit-il, doit contribuer à soulever ces parties, et à les maintenir pendant longtemps dans l'atmosphère. »

Rien, sans doute, n'est plus varié, rien n'est plus changeant que les formes et l'aspect des nuages. Cependant une observation attentive et suivie permet de constater, au milieu de leurs métamorphoses continuelles, la prédominance de certains types, qui, dans des circonstances météorologiques déterminées, apparaissent constamment, et qui, en se combinant, en se fusionnant dans d'autres circonstances, donnent naissance à des sous-types, à des espèces intermédiaires faciles à reconnaître.

Howard a distingué les nuages, d'après leur forme, en quatre espèces principales, savoir : les *cirrus,* les *cumulus,* les *stratus* et les *nimbus.*

Les *cirrus* (en latin, boucle ou mèche de cheveux), appelés par les marins *queues de chat,* et par les paysans suisses *nuages de sud-ouest,* sont des nuages légers et diaphanes, qui ressemblent, soit, comme leur nom l'indique, à des mèches de cheveux plus ou moins frisées, soit à des faisceaux de longs filaments, soit à des réseaux déliés. Ils occupent toujours les plus hautes régions de l'atmosphère, et l'on a tout lieu de croire qu'ils sont formés de particules de glace ou de flocons de neige très-divisés; ce qui s'explique par la basse température qui règne au sein des couches d'air très-raréfiées où ils sont suspendus.

« L'apparition des cirrus, dit Kaemtz, précède souvent les changements de temps. En été, ils annoncent de la pluie; en hiver, de la gelée ou du dégel. Même quand les girouettes sont tournées vers le nord, ces nuages sont souvent entraînés par des vents du sud ou du sud-ouest; et bientôt ceux-ci se font aussi sentir à la surface de la terre. On peut admettre que ces nuages sont amenés par des vents du sud, qui déterminent la baisse du baromètre, et dont les vapeurs se précipitent à l'état de pluie. Telle est du moins la théorie de M. Dove, et elle justifie la dénomination sous laquelle les paysans suisses ont désigné ce genre de nuages. »

Les *cumulus* (*balles de coton* des marins) sont bien reconnaissables à leur forme arrondie et mamelonnée à la partie supérieure, rectiligne à la partie inférieure, à leurs contours nettement dessinés et d'un blanc argenté. On les voit très-souvent, dans les beaux

NUAGES.

1 Stratus. — 2 Cumulus. — 3 Cirrus. — 4 Nimbus.

jours, étagés au-dessus de l'horizon, où ils présentent l'aspect de montagnes couvertes de neige.. Ils sont moins élevés que les cirrus; mais ils se maintiennent cependant, d'ordinaire, à d'assez grandes hauteurs.

Les *stratus* (ce mot latin signifie couche) forment à l'horizon de longues et larges bandes. Leur couleur fondamentale est le gris; mais, comme ils se produisent surtout le soir à la tombée du jour, du côté de l'ouest, les feux du soleil couchant les teignent de couleurs très-vives et très-belles. On observe aussi des stratus du côté de l'orient au lever du soleil, et quelquefois même en plein jour, sur divers points de l'horizon; mais ils sont alors ou plus diffus, ou combinés avec d'autres nuages, et revêtent un caractère mixte dont je parlerai tout à l'heure.

Enfin les *nimbus* sont de grands nuages très-épais, de nuance foncée, frangés, déchiquetés ou estompés sur les bords, et nageant dans les couches inférieures de l'air, quelquefois avec beaucoup de lenteur, d'autres fois avec une extrême rapidité. Ce sont des nuages de mauvais temps; lorsqu'on les voit apparaître, on peut affirmer à coup sûr que la pluie ne se fera pas attendre. Howard appelait les nimbus des *cirro-cumulo-stratus*, pour indiquer qu'il les considérait comme un mélange de tous les autres nuages; et en effet, c'est lorsque, par suite de l'abondance des vapeurs vésiculaires, une grande masse de nuages divers, occupant en hauteur et en largeur une vaste étendue, viennent à se réunir et à se souder, que le ciel se charge de nimbus, et que la pluie ou la neige commence à tomber.

Aux trois formes fondamentales des cirrus, des cumulus et des stratus [1] se rattachent les formes mixtes que les météorologistes désignent sous les noms de *cirro-cumulus, cirro-stratus, cumulo-stratus, strato-cumulus.*

Les cirro-cumulus se produisent lorsque les cirrus restent stationnaires. Ils indiquent en général un temps sec, et sont fréquents en

---

[1] Par respect pour la langue latine, à laquelle ces noms sont empruntés, quelques auteurs, notamment M. L. Maillard (*Notes sur l'Ile de la Réunion*), que j'ai cité plus haut, disent au pluriel *cirri, cumuli, strati, nimbi.* Je me permettrai de faire observer que, dans son zèle pour la grammaire latine, M. Maillard oublie que *strati* est un *barbarisme*, le substantif *stratus* (gén. *stratûs*) appartenant à la quatrième déclinaison.

été, rares en hiver. Ce sont ces nuages moutonneux et ondulés qui font le *ciel pommelé*, lequel, selon un dicton populaire, « n'est pas de longue durée. » Le fait est qu'ils sont ordinairement le signe d'un changement prochain dans l'état de l'atmosphère; mais ce changement est au moins aussi souvent favorable que défavorable. Selon Kaemtz, les cirro-cumulus annoncent la chaleur. Les cirro-stratus, au contraire, précèdent le vent et la pluie, et se voient fréquemment dans les intervalles des orages. Ces nuages se juxtaposent en bandes horizontales qui, au zénith, montrent un grand nombre de nuages allongés et déliés, mais qui, à l'horizon, apparaissent sous la forme d'une seule couche très-longue et très-étroite.

Les cumulo-stratus prennent naissance lorsque les cumulus deviennent plus épais, se rejoignent et s'étendent sur le ciel. Ils ne tardent guère à se changer en nimbus. Kaemtz distingue les cumulo-stratus des strato-cumulus. Ceux-ci se rapprochent plus que les premiers des stratus par leur forme; mais ils sont placés plus haut que les stratus. Ils se montrent surtout dans l'après-midi, en masses très-denses, arrondies, à contours irréguliers, et le soir ils envahissent le ciel tout entier.

L'abondance des nuages varie comme celle des vapeurs, mais dans des conditions différentes, selon l'heure du jour, la saison, la direction du vent, l'état électrique de l'atmosphère, le climat. Ces circonstances se combinent ou se contrarient de cent manières; en sorte qu'il est impossible d'en préciser les effets, et qu'il faut s'en tenir sur ce sujet à des données générales et approximatives.

En général donc le ciel est plus couvert le matin avant le lever et le soir après le coucher du soleil qu'au milieu du jour, et même que pendant la nuit. Vers midi, ce sont les rayons du soleil qui redissolvent dans l'air la vapeur vésiculaire. La nuit, ce sont les courants supérieurs résultant de l'ascension de masses d'air échauffées pendant le jour, qui chassent et dissipent les nuages. Quelques physiciens attribuent aussi au rayonnement de la lune un pouvoir calorifique capable de contribuer à ce résultat, sinon de le déterminer intégralement.

Je n'apprendrai rien au lecteur en disant que l'air est plus souvent chargé de nuages en hiver qu'en été, plus souvent aussi au printemps qu'en automne.

L'état électrique de l'atmosphère paraît dépendre lui-même de la température, et du plus ou moins d'activité de l'évaporation à la surface du sol; puis il réagit ensuite sur la précipitation des vapeurs. Je traiterai plus loin du rôle, si important et encore si mal connu, de l'électricité dans les perturbations atmosphériques.

Pour ce qui est des vents, en conçoit, sans qu'il soit besoin d'y insister, que ceux qui sont à une température élevée tendent à dissoudre des vapeurs, tandis que les vents froids tendent à les condenser. On remarque cependant que, dans nos contrées, les vents tièdes du sud, du sud-ouest et de l'ouest sont les plus nuageux, tandis que par les vents du nord-est et de l'est le ciel est presque toujours serein. C'est que les premiers arrivent des régions chaudes, où ils se sont imprégnés d'une grande quantité de vapeur; à mesure qu'ils avancent vers le nord, ils se refroidissent, et cette vapeur passe à l'état vésiculaire. Le contraire a lieu pour les vents du nord-est, par exemple, qui ont passé sur des pays froids, où l'évaporation est peu considérable, et qui, s'échauffant sous nos latitudes, s'éloignent d'autant plus de leur point de saturation.

A mesure que des latitudes polaires, où, pendant la plus grande partie de l'année, le ciel est voilé de brumes épaisses, on descend vers la zone tropicale, on voit le ciel devenir plus pur et plus transparent. Son état ordinaire peut toutefois varier d'une manière très-notable, par suite de circonstances tout à fait locales. J'ai déjà indiqué à plusieurs reprises ces circonstances et les effets qui s'y rapportent, notamment au chapitre III de cette seconde partie. Je dirai seulement ici quelques mots d'un phénomène très-remarquable que présente la zone des calmes équatoriaux. C'est l'immense ceinture de nuages qui enveloppe en cet endroit le globe terrestre tout entier, sur une largeur d'environ cinq degrés. Maury compare cette ceinture à l'anneau de la planète Saturne, et la désigne sous le nom de *cloud-ring*. Elle est soumise à un déplacement annuel qui suit la déclinaison du soleil, et lui fait parcourir l'espace compris entre le cinquième degré de latitude sud et le quinzième de latitude nord.

Le cloud-ring, « en voyageant, dit M. Zurcher, avec la zone des calmes équatoriaux, protége alternativement contre l'ardeur du soleil les divers parallèles qu'il couvre, et y ramène la pluie à des époques déterminées... Les décharges électriques sont très-fréquentes au sein de ce sombre dais de nuages. Le son s'y répercute comme au milieu des montagnes, et les marins qui traversent les régions qu'il couvre entendent le roulement continuel du tonnerre... La pluie continuelle dégage une énorme quantité de calorique latent, qui contribue puissamment à produire dans la région équatoriale la raréfaction d'air par laquelle sont créés les vents alizés. C'est aussi à cette raréfaction qu'on doit attribuer la baisse très-sensible du baromètre dans toute l'étendue de la zone. »

Souvent les vésicules aqueuses dont se composent les nuages s'accumulent et se réunissent en gouttes assez grosses pour que l'action des courants horizontaux et celle des courants ascendants ne suffisent plus à les tenir en suspension. Elles tombent alors sous forme de pluie. Des causes particulières, et jusqu'ici peu connues, interviennent évidemment dans ce phénomène, plus complexe qu'on ne pourrait le croire au premier abord; car l'explication très-simple que je viens d'en donner, d'après les météorologistes les plus autorisés, ne rend pas compte des caractères très-divers qu'il présente dans des circonstances en apparence identiques. Ces causes favorisent ou contrarient, retardent ou accélèrent la condensation et la précipitation des vapeurs vésiculaires.

Tout le monde a pu remarquer que, dans certains cas, le ciel demeure durant de longues heures, quelquefois pendant des journées entières, obscurci par d'énormes nuages sans qu'il tombe une goutte de pluie; que, dans d'autres cas, la pluie s'échappe en abondance, soit d'un nuage isolé, soit d'une nappe étendue, mais peu compacte; que tantôt les gouttes sont très-ténues et très-pressées, tantôt elles sont d'un volume énorme et très-écartées les unes des autres, tantôt enfin ce ne sont pas des gouttes qui tombent, mais des filets continus, ou même de véritables flots; que si, en général, la pluie commence faiblement pour augmenter ensuite, puis cesser graduellement, il n'est pas rare non plus de voir des *grains* qui débutent à l'improviste avec une extrême intensité, pour s'arrêter aussi tout à coup, comme par enchantement.

A côté de ces bizarreries inexplicables, il en est dont un examen un peu attentif donne aisément la raison. Ainsi il arrive souvent que la pluie tombe abondamment à une grande hauteur, sur le sommet d'une montagne, tandis que, sous les mêmes nuages, elle est nulle ou presque nulle à la surface du sol; ou, réciproquement, que la pluie est très-faible en haut et très-forte en bas. C'est que, dans le premier cas, les gouttes, en approchant de terre, passent par des couches d'air sec et chaud où elles se vaporisent en tout ou en partie; dans le second cas, les couches inférieures sont humides et froides, et les gouttes de pluie s'y grossissent par la condensation de nouvelles quantités de vapeur.

Une foule de causes influent sur l'abondance ou la rareté des pluies dans les divers pays : les vents régnants, la proximité de la mer, les saisons, la latitude. En thèse générale, on peut dire que plus un pays est chaud, plus l'évaporation y est considérable, et plus il y doit pleuvoir. On remarque en effet que, toutes choses égales d'ailleurs, l'abondance des pluies diminue de l'équateur aux pôles. Cependant cette règle souffre de nombreuses exceptions, dues à diverses circonstances locales. Une carte météorologique dressée par M. Berghaus indique quatre régions où il ne pleut jamais. Ce sont : en Afrique, le grand désert du Sahara; en Asie, le nord de l'Inde et de la Chine (ou de l'Indo-Chine?); en Amérique, quelques points du Mexique et des côtes du Pérou et du Chili.

D'après les relevés donnés par M. de Gasparin, dans sa *Météorologie agricole,* la partie de l'Italie située au nord des Apennins est la contrée de l'Europe où il pleut le plus. L'Angleterre vient ensuite, puis la France méridionale, etc. La Russie n'arrive qu'au dernier rang. A Paris, la hauteur d'eau qui tombe annuellement est de 0$^m$ 564, répartie comme il suit : pour l'hiver, 0$^m$ 107; pour le printemps, 0$^m$ 174; pour l'été, 0$^m$ 161; pour l'automne, 0$^m$ 122. C'est donc en hiver qu'il tombe le moins d'eau. On a trouvé, à Bordeaux, pour hauteur moyenne des pluies tombées en un an, 0$^m$ 650; à Madère, 0$^m$ 767; à la Havane, 2$^m$ 32; à Saint-Domingue, 2$^m$ 73.

On se sert, pour mesurer la quantité de pluie qui tombe dans un lieu, d'appareils très-simples, appelés *imbromètres, pluviomètres,* ou, plus généralement, *udomètres.*

Les udomètres adoptés aujourd'hui dans la plupart des observatoires météorologiques sont ceux de MM. Babinet et Hervé-Mangon.

Le premier consiste en un entonnoir de cuivre, dont la base supérieure est exactement connue. Cet entonnoir est soudé au-dessus d'un réservoir destiné à recevoir la pluie tombée durant un temps donné. La partie inférieure du réservoir est conique, et terminée

Udomètre simple de M. Babinet.

par un robinet. Quand on veut mesurer la quantité de pluie tombée, on ouvre le robinet, et l'on reçoit l'eau dans un vase de verre gradué, dont chaque division équivaut à un cinquième de millimètre de hauteur d'eau tombée à la surface de la terre.

L'udomètre de M. Hervé-Mangon, tel que M. J. Salleron le cons-

truit pour les services hydrauliques des ponts et chaussées, est particulièrement applicable aux contrées où l'eau tombe à la fois en
grande quantité. Les pluies torrentielles qui ont occasionné les
inondations de 1857 ont fait reconnaître, en effet, l'insuffisance
des petites dimensions données habituellement aux udomètres.
Dans certains pays de montagnes, dans le département de l'Allier,
par exemple, il est tombé, en 1857, jusqu'à soixante-dix centi-

Udomètre de M. Hervé-Mangon.

mètres d'eau en vingt-quatre heures, c'est-à-dire un tiers en plus
de ce qu'il en tombe à Paris en un an. L'udomètre auquel on a
recours pour mesurer de pareils déluges se compose des pièces
suivantes :

A est un entonnoir qui se fixe sur le toit, ou simplement sur le
sommet de l'udomètre, si l'instrument est directement exposé à la
pluie.

B est le premier réservoir où se rend l'eau tombée dans l'entonnoir. Un tube de niveau, mastiqué à la partie inférieure de ce réservoir, indique sur une échelle divisée la quantité d'eau qui s'y

trouve. Chaque division de l'échelle correspond à $\frac{1}{2}$ millimètre de hauteur d'eau tombée sur la surface de la terre. La capacité du réservoir B est telle, qu'il faut une pluie de soixante-quinze centimètres pour le remplir. Un robinet D met en communication le vase B et le second réservoir C. Ce dernier est un réservoir de totalisation, dans lequel on recueille l'eau mesurée chaque jour à l'aide du tube B. Après un intervalle plus ou moins long, ce réservoir est vidé par le robinet E, et l'eau qu'il contient se trouve mesurée dans une éprouvette graduée. La hauteur d'eau ainsi évaluée doit se trouver sensiblement égale à la somme des hauteurs lues chaque jour sur le tube B.

Lorsqu'en hiver, par un changement de temps subit, la pluie vient à tomber après une gelée de quelques jours, en touchant le sol, dont la température est restée inférieure à 0°, elle se congèle et forme à sa surface cette couche glacée qu'on nomme *verglas*. La pluie continuant à tomber, et le sol s'échauffant peu à peu, cette couche finit par se dissoudre.

Quand la température de l'air est voisine de zéro, surtout lorsqu'elle est au-dessous, les vapeurs vésiculaires, au lieu de se condenser en pluie, se précipitent en particules glacées, qui, réunies en petites masses, constituent la *neige*. Kaemtz dit que, plus la température de l'air s'abaisse, moins il tombe de neige, parce qu'alors l'atmosphère contient moins de vapeurs. Il est cependant constant que, dans les pays où l'hiver est très-froid, il tombe chaque année de grandes quantités de neige. Il est bien vrai que dans ces pays et dans cette saison l'air contient moins de vapeurs; mais, à mesure que la température se refroidit, les vapeurs formées précédemment ou apportées par les vents chauds se condensent en grande abondance, et les nimbus, au lieu de verser de la pluie, donnent de la neige.

Le *grésil* résulte probablement de ce que les flocons de neige, passant par des couches moins froides que celles où ils se sont formés, éprouvent un commencement de fusion, puis se congèlent de nouveau par suite de l'évaporation qui se produit, et du mouvement très-rapide que le vent leur imprime. C'est surtout à l'époque des giboulées de mars et d'avril que le grésil tombe mêlé à de la pluie. Ce mode de précipitation est vulgairement désigné sous le nom de *neige fondue.* Il ne faut pas confondre le grésil avec la grêle, qui accompagne exclusivement les orages électriques, et dont il sera parlé au chapitre suivant.

<hr>

# CHAPITRE XI

## LES ORAGES ÉLECTRIQUES

Les météorologistes distinguent aujourd'hui deux sortes d'orages, les orages électriques et les orages magnétiques. Sous la dénomination d'orages électriques, nous comprenons tous les phénomènes par lesquels se manifeste l'électricité atmosphérique, c'est-à-dire les orages proprement dits, avec les météores aqueux et ignés qui les précèdent ou les accompagnent, et les trombes [1].

« Les hautes régions de l'atmosphère, disent MM. Zurcher et Margollé, sont un immense réservoir d'électricité, qui s'écoule vers le sol, tantôt silencieusement, tantôt au milieu des éclats de la foudre. Le premier mode de communication se manifeste surtout en hiver. En été, quand l'air est sec, il n'est plus conducteur du fluide, qui se concentre alors dans les nuages. L'équilibre des forces électrique est rompu, et ne se rétablit que par les conflagrations de l'orage. »

> *Nunquam imprudentibus imber*
> *Obfuit,*

dit Virgile. Jamais l'orage ne fond sur nous sans que nous en ayons été avertis. En effet, sauf dans des cas assez rares, l'orage qui va éclater est toujours précédé d'un travail sourd, plus ou moins lent, plus ou moins sensible. L'orage est une maladie, une convulsion de

[1] Le cadre de cet ouvrage ne me permettant pas de m'arrêter longuement aux phénomènes électriques, je me permettrai de rappeler que ce sujet a déjà été traité avec quelque développement dans mon livre *Le Feu du ciel.* (1 vol. in-8°. Tours, 1861.) On lira avec beaucoup plus de fruit encore les écrits spéciaux sur cette matière importante, tels que la *Notice sur le Tonnerre,* de F. Arago; la *Météorologie,* de Kaemtz; les *Éléments de physique terrestre,* de MM. Becquerel; *Les Tempêtes,* de MM. Margollé et Zurcher; les *Phénomènes de l'atmosphère,* de M. Zurcher, etc.

la nature. Il a, comme les maladies de l'organisme, des prodromes qu'une observation attentive permet de reconnaître. Son approche affecte à la fois les éléments, les êtres animés et les plantes. Les personnes nerveuses sont alors en proie à une agitation vague, quelquefois à des spasmes douloureux. Les malades, les blessés, les valétudinaires ressentent une impression pénible, qui n'est pas toujours sans gravité. Les animaux donnent des signes de malaise; les plantes elles-mêmes semblent prises de langueur, et l'on dirait qu'elles attendent avec anxiété le feu qui va les consumer, ou la pluie bienfaisante qui va les ranimer.

Ces effets sont dus à un état particulier de l'atmosphère que, dans le midi de la France, on nomme la *touffe :* espèce de calme plat où nul souffle ne vient corriger l'élévation de la température. On voit le ciel se charger de nuages très-denses que le P. Beccaria comparait à des masses de coton amoncelées. Ces nuages semblent se gonfler, diminuent de nombre et augmentent de volume sans se séparer de leur première base. Leurs contours, d'abord nombreux et distincts, se fondent ensuite peu à peu les uns dans les autres, de manière à ne plus laisser à l'ensemble que l'aspect d'un nuage unique. A ce moment, de brusques rafales balaient en tourbillonnant la surface du sol. Puis le vent cesse, ou plutôt il remonte. Les montagnes nuageuses se mettent en mouvement, roulent les unes sur les autres, s'attirent, se heurtent, se repoussent, comme les vagues d'un sombre océan agité par une tempête intérieure. Bientôt la pluie tombe. Ce sont d'abord de larges gouttes clair-semées, puis de longs filets verticaux, de plus en plus pressés. En même temps les éclairs sillonnent les nues, le tonnerre gronde, les éclats de la foudre se succèdent à des intervalles plus ou moins rapprochés, lorsque même ils ne se produisent pas à la fois sur plusieurs points du ciel. L'orage est alors dans toute sa force. Il dure ainsi, en se déplaçant lentement sous l'impulsion du vent, jusqu'à ce que l'atmosphère se soit allégée des masses d'eau qui s'y étaient accumulées, et que l'équilibre électrique se soit rétabli.

Le symptôme essentiel et caractéristique des orages, ce sont les explosions de la foudre. Depuis les travaux de l'abbé Nollet, de Dalibard, de Buffon, du docteur Bergeret, de Romas, et surtout depuis les admirables découvertes de Benjamin Franklin, l'opinion

L'Orage.

unanime des physiciens est que la foudre est un phénomène identique par sa nature avec l'étincelle électrique qu'on tire du conducteur de la machine électrique, ou de la bouteille de Leyde; qu'il est dû à la recomposition du *fluide neutre* par la combinaison violente des électricités contraires, soit entre deux nuages, soit entre un nuage et la terre. Cette théorie, toutefois, si plausible qu'elle nous paraisse, si universellement qu'elle soit admise, laisse place à des doutes et à des obscurités qui ne permettent pas encore de donner de la foudre une définition scientifique. Il faut, pour éviter toute erreur, et pour que la définition s'applique à toutes les hypothèses présentes et à venir, se contenter d'indiquer exactement les faits sensibles qui constituent ce phénomène. C'est pourquoi nous dirons, avec Arago, que la foudre est un météore qui se manifeste, quand le ciel est couvert de certains nuages, par un jet subit de lumière, et par un bruit plus ou moins fort et prolongé. Ce jet de lumière, c'est l'*éclair*. Le *tonnerre* n'est que le bruit qui accompagne l'explosion de la foudre.

Arago et la plupart des météorologistes divisent les éclairs en trois espèces.

La première comprend les éclairs *linéaires*, qui se montrent sous l'aspect d'un filet de lumière très-mince et très-arrêté sur les bords. La lumière de ces éclairs est toujours très-vive, et, en général, d'un blanc bleuâtre; on en a vu cependant de rouges et de violacés. Malgré leur rapidité proverbiale, ils ne se propagent pas en ligne droite : presque toujours ils serpentent, et dessinent dans l'espace une courbe sinueuse ou une courbe brisée à angles variables. Quelquefois aussi on les voit se partager, à un certain point de leur course, en plusieurs branches parfaitement distinctes. Ce sont les éclairs les plus dangereux, ceux qui atteignent le plus souvent les objets terrestres, qui portent avec eux la mort et l'incendie, et constituent proprement la foudre.

La lumière des éclairs de la seconde espèce, au lieu d'être restreinte à des traits sinueux presque sans largeur apparente, est diffuse, et embrasse d'immenses étendues. Tantôt ces éclairs n'illuminent que le contour des nuages; tantôt on dirait que ceux-ci s'entr'ouvrent pour leur livrer passage, et alors toute la surface du nuage est comme inondée de lumière. Les éclairs diffus sont de beaucoup les plus communs. « Dans un orage ordinaire, dit Arago, il s'en produit des milliers pour un éclair sinueux et fulgurant. »

Les éclairs de la troisième espèce diffèrent totalement des précédents; ils sont extrêmement rares, et remarquables surtout par deux caractères bien tranchés, savoir : leur forme sphérique, qui les a fait désigner sous le nom d'*éclairs en boule*, et leur mouvement de translation, qui est relativement très-lent. Tandis que les éclairs ordinaires ne durent qu'une fraction de seconde, les éclairs en boule persistent pendant plusieurs secondes; on peut aisément les suivre et apprécier leur vitesse. Ils présentent encore d'autres particularités étranges : souvent on les voit rebondir à la surface du sol; quelquefois ils éclatent comme des bombes, avec un fracas épouvantable; d'autres fois ils laissent après eux une trainée de particules enflammées, qu'on a comparée aux fusées de nos feux d'artifice. On ignore complétement l'origine de cette sorte d'éclairs, qui a soulevé parmi les savants les plus vives discussions, et dont on serait tenté de révoquer en doute la possibilité, s'ils n'avaient été observés et décrits par des témoins dignes d'une confiance absolue.

Deslandes, dans une note adressée à l'Académie des sciences sur l'orage célèbre qui éclata en Bretagne dans la nuit du 14 au 15 avril 1778, dit que l'église du Couesnon, près de Brest, fut détruite par « *trois globes de feu* de trois pieds et demi de diamètre chacun, qui, s'étant réunis, avaient pris leur direction vers l'église, d'un cours très-rapide. »

Le 16 juillet 1750, une maison de Dorking (Surrey) fut fortement endommagée par un coup de foudre. « Tous les témoins de l'événement, dit Arago, déclarèrent qu'ils avaient vu dans l'air de grosses boules de feu (*large balls of fire*) autour de la maison foudroyée. »

« Le 20 juin 1772, dit encore Arago, pendant qu'un orage grondait sur la paroisse de Steeple-Aston (Wiltshire), on vit dans les airs un globe de feu osciller pendant assez longtemps au-dessus du village, et se précipiter ensuite verticalement sur les maisons, où il produisit beaucoup de dégâts. »

Les savants Schübler, Muncke, Kaemtz, Peltier, ont également donné la description de phénomènes semblables, qu'ils avaient eux-mêmes observés. Enfin M. le professeur Jamin cite, dans son *Cours de physique,* l'exemple suivant, qu'il tenait d'une honorable personne, M^me Espert, qui habitait, lors de l'événement, la cité Odiot, près des Champs-Élysées, à Paris. « Passant devant ma fenêtre, qui est très-basse, dit cette dame, je fus étonnée de voir comme un gros ballon rouge, absolument semblable à la lune lorsqu'elle est colorée et grossie par les vapeurs. Ce ballon descendait lentement et perpendiculairement du ciel sur un arbre des terrains Beaujon. Ma première idée fut que c'était une ascension de M. Grimm; mais la couleur du ballon et l'heure (six heures et demie) me firent penser que je me trompais, et tandis que mon esprit cherchait à deviner ce que ce pouvait être, je vis le feu prendre au bas de ce globe suspendu à quinze à vingt pieds au-dessus de l'arbre. On aurait dit du papier qui brûlait doucement avec de petites étincelles ou flammèches; puis, quand l'ouverture fut grande comme trois fois la main, tout à coup une détonation effroyable fit éclater toute l'enveloppe, et sortir de cette machine infernale une douzaine de rayons de foudre en zigzag, qui allèrent de tous côtés, et dont un vint frapper une des maisons de la cité, où il fit un trou dans le mur, comme l'aurait fait un boulet de canon. Ce trou existe encore. Enfin un reste de matière électrique se mit à étinceler comme une flamme blanche, vive et brillante, et à tourner comme un soleil de feu d'artifice. »

Quelques météorologistes admettent une quatrième et une cinquième espèce d'éclairs.

Les éclairs de la quatrième espèce sont ceux qu'on appelle communément *éclairs de chaleur,* parce qu'ils se manifestent toujours par les temps très-chauds; le vulgaire, n'entendant aucun bruit après leur apparition, les considère comme un simple effet de l'élévation de la température, plutôt que comme un phénomène électrique et orageux. Mais de toutes les théories émises sur l'origine de ces prétendus éclairs de chaleur, la plus plausible est celle qui les rattache à la seconde espèce, et les attribue à des orages éloignés, dont les tonnerres ne peuvent être entendus à cause de la distance, mais dont les éclairs projettent leur lumière, soit directement, soit par réflexion, au-dessus de l'horizon. Quant à des éclairs *sans tonnerre,* l'observation n'en a point fait connaître d'une manière positive qui méritent réellement cette qualification, à moins qu'on ne l'applique aux *feux Saint-Elme,* qui, dans le système de certains auteurs, constituent la cinquième espèce d'éclairs.

Ces météores ignés étaient bien connus des anciens, qui les considéraient comme des prodiges d'un heureux augure, et les appelaient *Castor et Pollux.* Le nom de feux Saint-Elme, sous lequel ils sont connus des modernes, vient d'une croyance très-répandue au

Feu Saint-Elme.

moyen âge parmi les marins, qui voyaient dans l'apparition de ce phénomène un signe de la protection de saint Elme, et le saluaient par des cris d'allégresse et des actions de grâces. On les explique maintenant par l'état fortement électrique de nuages surbaissés qui, au lieu de se décharger violemment et par explosions, se mettent en communication avec le sol par l'intermédiaire des corps aigus et élevés, en sorte que la recomposition du fluide neutre s'opère lentement, sans autre indice apparent que des aigrettes lumineuses qui

semblent attachées à l'extrémité des corps conducteurs. Il n'est pas
rare que les feux Saint-Elme accompagnent les orages ordinaires,
dont ils annoncent réellement, dit-on, la fin prochaine. Mais le
plus souvent ils apparaissent dans les nuits orageuses comme des
flammes, ou plutôt des lueurs, — car ils sont tout à fait inoffensifs,
— adhérentes au sommet des clochers, aux girouettes, aux paratonnerres, à l'extrémité des mâts des navires, à la pointe des armes
des soldats en campagne, quelquefois même aux cheveux ou aux
vêtements.

Plusieurs observateurs ont signalé d'autres phénomènes électro-
lumineux dont on pourrait faire une sixième espèce d'éclairs, et
que plusieurs auteurs ont appelés, en effet, *éclairs ascendants* ou
*éclairs terrestres*. Ils consistent dans de larges et brillants météores,
dont la terre est d'abord le siége, et qui disparaissent au bout d'un
temps plus ou moins long, avec ou sans explosion, soit sur place,
soit après un déplacement plus ou moins étendu et plus ou moins
rapide. Enfin rien n'empêcherait de considérer comme des éclairs
continus les curieux phénomènes de phosphorescence dont s'accompagnent certains orages, dans lesquels les nuages, les gouttes
de pluie, les grêlons, et même l'eau qui ruisselle sur le sol, jettent
de vives lueurs blanches, bleuâtres ou rougeâtres.

Disons maintenant quelques mots du tonnerre, qui est à la foudre
ce que la détonation est à l'explosion d'une arme à feu.

Dans la grande majorité des cas, ce bruit n'est entendu qu'un
certain temps après l'apparition de l'éclair; mais nul n'ignore qu'il
se produit dans le même instant, et que l'intervalle qui s'écoule
entre les deux perceptions est dû à la différence énorme de vitesse
qui existe entre la lumière et le son [1]. Il est facile, d'après cela, de
mesurer l'éloignement des nuages orageux par le nombre de secondes qui sépare l'éclair du tonnerre, chacune de ces secondes
représentant une distance de trois cent trente-sept mètres. Les plus
grands intervalles sont de quarante-cinq à cinquante secondes.
Tout le monde a remarqué que lorsque la foudre éclate à quelques
mètres seulement de l'endroit où l'on est, le bruit se fait entendre
en même temps que l'éclair brille. Dans ce cas, la détonation est
extrêmement violente et de très-courte durée; elle ressemble assez

[1] Voy. chap. vii de la première partie.

bien au bruit que ferait une pile d'assiettes tombant du haut d'une maison sur le pavé.

Lorsque la décharge électrique a lieu à une certaine distance, son bruit présente, selon les circonstances, des caractères très-divers. Lucrèce le compare à celui d'un voile ou d'une feuille de parchemin qui se déchire :

> *Dant etiam sonitum patuli super æquora mundi,*
> *Carbasus ut quondam, magnis intenta theatris,*
> *Dat crepitum, malos inter jactata trabesque :*
> *Interdum perscissa furit petulantibus Euris,*
> *Et fragiles sonitus chartarum commeditatur* [1].

Toutefois le bruit, — on pourrait dire le son du tonnerre, — est ordinairement plein, très-grave et vraiment majestueux. Les expressions de grondements, de roulements, qui ont passé dans le langage usuel, rendent bien la nature de ce bruit qui se prolonge quelquefois pendant plus d'une demi-minute, avec des diminutions et des recrudescences successives d'intensité. Ces roulements inégaux, et en apparence capricieux, sont dus aux répercussions que les accidents du terrain et les nuages eux-mêmes font éprouver au son primitif.

Parlerai-je des effets redoutables et souvent si bizarres de la foudre? Ce serait là, je le crains, une compilation banale, et, en somme, médiocrement instructive [2]. Je me bornerai donc à mentionner ici ce singulier contre-coup auquel donne lieu quelquefois la « chute du tonnerre », et que les physiciens ont justement appelé le *choc en retour.*

Ce phénomène consiste en une commotion plus ou moins forte, parfois mortelle, que des hommes ou des animaux ressentent au moment où la foudre éclate, non pas sur eux, mais à une distance qui peut être considérable. Voici comment on l'explique.

Un nuage électrisé, passant au-dessus du sol, décompose d'abord insensiblement l'électricité neutre des corps assez rapprochés de lui pour être soumis à son influence. L'électricité contraire à celle du nuage est attirée à la surface et aux extrémités supérieures de ces corps, tandis que l'autre est repoussée dans le réservoir commun. Si, après cela, le nuage s'éloigne ou s'élève sans avoir occasionné

---

[1] *De rerum natura,* liv. VI, v. 108 et suivants.

[2] Voy. *Le Feu du ciel,* ch. XI.

d'explosion, son influence s'évanouit graduellement. Mais supposons que la décharge vienne à s'opérer; en d'autres termes, que la foudre éclate entre le nuage et quelqu'un des corps influencés. Que se passe-t-il alors? Le nuage, tout à l'heure chargé d'électricité négative, a recomposé son fluide neutre aux dépens du fluide positif du corps foudroyé. Son influence sur les autres corps cesse tout à coup; l'électricité positive qui s'était accumulée sur ceux-ci rentre aussitôt dans le sol, ou bien elle attire brusquement l'électricité de nom contraire, nécessaire pour la neutraliser. Ces corps sont donc foudroyés, eux aussi, bien que, pour ainsi dire, en sens inverse de celui qui a reçu la décharge, et ils éprouvent une secousse, un choc dont l'intensité dépend de leur distance au nuage et de leur plus ou moins grande conductibilité pour le fluide électrique. Ce choc n'est d'ailleurs jamais accompagné du dégagement de chaleur et de lumière qui caractérise la décharge électrique directe.

La crainte des dangers de la foudre a conduit les hommes à chercher les moyens de garantir eux, leurs habitations, leurs richesses, des atteintes du terrible météore. Mais pendant bien des siècles ils n'ont eu recours dans ce but qu'à des conjurations superstitieuses ou à des moyens empiriques quelquefois nuisibles, toujours impuissants. Il était réservé à Franklin de doter l'humanité du merveilleux talisman qu'elle avait cherché si longtemps en vain. Chacun sait que le *paratonnerre* est une application de la conductibilité des métaux pour le fluide électrique, et du *pouvoir des pointes*, constaté aussi par le célèbre physicien de Philadelphie.

Cet admirable appareil, — je dis admirable par sa simplicité et son efficacité, — consiste en une barre ou verge de fer fixée sur le faîte des édifices, ou sur les navires au sommet du grand mât, communiquant par sa partie inférieure avec un conducteur (chaîne ou tige métallique) qui pénètre profondément dans le sol ou plonge dans la mer, et terminé à son extrémité supérieure par une pointe en platine, ou mieux en cuivre doré.

On ne construit plus aujourd'hui un seul bâtiment de quelque importance qui ne soit surmonté d'un paratonnerre. Sur la demande du gouvernement, l'Académie des sciences a publié en 1823 une instruction relative à la construction et à la pose des paratonnerres. Un supplément a été ajouté à cette instruction en 1854. On admet qu'un paratonnerre protége un espace circulaire d'un rayon double de sa hauteur. Ainsi l'action d'un paratonnerre de huit mètres de hauteur s'étend à seize mètres à la ronde. Il faut donc élever autant de paratonnerres que le bâtiment a de fois trente-deux mètres d'étendue longitudinale.

Les orages semblent engendrer les éléments les plus opposés. Ils n'éclatent guère que pendant les fortes chaleurs de l'été; au moins est-ce toujours alors qu'ils sont le plus violents; et un de leurs effets les plus ordinaires est de faire tomber sur la terre une pluie de véritables glaçons, quelquefois très-volumineux. Cette pluie de glaçons, la *grêle*, pour l'appeler par son nom, est encore pour les physiciens un problème insoluble. Plusieurs théories ont été proposées pour expliquer sa formation; aucune jusqu'ici n'a pu être acceptée comme entièrement satisfaisante. Elles supposent toutes des circonstances qui accompagnent ordinairement, mais non pas toujours, la chute de la grêle, ou qui échappent entièrement à l'observation.

Ce qu'il y a de certain, c'est que la grêle ne ressemble point du tout au grésil, dont la formation, comme on l'a vu plus haut, s'explique aisément. Outre qu'elle ne se produit que dans la saison chaude, et qu'elle s'échappe exclusivement des nuages orageux, on a remarqué qu'elle accompagne les orages diurnes beaucoup plus souvent que les orages nocturnes. Elle consiste d'ailleurs en grains de glace, d'une forme et d'une structure particulières. Ces grains sont, en général, arrondis ou piriformes. On en voit aussi d'aplatis, d'autres anguleux ou hérissés d'aspérités. Ils paraissent formés, pour la plupart, de couches concentriques, les unes opaques, les autres diaphanes, enveloppant un noyau central opaque, assez semblable à un grain de grésil, et qui semble être l'embryon primitif du grêlon. Quelques-uns offrent une structure rayonnante. Quant à leur volume, il est extrêmement variable. Les plus petits sont gros à peu près comme des grains de chènevis; il n'est pas rare d'en voir atteignant les dimensions d'un pois ou d'une noisette. Il en est qui ont le volume d'un œuf. On cite quelques orages qui ont fait tomber, en certains endroits, des grêlons pesant quatre cents et cinq cents grammes; enfin l'on a parlé de grêlons dont le poids allait jusqu'à deux kilogrammes, et qui, le

15 mai 1829, enfoncèrent les toits de plusieurs maisons, dans la ville de Cazorta, en Espagne.

« Les divers corps enlevés par les tourbillons à la surface du sol, disent MM. Zurcher et Margollé, peuvent devenir, dans certaines circonstances, le noyau de grêlons, ainsi que le prouve l'observation suivante de M. Espy : « Le 1ᵉʳ juin 1808, on ressentit, dans l'est de l'État de Tennessee, un ouragan remarquable par sa violence et son étendue. Dans la partie septentrionale de son trajet, il tomba beaucoup de grêle, et en même temps des feuilles vertes et des branches recouvertes d'une épaisse couche de glace. Tous ces corps, soulevés par le vent, étaient devenus les noyaux d'autant de grêlons. »

---

# CHAPITRE XII

## LES TROMBES

Les orages, avec leurs traits de feu et leurs projectiles de glace, sont assurément un terrible fléau ; mais l'électricité atmosphérique se manifeste quelquefois par un phénomène plus redoutable encore. Je veux parler des trombes.

D'après Peltier, qui les a particulièrement étudiés, ces météores, heureusement assez rares, n'ont rien de commun avec les tourbillons de vent produits par des courants qui se rencontrent. Ils sont dus exclusivement à une tension électrique extraordinaire des nuages, et c'est cette tension qui engendre, suivant le lieu où elle se forme, selon l'état de l'atmosphère ambiante, les perturbations secondaires qu'on a prises à tort pour les causes du phénomène principal. C'est cette tension du nuage qui le fait allonger verticalement et descendre vers la terre, où son influence développe et attire l'électricité de nom contraire ; c'est à cette tension qu'il faut attribuer les actions attractives ou répulsives si irrésistibles que la trombe exerce sur les objets placés à la surface du sol ou sur les eaux de l'Océan.

MM. Becquerel, dans leurs *Éléments de physique terrestre et de météorologie*, définissent les trombes : des amas de vapeurs épaisses, animées souvent d'un mouvement rapide de rotation et de translation, ayant la plupart du temps la forme d'un cône dont la base est dirigée le plus souvent vers les nuages, le sommet vers la terre, et quelquefois dans une position inverse. Ces amas font entendre un bruit assez semblable à celui d'une charrette courant sur un chemin rocailleux.

« Ces météores déracinent les arbres, les dépouillent de leurs feuilles, les foudroient, les élèvent et les transportent à de grandes distances. Ils renversent les maisons, enlèvent leur toiture, les carreaux et même les pavés, détruisent ou brisent tout ce qui se trouve sur leur passage ; souvent ils déversent la pluie et la grêle ; souvent aussi ils sont accompagnés de globes de feu, lancent des éclairs, font entendre le bruit du tonnerre, et se dissipent assez ordinairement après. »

Plusieurs auteurs distinguent les trombes marines des trombes terrestres. On pourrait, avec autant ou aussi peu de raison, établir une distinction entre les orages marins et les orages terrestres, les cyclones marins et les cyclones terrestres. La différence réside, non dans la nature des trombes elles-memes, mais dans leurs effets, qui nécessairement sont autres, selon que le météore s'abat sur la plaine liquide ou sur la terre ferme. Les trombes de mer paraissent être plus fréquentes. Ce sont les seules que les anciens aient connues. Les marins grecs les appelaient *prestères*. Pline et Lucrèce les décrivent sous ce nom.

L'auteur du poëme *De rerum natura* en fait une peinture saisissante, et à laquelle les plus savants observateurs de nos jours n'auraient rien à reprendre :

> *Fit ut interdum tanquam demissa columna*
> *In mare de cœlo descendant, quam freta circum*
> *Fervescunt, graviter spirantibus incita flabris :*
> *Et quæcumque in eo tum sunt deprensa tumultu,*
> *Navigia in summum veniunt vexata periclum* [1]....

Heureusement les trombes peuvent se former au-dessus de

[1] *De rerum natura*, liv. IV, v. 425 et suiv.

l'Océan, parcourir de grandes distances et se dissiper sans avoir rencontré un navire. Mais sur terre elles signalent toujours leur passage par des désastres, et laissent derrière elles le sol jonché de débris, et quelquefois, hélas! de cadavres. Leurs effets, même lorsqu'ils ne sont pas meurtriers, ont toujours ce caractère d'irrésistible violence qui frappe de terreur l'homme et les animaux; ils étonnent aussi, comme ceux de la foudre, par leur bizarrerie, et l'on conçoit que les peuples ignorants, toujours enclins à personnifier les forces de la nature, aient vu, dans ces énormes serpents noirs vomis par les nuées orageuses, des monstres infernaux ou des divinités malfaisantes. Le sceptique Lucrèce lui-même les compare à une masse qui, lancée du ciel par une main invisible, viendrait s'étaler sur les flots :

*In mare de cœlo tanquam demissa columna*
*Paulatim, quasi quid pugno brachiique superne*
*Conjectu trudatur, et extendatur in undas.*

C'est dans la zone des calmes équatoriaux que les trombes marines sont le plus fréquentes. Elles s'engendrent là dans les amas de nuages orageux qui constituent le cloud-ring. Les trombes terrestres se montrent aussi de temps en temps sous les latitudes chaudes et tempérées. Elles paraissent être très-rares dans le voisinage des pôles. Le naturaliste américain Audubon a décrit d'une façon vraiment dramatique une trombe qu'il essuya en traversant les forêts qui bordent les rives de l'Ohio. J'emprunte cette page remarquable à la deuxième série des *Études biographiques pour servir à l'histoire des sciences*, récemment publiées par M. P.-A. Cap [1].

« Je voyageais à cheval, dit Aubudon; je me trouvais entre Shawenay et la crique du Canot. Le temps était beau, je chevauchais lentement. A peine fus-je entré dans la gorge ou vallée qui sépare la crique du Canot de celle de Highland, que le ciel s'obscurcit; un brouillard dense simula la nuit la plus obscure. Je m'arrêtai plein d'étonnement; je sentais une soif ardente que j'étanchai dans le ruisseau voisin. Bientôt un long murmure se fit entendre. Une tache ovale et livide parut sur le fond ténébreux du ciel. Les branches supérieures des arbres tressaillirent; puis ce mouvement

---

[1] 2 vol. in-18. Paris, 1857 et 1863. Victor Masson et fils, éditeurs.

se communiqua aux branches inférieures. Je vis bientôt les troncs voler en éclats, se déraciner, s'enlever, fuir devant le souffle du vent, et toute la forêt passer devant moi comme un torrent de gigantesques et effrayants fantômes. Les troncs se heurtaient, se broyaient dans leur route. Au centre du courant tempêtueux, les têtes des plus gros arbres se trouvaient forcées de prendre une direction oblique et de fléchir. Au-dessus et au-dessous d'eux une masse épaisse de branchages, de rameaux brisés, de poussière soulevée, fuyait sous la même impulsion. L'espace occupé naguère par tous ces arbres n'était plus qu'une arène vide, semée de racines et de débris. Vous eussiez dit le lit du Meschacébé mis à nu. Les cataractes du Niagara ne hurlent pas avec plus de violence; l'impétuosité de leur chute n'est pas plus terrible.

« Quand la première violence de l'ouragan fut apaisée, et comme assouvie, des milliers de rameaux fracassés volaient encore dans l'air, et la marche de la colonne dense qui signalait le passage de la tempête dura encore quelques heures, comme déterminée par une force d'attraction. Le ciel s'était couvert d'un voile verdâtre et lugubre; une odeur de soufre très-désagréable imprégnait l'atmosphère. J'attendis en silence et dans la stupeur que la nature bouleversée eût repris, sinon sa forme première, du moins son aspect accoutumé. Mes affaires m'appelaient à Morgantown; j'osai traverser le lit du torrent aérien, conduisant par la bride mon cheval qu'effrayaient tous ces cadavres d'arbres dépouillés et renversés... Cette bouffée de vent, dont la colonne occupait environ un quart de mille, emporta des maisons, souleva des toitures, força des troupeaux tout entiers d'émigrer violemment à travers les airs. On trouva une pauvre vache morte sur la cime d'un sapin où l'avait portée l'aile de l'ouragan. La vallée est encore aujourd'hui un lieu désolé, couvert de mousse et de ronces, inaccessible aux hommes; les bêtes de proie l'ont choisie pour leur asile. »

La France a été visitée, depuis une trentaine d'années, par un certain nombre de trombes, dont quelques-unes resteront tristement célèbres dans nos annales météorologiques.

M. Becquerel cite comme une des plus terribles celle qui se manifesta à Châtenay, canton d'Écouen (Seine-et-Oise), et qui ravagea une partie de cette commune, le 18 juin 1839. « Ayant été témoin des désastres, dit le savant physicien, nous garantissons l'exactitude des faits consignés dans la relation suivante, qui est due à M. Peltier.

« Dès le matin, un orage formé au sud de Châtenay s'était dirigé, vers les dix heures, dans la vallée, entre les collines d'Écouen et le monticule de Châtenay. Les nuages étaient assez élevés, et, après s'être étendus jusqu'au-dessus de l'extrémité est du village, ils s'arrêtèrent; le tonnerre grondait, et le premier nuage suivait la marche ordinaire, lorsque, vers midi, un second orage, venant également du sud et marchant assez rapidement, s'avança vers la même plaine et le même monticule. Arrivé à l'extrémité de la plaine au-dessus de Fontenay, en présence du premier orage, qu'il dominait par son élévation, il y eut un temps d'arrêt à distance; sans doute les deux orages se présentaient l'un à l'autre par leurs nuages chargés de la même électricité, et ils agissaient l'un sur l'autre par la même répulsion.

« Jusque-là le tonnerre s'était fait entendre dans le second orage, lorsque tout à coup un des nuages inférieurs, s'abaissant vers la terre, se mit en communication avec elle, et toute explosion parut cesser. Une attraction prodigieuse eut lieu. Tous les corps légers, toute la poussière qui recouvrait la surface du sol, s'élevèrent vers la pointe du nuage; un roulement continuel s'y faisait entendre; de petits nuages voltigeaient, tourbillonnaient autour du cône renversé, montaient et descendaient rapidement. Les arbres placés au sud-est de la trombe en furent atteints dans leur moitié nord-ouest qui la regardait; l'autre moitié en fut préservée et conserva son état normal. Les portions atteintes éprouvèrent une altération profonde, dont nous parlerons plus bas, tandis que les autres portions gardèrent leur séve et leur végétation. La trombe descendit dans la vallée à l'extrémité de Fontenay, vers des arbres plantés le long d'un ruisseau sans eau, mais encore humide; puis, après avoir tout brisé et déraciné, elle traversa la vallée et s'avança vers d'autres plantations d'arbres à mi-côte, qu'elle détruisit également. Là, la trombe s'arrêta quelques minutes; elle était parvenue au-dessous des limites du premier orage, et celui-ci, jusque-là stationnaire, commença à s'ébranler et à reculer vers la vallée ouest de Châtenay. Ayant desséché et bouleversé le plant Thibault, elle s'avança, en renversant tout sur son passage, vers le parc du château de Châtenay, qu'elle transforma en un lieu de désolation... Les murs furent renversés ; le château et la ferme perdirent leurs toitures et leurs cheminées. Des arbres furent transportés à plusieurs centaines de mètres; des pannes, des chevrons, des tuiles, furent projetés jusqu'à cinq cents mètres et plus.

« La trombe, ayant tout ravagé, descendit le monticule vers le nord, s'arrêta au-dessus d'un étang, renversa et dessécha la moitié des arbres, tua tous les poissons, arracha lentement, le long d'une allée, des saules dont les racines baignaient dans l'eau, et perdit dans ce passage une grande partie de son étendue et de sa violence. Elle chemina plus lentement encore dans une plaine à la suite; puis, à mille mètres de là, près d'un bouquet d'arbres, elles se partagea en deux portions, l'une s'élevant en nuages, l'autre s'éteignant sur la terre.

« Tous les arbres frappés par la trombe ont présenté les mêmes caractères : toute leur séve a été vaporisée... Le ligneux a été desséché comme si on l'avait tenu pendant quarante-huit heures dans un four chauffé à cent cinquante degrés. Cette immense quantité de vapeur, formée instantanément, n'a pu s'échapper qu'en brisant l'arbre, en se faisant jour de toutes parts; comme les fibres ligneuses sont moins cohérentes dans le sens longitudinal que dans le sens transversal, ces arbres ont tous été clivés en lattes dans une portion du tronc. »

Cette action desséchante des trombes est assurément un de leurs effets les plus étranges, les plus inexplicables, et pourtant les plus ordinaires. Kaemtz parle aussi, d'après Wolke, d'une trombe qui dessécha instantanément un étang, et dispersa de côté et d'autre les poissons qui l'habitaient.

Il est peu de personnes qui n'aient lu jadis dans les journaux le lamentable récit de la catastrophe qui, en 1845, dévasta les villages de Monville et de Malaunay, en Normandie. Des maisons furent incendiées; une usine importante fut détruite, et un grand nombre de malheureux ouvriers furent ensevelis sous ses décombres.

Tout récemment enfin (le 18 juin 1863) une trombe a parcouru et ravagé plusieurs communes des environs de Loudun.

A la suite d'une journée très-chaude, un orage éclatait, vers six

Trombe aux environs de Loudun.

heures du soir, sur l'arrondissement dont cette ville est le chef-lieu. Presque aussitôt une trombe se forma au-dessus des plaines d'Angliers, à droite de l'orage, dont elle suivit parallèlement la marche. « Elle ressemblait, dit la relation publiée par le *Journal de la Vienne*, à un serpent gigantesque ou bien à une colonne torse, dont les ondulations étaient dues probablement au mouvement giratoire dont le météore était animé. Elle franchit d'abord la distance qui sépare Angliers de la Roche-Rigault, et atteignit à ce dernier point toute sa puissance. En passant du plateau de la Roche-Rigault dans la petite vallée de la Rivière, entre Maulay et Chaunay, elle éprouva un affaissement soudain. Les nombreux spectateurs qui, du haut des collines de Maulay, suivaient sa marche avec une anxiété fiévreuse, crurent alors qu'elle s'était évanouie; mais ils la virent bientôt, avec une inexprimable terreur, se relever semblable à un immense jet de fumée, passer à quelques centaines de mètres de l'endroit où ils se trouvaient, enlever et renverser tout ce qui s'offrait sur son passage, puis rester quelques instants comme immobile, pour reprendre ensuite sa marche vers le bourg de Ceaux, où elle exerça ses derniers ravages. »

Déjà, à la Roche-Rigault, des maisons avaient été détruites; les villages de la Perrière et de la Rivière avaient été réduits en ruines; un bouquet de vieux chênes, qui ombrageait la vallée de la Rivière, avait été cueilli par le météore comme une touffe d'herbe par la main d'un homme. A Ceaux, le clocher fut renversé, la toiture de l'église et sa charpente furent enlevées, retournées et jetées à terre. Le presbytère fut en partie démoli, la maison du maire s'écroula. La trombe marqua son passage par une trouée de quatre à cinq kilomètres de longueur dans les bois qui s'étendent entre la Rivière et Ceaux. Des champs de blé furent entièrement rasés, de grands noyers furent ébranlés, dépouillés de leur feuillage, déracinés enfin, et transportés à plus de cent mètres. Un jeune homme de la Roche-Rigault s'en allait faucher son champ, lorsqu'il fut surpris par la trombe, qui l'enleva à une assez grande hauteur, et le rejeta sur le sol, tout meurtri par les branches d'arbres qu'elle emportait avec elle. Le pauvre jeune homme demeura, pendant un temps qu'il ne put préciser, dans un demi-évanouissement. Lorsqu'il revint à lui, sa faux et son bidon avaient disparu. Un autre homme fut lancé contre un mur si violemment, qu'il eut un bras fracturé.

Au delà de Ceaux, la trombe diminua rapidement de volume, s'amincit à sa partie médiane, se scinda en deux parties, et enfin se dissipa. Elle avait parcouru un espace d'environ vingt kilomètres, suivant une direction d'abord indécise et sinueuse, mais ensuite, depuis la Roche-Rigault, parfaitement rectiligne.

# CHAPITRE XIII

## LES ORAGES MAGNÉTIQUES

Tous les voyageurs qui ont visité les régions arctiques parlent de splendides phénomènes qui très-souvent illuminent les longues nuits de ces latitudes, et remplacent jusqu'à un certain point, pour leurs habitants, la lumière solaire. Ces phénomènes, ce sont les *aurores boréales*, ou plutôt les *aurores polaires;* car les hardis navigateurs qui, de nos jours, se sont avancés jusqu'au delà du cercle antarctique, ont observé là aussi des *aurores* semblables. Il faut donc appliquer à ce genre de météores une dénomination qui leur convienne également, soit qu'ils se produisent dans le voisinage du pôle boréal ou du pôle austral. Le mot *aurore* lui-même, servant à désigner un phénomène qui n'a rien de commun avec le lever du soleil, est loin d'être irréprochable. Aussi quelques physiciens ont-ils adopté le terme de *lumière polaire*, qui a l'avantage de ne rien préjuger relativement à la cause et à la nature, encore peu connues, de ces merveilleuses apparitions.

Il y a près d'un siècle et demi que Halley, le premier, émit une théorie qui rattachait les aurores boréales au magnétisme terrestre. Selon de Mairan, c'étaient des lambeaux de l'atmosphère lumineuse du soleil, que la terre rencontrait sur sa route, et qu'elle emportait avec elle.

En 1740, les observations de Celsius et de Hiorter vinrent donner raison à Halley, en établissant que, lors de l'apparition des aurores boréales, l'aiguille aimantée éprouvait une agitation inaccoutumée.

Néanmoins ces deux savants n'attribuaient au magnétisme qu'un rôle secondaire dans ce phénomène, qu'ils considéraient comme essentiellement électrique. Cette opinion fut aussi celle de Franklin et de Dalton. Ce dernier produisit à l'appui de ses vues toute une théorie qu'il serait superflu de répéter. Je ne m'arrêterai pas non plus à celle de Biot, qui supposait le météore composé d'une multitude infinie de parcelles métalliques, servant de conducteurs aux électricités contraires des diverses couches de l'atmosphère.

Kaemtz a rattaché les aurores boréales à des effets d'induction produits par des changements dans l'intensité magnétique du globe : changements qui seraient dus eux-mêmes à des variations de température ou à toute autre cause. Cette explication, très-vague, n'avançait nullement la solution du problème.

Plus récemment, les physiciens sont revenus à l'hypothèse de Halley ; et les expériences de Faraday, qui est parvenu à faire naître de la lumière par la seule action des forces magnétiques, les observations de Humboldt, d'Arago, du général Sabine, et, en dernier lieu, les admirables travaux de M. de la Rive, qui, perfectionnant encore les expériences de Faraday, a pu reproduire artificiellement, avec une étonnante exactitude, les aurores boréales, — tous ces faits ne permettent plus aujourd'hui de douter que la lumière polaire ne doive être attribuée au magnétisme. Il y a plus : le général Sabine a fait ressortir, dans un mémoire présenté à la Société royale de Londres en 1862, la concordance singulière qui existe entre l'apparition des aurores polaires et les variations périodiques des taches solaires. Depuis la publication de ce mémoire, de nouvelles observations sont venues confirmer celles du général Sabine. « Il paraît certain, dit M. Menu de Saint-Mesmin, que le soleil développe, dans notre hémisphère, des forces ayant deux foyers distincts. De là les deux systèmes de perturbations diurnes. Ces foyers sont peut-être les deux centres magnétiques indiqués par Halley. De récentes explorations porteraient à le penser. En effet, le capitaine Maguire et les officiers du *Plover* affirment que, de tous les points du globe, celui où les perturbations se font le plus violemment sentir est le cap Barrow. Or, ce fait est digne de remarque, le cap Barrow est précisément situé dans la région où Halley plaçait ses deux centres magnétiques septentrionaux. »

Quoi qu'il en soit, la connexité des aurores polaires avec le magnétisme terrestre est aujourd'hui mise hors de doute, et l'on sait, avec non moins de certitude, que ces phénomènes ne sont qu'une conséquence des perturbations qui se produisent dans l'équilibre des forces magnétiques du globe : perturbations que nos sens ne perçoivent pas, mais qui nous sont révélées par les oscillations insolites, on pourrait dire par l'agitation de l'aiguille aimantée. Puis il arrive un moment où l'équilibre magnétique, quelque temps rompu, se rétablit, et alors apparaît la lumière polaire. Ce n'est donc pas sans raison qu'on a donné le nom d'orages magnétiques à ces perturbations, dont la cause est encore incertaine, mais dont l'analogie avec les orages électriques ne peut être méconnue. D'après cela, la lumière polaire est aux orages magnétiques ce que les éclairs sont aux orages électriques : elle n'est point le phénomène lui-même, encore moins la cause du phénomène; elle en est l'effet et la conclusion.

« Il ne faut pas considérer, dit Dove, l'aurore boréale comme la cause extérieure de la perturbation, mais comme le résultat d'une activité terrestre dont la puissance s'élève jusqu'à faire naître des phénomènes lumineux, et qui se manifeste ainsi, d'un côté, par cette production de lumière, de l'autre, par les oscillations de l'aiguille aimantée. »

Et Humboldt, qui cite ces paroles de son savant compatriote, ajoute :

« L'apparition de l'aurore boréale est l'acte qui met fin à l'orage magnétique, de même que dans les orages électriques un phéno·mène de lumière, l'éclair, annonce que l'équilibre momentanément troublé vient de se rétablir enfin dans la distribution de l'électricité. L'orage électrique est d'ordinaire circonscrit dans un faible espace, hors duquel l'état électrique de l'atmosphère n'a pas été troublé. L'orage magnétique, au contraire, étend son influence sur une grande partie des continents, et, — c'est encore là une découverte d'Arago, — cette action se fait sentir loin des lieux où le phénomène de lumière a été visible. Lorsque le ciel se couvre de nuages orageux, lorsque l'atmosphère passe fréquemment d'un état électrique à l'état opposé, il n'arrive pas toujours que les décharges se manifestent par des éclairs; de même les orages magnétiques peuvent

Lumière polaire.

produire de grandes perturbations dans la marche horaire de l'aiguillle aimantée, sans que l'équilibre doive nécessairement se rétablir du pôle à l'équateur, ou même d'un pôle à l'autre, par une production d'effluves lumineuses. »

Humboldt, en énumérant les caractères qui distinguent les orages magnétiques des orages électriques, aurait pu dire, — ce qu'il savait mieux que personne, et que Kaemtz a fait remarquer très-judicieusement : — que les premiers ne sont pas, à proprement parler, des phénomènes météorologiques; que si l'atmosphère en est le théâtre, elle n'en est pas le siége; que leurs causes, comme leurs effets, ne sont point locales, mais universelles; car ils ont leur source dans la constitution même du globe, et leurs effets se produisent simultanément. Cette dernière circonstance, entrevue en 1820 par Arago, a été déduite rigoureusement des recherches faites par l'association météorologique allemande, à laquelle s'étaient affiliés les savants de tous les pays. Cette association, organisée d'après les vues de Humboldt et par son initiative, avait établi, sur les points les plus éloignés des deux hémisphères, des observatoires magnétiques où six fois par an, à des dates appelées *jours-époques,* on enregistrait, de cinq minutes en cinq minutes, pendant vingt-quatre heures de suite, les moindres oscillations de l'aiguille aimantée. C'est en comparant les résultats ainsi obtenus qu'on a été conduit à reconnaître que les orages magnétiques ne sont point des phénomènes isolés qu'on puisse attribuer à des influences locales, car ils éclatent au même instant dans toutes les parties du monde; qu'ils n'ont rien de commun avec les troubles propres à l'atmosphère, puisqu'ils agissent puissamment sur la boussole, et n'influencent pas sensiblement l'électroscope, tandis que le contraire a lieu avec les orages ordinaires et les ouragans; qu'en outre ils présentent un caractère non équivoque de périodicité.

On trouve dans plusieurs ouvrages des dessins représentant des aurores polaires. Un grand nombre d'auteurs ont décrit ces météores avec détail, soit *de visu,* soit d'après le témoignage d'observateurs très-dignes de foi [1]. De tous ces documents il résulte que la lumière

[1] Humboldt, dans son *Cosmos*; Kaemtz, dans son *Cours de météorologie*; MM. Becquerel, dans leurs *Éléments de physique terrestre et de météorologie,* etc.

polaire peut se présenter sous des aspects très-différents. C'est tantôt un grand arc lumineux entouré de jets brillants, et se dessinant sur un segment sombre qui semble reposer sur l'horizon; tantôt une sorte de calotte parabolique dont la convexité est dirigée en haut, et qui darde ses rayons vers la terre; tantôt une *gloire* formée de faisceaux lumineux irréguliers qui partent d'une ligne centrale obscure; ou bien un arc sombre semé de plaques brillantes presque rectangulaires, et dont la circonférence émet çà et là quelques fusées d'une lumière plus pâle; ou bien enfin c'est un immense rideau de lumière, s'enroulant et se déroulant sur lui-même, et suspendu au-dessus de l'horizon. La plupart des observateurs s'accordent à dire qu'en général une aurore boréale se compose de trois parties distinctes, savoir : le *segment obscur*, l'*arc lumineux* et la *couronne*.

L'apparition de la lumière polaire s'annonce plusieurs heures, souvent une journée à l'avance, par la déviation et l'agitation de l'aiguille aimantée, seuls symptômes sensibles de l'orage magnétique. Puis le météore se forme graduellement dans la direction du pôle magnétique. Pendant l'hiver de 1838-1839, une commission de savants français, établie à Bossekop, sur la baie d'Alten (Finmark occidental), a pu se livrer sur cette apparition à des observations suivies. Leur travail est assurément le plus complet qui ait jamais été fait sur ce genre de phénomène, au point de vue descriptif. Du 7 septembre 1838 au commencement d'avril 1839, pendant une période de deux cent six jours, la commission française compta cent quarante-trois aurores boréales, qui furent surtout fréquentes du 17 octobre au 25 janvier, pendant l'absence du soleil; de sorte que cette nuit de soixante-dix fois vingt-quatre heures offrit soixante-quatre aurores, sans compter celles que l'état trop nuageux du ciel ne laissait pas apercevoir, mais qui étaient accusées par les perturbations de la boussole.

Un des membres de la commission, M. Lottin, a tracé de leur formation et de leur aspect les plus habituels un excellent tableau que MM. Becquerel ont reproduit, et que j'essaierai de résumer.

C'est le soir, entre quatre et huit heures, que la brume légère qui règne presque toujours au nord de Bossekop, à une hauteur de quatre à six degrés, commence à se colorer à sa partie supérieure. Autour de ce segment obscur se forme un arc d'abord vague, d'une couleur jauue pâle, dont les extrémités semblent reposer sur l'horizon, et qui monte lentement, son sommet restant sur le méridien magnétique. Bientôt des stries noirâtres séparent régulièrement la matière lumineuse de l'arc. Les rayons apparaissent, s'allongent ou se raccourcissent, augmentent et diminuent alternativement d'intensité, mais en conservant toujours plus d'éclat à leur partie inférieure.

Aurore polaire observée à Bossokop en 1838.

Ils convergent tous vers un même point du ciel, où parfois ils se réunissent, de manière à former un fragment d'immense coupole.

L'arc continue à monter vers le zénith, en même temps que sa lueur éprouve un mouvement ondulatoire qui accroît et affaiblit successivement la lumière de ses gerbes, et s'avance ordinairement de l'ouest à l'est. Quelquefois, mais rarement, l'onde lumineuse éprouve un mouvement rétrograde, et revient à son point de départ. En même temps l'arc éprouve un mouvement alternatif horizontal, et figure les ondulations ou les plis d'un drapeau agité par le vent. Parfois un de ses *pieds* ou même tous les deux se soulèvent au-dessus de l'horizon; alors les plis deviennent plus abondants et plus profonds; « l'arc n'est plus qu'une longue bande de rayons qui se contourne, se sépare en plusieurs parties formant des courbes gracieuses, lesquelles se referment presque sur elles-mêmes, et offrent, n'importe dans quelle partie de la voûte céleste, ce qu'on a appelé jusqu'ici la couronne boréale. Alors l'éclat des rayons augmente subitement d'intensité, et dépasse celui des étoiles de première grandeur. » Les rayons, d'abord jaune pâle, se teignent graduellement des plus vives couleurs; ils sont d'un beau rouge clair à la base, et d'un vert émeraude au milieu. De moment en moment des fragments d'arc disparaissent, puis se reforment, tandis que l'ensemble continue son mouvement ascensionnel. Les rayons, par l'effet de la perspective, deviennent de plus en plus courts, jusqu'à ce qu'ils atteignent le zénith magnétique indiqué par la pointe sud de l'aiguille d'inclinaison. Alors on les voit par leur pied, qui est rouge, et à travers lequel on aperçoit le vert de leur partie moyenne; et s'ils se déplacent horizontalement, les pieds forment une longue zone sinueuse et onduleuse, sans que dans tous ces changements les rayons perdent jamais leur parallélisme.

Cependant de nouveaux arcs se sont présentés à l'horizon, passant à peu près par les mêmes phases que je viens d'indiquer. On en a compté ainsi jusqu'à neuf, dont M. Lottin compare la disposition à celle des toiles cintrées qui vont d'une coulisse à l'autre et figurent le ciel sur nos scènes théâtrales.

Parfois tous ces arcs se serrent les uns contre les autres, traversent le ciel et vont s'éteindre vers le sud. Mais parfois aussi, lorsque cette zone occupe le haut du ciel, s'étendant de l'est à l'ouest, la masse de rayons qui a déjà dépassé le zénith magnétique paraît tout à coup venir du sud, et forme avec ceux du nord la véritable couronne boréale. Cette couronne est tantôt circulaire, tantôt elliptique, et ne dure que quelques minutes; elle se forme quelquefois instantanément, sans aucun arc préalable. Rarement il y en a plus de deux dans la même nuit, et il ne s'en produit pas dans toutes les aurores. Le moment où la couronne est complète est le plus beau de cet étonnant phénomène.

« Si l'on songe, dit M. Lottin, qu'alors tous les rayons dardent souvent avec vivacité, variant continuellement et subitement dans leur longueur et dans leur éclat; que de belles teintes rouges et vertes les colorent par intervalles; que des mouvements ondulatoires ont lieu comme ceux qui sont produits dans une étoffe légère; que les courants lumineux se succèdent; enfin que la voûte céleste tout entière offre une immense et magnifique coupole étincelante, dominant un sol couvert de neige qui lui-même sert de cadre éblouissant à une mer calme et noire comme un lac d'asphalte, on n'aura encore qu'une idée très-imparfaite de l'admirable spectacle qui s'offre alors à l'observateur, et qu'il faut renoncer à décrire. »

Au bout d'un certain temps, la couronne s'affaiblit, tout le phénomène est au sud du zénith; les arcs plus pâles s'éteignent, se rallument par fragments, puis se fondent, s'étalent, deviennent diffus et finissent par occuper tout le ciel, où ils forment ce qu'on nomme les taches aurorales. Ces taches passent par des alternatives de plus en plus lentes de dilatation et de contraction; leur lumière lactée tour à tour pâlit et reprend son éclat, qui peu à peu cependant s'affaiblit, et cesse d'être visible lorsque arrive la lueur crépusculaire. D'autres fois les rayons se montrent encore au commencement du jour, puis ils disparaissent tout à coup; ou bien, à mesure que le jour se lève, leur lumière devient vague, blanchâtre, et ils finissent par se confondre avec les cirro-stratus, tellement qu'il devient impossible de les distinguer de cette espèce de nuages.

« On voit assez souvent, dit Humboldt, des *aurores australes* dans nos climats (Dalton en a observé plusieurs en Angleterre), et l'on voit des *aurores boréales* entre les tropiques : au Mexique, par exemple, au Pérou et même jusqu'au quatrième degré de latitude australe (le 14 janvier 1831)... L'aspect du phénomène dépend de la position de l'observateur : chacun voit son aurore boréale, de même que chacun voit son arc-en-ciel. Il faut distinguer entre la zone terrestre, où l'apparition lumineuse, quand elle s'y manifeste, est partout visible au même instant, et les zones beaucoup moins étendues où elle se produit presque toutes les nuits. Souvent la même aurore a été observée à la même heure en Angleterre et en Pensylvanie, à Rome et à Pékin; seulement la fréquence de ses apparitions diminue avec la latitude magnétique, ou, en d'autres termes, elle décroît à mesure que le lieu de l'observation s'éloigne, non du pôle terrestre, mais du pôle magnétique. »

Nous avons aussi en France, de temps en temps, des aurores boréales. Elles sont bien loin, il est vrai, de la magnificence de celles qu'on admire dans les régions polaires; mais c'est encore quelque chose, pour un citadin de Paris, de Lyon, de Pontoise ou de Quimper, pour un paysan de la Beauce ou de la Limagne, que de pouvoir dire qu'il a vu une aurore boréale. Or une foule de nos concitoyens et contemporains peuvent se donner cette satisfaction. Les aurores polaires se sont multipliées en France, dans le courant des années 1859 et 1860, à tel point qu'on a pu croire qu'elles allaient devenir pour nous, comme pour les Groënlandais et les Lapons, un phénomène vulgaire.

Le 21 avril 1859, je passais sur le Pont-Neuf, vers huit heures et demie du soir. Le temps était assez beau, bien qu'un peu nuageux. En regardant le ciel, je fus étonné de le voir sillonné, vers le nord-ouest, de longues et larges traînées lumineuses, d'une belle nuance rose vif. Beaucoup de personnes en avaient été frappées comme moi ; des groupes se formaient; on regardait le ciel, l'horizon, et l'on dissertait sur la cause de cette illumination insolite. La plupart n'hésitaient pas à l'attribuer à un incendie; les uns disaient : « C'est encore la Manutention qui brûle; » d'autres pensaient que ce devait être la gare des chemins de fer de l'Ouest ou les magasins de fourrages des Petites-Voitures. J'avoue que ma première idée avait été aussi d'attribuer ces lueurs à un incendie; car je ne songeais alors à rien moins qu'à une aurore polaire. Mais je ne tardai pas à remarquer : 1° que leur teinte ne ressemblait nullement à celle de la lumière que produit le feu; 2° qu'il n'y avait pas en l'air le moindre nuage de fumée; 3° enfin que ces traînées lumineuses ne partaient point du sol. J'avais donc devant moi un phénomène céleste, et ce ne pouvait être qu'une aurore polaire. Dans ma joie de cette découverte, je ne pus m'empêcher d'en faire part aux bonnes gens qui m'entouraient. Les uns me regardèrent la bouche ouverte, les autres me rirent au nez : ce qui me fit faire, — soit dit en passant, — de tristes réflexions sur l'ignorance du vulgaire, et sur les mécomptes auxquels on s'expose quand on entreprend de l'instruire. Je continuai à regarder le ciel, dont, en peu d'instants, une grande étendue fut envahie par les lueurs roses du météore. Mais ces lueurs étaient faibles, paraissaient et disparaissaient de moment en moment, et ne tardèrent pas à s'effacer entièrement.

Quatre mois plus tard, dans la nuit du 29 au 30 août, j'eus encore la fortune d'être témoin d'un phénomène semblable, moins brillant peut-être que le premier, mais qui dura beaucoup plus longtemps; car il commença vers une heure du matin et ne fut effacé que par les premières lueurs du jour. Cette aurore boréale fut observée dans plusieurs parties de l'Europe en même temps qu'à Paris. Enfin d'autres aurores boréales se produisirent le 1er septembre, le 1er, le 2 et le 18 octobre 1859, et le 9 avril 1860. Celle-ci a été, autant que je sache, la dernière qui ait été vue en France; c'était une des plus belles. Elle a été observée et décrite avec beaucoup de soin par M. Coulvier-Gravier.

Ce fut à huit heures trente minutes du soir (comme au 21 avril de l'année précédente) que l'aurore commença à se faire voir, par un rayon blanchâtre qui s'élevait de vingt-cinq degrés au-dessus de l'horizon, jusque dans la constellation de Cassiopée. D'autres rayons s'ajoutèrent bientôt, et la clarté devint uniforme dans la partie du ciel occupée par le météore. A neuf heures quinze minutes, l'aurore disparut. Une heure après, de nouveaux symptômes se montrèrent, et presque aussitôt s'éteignirent. L'aurore reparut encore une troisième et une quatrième fois, à dix heures trente minutes et à onze heures trente minutes, toujours avec le même aspect. Les rayons, avant de s'éteindre, étaient constamment de la couleur du fer chauffé à blanc. Auparavant, quand le météore était étendu sur le ciel à la façon d'un cirrus ou d'un nuage orageux, la matière qui le formait prenait la couleur du fer chauffé au rouge.

Le mouvement de translation de l'aurore boréale paraissait incertain et tourmenté; on croit cependant qu'il était de l'ouest à l'est. Un peu avant et pendant toute l'apparition du météore, on a observé des éclairs dirigés du nord-ouest au nord. Dans le premier moment de l'apparition de la lumière polaire, une étoile filante venue du sud-est a traversé le météore. Elle était de première grandeur et laissait une traînée. Elle fut un moment obscurcie par un rayon de l'aurore, et elle reprit tout son éclat aussitôt qu'elle eut dépassé ce rayon. M. Coulvier-Gravier voit dans ce fait une nouvelle preuve de ce qu'il a dit dans ses *Recherches sur les météores*, pour démontrer que la zone où s'enflamment les bolides ou étoiles filantes, est située au-dessus de celle où brillent les aurores boréales.

Rappelons, en terminant ce chapitre, que les aurores polaires de 1859 et 1860 se sont signalées en tout lieu par des déviations de l'aiguille aimantée, et qu'elles ont été accompagnées, en outre, de troubles électriques assez graves pour exercer, en maint endroit, sur les communications télégraphiques une influence perturbatrice. Ces désordres singuliers dans la distribution et le mouvement de l'électricité ont été surtout sensibles le 28 et le 29 août 1859. On lisait à ce sujet dans le *Journal de Bruxelles :* « La nuit du dimanche au lundi a été très-remarquable par plusieurs phénomènes curieux de la physique du globe. Déjà l'aiguille magnétique subissait des anomalies dès l'après-midi du dimanche. Dans la soirée, il y eut une aurore boréale et des perturbations extrêmement énergiques, les plus fortes même qu'on ait jamais remarquées à l'Observatoire royal de Bruxelles. Des phénomènes également remarquables ont été constatés sur les chemins de fer. D'après les renseignements donnés par M. Vinchens, ingénieur des télégraphes électriques, à M. Quételet, directeur de l'Observatoire royal, les bureaux de Mons, Gand, Ostende, Anvers, ont été réveillés la nuit par des sonneries inusitées. On travaillait aussi à Paris, Londres et Berlin; mais les communications ont été interrompues jusqu'à une heure trente minutes. Il n'est demeuré de traces du phénomène que dans la ligne sous-marine d'Ostende à Douvres, qui est restée chargée d'électricité pendant toute la journée. »

---

# CHAPITRE XIV

## PHÉNOMÈNES LUMINEUX

Biot comparait très-poétiquement l'atmosphère à un voile diaphane et brillant dont la terre serait enveloppée. Ce voile est assez transparent pour laisser arriver jusqu'à nous la lumière des astres à travers une épaisseur de plusieurs myriamètres. Sa transparence n'est cependant pas absolue : la lumière ne la traverse pas sans obstacle. Une partie, très-faible à la vérité, est absorbée; le reste est soumis à des modifications qui varient selon l'état de l'atmosphère.

Nous avons déjà vu, au chapitre ix de la première partie, que c'est en se réfléchissant en tous sens sur les particules de l'air que la lumière se répand partout autour de nous; que des objets qu'elle ne frappe pas directement sont néanmoins éclairés, et que l'air la fait pénétrer avec lui jusque dans les endroits les plus retirés. Nous avons vu aussi que l'azur du ciel est encore un effet de la réflexion des rayons lumineux par les molécules de l'air. Mais il n'est peut-être pas hors de propos d'ajouter ici quelques mots relativement à ce remarquable phénomène, le premier qui frappe l'attention lorsqu'on aborde l'étude de l'optique atmosphérique.

On sait que la lumière blanche se compose de sept lumières partielles, qu'il est possible de rendre distinctes les unes des autres en faisant passer un faisceau de rayons solaires à travers un prisme de cristal. Les éléments qui composent ce faisceau, étant inégalement réfrangibles, se séparent, et si l'on place un écran derrière le prisme, on voit s'y peindre une figure de forme elliptique allongée, où l'on distingue sept bandes transversales diversement colorées, et disposées dans l'ordre suivant : violet, indigo, bleu, vert, jaune, orangé, rouge. Cette figure, c'est le *spectre solaire*.

Les teintes si diverses que présentent les corps s'expliquent d'une manière très-satisfaisante par la propriété que ces corps possèdent de décomposer la lumière blanche, d'absorber certains rayons colorés et d'en réfléchir certains autres. Les corps blancs sont ceux qui réfléchissent la lumière sans la décomposer; les corps noirs sont ceux qui absorbent la totalité des rayons colorés : ce qui revient au même que s'ils n'en recevaient point. Dans l'obscurité absolue, tous les corps sont noirs. Cela posé, il est aussi aisé de se rendre compte de la couleur bleue de l'air que de la couleur de toute autre substance solide, liquide ou gazeuse.

L'air, en vertu de sa transparence, laisse passer sans la décomposer la plus grande partie de la lumière solaire. Une autre partie est réfléchie, mais tous ses éléments ne le sont pas également : l'air laisse passer plutôt les rayons de l'extrémité rouge du spectre, et réfléchit de préférence les rayons bleus. Le bleu est donc la couleur par réflexion des particules de l'air. Seulement, comme cette couleur est très-faible, elle ne devient perceptible que lorsque l'air est en grande masse.

« Lorsqu'un corps réfléchit de préférence certains rayons de lumière blanche, disent MM. Becquerel, c'est qu'il transmet ou absorbe les rayons complémentaires. Ainsi les particules d'air qui reçoivent un faisceau de lumière blanche réfléchissent une partie de ce faisceau, mais principalement les rayons bleus, et transmettent ou éteignent les autres.

« L'optique des gaz, ajoutent ces savants physiciens, n'est pas encore assez avancée pour que l'on puisse connaître avec certitude toutes les circonstances d'absorption et de transmission des rayons à travers l'air; mais, d'après toute probabilité, en suivant la marche d'un faisceau de rayons solaires qui traverse une masse d'air, ce faisceau doit perdre des rayons bleus par la diffusion sur les particules d'air, et devrait devenir jaunâtre s'il traversait une couche atmosphérique suffisamment épaisse. D'après cela, l'air, de même que l'eau, doit être classé parmi les substances qui sont d'une couleur différente par réflexion et par transmission. »

Le changement qui s'opère dans la lumière transmise à travers des couches d'air d'une grande épaisseur est un fait aisé à constater pour tout le monde. En effet, même par un temps parfaitement serein, à mesure que le soleil incline vers l'horizon et que, par conséquent, ses rayons ont à traverser, pour arriver jusqu'à nous, une épaisseur gazeuze plus considérable, sa lumière devient plus jaune, et elle s'affaiblit au point qu'on peut le regarder sans fatigue, tandis que nul œil ne peut supporter son éclat lorsqu'il est au zénith. Or cet affaiblissement et cette altération de la lumière solaire ne peuvent être attribués à l'éloignement de l'astre, et sont dus exclusivement à l'action absorbante de l'air. Il faut tenir compte toutefois, comme le font observer MM. Becquerel, des vapeurs dont l'air le plus pur n'est jamais exempt, et qui jouent sans doute un grand rôle dans ces phénomènes, comme le prouvent les teintes jaunes ou rougeâtres que prennent à nos yeux le soleil et la lune vus à travers les nuages. Lorsque, à certains jours, le soleil couchant se montre d'une couleur rouge, cela tient évidemment à ce que nous le voyons à travers une atmosphère chargée de vapeurs; aussi cette couleur du soleil est-elle généralement, et non sans raison, considérée comme un pronostic d'humidité.

La vapeur d'eau répandue dans l'air influe toujours notablement sur sa transparence : elle l'augmente lorsqu'elle est à l'état de vapeur proprement dite; elle la diminue lorsqu'elle est à l'état vésiculaire. Et, dans ce cas, ce n'est pas seulement lorsque le soleil et la lune approchent de l'horizon que leur couleur est modifiée, mais aussi lorsqu'ils sont au zénith. Il peut même arriver qu'au lieu de prendre les teintes rouges ou jaunes dont je viens de parler, les astres revêtent, par l'effet de certains jeux de lumière encore inexpliqués, des nuances tout à fait insolites. Au rapport de Forster, le 18 août 1821, entre neuf et dix heures du matin, dans le comté d'Essex, le soleil étant environné de nuages légers, son disque parut d'un bleu d'azur semblable à celui du ciel dans un jour serein. Le matin du même jour, les personnes qui avaient attiré l'attention de Forster sur l'aspect singulier du soleil avaient pris cet astre pour un énorme aérostat, tant les nuages interposés entre lui et les observateurs avaient affaibli son éclat en donnant à son disque une teinte mate et comme argentée. Howard, qui avait été témoin du même phénomène, comparait le soleil à un globe d'acier poli.

M. Babinet a vu aussi deux fois le soleil bleu. Il attribue cette anomalie à l'interférence des rayons qui ont traversé les vésicules de vapeur en suspension dans l'air, avec ceux qui ont traversé l'air seulement.

Tout le monde sait que le jour commence peu à peu avant que le soleil émerge au-dessus de l'horizon, et que, le soir, il ne s'éteint entièrement qu'un certain temps après la disparition de l'astre; qu'en un mot on passe, par une transition insensible, de la nuit au jour et du jour à la nuit. Cette transition, ce clair-obscur qui précède le lever et qui suit le coucher du soleil, constitue le *crépuscule*. C'est encore un effet de la diffusion de la lumière au sein de l'atmosphère, et nous connaissons maintenant l'origine des teintes dorées ou pourprées dont l'horizon se colore, et qui se reflètent plus ou moins sur toute la voûte céleste. L'aspect du ciel pendant le crépuscule dépend de la quantité, de la nature et de la disposition des vapeurs et des nuages dont il est chargé. Lorsque le ciel est parfaitement pur, tout se réduit à une coloration jaunâtre ou légèrement rosée qui se répand sur sa partie orientale ou occidentale; lorsque l'horizon est nuageux, le crépuscule est accompagné de ces effets de lumière si variés et souvent si splendides, que nous avons tous mille fois admirés, et dont la reproduction fidèle est un des plus beaux triomphes de l'art pictural. Il arrive ordinairement alors qu'entre les nuages dont les bords reflètent les rayons dorés du soleil, cette nuance, se mêlant à l'azur du ciel, le change en un vert tendre, qui va se fondre avec le bleu pâle des couches plus rapprochées du zénith. Toutes choses étant d'ailleurs supposées semblables, les effets crépusculaires sont à peu près les mêmes le matin et le soir; mais ils se produisent suivant un ordre inverse, puisque, dans le premier cas, le soleil se lève au-dessus de l'horizon, et que, dans le second, il se couche au-dessous. On remarque en outre que l'aurore, ou crépuscule du matin, a une durée moindre que le crépuscule du soir. C'est que la durée du crépuscule dépend de la hauteur de l'atmosphère, « ou, pour parler plus exactement, dit Biot, de la hauteur des parties de l'air dont la densité est encore assez grande pour renvoyer une lumière sensible. » Elle varie par conséquent avec la température, puisque par la chaleur l'air se dilate et augmente de hauteur; que par le froid il se contracte et sa hauteur diminue. Or à la fin de la journée, surtout en été, les couches inférieures de l'air, qui réfléchissent le plus abondamment la lumière, se sont échauffées et dilatées; à la fin de la nuit, elles se sont refroidies et condensées. Notons aussi que, par les mêmes causes, l'atmosphère est ordinairement plus nuageuse, mais aussi plus limpide, le soir à l'occident que le matin à l'orient. Avec l'air échauffé durant le jour, les vapeurs se sont dissoutes, les nuages se sont élevés, et, hormis le cas de mauvais temps, où la masse sombre des nimbus dérobe aux regards le soleil couchant, l'horizon ne présente guère que des cumulus et des strato-cumulus, dont les contours bien limités et les formes rectilignes ou arrondies se prêtent merveilleusement aux jeux de la lumière. Le matin, avant le lever du soleil, les vapeurs se sont précipitées, les nuages se sont abaissés, l'atmosphère n'a qu'une transparence laiteuse qui éteint en grande partie les « feux de l'aurore. » De là, entre les effets de l'un et de l'autre crépuscule, une dissemblance qui a été remarquée par la plupart des observateurs.

On comprend aisément que si l'inégalité de température entre le soir et le matin influe sur les durées relatives du crépuscule, les saisons et les climats doivent exercer sur ce phénomène une action encore plus sensible. Ainsi on constate qu'en été les lueurs du jour apparaissent longtemps avant le lever, et persistent longtemps après le coucher du soleil. En hiver, au contraire, le jour se lève brusquement, et la nuit tombe avec rapidité.

Entre les climats chauds et les climats froids, la différence de durée du crépuscule est encore plus sensible; mais elle tient alors moins à l'état de l'atmosphère qu'à la position géographique du lieu. Il ne faut pas oublier que l'éloignement angulaire du soleil au-dessous de l'horizon pendant la nuit est d'autant plus grand qu'on approche davantage de l'équateur, est d'autant moindre qu'on est plus près du pôle.

« En Afrique, par un ciel très-pur, disent MM. Becquerel, le crépuscule est très-court; tandis que, dans des pays où le ciel est brumeux, il dure plus longtemps. Il existe des lieux où, dans certaines saisons, le crépuscule du soir touche à celui du matin, et alors il n'y a pas de nuit. Au pôle, la lumière paraît un mois et demi avant que le soleil soit sur l'horizon, et un mois et demi après qu'il a disparu : d'où il suit que cette région n'a, à proprement parler, qu'une nuit absolue de trois mois et un jour de neuf mois : car il y a trois mois de crépuscule. »

Lorsque le soleil et la lune sont près de l'horizon, ils donnent lieu à une illusion d'optique qui leur prête à nos yeux des dimensions beaucoup plus considérables que celles que nous leur attribuons lorsqu'ils approchent du zénith. Il suffit cependant de les regarder à travers un tube de carton ou un verre noirci pour les retrouver tels que nous les voyons au sommet du firmament. « Cette illusion, disent encore MM. Becquerel, doit être attribuée à la même cause qui nous fait paraître le ciel comme une voûte surbaissée; en effet, nous apercevons vers l'horizon une succession de corps dont nous jugeons facilement la distance relative, et dont nous sommes habitués à comparer les grandeurs et les positions; nous pensons alors que l'atmosphère doit s'étendre bien au delà de ces corps, et que les astres sont situés beaucoup plus loin; tandis que vers le zénith rien ne se trouve disposé pour nous permettre de comparer la position et la distance des objets. Il résulte de là que les distances dans le sens vertical sont beaucoup plus mal appréciées que dans le sens horizontal, et que nous pouvons quelquefois nous tromper beaucoup dans nos évaluations. Comme nous croyons les objets et les astres plus éloignés dans le sens horizontal que dans le sens vertical, quoique nous les voyions toujours réellement sous le même angle visuel, il en résulte qu'ils nous paraissent plus grands dans le premier cas que dans le second : c'est une question de jugement, et non d'évaluation angulaire; car, vers l'horizon, le diamètre vertical est plutôt diminué par l'effet de la réfraction qu'il ne l'est au zénith. »

La scintillation des étoiles est une autre illusion d'optique produite principalement par l'inégale réfraction que la lumière éprouve en traversant tour à tour des couches d'air tantôt plus, tantôt moins denses; il y a là aussi, d'après Arago, un phénomène d'interférence. Quoi qu'il en soit, la scintillation consiste dans un déplacement apparent de l'astre, et dans les changements que semblent éprouver son intensité lumineuse, et même sa couleur. Ces changements sont très-rapides; on dirait que l'étoile oscille et tremble sur son axe, que son rayonnement s'affaiblit et se ravive d'un instant à l'autre; qu'elle est tour à tour jaune, rouge, verte, bleue. C'est auprès de l'horizon que la scintillation est plus intense. Elle est aussi beaucoup plus remarquable dans les étoiles fixes que dans les planètes; elle dépend d'ailleurs de l'état du ciel. D'après les observations de Kaemtz, elle est très-marquée quand des vents violents règnent dans l'atmosphère, et quand le ciel est alternativement serein et couvert.

Cette scintillation des étoiles est une illusion dont nous ne devons point nous plaindre : en faisant, pour ainsi dire, vibrer à nos regards les myriades de soleils suspendus dans l'espace infini, elle nous y révèle le mouvement et la vie, et rend plus brillante la splendide illumination des nuits. Mais la même cause qui produit cette scintillation engendre dans des circonstances particulières, et heureusement très-restreintes, une illusion d'un tout autre genre, dont le nom a une triste signification, et qu'on emploie toutes les fois qu'on veut exprimer un leurre funeste, un espoir décevant. C'est le *mirage* que je veux dire. Le mirage est un phénomène de réfraction. Avant de le décrire et de l'expliquer, il est indispensable de rappeler en peu de mots ce que c'est que la réfraction. Rien de plus simple.

Toutes les fois qu'un rayon de lumière passe obliquement d'un milieu diaphane dans un autre de densité différente, il est dévié de sa direction primitive. Si le second milieu est plus dense que le premier, le rayon se rapproche de la perpendiculaire, ou, comme on dit en physique, de la *normale* au point d'incidence. Il s'en éloigne, au contraire, en passant d'un milieu plus dense dans un milieu moins épais. Toute la théorie de la réfraction est là.

Et maintenant, lecteur, veuillez vous transporter avec moi par la pensée dans un des grands déserts de l'Afrique ou de l'Asie. Suivons des yeux une caravane, ou, si mieux vous aimez, un détachement de notre armée cheminant, sous un ciel d'airain, sous un soleil de feu, à travers cette mer de sables brûlants. Depuis plusieurs jours ils marchent ainsi sans avoir pu rencontrer un bouquet d'arbres pour s'y reposer à l'ombre, une source pour y tremper leurs lèvres desséchées. La fatigue les accable, la soif les dévore. Tout à coup ils aperçoivent dans le lointain quelques palmiers, quelques broussailles poussant parmi des rochers, et se reflétant dans une nappe limpide. Point de doute : c'est un lac, un vrai lac au milieu du désert! c'est de l'eau que, par miracle, le soleil n'a pas pompée! Ils vont donc pouvoir étancher leur soif! Que dis-je? ils savourent déjà en espérance les délices d'un bain! Leur courage se ranime; ils doublent le pas; ils marchent, ils marchent; mais à mesure qu'ils approchent, la vision s'affaiblit; et lorsque, exténués, consumés, ils atteignent le but, ils reconnaissent avec désespoir qu'ils ont été les jouets d'une inconcevable illusion. Ils ne trouvent au pied des rochers et des palmiers qu'un peu de terre à peine humectée par quelque infiltration souterraine, et là où ils avaient vu distinctement une nappe d'eau, ils foulent toujours de leurs pieds meurtris un sable rougeâtre et calciné. C'était un mirage!... Lors de l'expédition d'Égypte, l'armée de Bonaparte fut vivement impressionnée par ce phénomène étrange, et jusque-là mystérieux pour la science même. Ce fut l'illustre Gaspard Monge qui en donna le premier l'explication, dans un mémoire présenté par lui à l'Institut du Caire, et inséré dans la *Décade égyptienne*, revue scientifique spécialement consacrée à la publication des travaux de cette compagnie.

J'essaierai de résumer brièvement la théorie du célèbre géomètre, aujourd'hui reproduite dans tous les traités de physique élémentaire.

Lorsque le soleil darde ses rayons sur le sol sablonneux des déserts, celui-ci est porté à une haute température, qui se communique aussitôt aux couches d'air les plus voisines et les dilate fortement. La couche d'air en contact immédiat avec le sol, étant la plus échauffée, est aussi la plus dilatée; et la densité des couches

Explication du mirage.

supérieures va ainsi en diminuant jusqu'à une certaine hauteur. Cela posé, soit, par exemple, A un palmier poussé, comme poussent les palmiers, sur un filon de terre un peu moins desséché que le sable environnant. Considérons seulement son sommet A par rapport à un observateur placé en B. Quelques-uns des rayons partis du sommet du palmier arriveront directement à l'œil de B, et lui feront voir l'arbre dans sa position réelle. Mais d'autres rayons, tels que A R, tomberont obliquement sur la première couche C C' d'air raréfié, où ils se réfracteront en s'éloignant de la normale $n\,m$. En pénétrant dans les couches de moins en moins denses, au-dessous

Le mirage.

de C C', le même rayon A R sera de plus en plus dévié, jusqu'à ce qu'il arrive à une couche limite inférieure, où son obliquité sera telle qu'il se réfléchira et se relèvera, en traversant de nouveau les couches d'air, cette fois de plus en plus denses. Alors, au lieu de s'éloigner de la normale, il s'en rapprochera, au contraire, et arrivera, en décrivant une courbe R B symétrique à la première, jusqu'à l'observateur. Celui-ci rapportera naturellement la position de l'image apportée par le rayon A R B à la direction B A' suivant laquelle le rayon est venu frapper sa rétine, et verra par conséquent le point A en A'. En appliquant la même construction aux autres points du palmier A, on comprend facilement que l'observateur placé en B doit percevoir une image renversée du palmier, telle qu'il la verrait si cet arbre se réfléchissait sur une nappe d'eau. Le mirage se présente quelquefois sous d'autres apparences, mais il est toujours dû à une cause semblable.

Revenons sous notre climat inégal et brumeux : la lumière du soleil et celle de la lune, modifiées par les vapeurs vésiculaires, par les gouttelettes d'eau et les aiguilles de glace que l'atmosphère tient en suspension, vont nous présenter encore plus d'un curieux phénomène. En voici un qui, depuis le jour où, selon le récit biblique, il apparut au patriarche Noé comme le signe de l'alliance conclue entre le Seigneur et le genre humain, n'étonne plus personne, mais qui n'a rien perdu de sa beauté, et qui est demeuré aux yeux du peuple un signe favorable, la promesse du beau temps après l'orage. Les mythologues grecs en avaient fait l'écharpe d'Iris, messagère des dieux. On l'a nommée l'*arc-en-ciel*. Nous verrons ci-après jusqu'à quel point ce charmant météore mérite sa bonne réputation.

Dans les nuances brillantes dont il se pare, et dans l'ordre suivant lequel elles sont disposées, il est facile de reconnaître d'abord un effet analogue à celui du prisme, c'est-à-dire un effet de la dispersion ou de la décomposition des rayons lumineux; mais le phénomène est un peu plus compliqué. L'arc-en-ciel se forme dans des nues opposées au soleil, et qui commencent ou qui achèvent de se résoudre en pluie; ou, pour mieux dire, ce n'est pas dans ces nues elles-mêmes qu'il se forme, mais dans les gouttelettes liquides qui s'en échappent. On observe également sinon des arcs, au moins des tronçons d'arcs-en-ciel sur la pluie artificielle formée par une cascade ou par un jet d'eau. Chaque gouttelette d'eau représente une petite sphère translucide où les rayons sont à la fois réfractés et décomposés, puis réfléchis, et viennent frapper l'œil de l'observateur lorsque, par leur réflexion, ils coïncident avec son rayon visuel. La forme affectée par les arcs-en-ciel est, cela va de soi, la consé-

Arc-en-ciel.

quence de celle de l'astre lui-même; et leur peu d'épaisseur tient à ce que les rayons, pour donner naissance au jeu multiple de la lumière que je viens d'indiquer, doivent frapper les gouttelettes sous un certain angle. L'apparition du météore dépend donc des positions relatives du soleil et des nuages, et de celle de l'observateur. On a établi que les arcs-en-ciel ne se produisent que lorsque le soleil est à moins de 42° 2' au-dessus de l'horizon, ce qui n'a lieu que la matin et le soir.

Il est rare que l'arc-en-ciel soit simple; presque toujours il est double. Dans ce cas, l'arc intérieur est celui dont les nuances sont les plus vives. L'arc extérieur est plus pâle, et ses couleurs sont disposées dans un ordre inverse. Et maintenant l'arc-en-ciel annonce-t-il le beau temps, comme on le croit communément? Pour répondre à cette question, analysons le phénomène.

Une averse, un orage vient de passer. La nuée pluvieuse a suivi sa course dans l'atmosphère, ordinairement de l'ouest à l'est, ou du sud-ouest au nord-ouest. Le soleil à son déclin, que le nimbus voilait tout à l'heure, est maintenant découvert; il rayonne sur lui, et donne naissance à l'arc-en-ciel. Voilà une présomption pour le rétablissement du beau temps. Toutefois le nimbus passé peut bien être suivi d'un autre, le soleil disparaître de nouveau au bout de quelques instants, et la pluie recommencer : rien n'assure le contraire. Mais, au lieu de supposer le soleil près de se coucher, supposons qu'il vient de se lever. Le vent souffle encore de l'ouest ou du sud-ouest. La pluie tombe de ce côté de l'horizon, en face du soleil. L'arc irisé apparaît; bientôt les nuages couvriront le ciel, et l'averse sera générale. Cette fois, loin d'annoncer le beau temps, le brillant météore n'aura annoncé que la pluie. En résumé, l'apparition de l'arc-en-ciel ne prouve avec certitude qu'une seule chose : c'est qu'il pleut à un endroit peu éloigné de celui où se trouve l'observateur; ce qui n'est jamais un très-bon pronostic. Il faut donc se contenter de l'admirer, sans prétendre en tirer, non plus que de tant d'autres phénomènes, aucun oracle.

Si le soleil est près de l'horizon, et qu'une personne lui tournant le dos soit placée de manière que son ombre se projette, soit sur un nuage ou sur un rideau de brouillard, soit encore sur l'herbe d'une prairie, sur un champ de blé ou sur toute autre surface couverte de rosée, cette personne voit, autour de l'ombre de sa tête, projetée sur le nuage ou sur la surface humide, une auréole irisée, dont la lueur, très-vive vers le centre, va en diminuant d'intensité jusqu'à une certaine distance. Ce phénomène, appelé *anthélie* (ἀντί, contre, ἥλιος, soleil), est dû, comme l'arc-en-ciel, à la réfraction et à la réflexion de la lumière solaire par les gouttelettes ou les vésicules aqueuses. Il est surtout fréquent dans les régions polaires et sur les montagnes. Souvent, au lieu d'une seule auréole on en aperçoit deux ou trois qui sont concentriques. Quelquefois même, mais rarement, il se forme un quatrième cercle; ce dernier a été appelé *cercle blanc et arc-en-ciel d'Ulloa*. « Le 23 juillet 1821, dit Kaemtz, Scoresby vit quatre cercles concentriques autour de sa tête : le premier était blanc ou jaune, rouge et pourpre; le second, bleu, vert, jaune, rouge et pourpre; le troisième, vert, blanchâtre, jaunâtre, rouge et pourpre; le quatrième, verdâtre, blanc et plus foncé sur les bords. Les couleurs du premier et du second étaient très-vives; celles du troisième, visibles seulement par intervalles, étaient très-faibles, et le quatrième n'offrait qu'une légère teinte de vert... Le cercle n° 4, auquel Scoresby assigne un diamètre de quarante degrés environ, paraît être fort rare; toujours est-il que je ne l'ai vu que deux ou trois fois dans les Alpes, peut-être parce que les nuages étaient trop petits. »

On confond souvent, sous les noms de *couronnes* et de *halos*, deux genres de météores lumineux auxquels le soleil et la lune peuvent également donner naissance, mais qui n'ont du reste ni la même cause ni les mêmes apparences.

Les couronnes sont dues à une modification de la lumière solaire ou lunaire transmise à travers les vapeurs vésiculaires, et ne se montrent que lorsque ces vapeurs sont interposées entre le soleil ou la lune et l'observateur. Celui-ci remarque alors autour de l'astre deux ou plusieurs anneaux concentriques, colorés en rouge sur leur bord extérieur, et en violet sur leur circonférence intérieure. L'éclat de la lumière diurne fait qu'on ne les aperçoit guère autour du soleil, tandis que les couronnes lunaires se voient très-souvent. C'est un phénomène de diffraction, et non de réfraction. Les couronnes, d'après MM. Becquerel, sont fréquentes quand les lambeaux de cumulus passent devant la lune. On ne distingue les couronnes solaires qu'en regardant le ciel auprès de cet astre à l'aide d'un verre noirci; elles semblent alors très-brillantes.

Le phénomène des halos est si complexe, qu'il est difficile, non-seulement de l'expliquer, mais même de le décrire. Les physiciens sont d'accord aujourd'hui pour l'attribuer à une réfraction produite par les myriades de petites aiguilles de glace prismatiques dont se composent certains nuages très-élevés, tels que les cirrus et les cirro-stratus. Les halos consistent en des cercles et fragments de cercles colorés, qui se forment en avant du soleil ou de la lune. Deux ou trois de ces cercles sont concentriques à l'astre qui les produit. Ils ont le rouge en dedans, et le violet en dehors. Rarement on les voit ensemble.

Les modifications atmosphériques qui donnent naissance à ces cercles concentriques peuvent également engendrer un cercle blanc parallèle à l'horizon, et dont la circonférence passe par l'astre éclairant. On observe aussi, dans certains cas, une autre bande blanche verticale, qui, coupant le cercle horizontal, forme une croix encadrée dans le halo, et parfois s'y termine. C'est sur ces bandes blanches qu'apparaissent les images du soleil ou de la lune appelées *parhélies* (παρὰ, auprès, ἥλιος, soleil) et *parasélènes* (παρὰ, auprès, σελήνη, lune). « Ces apparences colorées, disent MM. Becquerel, sont placées près des intersections du cercle parhélique et du halo, mais un peu plus éloignées du centre lumineux; et l'éloignement augmente à mesure que l'astre est plus élevé sur l'horizon. Les parhélies sont colorés comme les halos, et ont souvent un prolongement en forme de queue sur le cercle parhélique où ils se trouvent. Enfin l'on peut voir aussi une image de l'astre à l'opposite de celui-ci, au second point de croisement des cercles parhéliques supposés tous deux prolongés. »

Le capitaine Back a observé un halo lunaire de vingt-deux degrés avec une croix blanche au milieu terminée au halo, puis quatre parasélènes aux extrémités des branches de la croix. Enfin, indépendamment des halos proprement dits ou cercles concentriques à l'astre, des cercles parhéliques et paraséléniques, des parhélies et des parasélènes, on voit quelquefois des cercles tangents aux halos, et des portions d'arcs elliptiques très-compliqués. On peut donc, en résumé, distinguer dans les halos trois sortes d'apparences : les halos proprement dits, ou cercles concentriques ; les cercles blancs passant par l'astre, et sur lesquels se montrent les parhélies et les parasélènes ; et les cercles tangents.

Au delà de ces météores fugitifs comme les vapeurs qui les produisent, pâles et changeants reflets de la clarté des astres, on peut observer, surtout dans le voisinage de l'équateur, un phénomène qui, par la périodicité de ses apparitions aussi bien que par son caractère grandiose, n'est comparable qu'aux aurores polaires. De

même que celles-ci illuminent les longues nuits des zones glaciales,
de même le brillant météore dont je veux parler éclaire, d'une
lumière toutefois plus douce, les nuits uniformes des tropiques. On
lui a donné le nom de *lumière zodiacale*, parce qu'il est toujours
compris dans la zone d'environ vingt degrés de largeur, autrefois
appelée zodiaque, dont l'écliptique occupe le milieu, et dans laquelle
sont comprises les douze constellations ou *signes* qui correspondent
aux divisions de l'année.

La lumière zodiacale fut signalée pour la première fois, vers 1661,
à l'attention des savants par Childrin, chapelain du duc de Somer-
set, dans sa *Britannia Baconica*. Mais ce ne fut qu'en 1683 qu'elle
fut étudiée avec soin par Dominique Cassini. Depuis lors, on a constaté que ce n'est point, comme on l'avait pu croire d'abord, une
apparition accidentelle; qu'elle a existé de tout temps, et qu'elle
présente toute la régularité d'un corps céleste accomplissant sa révolution périodique. Si tant de siècles se sont écoulés sans qu'on
l'ait remarquée, il faut l'attribuer à ce que dans nos climats elle est
rarement visible, et à ce que les astronomes qui l'avaient vue avant
Children et Cassini l'avaient prise, soit pour une comète, soit pour
un reflet de la lumière solaire, soit pour tout autre météore indéter-
miné. Ces erreurs ne sont plus possibles depuis que les voyageurs
européens ont pu observer avec suite, pendant des mois et des
années, le ciel de la zone équinoxiale, où elle se montre dans tout
son éclat, avec ses phases normales de croissance et de décroissance.
Mais qu'est-ce que cette lumière? Elle a été l'objet de bien des
hypothèses, qu'il serait superflu de reproduire. Les théories qui plaçaient le siége de la lumière zodiacale au sein de notre atmosphère
sont aujourd'hui complétement abandonnées. Les dernières recherches l'ont exclue du domaine de la météorologie proprement dite,
pour la rattacher à la constitution astronomique de notre système
planétaire, et il ne reste plus désormais que deux opinions en présence. L'une, émise par Kepler et soutenue depuis par Laplace, John
Herschell et Biot, fait de la lumière zodiacale une nébulosité appartenant à cette atmosphère solaire très-diffuse qui, suivant les calculs
de M. Encke, s'oppose au mouvement des comètes. L'autre la considère comme émise par un anneau lenticulaire propre à notre planète
et analogue à celui qui entoure Saturne. Cette dernière hypothèse

est adoptée aujourd'hui par la plupart des astronomes. Les observations de MM. Heiss et Jones lui donnent un très-haut degré de probabilité[1].

Quoi qu'il en soit, la lumière zodiacale, à peine visible de temps à autre dans nos climats, où elle n'apparaît que comme une lueur blan-

Lumière zodiacale.

châtre et diffuse, constitue sous les tropiques une nébulosité très-distincte, ayant la forme d'une pyramide ou plutôt d'un segment lenticulaire. Elle est légèrement inclinée sur l'horizon, et se montre immédiatement avant le lever et après le coucher du soleil, au point même où celui-ci va apparaître ou vient de disparaître. Son éclat

[1] Ne pouvant, à mon vif regret, m'étendre sur ce sujet, qui, après tout, ne se rattache qu'indirectement à celui de ce livre, je renvoie le lecteur à la très-remarquable notice de M. W. de Fonvielle (tome II de l'*Annuaire scientifique* publié chez l'éditeur Charpentier, sous la direction de M. Dehérain).

égale ou surpasse celui de la voie lactée. « Quiconque, dit Humboldt, aura passé des années entières dans la zone des palmiers, conservera toute sa vie un doux souvenir de cette pyramide de lumière qui éclaire une partie des nuits toujours égales des tropiques. Il m'est arrivé de la voir aussi brillante que la voie lactée dans le Sagittaire, non pas seulement sur les cimes des Andes, à ces hauteurs de trois à quatre mille mètres, où l'air est si pur et si rare, mais aussi dans les immenses prairies de Venezuela, et au bord de la mer, sous le ciel toujours serein de Cumana. Quelquefois pourtant, un petit nuage se projette sur la lumière zodiacale, et tranche d'une manière pittoresque sur le fond lumineux du ciel. Alors le phénomène devient d'une grande beauté. »

Bien que cette nébulosité soit certainement extérieure à l'enveloppe gazeuse de notre globe, tout porte à croire qu'elle exerce sur cette enveloppe et sur la terre elle-même une influence qui, si elle se vérifiait, expliquerait peut-être certaines anomalies apparentes dans le cours des saisons et de la distribution des températures. « La périodicité qui semble établie entre les diverses années remarquables par des hivers et des étés exceptionnels, dit M. W. de Fonvielle, pourrait bien être rapportée aux mouvements de notre ceinture gazeuse. Tout en se gardant de croire qu'une cause unique puisse être considérée isolément pour rendre compte des grandes fluctuations que présente la température du globe, il y a lieu d'étudier à la fois l'intensité, la durée, l'étendue physique de ces troubles thermométriques qui règnent généralement sur des districts assez vastes. Si la position de l'anneau est déterminée à l'avance, le caractère général des saisons pourra être indiqué pour les pays influencés diversement; l'étude des vicissitudes du temps donnera la trace des positions inconnues de l'anneau, et, par suite, permettra de calculer sa parallaxe, son inclinaison variable sur le plan de l'écliptique, et ses perturbations. »

# CHAPITRE XV

## LES PRODIGES.

Il nous reste à étudier un petit nombre de phénomènes que la croyance au merveilleux et l'ignorance des lois éternelles qui régissent l'univers ont fait attribuer, durant des siècles, à des causes surnaturelles. Qui de nous n'a entendu parler de ces pluies de pierres, de feu, de sang, de soufre ou d'animaux immondes, de ces coups de foudre éclatant dans un ciel serein, de tous ces prodiges dont les récits, amplifiés par les peureux et les mystificateurs, ont si longtemps épouvanté le vulgaire, et que les princes et les grands eux-mêmes redoutaient autrefois comme des signes de la colère céleste, comme des présages de malheur ? Parmi ces prétendus prodiges, il en est dont la science rend aujourd'hui parfaitement compte; il en est qu'elle n'a pas eu le soin d'expliquer, car ils ont cessé de se produire partout où l'on a cessé d'y croire. Enfin, s'il en est encore dont l'origine précise ait échappé à ses investigations, elle a démontré du moins surabondamment qu'ils n'ont rien de surnaturel, rien de dangereux, et méritent à peine qu'on s'en occupe. « Les météorologistes ne leur accordent pas, dit Kaemtz, plus d'importance que les zoologistes n'en accordent aux monstruosités, dont l'intérêt ne saurait être égal à celui de la série animale tout entière. Ces sujets prêtent au romanesque, mais ils ne sont pas féconds en conséquences et en enseignements. »

On ne saurait toutefois ranger dans la catégorie des phénomènes insignifiants la chute des masses minérales plus ou moins volumineuses qui, de temps à autre, tombent littéralement du ciel, et dont on peut voir de nombreux échantillons dans les collections publiques ou particulières. Ces masses sont connues sous les noms de *pierres météoriques*, de *météorites*, d'*aérolithes*. Le plus souvent elles tombent isolément; mais parfois aussi elles pleuvent en quantités considérables et sur d'assez grandes étendues. Depuis que les personnes quelque peu raisonnables ont cessé de voir dans les aérolithes des projectiles lancés par des dieux ou par des démons, et doués, en conséquence, de propriétés miraculeuses, les physiciens se sont mis en devoir de trouver à ces singuliers météores une origine naturelle. Mais les solutions proposées ne furent d'abord guère plus admissibles que les croyances superstitieuses des anciens. La moins déraisonnable était peut-être celle qui supposait les aérolithes projetés par des volcans, et transportés par le vent à des distances énormes.

A la fin du siècle dernier, l'Académie des sciences de Paris, mal satisfaite des explications qui lui étaient soumises, et n'en pouvant trouver de meilleures, avait pris le parti de trancher la question en niant purement et simplement la possibilité du phénomène, et en déclarant imposteurs ou hallucinés ceux qui prétendaient avoir vu le toit de leur maison enfoncé par une pierre venue du firmament. Il fallut, pour la faire hésiter dans son incrédulité, qu'un éminent physicien allemand, Chladni, prit la peine de démontrer par des preuves concluantes l'existence réelle des aérolithes, et que le ciel, intervenant dans le débat pour convaincre les saints Thomas de l'Institut national, fit tomber, le 26 avril 1803, près de Laigle, une véritable grêle de météorites. A la nouvelle de ce prodige attesté par la voix publique et par les journaux, la classe des Sciences délégua un de ses membres qui dut se rendre sur les lieux pour constater le fait. Cet académicien n'était autre que le jeune Biot. Il recueillit de la bouche des témoins les plus dignes de foi les détails suivants : « Vers une heure après midi, le ciel étant serein, on aperçut de Caen, de Pont-Audemer, de Falaise et de Verneuil, un globe enflammé d'un éclat très-brillant, et qui se mouvait dans l'atmosphère avec beaucoup de rapidité. Quelques instants après, on entendit à Laigle et aux environs de cette ville, dans un cercle de plus de trente lieues de rayon, une explosion violente qui dura cinq à six minutes ; ce furent d'abord trois ou quatre détonations qui ressemblaient à des coups de canon, suivies d'une espèce de décharge analogue à une fusillade, après laquelle on entendit comme un épouvantable roulement de tambours. Le bruit partait d'un petit nuage qui avait la forme d'un rectangle, et qui parut immobile pendant tout le temps que dura le phénomène ; seulement les vapeurs qui le composaient s'écartaient momentanément de différents côtés par l'effet des explosions successives. Ce nuage se trouvait à peu près à une demi-lieue de la ville. Il était très-élevé dans l'atmosphère. Dans tout le canton sur lequel il planait, on entendit des sifflements semblables à ceux d'une pierre lancée par une fronde, et l'on vit en même temps tomber une quantité de masses minérales. L'arrondissement dans lequel les pierres ont été lancées forme un espace elliptique d'environ deux lieues et demie de long, sur une de large. Le nombre des fragments tombés était certainement au-dessus de deux à trois mille. Le plus gros pesait huit kilogrammes soixante-quinze centigrammes, et le plus petit environ huit grammes. »

En présence d'un pareil fait, le scepticisme n'était plus de mise. Les savants français durent suivre l'exemple de leurs confrères étrangers, observer, s'enquérir et faire en sorte d'établir sur les faits dûment recueillis une théorie rationnelle. Quelques-uns, plus pressés que les autres de trouver une explication à des phénomènes dont il importait avant tout de bien connaître la marche et les véritables caractères, émirent l'idée que si les aérolithes n'étaient point lancés par les volcans terrestres, ils l'étaient probablement par les volcans lunaires. Laplace, Poisson et Biot entreprirent même de vérifier par le calcul la probabilité de cette hypothèse, et ils arrivèrent à ce résultat, que des pierres lancées dans la direction de la terre par les cratères des volcans de Copernic, de Newton, de Huyghens, pourraient nous atteindre, pourvu qu'elles fussent animées seulement d'une vitesse de deux mille cinq cents mètres par seconde : ce qui n'avait rien d'absolument inadmissible. Il n'en fallut pas davantage pour que, de cette possibilité théorique, nombre de gens conclussent immédiatement à la réalité du fait. « Il ne se trouva, pour ainsi dire, personne, dit M. W. de Fonvielle, qui s'opposât à ce que l'on transformât un astre inoffensif en un voisin impertinent qui nous jette des pierres. »

Ce n'était pas la faute de Chladni, si les esprits n'étaient pas rentrés plus tôt dans la voie du bon sens et de l'observation. Sans avoir jamais touché ni vu d'aérolithe, ce physicien avait conjecturé, dès 1794, que ces météores avaient, selon toute apparence, même origine que ces corps lumineux qu'on voit la nuit traverser l'espace avec une prodigieuse rapidité, et que tout le monde connaît sous le nom d'*étoiles filantes*. Il avait engagé les astronomes de tous les pays à observer en même temps ces « étoiles tombantes » dans la même partie du ciel, à remarquer leur direction, à mesurer leur hauteur et leur vitesse, ne doutant pas que ces données, une fois acquises, ne les conduisissent sûrement à la solution du problème. D'après ses indications, deux jeunes étudiants de l'université de Gœttingue, Brandes et Benzenberg, s'étaient imposé la tâche de passer les nuits « à la belle étoile », afin d'épier sur la voûte du firmament le passage des astéroïdes. Vingt-deux observations faites en 1790 leur donnèrent, pour la hauteur de ces météores, une moyenne de soixante-huit mille mètres, et, pour leur vitesse, de vingt-sept mille à quarante mille mètres par seconde. Plus tard, en 1823, Brandes trouva comme résultat de quatre-vingt-dix-huit observations un minimum de hauteur de vingt-quatre mille mètres, et un maximum de sept cent quarante mille; quant à la vitesse, elle variait de vingt-neuf mille à cinquante neuf mille mètres par seconde. Des résultats différents ont été obtenus depuis par Wartmann et Quételet; ce qui prouve seulement que la hauteur et la vitesse des étoiles filantes ou *bolides*, sont très-variables. Il résulte également d'un grand nombre d'observations que leur direction est en général opposée à celle du mouvement de la terre. Quant à leur grosseur, voici quelques-unes des mesures qui peuvent être considérées comme les plus exactes : le bolide de Weston (Connecticut), observé le 14 décembre 1807, cent soixante-deux mètres de diamètre; le bolide observé par Le Roi, 10 juillet 1771, environ trois cent vingt-cinq mètres; celui du 18 janvier 1783, estimé par sir Charles Blagden à huit cent quarante-cinq mètres.

Brandes n'attribuait aux étoiles filantes qu'un diamètre de deux cent cinquante à quatre cents mètres, et à la queue ou traînée lumineuse qu'elles laissent derrière elles, une longueur de vingt à trente mille mètres. Mais il y a lieu de croire que ces évaluations, la dernière surtout, ont été fort exagérées, par l'effet de certaines causes optiques.

Si les pluies de pierres et même la chute d'aérolithes isolés sont des faits assez rares, il n'en est pas de même de l'apparition des bolides ou étoiles filantes. Il suffit en tout temps de regarder le ciel pendant quelques heures, lorsque l'atmosphère est pure, pour voir paraître et disparaître plusieurs de ces brillants météores; et à certaines époques de l'année, notamment du 12 au 14 novembre et vers le 10 août, jour de la Saint-Laurent, ils deviennent extrêmement nombreux, au point de donner quelquefois le spectacle d'un magnifique feu d'artifice. Le plus célèbre de ces phénomènes est celui qui fut observé à la fois le 12 et le 13 novembre aux États-Unis, par Olmsted et Palmer, et dans l'Amérique du Sud, par Humboldt et Bonpland. Les deux savants voyageurs se trouvaient alors à Cumana. Les habitants de cette ville admiraient déjà depuis plus d'une heure et demie la merveilleuse illumination du ciel, lorsque Humboldt et son compagnan se réveillèrent, et s'aperçurent qu'il se passait là-haut quelque chose d'extraordinaire. Ils purent sortir à temps cependant pour voir encore le phénomène dans toute sa splendeur. De toutes parts le ciel était sillonné par des myriades de globes et de traînées de feu multicolores. En un seul endroit, pendant neuf heures d'observation, on put en compter plus de deux cent quarante mille. Cela dura jusqu'au jour, et même quelques grands globes se montrèrent encore après le lever du soleil. Chose remarquable, tous ces météores semblaient partir du même point. Ils apparaissaient à des distances inégales de ce point et marchaient avec une prodigieuse rapidité, décrivant en quelques secondes des arcs de trente à quarante degrés.

Dès que des millions de corpuscules célestes voyagent ainsi dans la région occupée par notre système, et s'approchent jusqu'à une distance de quelques myriamètres de la planète que nous habitons, on ne doit point s'étonner que de temps à autre des fragments s'en détachent, et, obéissant à l'attraction terrestre, viennent s'engloutir dans notre océan ou tomber sur nos continents. Il est aujourd'hui très-peu de physiciens et d'astronomes qui doutent de la commune origine des aérolithes ou météorites, et des bolides ou étoiles filantes. Mais cela ne veut point dire qu'il soit aisé de se rendre compte de toutes les circonstances qui accompagnent l'apparition ou la chute de ces météores.

On a vainement essayé, par exemple, d'expliquer leur éclat lumineux. On a cru d'abord qu'ils s'échauffaient jusqu'à la température du rouge blanc en traversant, avec la foudroyante rapidité que

l'on sait, les couches supérieures de l'atmosphère; mais les chiffres
cités plus haut montrent que, dans la grande majorité des cas, ils
se meuvent à une distance assez considérable des limites de notre
enveloppe gazeuse. Poisson a bien supposé qu'au delà de ces limites
le fluide électrique neutre forme comme une continuation de cette
enveloppe, et que c'est en décomposant ce fluide par le frottement
que les bolides s'échauffent et deviennent lumineux; mais c'est là
une hypothèse purement gratuite, et sans aucune vraisemblance. Il
faut donc, sur ce point, confesser pour le moment notre ignorance.
Nous ne savons pas davantage quelle cause amène dans la sphère
d'attraction du globe terrestre quelques-uns de ces astéroïdes,
lorsque tant d'autres continuent pendant des milliers desièc les leur
course à travers l'espace.

Tout porte à croire que cette course est soumise aux mêmes lois
que celle des grands corps célestes : des planètes, ou peut-être des
comètes. Cette dernière assimilation a été soutenue d'une façon très-
ingénieuse par le baron Reichenbach, et M. W. de Fonvielle l'a
développée avec beaucoup d'esprit et d'imagination dans une notice
dont j'ai cité plus haut quelques lignes [1]. Cet écrivain ne serait pas
éloigné de voir dans les bolides et les météorites des comètes condensées : ce qui expliquerait, selon lui, la disparition de tel de ces astres
errants, dont on attend en vain le retour. « Peut-être, dit-il, la
comète de Charles-Quint, qu'attend inutilement un spirituel académicien, est-elle ensevelie au fond de quelque océan, sans que personne ait pu noter sa chute; peut-être son cadavre repose-t-il au
fond de quelque collection, tandis que M. Babinet la cherche encore
dans l'infini des cieux? »

Cette thèse n'est pas, du reste, aussi paradoxale qu'on pourrait le
croire, et l'illustre Humboldt lui-même ne la taxait point d'extra-
vagance. Il se demandait si les molécules dont se composent ces
pierres météoriques si compactes n'étaient pas originairement à
l'état gazeux, ou simplement disséminées comme dans les comètes,
et si elles ne se condensent pas dans le météore au moment même
où celui-ci commence à briller à nos yeux. Et, en effet, cette condensation, si elle pouvait être établie, suffirait à expliquer, par le
dégagement de la chaleur latente, l'état igné des bolides.

[1] Deuxième année de l'*Annuaire scientifique*.

Quoi qu'il en soit, l'origine cosmique des aérolithes est aujourd'hui, je le répète, généralement reconnue. Leur composition chimique et leur contexture ne permettent point de les confondre avec les minéraux terrestres. On les divise en deux classes : les météorites métalliques, essentiellement formés de fer et de nickel, et les météorites pierreux, dont la composition est beaucoup plus complexe. « Au reste, dit Humboldt, toutes ces masses météoriques possèdent un caractère commun, quelles que soient les différences de leur constitution chimique interne : c'est un aspect bien prononcé de fragment, et souvent une forme prismatique ou pyramidale à sommet tronqué, à faces larges et un peu courbes, à angles arrondis. »

« Les aérolithes, dit d'autre part M. de Fonvielle, revêtent en tombant une espèce de livrée. Généralement cette enveloppe se montre teinte en noir par de l'oxyde de fer; quelquefois ce silicate vitrifié est d'un blanc marbré par quelques taches brunes... D'autres fois la surface est couverte d'une couche de matière noirâtre qui tache les doigts... Mais, dans tous les cas, l'extérieur est invariablement recouvert par une matière que l'action d'une chaleur violente a vitrifiée. »

Quant aux circonstances qui accompagnent la chute des aérolithes, elles sont, il faut l'avouer, fort extraordinaires, et bien faites pour frapper vivement l'imagination. Presque toujours la chute des fragments est précédée de l'apparition d'un globe en ignition qui, après avoir parcouru obliquement ou horizontalement un certain espace, éclate avec un fracas semblable à celui du tonnerre. Comme d'ailleurs le phénomène est tout à fait indépendant de l'état de l'atmosphère, et se produit aussi bien par le beau que par le mauvais temps, on ne doit pas s'étonner de voir les anciens auteurs signaler comme des prodiges de prétendus coups de foudre éclatant dans un ciel serein. Pour eux, tout météore se manifestant par une vive lumière et une explosion violente était une foudre. De nos jours encore le vulgaire confond, sous le nom de *pierres de foudre*, les pierres météoriques et les *fulgurites*, matières terreuses que la foudre proprement dite a fondues et vitrifiées, et qu'on prend pour des projectiles lancés par le tonnerre.

« Ces phénomènes, dit Humboldt, se présentent aussi sous un tout autre aspect : d'abord un petit nuage très-obscur apparaît subitement dans un ciel serein; puis, au milieu d'explosions qui ressemblent au bruit du canon, les masses météoriques sont précipitées sur le sol. On a vu quelquefois ces nuages parcourir des contrées entières, et en joncher la surface de milliers de fragments très-inégaux, et de nature identique. » C'est ce qui eut lieu à Laigle en 1803, comme on l'a vu plus haut.

Remarquons en terminant qu'il s'en faut de beaucoup que les explosions de ce genre soient toujours suivies de la chute d'aérolithes. Souvent, à ce qu'il semble, la matière du bolide est réduite en poussière impalpable; elle ne se montre que sous la forme d'un nuage qui se dissipe, et dont les éléments vont tomber on ne sait où. M. de Fonvielle en cite un exemple très-curieux. « Il y a quelques années, dit-il, un météore éclata, près de Vienne en Autriche, au-dessus d'un camp où se trouvaient réunis à la fois près de quarante mille hommes. Chaque soldat entendit le fracas épouvantable que fit l'aérolithe en approchant du sol; chacun vit la traînée lumineuse qu'il laissa derrière lui; des milliers de curieux se répandirent immédiatement dans les champs. Vains efforts : on ne put retrouver la trace du globe qui avait annoncé sa présence par de si bruyantes détonations. »

Tout récemment un fait analogue s'est produit dans le midi de la France. Un témoin oculaire, M. Garrigues, en a adressé de Montauban aux journaux de Paris la relation suivante : « Le 14 mai, à huit heures du soir, une étoile filante, dont la direction était contraire à la marche du soleil, a été observée ici, ainsi qu'à Moissac, Cahors, Villefranche-du-Rouergue et autres lieux circonvoisins. Semblable d'abord à une fusée qui laisse une trace de feu, elle a grossi rapidement, a éclaté et nous a présenté une masse lumineuse qui a répandu le plus vif éclat. Une minute après son passage, ce qui doit faire supposer qu'elle était à une distance de terre de vingt kilomètres au plus, un bruit semblable à celui du tonnerre dans le lointain s'est fait entendre pendant quinze à vingt secondes. Peu après des vapeurs épaisses et blanchâtres, qui occupaient encore la partie du ciel où venait de s'accomplir le phénomène, ont disparu insensiblement, et ne nous ont laissé que le souvenir de cette apparition. »

Les explosions météoriques non suivies de la chute de fragments ne pourraient-elles pas expliquer les *pluies de cendres* dont quelques auteurs ont fait mention? Il faut bien, en effet, que la poussière des aérolithes, si elle ne se précipite pas immédiatement, aille tomber quelque part après un temps plus ou moins long. On ne doit pas oublier non plus que les explosions dont il s'agit, lorsqu'elles ont lieu pendant le jour et à une très-grande hauteur, peuvent n'être ni vues ni entendues, et se manifester uniquement par une averse de poussière. C'est ainsi qu'un navire américain, *le John Bates*, fut, il y a peu d'années, couvert, en pleine mer, d'une pluie de poussière ferrugineuse, dont une petite quantité, examinée par le baron Reichenbach, s'est trouvée être d'une structure identique à celle des grands aérolithes.

Il est permis aussi d'attribuer aux pluies de cendres une origine volcanique, puisqu'on sait que tous les corps très-divisés peuvent être transportés par le vent à de très-grandes distances, comme le prouvent les *brumes rousses,* dont parle M. Zurcher dans ses *Phéno-mènes de l'atmosphère* [1]. Tous les météorologistes connaissent sous le nom de *brouillard sec* un phénomène semblable, sinon identique, qui, d'après Kaemtz, n'est pas extrêmement rare dans l'Allemagne méridionale, et est surtout commun dans l'Allemagne septentrionale et en Hollande. Les plus célèbres sont ceux de 1783 et de 1834. Le premier parcourut du nord au sud l'Europe entière, et s'étendit jusqu'en Syrie. En certains endroits, il fut tellement épais, qu'il laissait à peine distinguer les objets, en pleine campagne, à cinq kilomètres de distance, et leur donnait une teinte gris-bleuâtre. Le soleil était rouge, sans éclat; on pouvait le regarder en plein midi.

« Le brouillard sec si épais de 1834, dit Kaemtz, venait en partie de la combustion des tourbières et des incendies qui ont signalé cette année. Pendant qu'on l'observait à la fin de mai dans le Harz, aux environs d'Orléans et de Bâle, il y avait des incendies dans les tourbières. Ainsi, en particulier, la tourbière de Duchau, en Bavière, brûla jusqu'à la profondeur de deux mètres cinq centimètres, et l'incendie se propagea même par-dessous des fossés pleins d'eau. Aux environs de Munster et dans le Hanovre, plusieurs tourbières

---

[1] Voy. chap. VI de cette seconde partie.

furent consumées. Plus tard, en juillet, il y eut des incendies terribles de forêts et de tourbières près de Berlin en Prusse, en Silésie,
en Suède et en Russie; la sécheresse favorisait la propagation des
incendies et le transport de la fumée. »

Je ne m'arrêterai pas aux prétendues pluies de graines, d'animaux, de sang et de soufre, auxquelles on croyait fermement il y a
quelques siècles, et qui, de nos jours encore, défraient parfois les
légendes rustiques et même les *canards* des journaux. Ce sont là
des fables qui n'ont d'autre fondement que des apparences gros-
sières dont les gens les plus ignorants peuvent seuls être dupes. Il
arrive parfois, il est vrai, qu'*après* une forte pluie, — j'entends
une pluie d'eau, — le sol se trouve jonché de graines de céréales
ou d'autres plantes, ou d'animaux tels que des crapauds, des grenouilles, des chenilles. Évidemment la pluie a entraîné ces
graines de quelque montagne voisine; elle a forcé ces animaux à
sortir de leurs retraites, ou les a fait tomber des arbres; mais il faut
une forte dose de naïveté unie à un violent besoin de croire à l'impossible, pour admettre que les nuages engendrent ou recèlent de
semblables produits. Quant aux poussières rougeâtres et jaunes qui
parfois colorent la neige ou la pluie et se répandent à terre sur d'assez
grandes étendues, et qu'on a prises pour des *pluies de soufre* et *de
sang,* elles s'expliquent : les premières, par le développement de
végétaux cryptogames ou d'animaux infusoires; les secondes, par la
présence du *pollen* (poussière fécondante) de certains végétaux, tels
que les pins, les sureaux, les lycopodes, que le vent transporte au
loin, comme il transporte les cendres et la fumée des volcans et des
incendies, et que la pluie entraîne avec elle. Il peut arriver aussi
que la poussière rougeâtre qui tombe avec la pluie ou la neige soit
de nature minérale et ferrugineuse. Dans ce cas, il faut lui attribuer
une origine volcanique ou météorique.

# CHAPITRE XVI

## LES PROPHÈTES DU TEMPS

Notre étude des phénomènes de l'air serait incomplète, si nous ne consacrions pas, en terminant, quelques pages au problème, tant de fois abandonné et repris, de la prédiction du temps.

Ce genre de prédiction est très-populaire en France. Outre qu'il flatte le goût de la foule pour toute espèce de divination, il a sur les prophéties vulgaires des sorciers, des cartomanciens, des chiromanciens, des magnétiseurs et des spirites, une double et incontestable supériorité. En premier lieu, il s'applique à un ordre de faits dont la connaissance anticipée serait, pour l'agriculture et pour la navigation, c'est-à-dire pour la civilisation et pour l'humanité, un immense bienfait. En second lieu, il n'a rien en soi qui répugne au bons sens, car on conçoit très-bien qu'il pourrait être rationnellement établi sur l'observation et le calcul; et telles sont, en effet, les bases qu'on prétend lui donner. Reste à savoir jusqu'à quel point cette prétention est fondée dans l'état actuel des choses. L'argument le plus spécieux qu'on invoque pour la justifier est, je crois, le suivant. On dit :

« Les phénomènes météorologiques sont soumis à des lois aussi positives, aussi immuables que celles qui régissent les phénomènes physiques et astronomiques. Leurs causes principales sont déjà connues, et l'on sait comment elles agissent. Il ne reste à déterminer que des lois et des causes secondaires, qui ne sauraient être considérées comme inaccessibles à nos moyens d'investigation. En quoi donc ceux qui s'efforcent de réaliser cette détermination s'écartent-ils des règles et des traditions scientifiques? et pourquoi, au lieu de les seconder dans l'accomplissement d'une œuvre aussi utile, semble-t-on prendre à tâche de les décourager par des railleries et des fins de non-recevoir? »

Entendons-nous. Sans aucun doute, la recherche des causes qui engendrent les phénomènes météorologiques, des lois qui les régissent et des signes qui les précèdent, est légitime, et il n'entre dans la pensée de personne qu'elle doive être reléguée, comme celle de la quadrature du cercle et du mouvement perpétuel, au rang des problèmes insolubles. Aussi n'est-ce pas cette recherche elle-même que les maîtres de la science refusent d'encourager : c'est la marche qu'on y a suivie, ce sont les procédés qu'on y a mis en œuvre jusqu'ici. Ce qu'ils reprochent aux modernes prophètes du temps, ce n'est pas de poursuivre un but chimérique; c'est de s'engager dans une voie mauvaise, de partir de principes erronés ou de données insuffisantes; de prendre des coïncidences fortuites pour des rapports constants; de rattacher à des causes simples et invariables des phénomènes essentiellement complexes et variables; de vouloir enfin appliquer à la prévision de ces phénomènes une méthode qui ne convient qu'aux phénomènes réguliers et périodiques.

Certes, les médecins connaissent l'organisme humain beaucoup mieux que les gens qui se mêlent de prédire le temps ne connaissent l'atmosphère. Que dirait-on cependant d'un médecin qui, même après avoir examiné, ausculté une personne et s'être mis au fait de ses antécédents et de ses habitudes, non content de donner un diagnostic général et approximatif de son état à venir, voudrait annoncer avec précision, année par année, mois par mois, jour par jour, les périodes de santé et de malaise, les maladies et les indispositions qui l'attendent? On le taxerait assurément de charlatanisme, ou tout au moins de témérité. Que dire donc de ces météorologistes improvisés qui, après avoir compulsé quelques registres d'observations, se font fort de prédire plusieurs années à l'avance, « avec une précision mathématique », les variations du temps? — Mais n'anticipons point, et soumettons rapidement au criterium de la logique scientifique les principaux systèmes de prédiction météorologique qui ont occupé récemment le public et le monde savant. — Il s'agit, bien entendu, de la prédiction *à longue échéance*. Quant à la prédiction *à courte échéance,* telle que l'entendent et la pratiquent le commandant Maury à Washington, l'amiral Fitz-Roy à Londres, et M. Marié-Davy à Paris, elle présente un tout autre caractère, ne vise point à la prophétie, et ne se targue pas d'une infaillibilité absolue. J'y reviendrai tout à l'heure.

Je ne sais pourquoi la lune jouit, parmi les prophètes du temps et leurs innombrables adhérents, d'une confiance illimitée, tandis que le soleil, personnage astronomique bien autrement considérable, n'entre jamais pour rien dans leurs combinaisons. Est-ce parce que, dans l'antiquité, la pâle Phœbé était la patronne des sorcières et le témoin forcé de leurs enchantements? Quoi qu'il en soit, on trouverait difficilement une personne sur cent qui, parlant de la pluie et du beau temps, ne fasse pas intervenir les quartiers de la lune dans ses commentaires et dans ses conjectures sur l'état de l'atmosphère. Il est universellement admis que chaque phase de l'évolution mensuelle de la lune doit être marquée par un changement de temps; et comme il est rare que le temps ne change pas au moins quatre fois dans un mois; comme ces changements coïncident parfois avec la phase nouvelle, et qu'à défaut d'une coïncidence exacte on se contente volontiers d'une coïncidence approximative, le fait doit, dans ces conditions, donner bien souvent raison à la théorie. Si l'on demande aux partisans de la lune de justifier cette théorie par quelque argument plus scientifique, ils ne manquent jamais d'invoquer l'exemple des mouvements diurnes de l'Océan. Mais à ce compte, les marées ayant lieu deux fois par jour, ne faudrait-il pas que le temps changeât aussi avec la même périodicité, et ces changements ne devraient-ils pas suivre exactement toutes les phases de la révolution lunaire? Nous avons vu précédemment que, d'après les calculs de Bouvard et de Laplace, l'influence de la lune sur les déplacements de l'air est tout à fait insignifiante et n'affecte point les couches inférieures. Arago a entrepris de faire justice, dans une notice spéciale, des préjugés qui règnent relativement à l'influence de notre satellite sur le temps. N'importe! le préjugé persiste, et les astrologues de la météorologie s'obstinent à prendre pour base de leurs pronostics les mouvements de la lune.

Il y a quelques années, à un de ces moments où le besoin d'un système de prédictions météorologiques *se fait généralement sentir*, un journal de Paris fit connaître une méthode « tout empirique » (cette fois au moins, on l'avouait telle), proposée, disait-on, par feu le maréchal Bugeaud, qui s'en était longtemps servi pour son propre compte, tant dans ses opérations militaires que dans ses entreprises agricoles, et ne l'avait trouvée que rarement en défaut. Cette méthode consistait dans la règle de probabilité assez bizarre que voici :

« *Onze fois sur douze,* le temps se comporte pendant toute la durée de la lune comme il s'est comporté au cinquième jour dé cette lune, si, le sixième jour, le temps est resté le même qu'au cinquième; et *neuf fois seulement sur douze,* il se comporte comme au quatrième jour, si le sixième jour ressemble au quatrième. »

Il est évident que, dans un très-grand nombre de cas, c'est-à-dire toutes les fois que le sixième jour de la lune ne ressemblait ni au cinquième ni au quatrième, la règle était inapplicable, et que d'ailleurs l'appréciation de cette ressemblance était nécessairement arbitraire. Quant à justifier théoriquement cette règle, l'illustre maréchal n'avait jamais eu une telle prétention, et personne après lui ne s'avisa de l'entreprendre. Mais un honorable négociant du Havre, M. de Conninck, eut la curiosité de la mettre à l'épreuve, et la trouva exacte six mois sur dix. Pour les quatre autres mois, elle n'avait pu servir. Une méthode prophétique aussi timide et aussi restreinte ne pouvait avoir grand succès. Elle fut vite oubliée. La lune le fut aussi pour quelque temps. Un laborieux et patient astronome, M. Coulvier-Gravier, qui s'est voué depuis plus de quarante ans à l'étude des étoiles filantes, s'avisa de faire intervenir, sinon comme auteurs, du moins comme messagers certains des perturbations atmosphériques, ces enfants perdus de notre famille planétaire. Certes, l'idée était nouvelle, inattendue. M. Coulvier-Gravier passait pour un observateur sérieux; le gouvernement lui avait, dès 1841, accordé au palais du Luxembourg un local spécial d'où il pût contempler le ciel à son aise. Ses *Recherches sur les météores et sur les lois qui les régissent,* publiées en 1839, furent lues avec intérêt par les savants et par les amis des sciences; ses communications ultérieures à l'Institut furent écoutées attentivement. Après tout, se disait-on, il y a peut-être du bon dans cette théorie. Biot, en 1856, déclarait stériles toutes les recherches relatives aux lois météorologiques, parce que, disait-il, on prenait l'observation *par en bas* au lieu de la prendre *par en haut.* Ce reproche ne pouvait s'adresser à M. Coulvier-Gravier. Il est, au contraire, permis de trouver qu'il place beaucoup trop haut les causes des perturbations atmosphériques, bien qu'il ne les fasse pas remonter jusqu'à la lune.

M. Coulvier-Gravier divise l'atmosphère en cinq zones ou couches, dont la plus élevée, et aussi la plus vaste, est, selon lui, celle où s'enflamment les météores filants. Il affirme, en outre, que « les divers produits naissant dans l'air et en faisant partie, pondérables ou non, traversent en certains moments, et à partir des hauteurs les plus élevées de l'atmosphère jusqu'à la terre, toutes les tranches des diverses régions et des zones atmosphériques, de même que ces produits remontent ensuite de la terre vers le haut, pour reprendre la place qui leur est habituelle. » Il ajoute : « Une fois le fait bien acquis [1], ce mouvement atteste combien est grande la force qui vient d'en haut et cause toutes les transformations atmosphériques, pour se faire jour à travers tant de résistances accumulées les unes sur les autres, et qu'elle doit vaincre. »

Cette force, suivant lui, réside dans la zone des étoiles filantes, qu'il regarde comme *toutes différentes des aérolithes*. « C'est, dit-il, dans l'apparition des étoiles filantes, et principalement dans les diverses particularités qu'offre le parcours de leurs trajectoires, que se trouvent les signes de toutes les variations de l'atmosphère, donnant naissance, *comme tout le monde le sait*, aux divers produits météoriques, etc. »

Ainsi, ce n'est pas seulement la lune que M. Coulvier-Gravier détrône au profit de ses étoiles filantes : c'est le soleil, le soleil lui-même ! Ce n'est plus, comme tous les physiciens l'ont cru et démontré, la chaleur des rayons solaires qui est l'agent essentiel des changements météorologiques : c'est une *force* d'une puissance extraordinaire, qui traverse l'atmosphère de haut en bas, pour y engendrer les *produits météoriques;* après quoi elle remonte prendre sa place dans l'empyrée, séjour des étoiles filantes. M. Coulvier-Gravier n'admet pas qu'il y ait rien de commun entre ces étoiles et les aérolithes. En cela du moins il fait preuve de logique; car il ne peut accorder aux premières qu'une masse extrêmement faible, au plus égale à celle des comètes, pour supposer qu'elles soient entraînées par les mouvements d'un air aussi raréfié que celui de sa « cinquième zone ». Il se présente bien encore quelques difficultés : par exemple, la hauteur des étoiles filantes, — hauteur qui dépasse

---

[1] Mais encore faudrait-il qu'il le fût : et il est fort contestable.

ed plusieurs kilomètres les limites assignées à notre enveloppe gazeuse par les évaluations les plus élevées, comme on l'a vu au chapitre précédent, — et leur vitesse, hors de toute proportion avec celle des courants atmosphériques les plus rapides. Mais un prophète ne s'embarrasse pas pour si peu, et M. Coulvier-Gravier ne s'en croit pas moins fondé à déterminer, à partir du mois de mai, d'après l'inspection des trajectoires des étoiles filantes à cette époque, la constitution météorologique de l'année entière.

Revenons à la lune : c'est M. Mathieu (de la Drôme) qui nous y ramène.

Rejeté à la fois dans l'exil et dans l'oisiveté par le coup d'État du 2 décembre, après avoir joué un certain rôle politique [1], M. Mathieu (de la Drôme), un beau jour, s'improvisa météorologiste. Les théories sur lesquelles il a tenté d'étayer son système de prédictions montrent assez combien il est peu versé dans la physique et l'astronomie : ce qui n'empêche pas les journaux (non pas les journaux scientifiques toutefois) de le qualifier bénévolement de « savant astronome ». Ces théories sont exposées tout au long dans l'*Annuaire* et dans l'*Almanach Mathieu*, publiés par l'éditeur Plon. Car M. Mathieu (de la Drôme) n'a pas craint de mettre à profit la similitude de son nom avec celui du fameux Mathieu Lænsberg, et de faire concurrence aux *Liégeois doubles* et *triples*. Cette spéculation est sans doute lucrative, mais elle est peu conforme à la dignité de la science; et si elle a contribué à populariser les prophéties de M. Mathieu, elle n'a pu que les déconsidérer dans l'esprit des savants.

Le système de M. Mathieu (de la Drôme) n'est rien moins que nouveau. C'est la lune qui en fait tous les frais. Non que Mathieu refuse au soleil une certaine action sur les changements atmosphériques. Cette action, il la reconnaît; mais il ne lui accorde qu'une influence secondaire. Tout dépend pour lui des heures de jour ou de nuit auxquelles commencent, en chaque saison, les différentes phases de la lune. C'est là-dessus qu'il établit ses deux lois empiriques de la *consécutivité* et de la *corrélation horaires :* lois dont l'application varie, non-seulement selon la saison, mais encore selon

---

[1] Il siégeait comme représentant du peuple à l'Assemblée législative.

l'altitude et la latitude du lieu, sa constitution, etc. Or, en admettant même ces prétendues lois, on se demande comment M. Mathieu (de la Drôme), qui n'a consulté que les registres météorologiques de l'observatoire de Genève, c'est-à-dire d'une localité dont le climat est tout à fait exceptionnel, a pu se croire autorisé à en appliquer les résultats à tout le littoral de la Méditerranée et de l'océan Atlantique.

Mais ce n'est là qu'une des moindres inconséquences de cette théorie, qui accuse, je le répète, une profonde ignorance des principes les plus essentiels de l'astronomie, de la physique et de la météorologie. Un astronome illustre, M. le Verrier, s'est donné la peine de la réfuter en plein *Moniteur*. Après lui, MM. A. Guillemin, W. de Fonvielle et G. de Barral ont achevé de la réduire à sa juste valeur, et M. Mathieu (de la Drôme) n'a pas aujourd'hui, dans le monde scientifique, un seul partisan sérieux. Je crois donc inutile d'entreprendre, après les savants que je viens de citer, la critique d'un système également condamné par la logique et par les faits eux-mêmes. Car, il ne faut pas l'oublier, si, à force d'accumuler les prédictions, M. Mathieu a vu parfois l'événement leur donner raison; maintes fois aussi, et dans les circonstances les plus décisives, la pluie et le vent se sont fait un malin plaisir de lui fausser compagnie [1] : témoin les tempêtes de la fin d'octobre 1863, qu'il n'avait point annoncées; et celle bien plus terrible des 2 et 3 décembre, qu'il avait prédite pour le 5 ou le 6. Ce qui a été dit à la fin du chapitre IV de cette deuxième partie suffit pour montrer que l'influence de l'attraction lunaire sur les déplacements de l'air se réduit à très-peu de chose, et peut même être tout à fait négligée au point de vue météorologique. M. Mathieu (de la Drôme) est tellement étranger aux véritables causes des perturbations atmosphériques, qu'en plaçant la lune au premier rang de ces causes, il invoque l'autorité de Bouvard, dont les calculs ont précisément démontré le contraire de ce qu'affirme M. Mathieu. Ce dernier ignore également que les *phases* de la lune sont des périodes purement fictives, qui ne correspondent à aucun phénomène astrono-

---

[1] Voir, dans la 3e année de l'*Annuaire scientifique* de M. Dehérain, l'excellente étude de M. W. de Fonvielle sur la *Prévision rationnelle du temps*.

mique nettement défini, et que les astronomes ne continuent de faire figurer sur les calendriers que par une condescendance peut-être trop grande pour les habitudes du vulgaire. « Est-ce un juste châtiment de leurs idées fausses, demande M. W. de Fonvielle, que d'avoir à se débattre contre un empirique qui s'exprime comme si les phases avaient une existence réelle? »

M. Mathieu a cependant, il faut le reconnaître, rendu à la météorologie pratique un véritable service : il a obligé les savants français, qui la dédaignaient beaucoup trop, à s'en occuper ; il les a contraints à opposer aux prophéties utopiques, à longue échéance, les prévisions rationnelles, à courte échéance, à entrer enfin dans la voie féconde où le commandant Maury et l'amiral Fitz-Roy les avaient précédés. On a vu au chapitre des *tempêtes* quels services ont déjà rendus les stations météorologiques et le réseau de communications télégraphiques installés en France depuis peu grâce à l'initiative de M. le Verrier, et l'on a pu se convaincre qu'il ne s'agit plus ici, en réalité, de *prévoir* les tempêtes, mais simplement de les *voir venir*, ce qui est bien différent.

Il faut remarquer aussi que, beaucoup plus modestes que les émules de Mathieu Lænsberg, l'amiral Fitz-Roy et son savant confrère de Paris, M. Marié-Davy, ont la sagesse de n'émettre leurs avis que sous forme dubitative. Les signaux transmis dans les ports avertissent les marins de prendre garde, en leur faisant connaître les perturbations qui semblent devoir survenir dans un délai de deux à trois jours. Ainsi une ascension notable du baromètre se produit-elle à la fois sur une grande étendue, tandis qu'en deçà ou au delà on observe, sur une étendue parallèle, une forte dépression : on reconnaît là ces grandes ondulations, ces immenses vagues atmosphériques qui précèdent une tempête, et l'on hisse dans les ports les signaux d'alarme. L'amiral Fitz-Roy a rédigé en outre, sous le titre de *Manual barometer*, une sorte de catéchisme météorologique, où sont indiqués avec une grande simplicité les principaux pronostics du temps. Ce remarquable document a été traduit en français, et il est devenu le *vade mecum* de nos marins.

Les mouvements de la colonne barométrique combinés avec les indications du thermomètre et de l'hygromètre, la direction et l'intensité du vent, l'aspect du ciel et l'état sensible de l'atmosphère :

tels sont, dans la situation actuelle de la science, les seuls signes
sur lesquels on puisse établir rationnellement la prévision immé-
diate de la pluie ou de la sécheresse, du calme ou de l'agitation de
l'air.

Quant à la science vaste et profonde qui doit permettre de calculer plusieurs mois, plusieurs années à l'avance, les perturbations
atmosphériques, comme on calcule les éclipses de soleil ou de lune,
les occultations des planètes ou même le retour des comètes, cette
science ne saurait être l'œuvre d'un homme ni l'œuvre d'un jour;
et ceux qui, enivrés par les applaudissements d'une foule ignorante,
montent sur le trépied sibyllin pour jeter au vent leurs oracles
soi-disant infaillibles, préparent à eux-mêmes et à ceux qui ont la
naïveté de les croire de cruels mécomptes. Qu'ils me permettent
de leur rappeler cette grande parole de Franklin : « Le temps ne
consacre rien de ce qui a été fait sans lui. »

# TROISIÈME PARTIE

## LE MONDE AÉRIEN

### CHAPITRE I

#### UNE PROMENADE A TRAVERS LE MONDE AÉRIEN. — LES INSECTES

L'air est, pour tous les êtres répandus sur la surface du globe, le principe vital par excellence, puisqu'il peut seul entretenir chez eux la fonction essentielle de la vie, la respiration. Cette vérité fondamentale a été suffisamment établie dans notre première partie pour qu'il soit inutile d'y insister de nouveau.

Les êtres aquatiques, ceux mêmes qui peuplent les abîmes de l'Océan, ne laissent pas d'emprunter indirectement à l'air le gaz oxygène qu'ils respirent. Quant aux êtres terrestres, tous sans exception puisent incessamment et directement dans l'atmosphère qui les environne les éléments indispensables à leur conservation. D'où l'on voit qu'au point de vue purement physiologique, le monde aérien embrasserait l'universalité des animaux à respiration pulmonaire ou trachéenne, depuis l'homme jusqu'au dernier des insectes, et tous les végétaux communément appelés terrestres, depuis le chêne et le palmier superbes jusqu'aux plus imperceptibles cryptogames.

Mais si, laissant de côté les plantes, — invariablement fixées par leurs racines à la terre, dont elles vivent au moins autant que de l'air, — nous voulons nous en tenir au règne animal, nous trouverons dans ce règne des êtres pourvus d'organes spéciaux qui leur permettent de se soutenir dans l'air, de s'y mouvoir, d'y chercher leur proie, d'y vivre, en un mot, à peu près comme les poissons vivent dans l'eau. N'est-ce pas de ceux-là seuls qu'on peut dire que l'air est leur élément? N'est-ce pas par eux que l'atmosphère est vraiment un monde? — j'entends un monde animé, comparable sous ce rapport à l'Océan, — et non simplement une masse de matière passive, soumis à la seule action des forces physiques et chimiques, et d'où les forces organiques seraient bannies.

On a coutume de regarder ces êtres comme des privilégiés de la création. C'est à tort : l'idée de privilége implique celle d'exception ; et si les animaux volants sont l'exception parmi les mammifères, ils sont, en revanche, la règle parmi les insectes et les oiseaux : on compte dans ces deux classes leurs espèces par milliers.

Est-ce à dire que nous nous proposions de passer en revue toutes ces espèces, d'en suivre de point en point la classification et la nomenclature, de pénétrer, à l'aide du scalpel et du microscope, dans les minutieux détails de leur organisme? Non certes. Après l'étude longue et parfois ardue que nous venons de faire de la physique atmosphérique et de la météorologie, il convient de donner à notre esprit quelque repos, de détendre ses ressorts, de l'abandonner un peu aux caprices de sa fantaisie.

Cette troisième partie de notre livre n'est donc pas, comme le lecteur pourrait le craindre, un traité d'entomologie et d'ornithologie ; c'est une causerie familière sur ce monde ailé qui nous montre dans le libre espace la vie avec ses énergies multiples, ses couleurs bigarrées, ses formes infiniment variées, ses industries merveilleuses, ses luttes tragiques et son immense travail de production et de destruction.

J'aurais pu l'intituler, un peu longuement, *Relation pittoresque d'une promenade à travers le monde aérien;* et ce titre n'eût pas été une fiction. J'ai réellement fait, en compagnie de mon excellent collaborateur M. W. Freeman, cette intéressante promenade, d'où nous avons rapporté, lui, les nombreux et charmants dessins d'après nature que l'on va voir, moi, les impressions et les descriptions que l'on va lire.

Je vois d'ici, lecteur, l'étonnement et l'incrédulité se peindre sur votre visage. Vous vous demandez si l'auteur qui, quelques pages plus haut, raillait les illusions des soi-disant prophètes et la naïveté de leurs adhérents, n'est pas lui-même un peu visionnaire et halluciné. Aussi je me hâte d'ajouter qu'il n'y a dans ceci ni illusion ni sortiléges; que nous n'avons point attaché à nos épaules les ailes d'Icare, ni emprunté à je ne sais plus quel héros des contes orientaux l'anneau magique qui permet de se transporter instantanément d'un lieu dans un autre, en voyant tout sans être vu; que nous n'avons pas même eu recours au magnétisme, ni à ces breuvages narcotiques qui font, dit-on, voir en rêve ce qu'on ne pourrait voir les yeux ouverts. Nos pieds n'ont point quitté le sol; nous sommes restés éveillés et dans la pleine possession de nos facultés, dont, Dieu merci, nous jouissons encore à l'heure présente.

Enfin il ne tient qu'à vous de suivre, quand il vous plaira, notre exemple, de refaire après nous la même excursion, de la faire même beaucoup plus complète.

Je vais, sans plus de mystère, vous indiquer le chemin.

Il existe à Paris un établissement que tout le monde connaît : c'est le Muséum d'histoire naturelle. Là se tient une sorte d'exposition universelle et permanente des œuvres de la nature. On peut signaler dans cette exposition plus d'une lacune regrettable; telle qu'elle est cependant, elle offre à la curiosité des amis de la science de quoi se satisfaire largement. Outre ses vastes jardins botaniques, ses serres, sa ménagerie, sa bibliothèque, ses riches collections minéralogiques, le Muséum comprend un vaste bâtiment situé dans sa partie méridionale, le long de la rue Geoffroy-Saint-Hilaire : ce sont les *galeries de zoologie,* où se trouvent réunis les représentants du règne animal tout entier, depuis les grands singes anthropomorphes et les gigantesques pachydermes, jusqu'aux zoophytes et aux infusoires.

Les salles des étages supérieurs sont consacrées aux habitants de l'air : aux oiseaux et aux insectes. Cette collection est irréprochable. Les animaux y sont préparés et conservés avec un art et un soin qui leur laissent toutes les apparences de la vie. Ils sont groupés par familles, par genres et par espèces, dans des vitrines parfaitement éclairées, et chacun d'eux porte ses noms génériques et spécifiques inscrits lisiblement en latin, souvent même en langue vulgaire, sur une carte numérotée. C'est en parcourant, M. Freeman et moi, cette nécropole du monde aérien, que nous avons pu recueillir les matériaux de notre travail. Il est vrai que nous avions pour guides, dans cette promenade, MM. Pucheran et Kiener, conservateurs des galeries, deux hommes dont l'obligeance égale le savoir, et qui ont bien voulu s'imposer à notre profit l'emploi de *ciceroni,* ou plutôt celui de *démonstrateurs,* comme on disait au temps où le Muséum s'appelait le Jardin du Roi.

Évidemment nous ne pouvions tout voir. Nous nous arrêtions çà et là devant les vitrines où nous attiraient les formes élégantes ou bizarres, les vives couleurs, la grande taille de tel ou tel animal; M. Freeman prenait son album et son crayon, tandis que j'interrogeais M. Kiener ou M. Pucheran.

Quelques lectures ont complété mes renseignements sur les types qui avaient fixé notre attention. Ce n'est là, on le voit, qu'un faible aperçu du monde de l'air : monde infini comme celui de la mer, et qui, pour arriver à l'insecte, puis à l'oiseau, commence par des milliards de milliards de corpuscules invisibles : poussière impalpable qui se mêle aux molécules gazeuses, et qu'on aperçoit lorsqu'un faisceau de rayons solaires pénètre par une étroite ouverture dans une chambre close. Le rôle de ces corpuscules dans l'économie générale de la nature paraît être immense, formidable. Beaucoup ne sont, d'après une théorie récente, autre chose que des germes, des sporules d'infusoires et de cryptogames microscopiques, qui, tombant dans l'eau, s'introduisant dans les liquides et dans les tissus des animaux et des plantes, s'y développent et s'y reproduisent avec une prodigieuse rapidité, refont la vie partout où la vie s'éteint ou faiblit, déterminent, selon toute apparence, une multitude de phénomènes restés longtemps inexplicables, la fermentation, la germination, — la végétation même, si l'on en croit certains micrographes, — et occasionnent la plupart de nos maladies. Nous absorbons ces germes avec l'air que nous respirons; ils se répandent dans nos organes et jusque dans nos vaisseaux circulatoires pour corrompre notre sang, pour nous dévorer. Ils restent improductifs tant que les forces vitales persistent, tant qu'elles conservent leur énergie et leur équilibre; mais la moindre perturbation de l'organisme peut leur livrer notre corps, et ils s'en emparent sans conteste dès que la mort survient. De telle sorte que notre grande affaire est de réagir à tout instant contre ces causes, toujours et partout présentes, de destruction; ce qui, notons-le en passant, montre combien est juste et profonde la définition que Bichat a donnée de la vie : « l'ensemble des fonctions qui résistent à la mort, » et justifie dans son principe, sinon dans ses applications, la célèbre théorie nosologique de M. Raspail.

Il est probable d'ailleurs que la plupart des mouches et des moucherons vivent en grande partie des corpuscules de nature animale et végétale tenus en suspension dans l'atmosphère, bien qu'ils empruntent souvent aussi leur nourriture, soit aux plantes, soit à des animaux beaucoup plus forts qu'eux; car dans le monde des insectes, au contraire de ce qu'on voit communément, c'est plutôt le plus petit qui vit aux dépens du plus grand que le plus grand aux dépens du plus petit. A la classe des insectes appartiennent en grande partie ces légions de parasites qui s'attachent aux animaux de toute espèce pour vivre de leur substance. C'est un préjugé fort répandu parmi le peuple, qu'il y a imprudence à débarrasser trop tôt les enfants de la vermine qui presque toujours les envahit à un certain âge. Je serais presque tenté de voir dans ce préjugé une sorte de résignation instinctive à la loi de parasitisme qui semble peser sur la nature entière. Le fait est que les plus petits animaux y sont soumis comme les plus grands; la mouche, le puceron, les moindres insectes ont leurs parasites, ainsi que M. Bertsch l'a démontré par ses intéressantes recherches micrographiques; et il y a lieu de croire que ces parasites, déjà imperceptibles, sont eux-mêmes les victimes d'autres parasites, tellement petits que nos meilleurs instruments ne nous permettent pas de les apercevoir.

Les parasites ne forment point un ordre distinct dans la série entomologique. Un grand nombre ne sont même pas des insectes, mais des annélides. Quelques-uns sont des larves, qui plus tard auront des ailes et une existence plus honorable. Plusieurs enfin appartenaient jadis à l'ordre des *aptères* (α privatif, et πτερόν, aile), c'est-à-dire des insectes sans ailes, que les naturalistes modernes ont supprimé, et dont ils ont distribué les membres, *disjecta membra,* dans les deux ordres des *diptères* (insectes à deux ailes) et des *hémiptères* (insectes à demi-ailes).

Les autres ordres aujourd'hui reconnus sont ceux des *hyméno-*

*ptères* (ailes membraneuses), des *névroptères* (ailes à nervures), des *coléoptères* (ailes à étuis), des *orthoptères* (à ailes droites) et des *lépidoptères* (ailes écailleuses).

On voit que, suivant cette classification, tous les insectes complets sont censés avoir des ailes, bien que beaucoup en soient absolument dépourvus. Il ne m'appartient point de discuter les motifs, très-sérieux sans doute, qui ont décidé les entomologistes à ranger la punaise et le pou (sauf votre respect) parmi les insectes à demi-ailes (hémiptères), et la puce parmi les insectes à deux ailes (diptères). Heureusement ces affreuses bêtes ne peuvent avoir rien de commun avec le monde aérien, et nous sommes dispensés de nous en occuper.

Ce n'est pas qu'il ne faille, pour étudier de près les insectes, même ailés, réprimer certaines répugnances dont peu de personnes sont exemptes. J'avoue que, quant à moi, les insectes m'inspirent une aversion invincible. Les plus incontestablement beaux, ceux que la nature a parés des teintes les plus splendides, des reflets les plus brillants, trouvent à peine grâce devant cette antipathie involontaire. Je les regarde, je les admire; mais je ne les touche pas volontiers. Cela tient, je crois, à ce qu'ils sont trop loin de nous sous le rapport de l'organisation, et plus encore à ce que presque tous sont réellement pour nous des ennemis. Ceux qui ne nous attaquent pas personnellement nous incommodent par leur contact, par leur bourdonnement, ou s'en prennent aux produits de nos cultures, dévorent nos moissons, nos plantations, nos bois. Il en est qui vivent d'immondices, de chair morte; ceux-là peuvent avoir leur utilité dans les contrées sauvages où, sans eux, sans leurs puissants collaborateurs, les corbeaux et les vautours, rien ne s'opposerait à l'infection de l'air par les cadavres et les charognes abandonnés au hasard dans les champs, dans les bois et sur les chemins. Mais ces insectes, à raison même de leur rôle, de leur genre de vie, n'en sont que plus dégoûtants, et nous qui savons sans eux enterrer nos morts, nettoyer nos routes et nos rues, nous avons bien le droit de les repousser.

Reste le petit nombre de ce qu'on peut appeler les insectes industriels, tels que la cochenille et le ver-à-soie. Je n'en veux point médire. Il faut avouer cependant que s'il y a quelque chose d'admirable, c'est que des choses aussi belles que la couleur de pourpre et la soie nous viennent de si vilaines bêtes [1].

Je sais bien qu'aux yeux du naturaliste la laideur ou la beauté d'un animal ou d'une plante est chose très-secondaire, et dont il a peu de souci. Que lui importent le plus ou moins d'élégance des formes, la vivacité ou l'agencement des couleurs? Ce qui le captive avant tout, c'est la structure et le jeu des organes, l'harmonie des fonctions. Il se passionnera pour des recherches anatomiques à instituer ou à compléter, pour une lacune à combler dans la série des genres ou des espèces; et sous l'empire de ces préoccupations, il sera capable d'oublier, pour quelque insecte réputé à bon droit immonde ou malfaisant, les plus graves intérêts.

Le savant Latreille, — celui qu'on a nommé *le prince de l'entomologie française*, — arrêté à Bordeaux en 1793, jeté en prison et près de subir devant le tribunal révolutionnaire un jugement qui, selon toute probabilité, devait être un arrêt de mort, — Latreille aperçoit un jour dans son cachot une *nécrobie à collier roux*, un petit coléoptère qui, comme son nom l'indique, ne se nourrit que de cadavres. Aussitôt l'entomologiste oublie tout, jusqu'à l'échafaud, pour ne plus songer qu'à sa trouvaille.

Il en parle avec enthousiasme au médecin des prisons, et le prie de remettre de sa part ce précieux échantillon « à quelqu'un qui soit digne de l'apprécier ». Le médecin porte l'insecte à Bory de Saint-Vincent. Celui-ci, en apprenant le danger de Latreille, met ses amis en campagne et parvient à obtenir du proconsul Tallien l'élargissement de son confrère. Un autre que Latreille eût écrasé l'innocente bête, qui fut pour lui un instrument de salut, et dont il ne parlait plus, dans la suite, qu'avec reconnaissance. « Cet insecte m'est bien cher, dit-il dans son grand ouvrage *Genera crustaceorum et insectorum;* car dans ces temps malheureux ou la France gémissait, accablée de toutes les calamités à la fois, avec l'aide amicale de Bory de Saint-Vincent et de Dargelas, de Bordeaux, ce petit animal fut, par une circonstance miraculeuse, l'occasion de mon salut et de ma liberté. »

---

[1] Certains bombyx, ceux de l'ailante, du ricin et du chêne, sont de fort beaux papillons; mais leurs chenilles, qui font la soie, sont toutes laides — comme des chenilles.

Il avait pris pour épigraphe de ce même ouvrage la phrase latine suivante, empruntée à la *Faune suédoise* de Linné : *Quod alii venationibus, confabulationibus, tesseris, chartis, lusibus, compotationibus insumunt, illud ego tempus insectis indagandis, colendis, contemplandis impendo.*

Il faut bien que les insectes aient quelque chose d'intéressant, pour que des Linné et des Latreille, qui certes n'étaient pas de petits esprits, aient préféré le plaisir de les étudier à tous ceux que le commun des hommes recherche avec tant d'avidité. Je pourrais ajouter à ces exemples celui d'un éminent écrivain de nos jours, qui a su trouver dans *L'Insecte* le sujet d'un livre émouvant, dramatique, presque d'un poëme. Sachons donc, nous aussi, surmonter des répugnances puériles, d'orgueilleux mépris, et ne craignons pas d'entrer en commerce avec ce peuple étrange, d'organisation à part, de mœurs actives et laborieuses. Qui sait si, une fois familiarisés avec lui, mieux instruits de ses faits et gestes, nous ne le quitterons pas avec regret?

---

# CHAPITRE II

## UN PEU D'ANATOMIE ET DE PHYSIOLOGIE

A première vue, on se fait de l'organisation des insectes une idée très-incomplète, partant très-fausse. On analyse assez aisément leur structure extérieure (je parle des insectes complets et d'une certaine taille). On distingue leur tête, leur thorax, leur abdomen, leurs pattes et leurs ailes. En y regardant de près, on aperçoit leurs yeux et leur bouche : cette dernière, en général, très-compliquée. Mais on se demande comment tout cela fonctionne et vit. Écrasez un insecte, vous voyez sortir de son corps une sorte d'humeur épaisse, de couleur indécise; à peine pouvez-vous croire que ce soient là des viscères, des intestins, des muscles, un ensemble d'appareils digestifs, sensitifs, circulatoires, respiratoires, locomoteurs. Tout cela cependant existe bel et bien. Les insectes ont même un squelette. Seulement il se confond chez eux avec la peau. C'est, comme chez les crustacés, un squelette extérieur, quelquefois flexible et mou, mais le plus souvent de consistance dure et cornée, couvrant l'animal d'une armure solide, admirablement composée et articulée, qui laisse au corps et aux membres toute leur souplesse et leur élasticité. C'est à cette division de leur charpente en un certain nombre d'anneaux s'emboîtant les uns dans les autres, que les insectes doivent leur nom. Leur corps est partagé en trois segments principaux : la tête, le thorax et l'abdomen.

La tête paraît faite d'une seule pièce; mais elle se compose en réalité de plusieurs petits anneaux, plus ou moins exactement soudés ensemble. Elle porte d'ailleurs trois sortes d'organes très-importants, sur lesquels je reviendrai tout à l'heure : les yeux, les antennes et les appendices buccaux.

Le thorax, région moyenne du corps, est formée de trois anneaux, souvent difficiles à distinguer. L'anneau antérieur est appelé *prothorax;* le moyen, *mésothorax;* le postérieur, *métathorax.* A la partie inférieure de chacun de ces anneaux est fixée une paire de pattes. Les ailes sont attachées à la partie supérieure du mésothorax et du métathorax, ou du mésothorax seul.

L'abdomen est ordinairement la partie la plus volumineuse du corps de l'insecte. En tout cas, c'est celle qui comprend le plus grand nombre d'anneaux, puisque ce nombre s'élève quelquefois jusqu'à neuf. Son extrémité postérieure porte souvent des appendices qui sont pour l'animal, tantôt des organes supplémentaires de locomotion, tantôt des armes offensives, tantôt de véritables instruments de travail.

Les insectes ont des sens fort développés. Ils sont notamment très-bien partagés sous le rapport des organes de la vision. Leurs yeux sont de deux espèces : simples et composés. Les yeux simples sont appelés aussi *stemmates, ocelles,* et encore *yeux lisses,* par opposition aux yeux composés ou à réseau, qui présentent des facettes très-nombreuses. Ces facettes correspondent à autant de tubes, dont chacun est véritablement un œil distinct, qui ne reçoit que les rayons lumineux parallèles à son axe. Le nombre des tubes accolés dont se compose, par exemple, l'œil du hanneton, est de neuf mille. Chez quelques espèces, il dépasse, dit-on, quinze mille. Certains insectes, tels que les coléoptères, n'ont que des yeux composés; d'autres, tels que les hémiptères, ont à la fois des yeux lisses et des yeux à facettes.

Il ne paraît pas douteux que l'ouïe et l'odorat existent chez les insectes; mais les organes de ces sens ne sont pas exactement déterminés. Plusieurs anatomistes pensent que l'ouïe et l'odorat ont également leur siége dans les antennes. Ces organes sont générale-

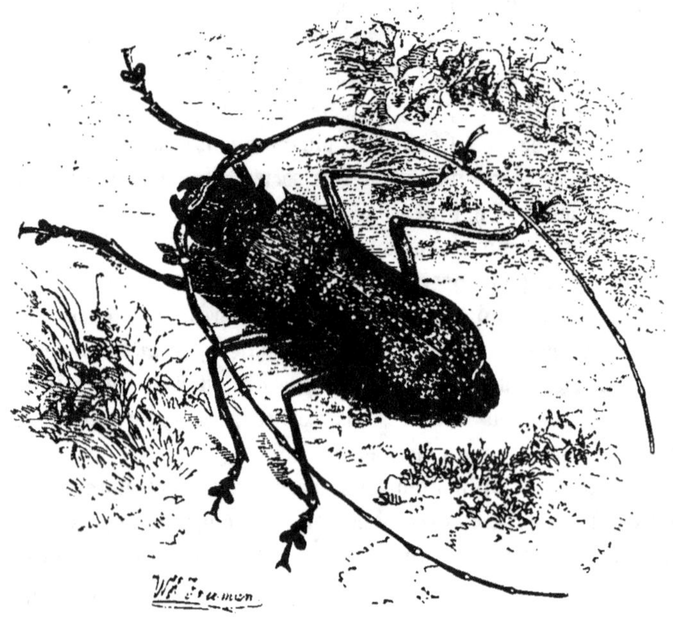

Omacantho géant (²/₃ de grandeur naturelle).

ment placés en avant et au-dessus de la bouche. Ils jouissent d'une extrême mobilité, due à la multiplicité des pièces dont ils sont composés. Leur forme et leurs dimensions sont d'ailleurs très-variables. Les antennes sont tantôt *droites*, tantôt *coudées* ou *brisées*. Dans l'un et l'autre cas, elles peuvent être *filiformes*, c'est-à-dire partout de même épaisseur; *sétacées*, ou terminées en pointe; *claviformes*, ou en *massue*, c'est-à-dire terminées par des articles plus gros; dentées en scie ou en peigne; *plumeuses*, *foliacées*, etc. Très-courtes chez quelques espèces, elles atteignent chez d'autres une longueur déme-

surée. Certains coléoptères de grande taille, tels que l'*énoplocère
épineux*, l'*acrocine longimane*, l'*omacanthe géant*, sont surtout remarquables par l'énorme longueur de leurs antennes.

C'est encore dans les antennes, et aussi dans les pattes et dans les
*palpes*, que réside le sens du toucher. Les palpes font partie des

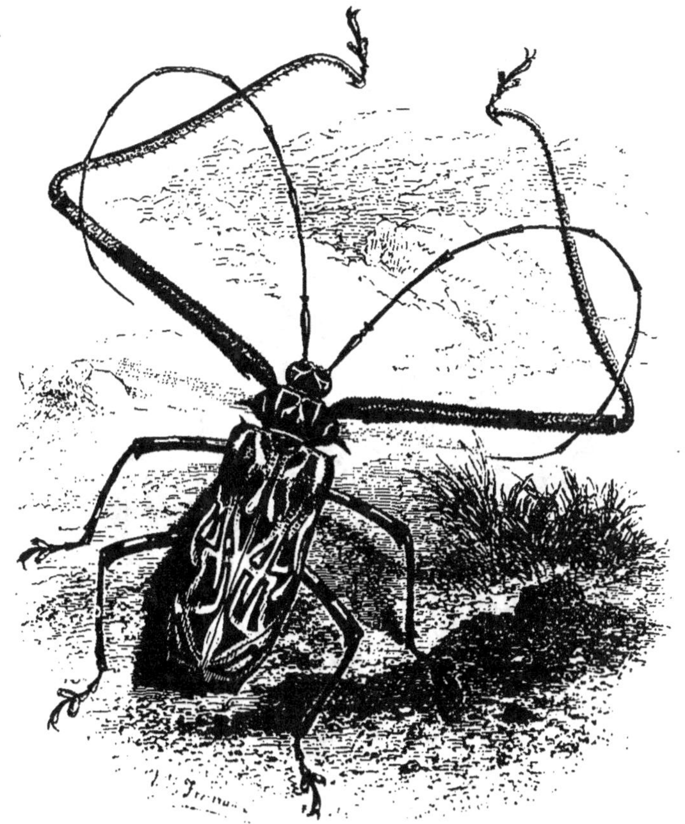

Acrocine longimane (¹/₂ de grand. nat.).

appendices buccaux ; car la bouche est, chez les insectes, un organe
très-complexe. Sa conformation diffère selon le mode d'alimentation
de l'animal. On a divisé, sous ce rapport, les insectes en deux
classes : celle des *broyeurs*, et celle des *suceurs*. Dans la première,
la bouche est destinée à couper, à mâcher les substances dont l'animal se nourrit. Les pièces dont elle se compose sont au nombre de

six. Ce sont : le *labre* ou lèvre supérieure, la lèvre inférieure ou
simplement la *lèvre*, les deux *mandibules* et les deux *mâchoires*.
Aux mâchoires et à la lèvre inférieure s'attachent les *palpes*, qu'on
distingue, pour cette raison, en *palpes maxillaires* et *palpes labiaux*,
et dont l'insecte se sert pour prendre ses aliments et les maintenir

Macrodonte cervicone (²/₃ de grand. nat.).

tandis qu'il les broie avec ses mandibules. Les mâchoires prennent,
chez quelques espèces, un développement extraordinaire, et se re-
courbent en pinces puissantes, dentelées et acérées, qui, pour des
coléoptères d'ailleurs robustes et défendus par une solide cuirasse,
tels que le *macrodonte cervicorne* et le *lucane cerf-volant*, sont des
armes offensives redoutables.

Chez les insectes suceurs ou *haustellés* (du latin *haustellum*, petite pompe), les appendices buccaux ont subi des modifications qui les rendent méconnaissables. Les mâchoires se sont prolongées de manière à constituer une sorte de trompe tubulaire, garnie souvent à l'intérieur de filaments aigus qui remplissent l'office de lancettes; les autres pièces de la bouche, au contraire, se sont atrophiées, et n'existent plus qu'à l'état rudimentaire. Comme type des insectes suceurs, on peut citer les papillons, dont la trompe très-longue s'enroule à l'état de repos, et se déroule lorsque l'animal veut pomper le suc des fleurs. Les hémynoptères sont pourvus d'une trompe comme les haustellés; mais leur labre et leurs mandibules sont les mêmes que chez les broyeurs, et leur servent, soit à tuer les petits animaux dont ils sucent ensuite les humeurs, soit à diviser et à préparer les matériaux dont ils construisent leur nid. La plupart des insectes paraissent capables de sentir la saveur des corps; on croit que l'intérieur de leur bouche est tapissé d'une membrane gustative.

Le tube intestinal des insectes s'étend dans toute la longueur du corps, et présente une structure assez compliquée. Tantôt il est droit, tantôt il forme des replis plus ou moins nombreux. Dans tous les cas, on y remarque des renflements et des rétrécissements successifs, que les entomologistes ont reconnus être des organes distincts, dont chacun a sa fonction spéciale.

C'est ainsi qu'on accorde aux insectes un pharynx ou arrière-bouche, un œsophage, trois estomacs, un gros intestin, etc., et jusqu'à des glandes salivaires! On trouve en outre, à la partie inférieure de l'abdomen de certains insectes, d'autres organes sécréteurs, qui distillent une liqueur âcre et fétide. L'insecte lance au dehors cette liqueur ou l'introduit dans les piqûres qu'il fait avec son aiguillon, pour blesser ou tuer un ennemi ou une proie. « Les sécrétions des insectes sont très-variées, disent MM. P. Gervais et Van Beneden. Certaines odeurs répandues par ces animaux sont dues à des follicules arrondis situés sous l'enveloppe cutanée. Les glandes anales de différents carabes donnent une liqueur explosive; d'autres glandes sont phosphorescentes, comme celles des *élaters* et des *lampyres* ou vers luisants. La cire des abeilles est fournie par des cryptes placés sous leurs articles abdominaux; celle des pucerons et des cochenilles transsude de toute la surface de leur corps [1]. »

M. le docteur Chenu, dans sa grande *Encyclopédie d'histoire naturelle,* donne de très-curieux détails sur la liqueur explosive des carabes du genre *brachin.* Ce genre compte plus de cent espèces, les unes petites, les autres d'assez grande taille. Les brachins vivent sous les pierres en sociétés parfois très-nombreuses. « Ils ont, dit M. Chenu, la singulière propriété de lancer par l'anus, lorsqu'ils sont inquiétés, une vapeur blanchâtre, avec détonation, et qui laisse après elle une odeur forte et pénétrante, analogue à celle de l'acide nitrique. D'après l'expérience qu'on en a faite, cette liqueur est en effet très-caustique, rougit le bleu de tournesol, et produit sur la peau la sensation d'une brûlure... » D'après M. Léon Dufour, le *brachinus displosor* peut produire consécutivement jusqu'à douze décharges avec détonation.

L'appareil respiratoire des insectes diffère entièrement de celui des animaux vertébrés. Il est infiniment plus simple, et consiste en un système de tubes déliés appelés *trachées,* dans lesquels l'air pénètre par des orifices nommés *stigmates* et disposés de chaque côté de l'abdomen. On aperçoit dans certaines familles, notamment chez les orthoptères, des mouvements respiratoires; on voit l'abdomen se dilater et se contracter alternativement, comme la poitrine des animaux supérieurs. « Les espèces qui volent le mieux, disent MM. P. Gervais et Van Beneden, sont celles dont la respiration montre le plus d'activité, et l'on voit certains de ces animaux se gonfler d'air au moment où ils vont prendre leur essor. »

Le sang des insectes est en général incolore; quelquefois cependant il est verdâtre; il est rouge dans les larves des *chironomes.* On a soutenu que ce sang ne circulait point. Cuvier croyait que les trachées, pénétrant dans toutes les parties du corps, suffisaient à le vivifier sur place. Cependant Swammerdam, Malpighi et d'autres anatomistes du xviie siècle s'étaient déjà fait une idée suffisamment exacte de la circulation du sang dans le corps des insectes; et depuis Cuvier, plusieurs observateurs, M. Carus entre autres, ont démontré que le célèbre naturaliste s'était trompé.

---

[1] *Zoologie médicale,* t. I, page 295.

L'agent central du système circulatoire, le cœur, est un vaisseau qui règne sur toute la longueur du corps, et qu'on nomme le *vaisseau dorsal*. Ce vaisseau se termine en avant par une aorte dite *céphalique*, dans laquelle il chasse le sang. Celui-ci passe ensuite dans les espaces lacunaires laissés entre les organes, et forme plusieurs courants qui reviennent sur les côtés du corps d'avant en arrière, pénètrent aussi dans les organes appendiculaires, et rentrent dans le vaisseau dorsal par la partie postérieure de ce dernier. La circu-

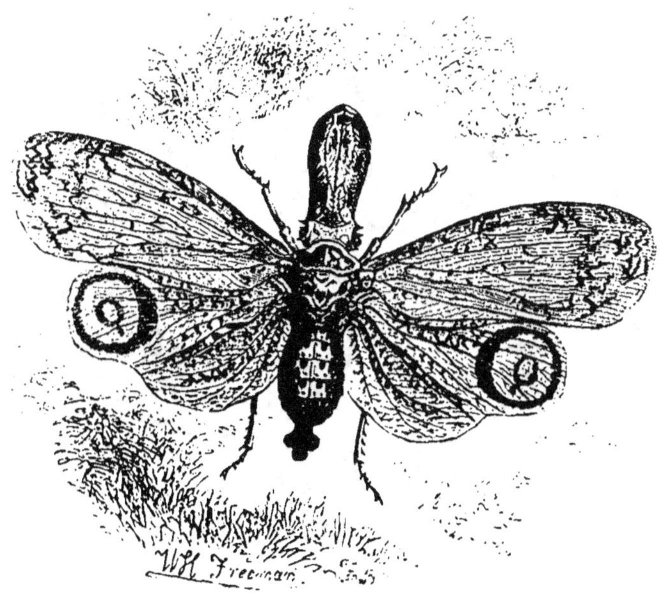

Fulgore porte-lanterne (⅔ de grand. nat.).

lation est plus active chez les larves que chez les sujets adultes. Quelques espèces ont des organes pulsatils disséminés. (Van Beneden et P. Gervais.)

La circulation et l'oxygénation du sang chez les insectes sont assez actives pour dégager de la chaleur, qui devient sensible lorsque les individus sont réunis en grand nombre, comme, par exemple, les abeilles dans leurs ruches. Un autre phénomène plus remarquable et qu'on s'explique moins aisément, c'est la propriété phosphorescente dont plusieurs espèces sont douées, et qu'on pourrait peut-être appeler proprement une faculté, puisqu'elle semble, en maintes circonstances, dépendre de la volonté de l'insecte. C'est le cas de nos *lampyres,* auxquels le vulgaire donne le nom de *vers luisants,* et qui sont des coléoptères parfaitement caractérisés, dont le pouvoir lumineux ne se manifeste que lorsqu'ils sont à l'état d'insectes parfaits.

Les grandes cigales de l'Inde, de la Chine et de l'Amérique méridionale, les *fulgores* sont aussi des insectes ailés, que la nature a

Fulgore porte-chandelle (grand. nat.)

gratifiés du don de lumière, mais seulement pendant une partie de leur vie, qui n'est pas bien longue. La *fulgore porte-lanterne* est ainsi nommée parce qu'au dire de plusieurs voyageurs, sa tête énorme et proéminente répand dans l'obscurité une lueur très-vive. Cette grande cigale au corps peu élégant, à la tête difforme, est pourvue de larges ailes diaphanes, agréablement variées de jaune et de roux, avec une tache en forme d'œil à l'extrémité de chaque aile postérieure. C'est sans doute à la forme allongée de sa grande corne frontale que la *fulgore porte-chandelle* doit son nom. Cet insecte est propre à la Chine. Ses élytres sont vertes, tachées de noir; ses ailes sont jaunes à la base, et noires aux extrémités.

Il me reste, pour achever l'anatomie interne des insectes, à dire quelques mots de leur système nerveux. Ce système, qui est propre à tous les animaux articulés, offre plus d'analogie qu'on ne l'a cru longtemps avec celui des vertébrés. Il est sans doute beaucoup moins développé et moins centralisé; on y retrouve cependant deux appareils distincts, dont l'un parait être affecté à la vie animale ou de relation, et l'autre à la vie purement organique ou végétative.

Le premier consiste en une double série de ganglions reliés entre eux par des cordons longitudinaux. Les plus volumineux, qui ont leur siége dans la tête, donnent naissance à des cordons qui se rendent aux divers organes et appendices de cette partie de l'animal. Les pattes et les ailes sont mues par des filets qui partent des ganglions thoraciques. Le second appareil a son origine dans les gros ganglions cérébraux. Sa structure est analogue à celle du précédent, mais les ganglions qui le composent sont plus petits. Il se ramifie dans les divers organes internes, et principalement dans le système digestif.

Les organes locomoteurs des insectes sont, comme chacun sait, les pattes et les ailes. J'en ai indiqué plus haut la position. Les pattes sont formées de trois parties articulées entre elles : la *hanche*, la *cuisse* et la *jambe;* plus une sorte de doigt appelé *tarse*, qui se termine ordinairement par deux crochets. Les ailes, habituellement au nombre de quatre, comme chez les névroptères, les hyménoptères, etc., — quelquefois de deux seulement, comme chez les diptères, se composent d'une double membrane, soutenue à l'intérieur par des nervures longitudinales ou ramifiées. Elles sont tantôt minces et transparentes, comme chez les hyménoptères, les névroptères, les diptères; tantôt recouvertes, comme chez les lépidoptères, d'une poussière colorée. Dans beaucoup d'espèces à quatre ailes, les supérieures sont opaques et dures, et servent d'étui, de couverture aux deux autres (coléoptères). Ces ailes-étuis sont appelées *élytres* lorsqu'elles sont entièrement transformées, et *hémilytres* lorsque la partie supérieure seule est dure et opaque, et que la partie inférieure est restée molle et transparente. Chez les diptères, qui n'ont qu'une seule paire d'ailes, la paire absente est représentée par deux filets mobiles insérés sur le métathorax, et qu'on nomme *balanciers*.

La particularité, sans contredit, la plus curieuse de l'organisation des insectes, ce sont les changements, disons mieux, les révolutions qu'elle subit à trois reprises, chez la plupart d'entre eux. On peut dire que, dans le court espace de temps qui leur est accordé,— deux à trois ans pour les plus favorisés, ils naissent et meurent deux fois. Entre la naissance proprement dite et les deux morts, l'une temporaire, l'autre définitive, auxquelles la nature les condamne, ils ont deux vies bien différentes : l'une obscure, triste, pénible, toute de labeur; l'autre active aussi, mais gaie, joyeuse et facile. Entre les deux ils dorment; ils se rendent spontanément à la nature, qui recommence en eux son travail, les refait, les métamorphose.

Dans l'œuf ce n'est pas encore la vie. L'animal sort de cette première enveloppe à l'état de larve, de ver, de chenille. Il rampe alors ou marche péniblement. Beaucoup, comme s'ils avaient conscience de leur laideur et de leur impuissance, se cachent, s'abritent sous la terre, se creusent des demeures inaccessibles, et vivent de racines, comme des anachorètes. D'autres se construisent des nids qu'ils ne quittent que la nuit pour aller chercher leur nourriture : grave affaire, car leur estomac a de terribles exigences. Leur voracité les rend incommodes et malfaisants, en même temps que la mollesse de leur tissu et l'absence d'armes offensives les exposent sans défense aux attaques de leurs ennemis. Bref, beaucoup de peines et de dangers, et point de jouissance : ainsi peut se résumer cette première phase de leur existence, qu'ils doivent voir s'achever, j'imagine, sans de bien vifs regrets.

Le moment venu, la larve avec sa propre substance habilement filée, tissée et feutrée, se refait un second œuf : le cocon n'est pas autre chose. Une fois enfermée dans cette prison, elle devient inerte, ou peut-être s'absorbe-t-elle tout entière dans le pénible travail de la métamorphose. Dans la nymphe on ne reconnaît plus guère l'animal antérieur; encore moins devine-t-on l'animal futur : elle semble ratatinée, desséchée, momifiée. Mais un beau matin, l'enveloppe se déchire et livre passage à un insecte vivace, fringant, luisant, aux vives couleurs, aux reflets chatoyants, aux pattes agiles, aux ailes légères et diaprées. Le « fils de la nuit », le nourrisson de la terre est devenu citoyen de l'air et favori de la lumière; il prend son vol, s'en va danser en bourdonnant dans un rayon de soleil, folâtrer dans les herbes et les feuillages et butiner parmi les fleurs. Il semble avoir hâte de jouir de la vie : non sans raison; car cette dernière période, qui est la meilleure, est aussi la plus courte; les jours pour lui, pour quelques-uns les heures, sont des années. Les insectes ne se reproduisent que lorsqu'ils sont à l'état parfait. Ils ne vieillissent pas en ménage, et n'ont pas la force d'élever leurs enfants. Le mâle ne s'en occupe point. Tout le soin incombe à la femelle. Celle-ci meurt peu de temps après la ponte, mais non sans avoir fait de son mieux pour assurer l'avenir de sa progéniture, en déposant ses œufs dans un lieu sûr, et tel que, aussitôt écloses, les larves y trouvent, sans se déranger, leur première pâture. A cet effet, la nature donne aux femelles de plusieurs espèces un outil propre à creuser les corps dans lesquels elles veulent introduire leurs œufs. Cet outil est une scie ou une tarière, avec laquelle elles piquent les tissus les plus serrés et les plus durs. C'est grâce à cette prévoyance des femelles que les arbres, les bois, les meubles, la viande, le fromage, sont si rapidement envahis par les larves de mouches, et que se forment sur les feuilles de certains arbres les excroissances morbides appelées *galles* ou *noix de galle*.

Tous les insectes n'ont pas les honneurs des métamorphoses. Il en est qui vivent et meurent tels qu'ils sont sortis de l'œuf; ceux-là n'ont jamais d'ailes : ce sont les parias, les insectes de la caste immonde. D'autres, ceux de la caste moyenne, n'ont que des demi-métamorphorses. Ils naissent sous la forme de nymphes aptères; mais plus tard les ailes leur poussent, et ils acquièrent droit de cité dans la république aérienne. Enfin les insectes à métamorphoses complètes sont les nobles, les patriciens, les chevaliers de cette république; ils sont supérieurs à tous les autres par leur force, leur courage ou leur beauté. Les entomologistes qui aiment à parler grec appellent les premiers *ametabola,* les seconds *hemimetabola,* et les troisièmes *metabola.*

C'est à l'état de larve qu'en général les insectes à métamorphoses complètes vivent le plus longtemps : avant de vivre à l'état parfait ses quelques semaines de printemps, le hanneton a vécu sous terre pendant deux à trois ans à l'état de ver blanc. L'éphémère subit lui aussi une longue épreuve de deux années, avant d'obtenir, comme par grâce, quelques heures de vie aérienne. Singulière destinée, au rebours de toutes les autres, et qui paraît, au premier abord, bien sévère, bien dure. Mais, en y réfléchissant, on reconnaît que le sort des insectes est plutôt digne d'envie que de pitié. Les animaux supérieurs, — qu'on me passe cette comparaison un peu vulgaire, — « mangent leur pain blanc le premier. » A mesure qu'ils approchent de leur fin, leur vie devient plus triste, plus difficile, plus douloureuse. L'homme même est soumis à cette loi. L'insecte y échappe : il meurt dans la plénitude de ses facultés, au milieu de l'épanouissement de sa nature : il est né vieux, il meurt jeune.

# CHAPITRE III

## MOUCHES ET MOUCHERONS

« Je ne m'étonne pas, dit M. Michelet, si notre grand initiateur au monde des insectes, Swammerdam, au moment où le microscope lui permit de l'entrevoir, recula épouvanté.

« Leur nom, c'est l'infini vivant [1]. »

Il n'est pas besoin du microscope pour entrevoir l'infinie multitude de ces êtres prodigieusement vivaces et féconds, suppléant à leur petitesse par leur nombre, à leur faiblesse par leur activité, à la brièveté de leur vie par leur puissance incroyable de reproduction : exemple frappant de cette loi de proportionnalité inverse et de compensation, qui se retrouve partout dans la nature. Regardons seulement autour de nous. La plèbe innombrable des mouches et des moucherons, ces tout petits qui pourtant sont encore visibles, va nous révéler les mystères du monde invisible, de l'infini microscopique.

[1] *L'Insecte*, Introduction. — 1 vol. in-18. Paris, 1858.

Que sont les grands mammifères, l'homme même, si fiers de leur
taille, de leur force, de leurs quelques années de vie, mais limités
dans leur reproduction, exposés à tant de causes de destruction,
ayant tant à redouter, et singulièrement ce qu'ils ne peuvent voir
ou saisir, — que sont-ils auprès de ces insectes? que peuvent-ils sur
eux ou contre eux? Hélas! rien, absolument rien. On sait la fable de
La Fontaine, *le Lion et le Moucheron*. Est-ce bien une fable? Je ne
sais trop. Qu'un insecte imperceptible vienne à bout d'un lion, cela
n'a rien d'étonnant. Que sera-ce donc si ces insectes se nomment
légion, et légion de légions?...

Nous pouvons, nous autres privilégiés des zones froides ou tempérées, mépriser les insectes, comme le citadin tranquille en sa
maison brave l'ennemi lointain que d'autres vont combattre et refouler. Mais les habitants des contrées méridionales ne les méprisent
ni ne les bravent. Les combattre, ils ne songent même pas à l'essayer. A grand'peine ils tâchent de les éviter, de les éloigner, et ils
n'y réussissent que fort mal.

La petite mouche domestique, inoffensive dans nos villes, mais
très-importune dans les campagnes, au rez-de-chaussée des maisons, peut devenir dans les pays chauds un véritable fléau. Les officiers anglais qui, en 1857, soutinrent dans la résidence de Luknau
un siége si long et si tragique contre les cipayes révoltés, ont raconté
que parmi les souffrances auxquelles ils furent en proie, l'obsession
des mouches fut une des plus intolérables.

« En moyenne, dit M. E.-D. Forgues dans sa *Révolte des cipayes* [1],
l'ennemi tuait de trois à cinq hommes par jour. La nuit, pour
garder tous les postes, il ne fallait pas moins de trois cents hommes.
Il fallait, en outre, des corvées nombreuses pour le service des mines
et contre-mines. Le manque de sommeil, l'humidité des tranchées,
l'infection de l'air, tout conspirait pour que la dyssenterie, la fièvre,
la petite vérole, le choléra, vinssent ajouter leurs ravages à ceux de
la guerre.

« Au milieu de ces terribles fléaux, croira-t-on qu'un des plus
ressentis fut le nombre immense de mouches attirées sur ce point,
où la chaleur et les pluies intermittentes mettaient tant de sub-

---

[1] Paris, 1861. Un volume in-18.

stances animales en état de putréfaction? Pas un des annalistes du siége qui ne se rappelle cette plaie d'Égypte, et cela dans des termes encore empreints de la colère nerveuse que cause l'attaque réitérée de ces odieux insectes : « Le sol en était noir, nos tables en étaient « couvertes, s'écrie l'un d'eux. Elles nous ôtaient notre sommeil « du jour; elles nous empêchaient de manger... Quand j'avalais « ma misérable *dall rôtie* (soupe au bouillon de lentilles avec des « tranches de pain sans levain), ces maudites bêtes se jetaient par « escouades dans ma bouche, à peine ouverte, et de là retombaient « pêle-mêle dans mon assiette, où elles flottaient, poivre improvisé, « puis... mais je m'arrête avant de me laisser aller à quelque « impertinence. »

Les *cousins*, que nous voyons parfois le soir, en été, venir se brûler à nos bougies, et dont nous ne laissons pas de craindre les attaques, peu redoutables pourtant, les cousins, dans le midi de l'Europe, s'appellent *moustiques,* et sous les tropiques, *maringouins*. Demandez aux voyageurs ce qu'ils en pensent. Ces moucherons sont pour eux plus redoutables que les lions, les tigres et les reptiles. On ne peut voyager, sortir sans en être assailli; ils vous criblent la peau de leurs piqûres, qui causent des démangeaisons insupportables, font enfler la face, donnent la fièvre et le délire. La nuit, on ne peut reposer qu'à la condition de s'enfermer hermétiquement dans ces cages de gaze ou de mousseline qu'on nomme des moustiquaires.

Cependant quelques espèces deviennent pour l'homme des alliés, en s'attaquant de préférence aux insectes, aux chenilles, dont la chair grasse et molle leur convient à merveille pour abriter leurs œufs et nourrir leurs larves. Ces espèces sont comprises dans la famille des *pupivores* (hyménoptères), dont la tribu la plus remarquable est celle des *ichneumons*, ainsi nommés parce qu'ils détruisent les chenilles, comme le quadrupède carnassier du même nom détruit, dit-on, les jeunes crocodiles.

Les ichneumons (insectes), appelés aussi *mouches vibrantes*, à cause du mouvement continuel de leurs antennes, sont répandus dans toutes les parties du monde. Ce sont des insectes de taille moyenne, aux formes élancées, et qui offrent une grande variété de couleurs. Les femelles sont armées d'une tarière formée de trois

soies roides et aiguës, souvent dentées en scie. Lorsqu'elles sont sur
le point de pondre, elles se mettent en quête de larves ou de nymphes d'insectes pour y déposer leurs œufs. Elles déploient dans cette
recherche une activité et une sagacité surprenantes, et il est à remarquer que chaque espèce d'ichneumons choisit toujours ses victimes dans la même espèce de coléoptères, de lépidoptères, etc. Les
femelles, dont la tarière est longue, atteignent souvent des larves qui

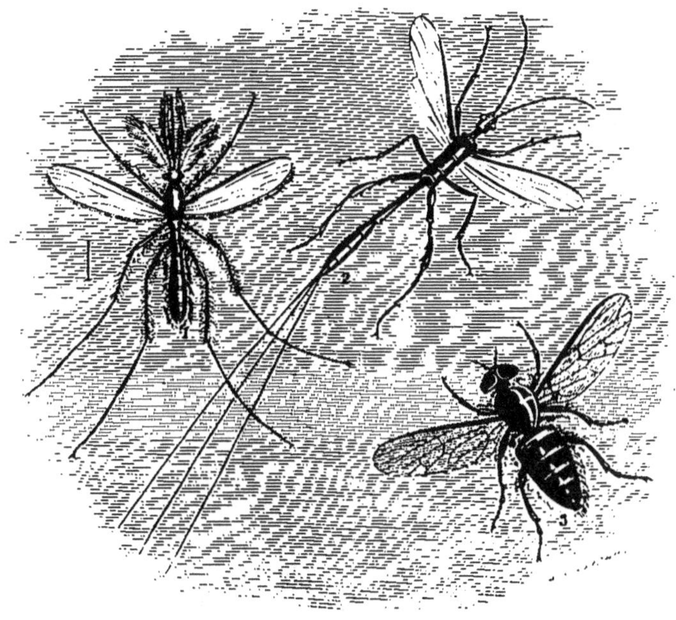

1  Cousin commun (grossi).     2  Ichneumon-stéphane-scie (grand. nat.).
3  Taon des bœufs (grand. nat.).

vivent sous l'écorce ou dans le bois même des arbres. Elles percent
cet abri, puis la peau de la larve ou de la chenille, et y introduisent
un ou plusieurs œufs. Les larves qui en naissent sont molles, blanchâtres, privées de pattes, mais pourvues de mandibules assez robustes. Elles ménagent d'abord leur hôte, ne mangent que sa graisse,
de manière à le laisser vivre; mais lorsqu'elles sont près de se
transformer en nymphes, elles n'y mettent plus de façons, dévorent
la chair et les entrailles, et ne laissent que la peau. Les unes accomplissent toutes leurs métamorphoses là où elles sont nées, et c'est

ainsi qu'on voit parfois des ichneumons sortir de la chrysalide d'un papillon ; les autres se construisent, près de la dépouille de leur victime, de petites coques soyeuses, isolées ou agglomérées, tantôt nues, tantôt enveloppées d'une bourre qu'on trouve attachée par des fils aux feuilles des plantes.

D'autres moucherons, les *cynips gallicoles*, donnent naissance à des larves phytophages, auxquelles ils assurent le logement et la nourriture par des moyens plus complexes. Les femelles ont une tarière très-déliée roulée en spirale à sa base, et dont l'extrémité, dentée latéralement en fer de flèche, est creusée d'une sorte de gouttière longitudinale. Avec sa tarière dentée, la femelle creuse les différentes parties des végétaux, élargit la blessure, et, par sa gouttière, elle y verse une liqueur âcre ; puis elle y dépose ses œufs. La liqueur produit dans le tissu de la plante une sorte de travail morbide, d'où résulte une excroissance appelée galle. C'est là que la larve du cynips naît, se nourrit et se métamorphose. Tout le monde a vu, sur les menues branches et sur les feuilles des arbres, de ces excroissances, dont la forme et le volume varient suivant l'espèce de l'insecte et celle de l'arbre. Tout le monde sait aussi que les galles du *quercus infectoria* sont employées, sous le nom de *noix de galle*, à la fabrication de l'encre et de certaines teintures noires, à l'extraction du tannin, etc.

J'ai parlé de l'importunité, de l'incommodité dégoûtante des petites mouches ; je n'ai rien dit encore des espèces malfaisantes, dangereuses, que renferme ce groupe immense. Remarquons qu'il ne s'agit ici que des mouches proprement dites, à deux ailes, et que je ne comprends point dans cette division les mouches à quatre ailes (hyménoptères *porte-aiguillon*), dont il sera question au chapitre suivant. Les mouches, — en langage entomologique, les *chétocères*, — forment plusieurs familles : celle des *muscidés* seule renferme plusieurs milliers d'espèces. Il y faudrait joindre celle des *notacanthes*, des *tanystomes*, des *brachystomes* et des *tabanidés*. Ne nous occupons que de la première et de la dernière.

La plupart de ces insectes ont un goût exclusif pour les matières animales, surtout pour les matières corrompues. Elles nous agacent par leurs bourdonnements, nous harcèlent par leur contact, souvent par leurs morsures, attaquent nos animaux domestiques, souillent nos aliments, qu'elles infectent de leurs œufs et de leurs larves, et dont elles provoquent la décomposition. La mouche à viande (*musca vomitoria*) dégorge sur la viande une liqueur qui en accélère la putréfaction; puis elle y dépose ses œufs, et les larves vermiformes qui en sortent se développent, et ne tardent pas à se répandre dans toute la masse. Ces bêtes immondes se multiplient avec une effrayante rapidité. C'est ce qui faisait dire à Linné que trois mouches de l'espèce *vomitoria* pouvaient débarrasser la terre du cadavre d'un cheval aussi vite que le ferait un lion. Je ne dis rien des *stomoxes*, ou mouches du fumier, des mouches du fromage, etc. Ce sont les larves de ces mouches que le vulgaire appelle *asticots* et *vers à queue*, et que les pêcheurs à la ligne conservent précieusement dans des boîtes de fer-blanc pour amorcer leurs hameçons.

« Quoique les mouches ne soient pas venimeuses par elles-mêmes, disent MM. Paul Gervais et Ven Beneden, elles sont parfois à craindre, soit pendant leur état de larves, soit pendant leur état parfait. Dans le premier cas, elles envahissent nos substances alimentaires, et on les trouve quelquefois jusque dans nos organes; dans le second, non-seulement elles sont importunes, mais elles peuvent être dangereuses, et déterminer des phénomènes morbides fort graves. C'est ce qui a lieu lorsqu'elles se sont nourries de substances en putréfaction, et qu'elles viennent ensuite se poser sur quelque point dénudé de notre corps, et nous inoculer les éléments putrides dont leur trompe ou leurs pattes sont encore chargées. Ainsi certaines maladies infectieuses, et en particulier le *charbon* ou *pustule maligne*, prennent souvent naissance de cette manière, et des espèces très-différentes de mouches peuvent en porter le germe avec elles. C'est surtout en été et dans les établissements d'équarrissage, ou dans le voisinage des endroits où l'on tient des matières animales en putréfaction, que ces phénomènes se présentent. Les malades ont souvent conscience de la manière dont l'infection leur a été communiquée [1]. »

Les mouches dites *à viande* ne se contentent pas d'attaquer la chair morte : il n'est pas rare qu'elles déposent leurs œufs jusque dans la chair des animaux vivants, et même de l'homme.

« Un mendiant du Lincolnshire, racontent MM. Van Beneden et

[1] *Zoologie médicale*, t. I.

Paul Gervais, mourut en 1829 dans les circonstances suivantes. Par un temps très-chaud, cet homme s'étendit sous un arbre, après avoir placé sur sa poitrine, entre sa chemise et sa peau, comme le font souvent les gens du peuple, le peu de pain et de viande qu'il destinait à son prochain repas. La viande fut attaquée par les mouches, et les vers déposés par celles-ci passèrent des aliments sur la peau même de cet homme. Lorsqu'il fut trouvé, il était déjà tellement attaqué, que sa mort paraissait inévitable. On le transporta à Asbornby, et l'on fit venir un chirurgien, qui déclara qu'il ne survivrait pas longtemps au pansement. Il mourut, en effet, peu d'heures après. Quand le chirurgien le vit pour la première fois, il présentait déjà un aspect effrayant; de gros vers blancs, dont l'espèce a été regardée comme étant le *musca carnaria*, se remuaient dans l'épaisseur de sa peau et dans ses chairs, qu'ils avaient profondément labourées.

« Beaucoup de faits ayant avec celui-là une analogie plus ou moins grande, ont été enregistrés, et la présence de semblables larves de diptères dans le corps de l'homme et des animaux a même reçu un nom particulier : celui de *myasis*. » Les larves d'une autre famille nombreuse de chétocères, les *œstres*, éclosent et se développent exclusivement dans la peau et dans les organes des mammifères et de l'homme. Ces horribles parasites sont surtout communs dans l'Amérique méridionale.

Les *tabanidés* sont ces grosses mouches qui, en été, par la chaleur du jour, harcèlent et piquent jusqu'au sang les bestiaux et les chevaux, et que tout le monde connaît sous le nom de *taons*. Cette famille a des représentants dans toutes les parties du monde. Les espèces propres aux contrées tropicales sont surtout à craindre, à raison de leur nombre, de leur activité, de leur voracité, et même, dans beaucoup de cas, à cause des effets terribles de leur morsure.

A la famille des tabanidés se rattache, selon toute probabilité, la mouche *tsetsé* (*glossina morsitans*), si justement redoutée dans le centre et dans le sud de l'Afrique. Les modernes explorateurs du continent africain ont donné sur cet insecte et sur les étranges et terribles effets de sa piqûre, des détails très-circonstanciés et parfaitement concordants. Les plus curieux et les plus complets sont ceux qu'on doit au docteur Livingstone.

« La mouche tsetsé, dit ce célèbre voyageur, n'est pas beaucoup plus grosse que la mouche commune; elle est brune, à peu près de la même nuance que l'abeille ordinaire, et porte sur la région postérieure de l'abdomen trois ou quatre raies jaunes transversales. D'une vivacité remarquable (ses ailes sont plus longues que son corps), il est très-difficile de la saisir avec la main pendant le milieu du jour; le soir et le matin, la fraîcheur de la température lui enlève une partie de son agilité. Quiconque voyage avec des animaux domestiques n'oublie jamais le bourdonnement particulier de la mouche tsetsé, une fois qui lui est arrivé de l'entendre; car la piqûre de cet insecte venimeux est une cause de mort certaine pour le chien, le bœuf et le cheval.

« ... Un des caractères les plus remarquables de la piqûre de cette mouche est d'être complétement inoffensive pour l'homme, pour les animaux sauvages, et même pour les veaux tant qu'ils sont encore à la mamelle. Nous n'en avons jamais souffert personnellement, bien que nous ayons vécu deux mois au milieu de ces insectes, dont l'habitat est parfaitement déterminé. La rive méridionale du Chobé en était envahie, et sur l'autre bord de la rivière, où nous avions conduit nos bœufs, qui, à cinquante pas de ces mouches, auraient dû les attirer, il n'en existait pas une seule...

« Lorsqu'on a sur la main un de ces insectes, et qu'on le laisse agir sans le troubler, on voit sa trompe se diviser en trois parties, dont celle du milieu s'insère assez profondément dans notre peau; l'insecte retire cette tarière, l'éloigne un peu, et se sert alors de ses mandibules, qui, sous leur action rapide, font contracter à la piqûre une teinte cramoisie; l'abdomen de la mouche, flasque et aplati auparavant, se gonfle peu à peu, et si l'insecte n'est pas tourmenté, il s'envole tranquillement aussitôt qu'il est gorgé de sang. Une légère démangeaison succède à cette piqûre, mais n'est pas plus sérieuse que celle qui est causée par un moustique. Chez le bœuf, l'effet immédiat ne semble pas avoir plus de gravité que chez l'homme, et ne trouble pas l'animal; mais quelques jours après, il s'écoule des yeux et du mufle de la pauvre bête un mucus abondant; la peau tressaille et frissonne comme sous l'impression du froid; le dessous de la mâchoire inférieure commence à enfler, symptôme qui parfois se manifeste également au nombril; le bœuf s'émacie de jour en jour, bien qu'il continue à paître; l'amaigrissement s'accompagne d'une flaccidité des muscles de plus en plus prononcée; la diarrhée survient; l'animal ne mange plus, et meurt bientôt dans un état d'épuisement complet...

« Ces symptômes (et ceux que l'autopsie fait connaître) indiquent un empoisonnement du sang, qui existe en effet, et dont le germe est déposé par la trompe de l'insecte...

« L'âne, le mulet, la chèvre, jouissent du même privilége que l'homme à l'égard de cet insecte. Il en résulte que la chèvre est le seul animal domestique de beaucoup de peuplades nombreuses qui habitent les bords du Zambèze, où la mouche tsetsé devient un véritable fléau...

« Le dégoût avéré qu'inspirent aux tsetsés les excréments des animaux... a été mis à profit par les docteurs indigènes; ils font un mélange de fiente et de lait de femme, auquel ils ajoutent quelques drogues, et en barbouillent les bœufs qui doivent traverser un canton envahi par la tsetsé; mais ce préservatif, qui réussit pendant quelque temps, devient bientôt inefficace. Une fois la maladie déclarée, on n'y connaît pas de remède [1]. »

Selon le docteur Livingstone, la mouche tsetsé ne disparaîtra, *faute d'aliment,* de l'Afrique australe que lorsque, grâce à l'introduction des armes à feu, toutes les bêtes sauvages auront été détruites dans cette vaste contrée. Voilà, je l'avoue, un moyen un peu héroïque, difficilement réalisable et d'une efficacité douteuse. MM. Burton et Speke me semblent mieux inspirés lorsqu'ils disent : « Peut-être un jour, à l'époque où cette terre féconde acquerra de la valeur, y introduira-t-on un oiseau qui exterminera la tsetsé, et deviendra pour l'Afrique le don le plus précieux qu'elle aura jamais reçu [2]. »

[1] *Explorations dans l'intérieur de l'Afrique australe*, par le docteur David Livingstone; ouvrage traduit de l'anglais par Mᵐᵉ H. Loreau. — 1 vol. grand in-8°. Paris, 1859.

[2] *Voyage aux grands lacs de l'Afrique orientale*, traduit de l'anglais par Mᵐᵉ H. Loreau. — 1 vol. grand in-8°. Paris, 1862.

# CHAPITRE IV

### LES TRAVAILLEURS

Quittons les vilaines mouches voraces, fainéantes, parasites, pour le peuple estimable des laborieux et vaillants porte-aiguillon. Le vulgaire n'y voit guère de différence. Pour lui, la guêpe, le bourdon, l'abeille, sont des mouches comme le taon, l'œstre, la mouche des cadavres. Beaucoup distinguent difficilement l'abeille de certaines mouches qui, par la grosseur et la couleur, lui ressemblent. Des observateurs éclairés, des naturalistes s'y sont trompés. Est-ce par une méprise de ce genre, comme le croit M. Michelet, que Virgile a montré les abeilles d'Aristée sortant de la peau des bœufs que ce berger avait immolés aux mânes d'Eurydice et d'Orphée? Cela me semble peu probable; Virgile connaissait trop les abeilles pour les confondre avec les mouches funèbres qui hantent les charniers et les cimetières; il savait fort bien que les premières ne déposent point leurs œufs dans la chair ou dans la peau des animaux morts. « La fable, si c'en est une, dit M. Michelet, doit avoir un côté de vérité : qu'il se soit trompé sur les mots, qu'il ait mal appliqué les noms, cela n'est pas impossible; mais pour les faits, c'est autre chose : ce qu'il dit, je le crois. »

C'est un tort de vouloir toujours attribuer aux fictions des poëtes une portée philosophique ou scientifique. Sans doute les *Géorgiques* sont une œuvre didactique savante et très-étudiée. Tout ce que Virgile dit des abeilles, de leurs mœurs, de leur *politique*, des soins à leur donner, il le dit de bonne foi, sérieusement. Mais dans le récit des malheurs d'Aristée, le poëte évidemment prend la place de l'agronome, du naturaliste (Virgile l'était autant qu'homme de son temps). Après avoir instruit son lecteur par de graves préceptes, il le charme et l'amuse par une fable ingénieuse, par un conte fantastique. Ce conte est admirable : c'est tout un poëme. Mais contentons-nous de le goûter comme un chef-d'œuvre de sentiment et de mélodie, sans y chercher ce que jamais l'auteur n'a songé à y mettre : une thèse de philosophie naturelle, un plaidoyer pour les générations spontanées.

Entre les mouches travailleuses chantées par le poëte de Man-

1 Poliste française (gr. nat.).    4 Abeille ouvrière (gr. nat.).
2 Guêpe commune (gr. nat.).    5 Abeille mâle (gr. nat.).
3 Bourdon terrestre (gr. nat.).    6 Abeille femelle ou *Reine* (gr. nat.).

toue et les vils insectes dont nous avons parlé au chapitre précédent, il n'y a aucune parenté : la ressemblance est toute superficielle, et disparaît dès qu'on regarde de près les unes et les autres. Les mouches proprement dites sont des *diptères :* elles n'ont que deux ailes; les abeilles, les guêpes, les bourdons en ont quatre : ce sont des *hyménoptères.* Quand les premières attaquent l'homme et les animaux, c'est pour sucer leur sang; elles les mordent plutôt qu'elles ne les piquent; elles n'ont pas l'aiguillon, qui est l'arme caractéristique des espèces à la fois laborieuses et guerrières. Celles-ci n'attaquent jamais l'homme; elles se défendent bravement lorsqu'elles sont inquiétées par lui, ou qu'elles croient l'être; leur nourriture est exclusivement végétale. Enfin leurs pattes postérieures sont bien moins des organes de locomotion que d'admirables instruments de travail, d'une structure particulière, très-compliquée chez les abeilles. Ici la face externe des *jambes,* qui porte le nom de *palettes,* présente un enfoncement lisse. C'est la *corbeille,* où l'animal place la pelote de pollen ou de nectar mielleux, qu'il a recueillie à l'aide de la *brosse* de poils soyeux qui se trouve sur la face interne du premier article des tarses.

La bouche des abeilles est munie d'une trompe coudée, repliée en dessous de l'insertion. Cette trompe, dépourvue de l'espèce de lancette qui accompagne celle des insectes buveurs de sang, serait une arme insuffisante pour la défense de leurs foyers, des produits de leur patiente industrie, des œufs et des larves qu'elles soignent et nourrissent avec une si jalouse sollicitude; la nature leur a donné l'aiguillon rétractile, sorte de dard qui n'est pas sans analogie avec les crochets des serpents venimeux. Il communique avec un appareil sécréteur d'où s'écoule une liqueur âcre, un venin qui rend la plaie d'autant plus grave que presque toujours l'insecte y laisse son aiguillon.

On divise les abeilles en sociétaires *pérennes,* sociétaires *annuels* et *solitaires.* Les sociétaires pérennes sont les vraies abeilles, celles qui nous donnent et le miel et la cire, et dont les mœurs, les travaux, les guerres, la constitution, le gouvernement, ont excité de tout temps à un si haut degré la curiosité et l'admiration des observateurs. Ce n'est pas que l'histoire de ces intéressants insectes n'ait été souvent empreinte d'exagération et embellie à plaisir, ni qu'il faille prendre à la lettre les appréciations enthousiastes qui représentent la société des abeilles comme le parfait modèle d'un état policé et civilisé. Il est certain toutefois que leur instinct, — peut-être devrais-je dire leur intelligence, — leur activité, leur courage, la savante organisation de leur communauté, l'ordre parfait qui préside à leurs opérations, les passions même, les tumultes qui parfois les agitent, mais qui ont toujours pour mobile le salut public, sont un des plus merveilleux spectacles que nous offre la nature.

La ruche est-elle une monarchie, ou une république? Sur cette question les avis sont partagés. Pour moi, elle n'est pas douteuse. La monarchie parmi les abeilles n'est que l'apparence. Leur prétendue reine, la femelle mère, ne règne que jusqu'à un certain point, et ne gouverne en aucune façon. Les respects, les attentions dont on l'entoure s'adressent non pas à elle, mais à sa postérité, à la république future qu'elle porte dans ces flancs. Elle n'est même pas libre; on la garde à vue, on la surveille jalousement jusqu'à ce qu'elle ait pondu; après quoi tous les soins se reportent sur sa progéniture.

On sait que les abeilles *font* littéralement leurs reines, en donnant à certaines larves une éducation particulière, une nourriture plus succulente et plus abondante. Afin de n'en pouvoir manquer, elles en élèvent plusieurs. La plus précoce, la plus forte tue les autres; on la laisse faire. Vient-elle à disparaitre, on choisit parmi les larves qui restent en cellules des nourrissons propres à la remplacer, et tout est dit. Donc « la reine » n'est pas même une reine constitutionnelle : tout son rôle se borne à donner des citoyens à l'État. Quant aux mâles, ils sont peu nombreux, et comme ils sont également impropres au travail et à la guerre (ils n'ont point d'aiguillon), dès que la femelle est fécondée, on les égorge sans merci. Reste donc le peuple, le grand peuple des *neutres* ou des *ouvrières*, qui récoltent le miel et la cire, construisent et approvisionnent la ruche, nourrissent les larves, élèvent les jeunes reines, forment, en outre, la garde nationale et l'armée, puisqu'elles maintiennent l'ordre à l'intérieur, et combattent au besoin l'ennemi extérieur. N'est-ce pas là de la démocratie?... Ce peuple n'obéit qu'à la loi, non à une loi écrite, mais à une loi inflexible que lui dicte son instinct, et qu'il ne transgresse jamais.

Les dissensions, les guerres civiles qui de temps à autre viennent troubler la république prennent naissance à l'occasion des migrations ou *essaimages* nécessités par l'accroissement de la population et par la pluralité des reines. « Quand les essaims ont pris l'essor, dit Delille dans ses *Remarques sur le IV<sup>e</sup> livre des Géorgiques,* il se trouve souvent plusieurs reines, et dans la ruche mère qu'ils viennent de quitter, et dans la nouvelle où ils commencent à s'établir; alors le désordre se met parmi les abeilles. Les ouvrages sont interrompus, et la paix et l'activité ne reviennent que lorsque les causes du trouble ont cessé, et que toutes les reines surnuméraires ont été mises à mort. On ignore si c'est la reine même qui se charge de cette barbare exécution [1], ou si ce sont ses sujets qui, s'écartant pour cette fois de leur amour inviolable pour leurs chefs, les sacrifient au repos de l'État. Ce qu'il y a de certain, c'est que le combat ne se livre jamais que dans l'intérieur de la ville, et que tout le carnage se borne à peu près à celui des reines surnuméraires. Ainsi la pompeuse description de ces armées commandées par leurs rois et de cette bataille sanglante qui se livre dans les champs de l'air sont de l'imagination du poëte, qui, en cherchant à flatter les objets, a manqué la ressemblance. »

Le contrat social des abeilles est perpétuel. Leur union, une fois formée, se conserve inviolablement de génération en génération. Mais il est, dans la même famille, des espèces qui ne s'associent que pour une année. Tels sont ces gros insectes aux ailes brillantes, aux formes trapues, à la peau veloutée, auxquels le ronflement grave qui accompagne leur vol a fait donner le nom de *bourdons* (*bombus*). Beaucoup de personnes regardent à tort ces hyménoptères comme des fainéants qui ne savent que bourdonner. Ce sont d'excellents travailleurs. Malgré leur apparence redoutable, et quoique armés d'un aiguillon solide et bien affilé, ils sont tout à fait inoffensifs. On peut bouleverser leur nid sans qu'ils se fâchent. Réaumur l'a fait cent fois impunément. Lorsqu'on cesse de les inquiéter, ils s'occupent activement de réparer le dégât; les mâles eux-mêmes prennent part à la besogne avec les neutres et les femelles. Chez eux, point d'oisifs, point de privilégiés, point de rivalités non plus, ni de massacres. Les femelles vivent en bonne intelligence, et les mâles jouissent des mêmes droits et de la même sécurité que les neutres, comme ils remplissent les mêmes devoirs. N'ayant qu'une année à vivre, ces honnêtes insectes prennent le sage parti de la

---

[1] Il parait établi aujourd'hui que c'est bien elle, ainsi que je l'ai dit ci-dessus.

passer tranquillement et fraternellement, sans faire de mal à personne. Si l'on veut une république modèle, c'est parmi les bourdons qu'il la faut chercher; c'est sur le seuil de leur humble demeure qu'on pourrait inscrire la devise : *Liberté, Égalité, Fraternité.* Ils ne fabriquent qu'une petite quantité de miel; mais ce miel n'est pas à dédaigner, pourvu toutefois qu'il n'ait pas été butiné sur des plantes vénéneuses : car ses propriétés sont celles des plantes qui l'ont fourni. On en peut dire autant, du reste, de celui des abeilles et de celui des guêpes, qui peut aussi devenir, dans certains cas, un poison dangereux [1].

Les guêpes forment, dans la tribu des aiguillonnés, une famille à part, caractérisée surtout par la disposition des ailes, qui sont pliées longitudinalement pendant le repos. L'instinct social, le goût du travail et de l'ordre ne sont pas moins développés chez les guêpes que chez les abeilles; leur caractère est plus ombrageux, plus irritable; leur piqûre est aussi plus douloureuse. Je ne sais si l'on a jamais essayé de les réduire en domesticité; en tout cas, je doute fort qu'on y puisse réussir. Très-promptes à jouer de l'aiguillon contre tout étranger suspect d'intentions hostiles, elles se rapprochent cependant beaucoup plus des bourdons que des abeilles par leurs mœurs publiques. Dans leur cité, point de ces lois sanguinaires qui souillent les ruches des abeilles. On ne demande aux femelles d'autre service que de perpétuer l'espèce. Les mâles ne sortent pas du guêpier, mais ils s'occupent dans l'intérieur à nettoyer les appartements, à enlever les cadavres des guêpes qui meurent, en un mot, à « faire le ménage ». Aussi les laisse-t-on vivre en paix le peu de temps que la nature leur accorde. Ils ne survivent guère à la fécondation. Les neutres meurent aux premiers froids; les femelles seules restent, et passent l'hiver engourdies dans les fissures des murailles ou dans les creux des arbres. Les affaires extérieures et les travaux publics incombent aux neutres. Ce sont elles qui recueillent et nourrissent les larves, qui vont butiner dans les champs, qui construisent, entretiennent et réparent l'habitation. Le talent architectural de ces ouvrières est porté à un très-haut degré. La nature et le style de leurs constructions varient

---

[1] Voir à ce sujet la *Zoologie médicale* de MM. Paul Gervais et Van Beneden.

selon les espèces. Celles des guêpes communes de nos contrées sont des villes souterraines, où les habitants pénètrent par un trou de deux à trois centimètres de diamètre, pratiqué au ras du sol. A l'intérieur, les rues et les logements sont distribués avec beaucoup

Nid de guêpes dans un arbre.

de symétrie. Le tout est recouvert d'une voûte épaisse, convexe, formée de plusieurs couches, entre lesquelles les architectes ont eu soin de laisser des vides, afin que la pluie ne puisse les traverser. Ces voûtes, ainsi que les murs et les cloisons des habitations, sont faites d'une sorte de papier que les guêpes fabriquent elles-mêmes avec des fibres végétales agglutinées. Les habitations sont des gâ-

teaux plats disposés horizontalement les uns au-dessus des autres,
et divisés en cellules hexagonales très-régulières, au nombre de
douze à quinze mille. Comme chacune de ces cellules sert de berceau
à trois guêpes, on voit que la population d'un guêpier ne s'élève
pas, pour une année, à moins de quarante mille individus.

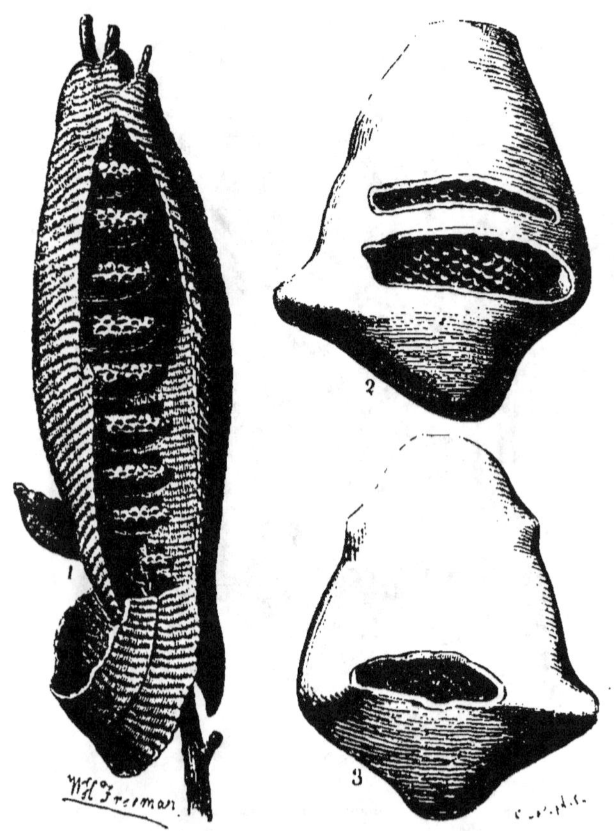

1 Nid d'une guêpe de la Guyane.    2 et 3 Nids de guêpes cartonnières.

La guêpe-frelon (*vespa crabro*) fait son nid dans les trous des
vieux murs ou dans de vieux troncs d'arbres. D'autres l'attachent
aux branches des arbres. Tantôt elles les enveloppent de feuilles de
leur papier; tantôt elles se dispensent de cette précaution, en dispo-
sant leurs cellules horizontalement dans un gâteau dont la tranche

est verticale. Ainsi fait la guêpe gauloise (*vespa gallica*). Les guêpes des contrées tropicales, qui ont à se garantir contre les pluies diluviennes de ces climats et contre les attaques de nombreux ennemis, suspendent aussi leurs guêpiers aux arbres des forêts et les en-

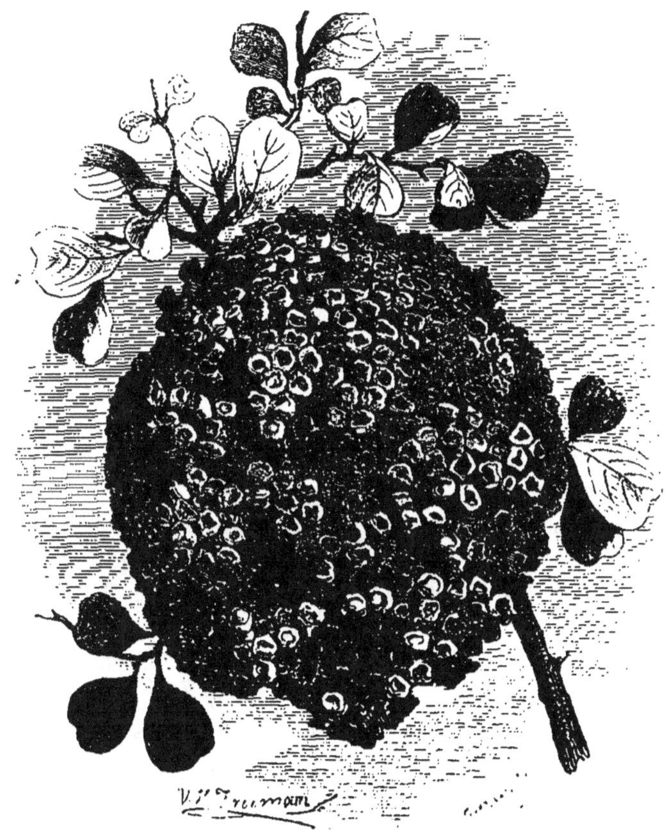

Nid de la poliste pâle.

ferment dans d'épaisses murailles. Une de ces espèces, appelée la guêpe *cartonnière,* fabrique à cet effet, non pas du papier, comme font les guêpes d'Europe, mais un véritable carton dur et résistant. Le nid des *polistes*, genre voisin des guêpes proprement dites, et qui a pour type la poliste française (*polistes gallica*), est ordinairement fixé sur une branche d'arbuste. Celui de la poliste pâle (*polistes pal-*

*lens*) ressemble au nid de la guêpe gauloise, mais il est beaucoup plus volumineux.

Nous ne pouvons quitter le peuple des travailleurs ailés sans dire quelques mots des fourmis, bien plus étonnantes encore que les abeilles par leur intelligence, leurs mœurs politiques, leurs travaux, leurs industries variées, — j'allais dire leurs spéculations, — par leur courage aussi et leur génie militaire. Il y a plus d'un trait de ressemblance entre les fourmis et les abeilles. Les unes et les autres appartiennent à l'ordre des hyménoptères. Les unes et les autres sont armées d'un aiguillon, et, chez les premières comme chez les secondes, on trouve les trois sexes mâle, femelle et neutre. Mais chez les fourmis, les mâles et les femelles seuls ont des ailes. Je ne parle point des autres différences d'organisation. Sous le rapport des instincts et du savoir-faire, la supériorité est incontestablement, je le répète, du côté des fourmis. Plusieurs espèces ne sont pas seulement maçonnes, charpentières, guerrières; ce sont encore des peuples pasteurs et dominateurs : elles ont des bestiaux et des esclaves. Les bestiaux, ce sont les pucerons; les esclaves, ce sont, — chose singulière, — d'autres fourmis plus noires que les maîtres : des fourmis-nègres !

Linné appelait les pucerons les *vaches à lait* des fourmis. L'expression est exacte. Les pucerons sécrètent un liquide sucré dont les fourmis sont très-friandes. Celles-ci, pour être sûres de n'en pas manquer, entraînent, gardent et nourrissent avec soin dans leurs fourmilières des pucerons destinés à leur fournir quotidiennement leur nectar favori. Les fourmis *rouges* enlèvent de vive force les larves et les nymphes de fourmis *noires-cendrées,* les font éclore et les emploient aux travaux de la fourmilière. Je dois ajouter qu'elles les traitent avec beaucoup de douceur, et que les noires-cendrées n'ont jamais la moindre velléité de se soustraire par la révolte à une condition qui est parfaitement conforme à leurs instincts. Elles témoignent, au contraire, à leurs maîtres un dévouement inaltérable, et se considèrent comme citoyennes de la république.

Dans les climats tempérés, les fourmis sont inoffensives, tout au plus incommodes; mais dans les pays chauds, elles deviennent une puissance redoutable avec laquelle il faut compter. « Elles sont, dans ces contrées, dit M. Michelet, reines et tyrans de tous les

autres êtres. Les carabes exterminateurs, les nécrophores enseve-
lisseurs, qui chez nous jouent, comme insectes, le rôle de l'aigle et
du vautour, osent à peine paraître dans les latitudes brûlantes où
dominent les fourmis. Toute chose qui gît à terre est à l'instant
dévorée par elles. Lund (*Mémoire sur les fourmis*) dit qu'il eut à
peine le temps de ramasser un oiseau qu'il venait de voir tomber :
les fourmis y étaient déjà, et s'en emparaient. La police de salubrité est faite par elles avec une énergique et implacable exactitude.

« Ces grosses fourmis du Midi, bien plus âpres que les nôtres, se
sentant dames et maîtresses, craintes de tous, ne craignant personne, vont devant elles imperturbablement, sans se détourner
pour aucun obstacle. Qu'une maison soit sur leur passage, elles
entrent, et tout ce qui est vivant, même les énormes, venimeuses
et redoutables araignées, même de petits mammifères, tout est dévoré. Les hommes leur quittent la place. Mais si l'on ne peut pas
quitter, l'invasion est fort à craindre...

« Linné appelle les termites le fléau des deux Indes ; et l'on pourrait également donner ce nom aux fourmis, si l'on ne considérait
que le dégât qu'elles causent dans les travaux et les cultures de
l'homme. En quelques heures, elles dépouillent un grand oranger,
le déménagent entièrement de toutes ses feuilles. Elles ravagent en
une nuit un champ de coton, de manioc ou de cannes à sucre. Voilà
leurs crimes. Leurs vertus, c'est de détruire encore mieux tout ce
qui nuirait à l'homme, comme insecte ou chose insalubre. Bref,
sans elles, on ne pourrait habiter certains pays.

« Pour les nôtres, en conscience, je ne crois pas qu'elles fassent
le moindre mal à l'homme, ni aux végétaux qu'il cultive. Loin de
là, elles le délivrent d'une infinité de petits insectes. Je les ai vues
souvent en longue file emportant chacune à la bouche une toute
petite chenille qu'elles portaient précieusement au garde-manger
de la république. Ce tableau les eût fait bénir de tout honnête
agriculteur. »

# CHAPITRE V

## LES DEMOISELLES. — LES CIGALES. — LES DÉVORANTS

On a, par corruption et par antiphrase, appelé *fourmi-lion* ou *formica-leo* un insecte qui, loin d'être un cousin des fourmis, est, au contraire, un de leurs plus dangereux ennemis. Son vrai nom est *lion des fourmis;* encore ce nom ne s'applique-t-il justement qu'à sa larve, et non à l'insecte parfait. La larve est une petite bête à tête large, munie de mandibules crochues pour transpercer sa proie et d'une trompe à piston pour lui sucer les entrailles. Son abdomen est volumineux. De cet abdomen, ainsi que de sa tête et de ses pattes, elle travaille adroitement à creuser dans le sable une fosse en forme d'entonnoir, au fond de laquelle elle se tapit pour épier les fourmis et autres petits insectes marcheurs. Si quelqu'un de ceux-ci a le malheur de mettre les pattes sur le bord intérieur de l'entonnoir, il glisse sur la pente; le fourmi-lion lui jette du sable pour accélérer sa chute, et parvient presque toujours à s'en emparer. Qui croirait que cette larve trapue, féroce et insidieuse, se change, au sortir de sa chrysalide, en une *demoiselle* aux formes délicates, aux longues ailes diaphanes? On sait que le nom scientifique des demoiselles est *libellules* (ordre des névroptères). Qui n'a regardé avec plaisir ces filles de l'air voltigeant au bord des étangs et des rivières parmi les roseaux, et faisant étinceler coquettement aux rayons du soleil leurs ailes irisées? Les entomologistes — ces messieurs ont parfois des idées gaies — se sont amusés à donner à ces élégants insectes des noms de demoiselles. Ils ont appelé Éléonore la *libellule déprimée* (*libellula depressa* de Linné), commune dans toute l'Europe; Julie, la grande libellule des environs de Paris (*L. grandis*); Louise, l'*agrion vierge* (*L. virgo*), dont le corps est d'un beau vert luisant, et les ailes d'un bleu azuré; Amélie, la *jouvencelle* (*L. puella*), aux ailes transparentes et incolores.

A la famille des libellules appartiennent les *éphémères* et les *hémérobes*, dont la vie aérienne ne dure que quelques heures, quelques jours tout au plus.

Éloignons-nous, bien qu'à regret, des rivages fleuris où s'ébattent joyeusement ces frêles créatures. Regagnons les champs et les bois,

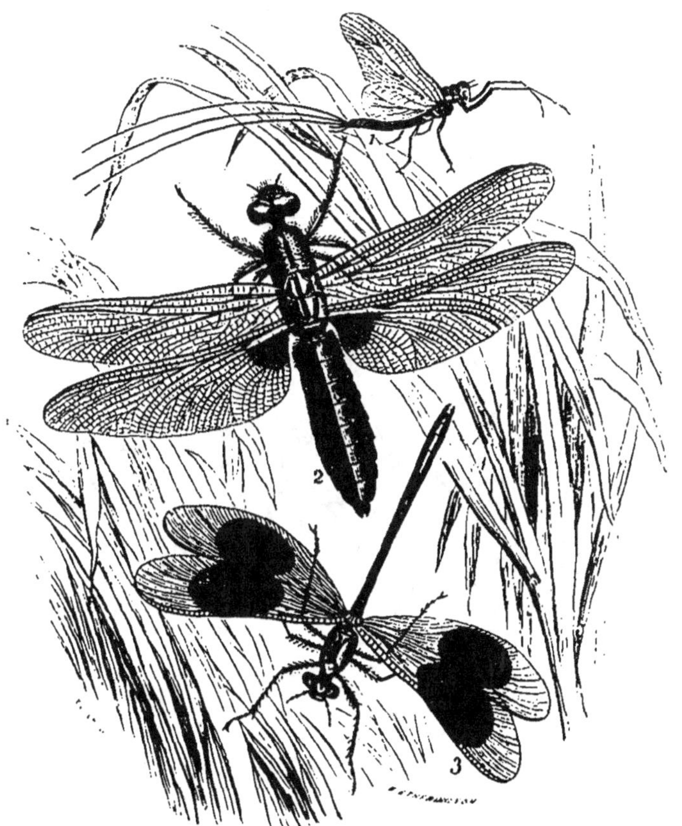

Éphémère commune (grand. nat.).   2 Libellule déprimée (grand. nat.).
3 Agrion vierge (grand. nat.).

où nous allons trouver d'autres insectes beaucoup moins jolis, mais plus curieux à étudier. C'est d'abord la massive *cigale*, qui nous poursuit de son chant aigre et monotone. *Chant* n'est pas le mot propre; n'en déplaise à La Fontaine, la cigale ne chante pas : elle joue de la musette. Mais son instrument, comme la clarinette d'un célèbre musicien de vaudeville, ne donne qu'une seule note. Cet instrument, avec lequel la cigale mâle donne des sérénades à sa fiancée, a été analysé avec soin par Réaumur. Il est formé de lames écailleuses qui vibrent sous l'impulsion de muscles puissants placés à la partie inférieure de l'abdomen. Malgré la grosseur de leur corps, les cigales volent bien; leurs élytres et leurs ailes sont grandes et transparentes; les premières dépassent de beaucoup

Cigale-hibou (²/₃ de grand. nat.).

l'abdomen lorsqu'elles sont repliées. Ces insectes vivent sur différents arbres. En général, chaque espèce a son arbre de prédilection, où elle perche habituellement, et dont elle suce la sève. La femelle porte à l'extrémité de l'abdomen une tarière qui lui sert à percer le bois pour introduire ses œufs dans la partie médullaire qui doit servir de nourriture aux larves.

Les espèces les plus remarquables sont la grande *cigale plébéienne* de France, la *cigale sanglante*, la *cigale-hibou*, la *cigale vielleuse*, etc.

J'ai parlé plus haut des fulgores, ces singulières cigales de la

Chine et de l'Amérique. Le mâle de ces espèces n'a point d'instrument de musique. Il y supplée en allumant la nuit sa lanterne, ou sa chandelle, qui le fait apercevoir et reconnaître de loin par sa compagne.

L'animal que vous voyez ci-dessous vous paraîtra, au premier abord, ressembler beaucoup à la cigale. Ne vous y trompez pas, la différence entre les deux est grande : différence de structure et d'or-

Blatte gigantesque (¹/₂ de grand. nat.).

ganisation, différence de mœurs et de régime. L'une, la cigale, est un hémiptère ; l'autre, la *blatte*, fait partie d'un ordre qui renferme plusieurs espèces particulièrement dignes d'arrêter notre attention : l'ordre des orthoptères. Les insectes qui le composent sont, en général, médiocrement conformés pour le vol ; ce sont surtout des marcheurs et des sauteurs. Un certain nombre cultivent la musique avec non moins de succès que les cigales. Il suffit de citer le grillon, que tout le monde connaît. Enfin la grande majorité des orthoptères se distingue par un appétit vorace qui rend très-nuisibles les espèces herbivores, frugivores et omnivores. Quant aux espèces carnassières, il n'en faut pas médire. Chez les insectes comme chez les quadrupèdes, les carnassiers mangent les herbivores ; et ici, pour l'homme c'est tout bénéfice.

Les blattes, malheureusement, sout omnivores. On fait dériver leur nom du verbe grec βλάπτω, *je nuis ;* et, il faut le dire, elles ne justifient que trop cette étymologie. Elles sont parmi les insectes ce que sont les rats parmi les mammifères : un fléau des habitations humaines, mais un fléau cent fois plus à craindre que les rats. Contre ceux-ci nous avons les chats, les chiens, les piéges, le poison ; contre les blattes, nous n'avons aucune arme ; d'auxiliaires, pas davantage, si ce n'est peut-être la chouette, tant calomniée. A ces ravageurs nocturnes, les seuls ennemis à opposer, ce sont ces oiseaux nocturnes, si grands mangeurs d'insectes, et si habiles à les saisir. Les blattes se rapprochent des rats par leurs appétits, leur parasitisme, leur désolante fécondité, par leur odeur même. Elles vivent dans les maisons, et de préférence élisent domicile dans la cuisine. Leur goût prononcé pour la farine les attire en grand nombre dans les boulangeries.

Toutes, heureusement, ne sont pas de la taille de la blatte gigantesque, que le dessin de M. Freeman montre réduite à la moitié de sa grandeur vraie. Cette espèce est propre au Brésil et à la Guyane. Celle qui est commune en Europe, et qu'on appelle vulgairement, en France, *panetière* ou *cafard,* est la *blatte orientale.* On la croit originaire de l'Asie. Les espèces qui habitent les colonies sont connues des créoles et des marins sous les noms de *kakerlacs,* de *cancrelas* et de *bétes noires.* Les navires en sont infestés. Elles y pullulent d'une manière effrayante, dévorent les marchandises, les provisions, les vêtements des marins et des passagers, et se répandent en grand nombre dans nos villes maritimes.

Les *mantes,* les *phasmes* et les *spectres,* voisins des blattes dans la série qui nous occupe, sont remarquables principalement par leur grande taille et par la bizarrerie de leurs formes et de leurs couleurs. Nous n'avons point à nous en plaindre, au contraire : leurs appétits carnassiers doivent leur mériter notre bienveillance. C'est contre nos ennemis qu'ils exercent leurs tranchantes et fortes mâchoires, leurs pattes antérieures démesurément longues et armées d'aspérités aiguës.

Leur corselet allongé, leur tête aux yeux saillants, leur abdomen étalé, les appendices écailleux qui garnissent leur corps et leurs membres, leurs ailes et leurs élytres vertes ou jaunâtres, imitent à s'y méprendre, dans quelques espèces, les feuilles desséchées de différents arbres : tout cela leur compose une tournure étrange qui, jointe à la singularité de leurs mouvements, a fait naître sur le compte de ces orthoptères bien des préjugés.

Mante prie-Dieu ou religieuse (grand. nat.).

Les mantes (du grec μάντις, *devin*) passent, dans certaines contrées, pour posséder les facultés les plus merveilleuses. La *mante prie-Dieu* ou *mante religieuse* est presque un animal sacré aux yeux des paysans languedociens, qui l'appellent *prega-Diou*, et croient tout de bon qu'elle fait ses dévotions. Le fait est qu'on la voit presque constamment dans une attitude qui imite assez bien celle de la prière. Elle redresse sa tête et son long thorax, joint sous son menton les articulations de ses deux grandes pattes antérieures, et demeure ainsi comme en contemplation, durant des heures entières. En réalité, son unique préoccupation est de guetter sa proie, qu'elle saisit très-adroitement entre sa jambe et sa cuisse, et qu'elle dévore à belles dents : je veux dire, à belles mandibules. La voracité des femelles est telle, qu'à défaut d'autres proies suffisantes, elles ne se font aucun scrupule de dévorer leurs maris.

Mante gongylode (²/₃ de grand. nat.).

La *mante*, ou *empuse gongylode*, qui habite l'Afrique, est encore plus difforme que la mante européenne. Son front est armé d'une sorte de corne; son corselet est dilaté au sommet; les articulations de ses cuisses s'épanouissent en forme de manchettes, et ses ailes plissées dépassent ses élytres comme le volant d'un mantelet.

Les *phasmes* et les *spectres* diffèrent des mantes par leur corps très-allongé, partout de même diamètre, droit et roide comme un bâton, et par leurs ailes développées, ayant la forme et l'aspect des feuilles sèches, dont ils se nourrissent. Le plus extraordinaire sous ce rapport est celui qu'on nomme *phyllie feuille sèche*, ou *feuille ambulante*, et qui habite les Indes orientales. Ses élytres ressemblent

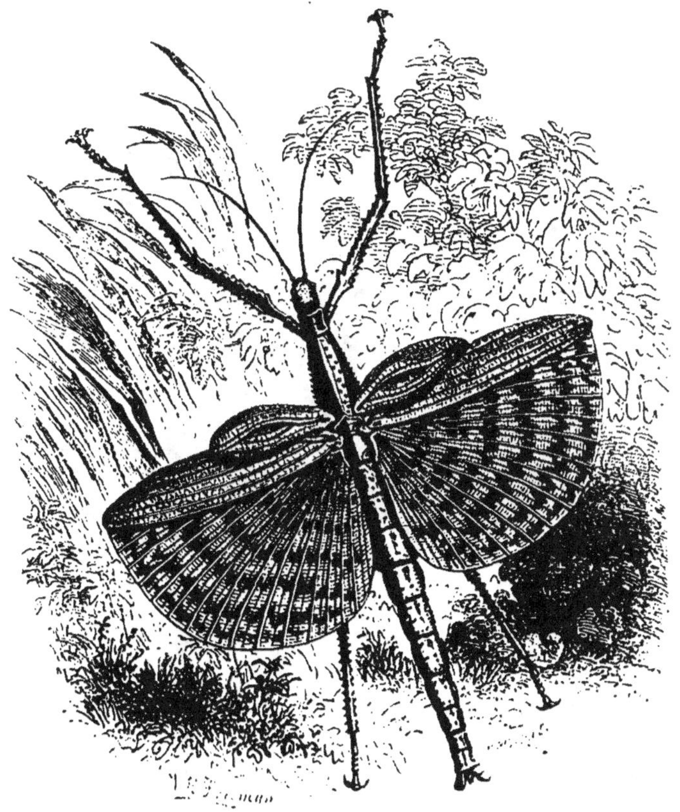

Phasme géant (²/₃ de grand. nat.).

à des feuilles qui n'auraient plus que leurs nervures et leur épiderme, et ses cuisses à des pétioles dilatés de feuilles d'oranger. Le mâle est plus long et plus étroit que la femelle; ses élytres sont courtes, et ses ailes ne dépassent pas son abdomen.

C'est aussi dans l'Inde qu'on trouve le phasme géant, dont le corps est long de vingt-cinq à trente centimètres, de couleur verte, tuberculé sur le corselet. Les pattes de cet insecte sont épineuses, ses élytres très-courtes, ses ailes d'un gris roussâtre, avec des nervures brunes.

Aux Antilles, on connaît une autre espèce de phasme, le *phasme-bâton*, qui n'a point d'ailes, et qu'on prendrait pour une branche de bois mort.

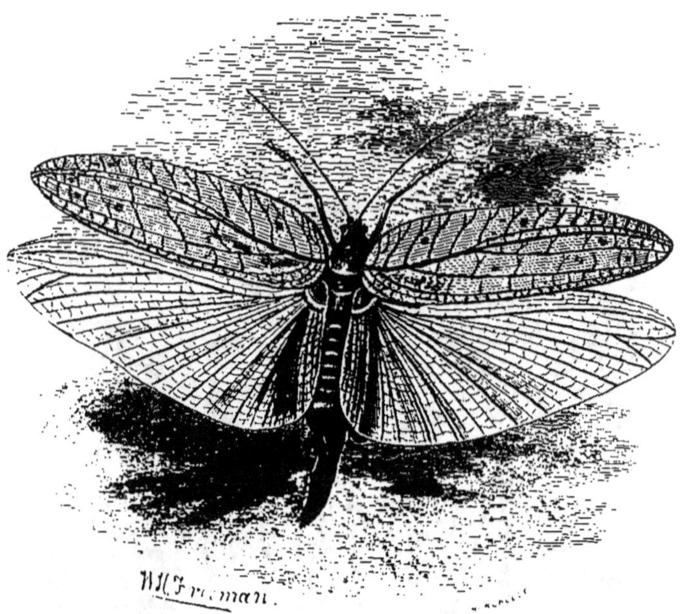

Pseudophylle feuille de laurier-rose (¹/₂ de grand. nat.).

Les *pseudophylles*, qui établissent la transition entre les orthoptères marcheurs et les sauteurs ou locustiens (*locusta*, sauterelle), partagent avec les mantes, les phasmes et les spectres, la faculté de se dissimuler sous une apparence végétale. Telle espèce de ce genre reproduit avec une surprenante exactitude la feuille de l'olivier; telle autre, celle du nérium; telle autre, celle du laurier-rose. Ces ressemblances sont évidemment, pour les pseudophylles, ainsi que pour les mantes, les phasmes et les spectres, un moyen d'échapper à leurs ennemis les oiseaux insectivores qui ne peuvent les distinguer des feuilles et des branches de l'arbre qu'ils habitent.

On serait fort en peine de dire à quoi ressemble, si ce n'est à lui-même, le *tératode à cou en montagne :* une bien vilaine bête, sans contredit, et dont tout le mérite est d'être rare et encore peu connue. On classe approximativement les tératodes parmi les locustiens. Ils habitent l'île de Java. L'individu que représente notre dessin est le seul que possède le muséum de Paris. C'est une femelle : le mâle n'a été décrit, que je sache, par aucun naturaliste.

La sauterelle est, avec le grillon et la cigale, un insecte des plus

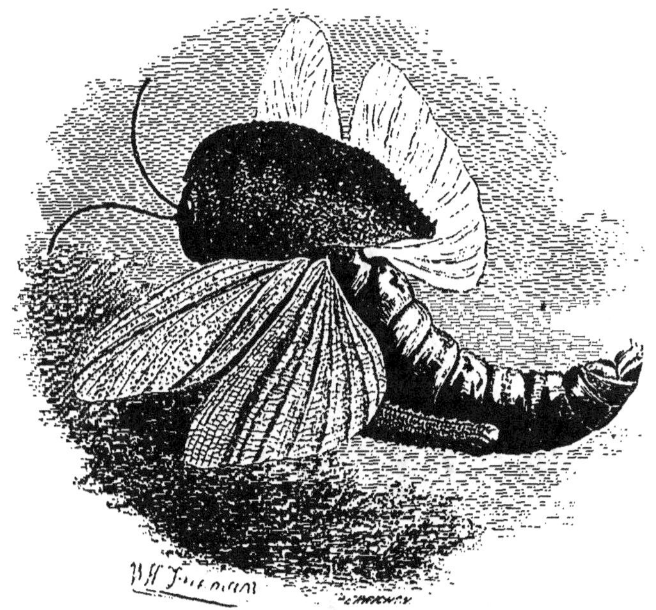

Tératode à cou en montagne (grand. nat.).

communs dans nos champs. L'agriculteur ne la hait pas, bien qu'elle fasse du mal ; son petit nombre réduit ce mal à peu de chose. Les enfants s'en amusent, essaient de la suivre dans ses sauts rapides, et, quand ils l'attrapent, examinent avec curiosité sa singulière physionomie, sa belle couleur verte, ses grandes pattes, et l'espèce de sabre ou de coutelas que portent les femelles. Ce glaive n'est pourtant pas une arme, mais une tarière dont la mère se sert pour terrer ses œufs. La véritable arme de la sauterelle, ce sont ses fortes et tranchantes mandibules, qui mordent très-bien jusqu'au sang. La sauterelle *à sabre* répand dans la plaie qu'elle fait une liqueur âcre et corrosive. Les paysans suédois la nomment *ronge-verrue;* ils la saisissent exprès pour lui faire mordre et cautériser les verrues qu'ils ont sur les mains, et qui cèdent, dit-on, au traitement de ces chirurgiens ailés.

Phyllie ouille-sèche (²/₃ de grand. nat.).

Le mâle de la sauterelle possède un instrument de musique, qui ne rend pas des sons plus variés ni plus agréables que la musette du grillon et la vielle de la cigale. Cet instrument manque chez les *criquets,* qui se distinguent encore des sauterelles proprement dites par l'absence de tarière chez les femelles. C'est au genre des criquets qu'appartient la terrible sauterelle de passage, appelée aussi criquet-pèlerin (*acridium peregrinum*), l'Attila, le fléau des moissons et des vergers, le prince des dévorants. On rencontre des criquets aux environs de Paris, mais ils y sont de petite taille. Ils ont les ailes transparentes et de couleur jaune-verdâtre, les élytres brun clair tachetées de noir, le corps vert ou brun, le corselet surmonté d'une crête, les mandibules noires.

Dans l'Europe orientale, leur patrie, les criquets atteignent une

Sauterelle de passage, ou criquet-pèlerin (grand. nat.).

longueur de sept à huit centimètres. Leur fécondité est prodigieuse. Ils se réunissent, pour émigrer, en troupes innombrables, véritables nuages, assez étendus et assez épais pour obscurcir la lumière du soleil, et se dirigent toujours de l'est à l'ouest. Leurs étapes sont de 40 kilomètres par jour. Ils s'annoncent de loin par un bruissement sourd. Malheur au pays qu'ils choisissent pour s'y reposer et s'y restaurer! En quelques heures les arbres sont dépouillés de leurs feuilles, de leurs fleurs, de leurs fruits, de leur écorce même; les champs sont rasés comme si la flamme y avait passé ; tout a disparu sous l'insatiable avidité de ces ravageurs. Lorsqu'ils reprennent leur vol, la plus fertile contrée est changée en un désert aride. Souvent les criquets meurent tous à la fois au milieu de leur voyage. Alors la décomposition de leurs cadavres amoncelés infecte l'air, et les horreurs de la peste s'ajoutent à celles de la famine.

L'Égypte, l'Arabie, la Syrie, la Hongrie, la Pologne, la Russie, la Suède sont souvent dévastées par ces insectes. En France , ils apparaissent rarement. Leur dernière grande invasion remonte à l'année 1715. Plus de quinze mille arpents de blé furent alors ravagés aux environs d'Arles et de Marseille.

Heureusement les criquets sont exposés à de nombreuses causes de destruction. Ils supportent mal les intempéries de l'air. Les renards, les lézards et surtout les oiseaux en font une énorme consommation. Enfin, dans une grande partie de l'Asie et de l'Afrique, et même dans le midi de l'Europe, l'homme trouve moyen de se défendre contre ce fléau, et même d'en tirer parti : il le mange. Certains peuples recherchent les sauterelles comme un mets très-délicat, et cet aliment, que nos préjugés nous font trouver au moins singulier, est l'objet d'un commerce important.

« La sauterelle, dit un savant naturaliste[1], est la manne de l'Asie. Qui ne sait que les prophètes, dans les grottes du Carmel, ne vivaient pas d'autre chose ? Les prophètes de l'islamisme suivaient le même régime. On disait un jour à Omar : « Que pensez-vous des « sauterelles ? — Que j'en voudrais un plein panier. » Un jour elles lui manquèrent. A grand'peine un serviteur lui en trouva une ; et reconnaissant, charmé, il s'écria : « Dieu est grand ! »

« Aujourd'hui encore on vend des sauterelles dans tout l'Orient, et on les mange au café comme dessert et friandise. On en charge des vaisseaux ; on en trafique à pleins tonneaux. »

A Madagascar, l'arrivée des sauterelles est considérée comme un bienfait. « Tout le monde, dit un voyageur anglais, se précipite à leur rencontre en essayant de les abattre ou de les prendre au vol dans les *lambas;* les femmes et les enfants les ramassent dans des paniers. » On leur détache les jambes et les ailes en les secouant

---

[1] M. Pouchet (de Rouen) : Leçon sur les *Insectes alimentaires ,* citée par M. Michelet, dans son livre de *l'Insecte.*

d'un bout à l'autre d'un long sac, et les corps, séchés au soleil ou frits dans la graisse, sont enfermés dans des sacs pour être conservés et envoyés au marché. Les indigènes, et particulièrement les Hovas, en sont très-friands. Goût de sauvages, direz-vous. — Et pourquoi ? — En France, ne mange-t-on pas des escargots ?

# CHAPITRE VI

## LES COLÉOPTÈRES

Ce nom de *coléoptères*, bien que très-scientifique et dérivé du grec (κολεός, étui, et πτερόν, aile), est assez connu pour que je puisse me permettre de l'employer sans effaroucher mes lectrices ou mes lecteurs. Car peu de personnes sauraient distinguer un névroptère d'un hyménoptère ou d'un orthoptère ; mais les moins savants, pour peu qu'ils se soient parfois amusés à faire la chasse aux insectes, reconnaîtront sans peine un coléoptère.

A chaque instant dans les champs, dans les jardins, on voit courir ou voltiger des insectes appartenant à cet ordre, le mieux déterminé de toute la série entomologique, et le plus considérable : il ne renferme pas moins de soixante-quinze mille espèces. Au premier abord, les coléoptères semblent dépourvus d'ailes. Tout leur corps est couvert d'une armure résistante, propre, luisante, qui souvent brille d'un éclat métallique. La tête, le corselet, l'abdomen, les pattes même en sont entièrement revêtus. Rien de plus artistement fait, de plus savamment ajusté que les pièces nombreuses de cette panoplie : casque, cuirasse, jambards, cuissards, brassards et gantelets, rien n'y manque. Les ailes proprement dites, ou ailes inférieures, sont repliées sous les élytres, pièces opaques et cornées qui les cachent et les garantissent entièrement, se joignent au milieu du dos, et s'appliquent exactement sur le corps. Ces élytres ou étuis sont l'organe caractéristique des coléoptères.

A ces armes défensives s'ajoutent, chez plusieurs, des armes offensives comparables à celles des crustacés : ce sont des pinces énormes, dentelées, résultant, soit du développement extraordinaire des mandibules, comme chez le macrodonte-cervicorne et chez le lucane cerf-volant; soit du prolongement de l'os frontal et de l'os thoracique, comme chez le scarabée-hercule et chez le scarabée-énéma. Une autre espèce, le scarabée-nasicorne, ou rhinocéros, est armée

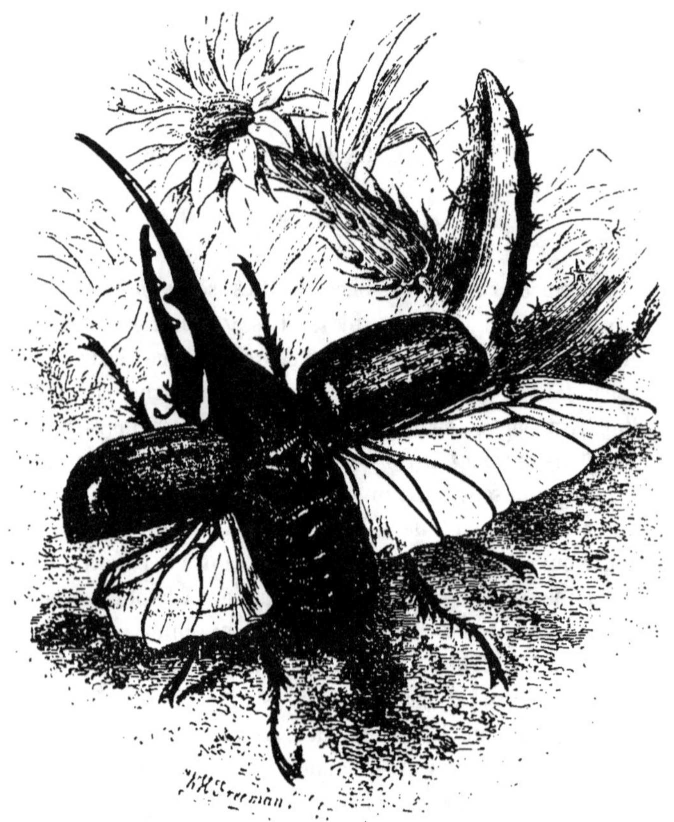

Scarabée-hercule ($\frac{2}{3}$ de grand. nat.).

d'une seule corne placée sur le sommet de la tête, et formant comme le cimier de son casque.

Tous les coléoptères ont, d'ailleurs, des mandibules et des mâchoires fortes, tranchantes, propres à entamer et à broyer des substances résistantes, animales ou végétales. Les antennes paraissent être, pour les coléoptères, des organes d'une grande importance.

Les différentes formes qu'elles affectent ont servi à constituer plusieurs familles, telles que celles des clavicornes, des lamellicornes, des longicornes. D'autres divisions sont fondées sur le genre de vie ou le mode d'alimentation des coléoptères : telles sont les familles des carnassiers, des hydrophiles, des xylophages, etc.

Les coléoptères sont des insectes à métamorphoses complètes. Leurs larves ressemblent à des vers mous, charnus et blanchâtres. Cependant elles ont déjà la tête écailleuse et les puissantes mâchoires de leur race. L'état de nymphe est pour ces animaux une véritable léthargie, où les fonctions de la vie semblent suspendues. Pendant cette période de leur existence, ils ne font aucun mouvement et ne prennent aucune nourriture. A l'état de larves et d'insectes parfaits, ils sont essentiellement destructeurs : ce qui ne veut point dire qu'ils soient nécessairement nuisibles. J'entends nuisibles à l'homme; car au point de vue de l'équilibre naturel, de la balance constante entre la création et la destruction, il serait téméraire de prononcer ce mot : nuisible. Et même, à ne considérer que nos intérêts, nous devrions moins nous hâter de déclarer ennemis et de traiter comme tels un grand nombre d'animaux, par cela seul qu'ils sont destructeurs. Ne savons-nous pas que partout destruction est le corrélatif de production, que la mort est la condition de la vie? Il nous sied mal d'ailleurs d'imputer à des êtres purement instinctifs un prétendu crime que nous commettons chaque jour de gaieté de cœur et à notre grand préjudice, en faisant une guerre barbare et injuste à nos meilleurs alliés. Notre premier mouvement, à la vue d'un animal quelconque que nous ne connaissons pas, c'est de le tuer. Et quand nous daignons chercher un prétexte à cette fureur de meurtre, nous ne manquons pas d'alléguer que notre victime, si nous l'avions laissée vivre, aurait détruit quelque chose. Eh ! sans doute; mais peut-être n'eût-elle détruit que des choses ou des êtres qui nous sont inutiles, ou même nuisibles. C'est le cas d'un certain nombre d'insectes, et notamment des coléoptères.

« Le rôle que les coléoptères jouent dans la nature, dit M. le docteur Chenu, est très-important et très-varié; un grand nombre d'entre eux, et surtout ceux de la famille des carabiques (groupe de carnassiers), sont destinés à détruire des quantités considérables d'insectes qui attaquent les végétaux ; d'autres, les nécrophages, contribuent à débarrasser le sol des animaux morts. Les uns n'ont pour mission que de hâter la décomposition des végétaux ; les autres doivent limiter la reproduction de ces végétaux en attaquant leurs feuilles, leurs tiges et surtout leurs graines, si nombreuses dans certaines espèces... Certaines sous-divisions se composent d'espèces destinées à détruire le bois mort ; d'autres n'attaquent que les végétaux languissants et malades.

« Les coléoptères, comme les animaux les plus élevés dans la série animale, vivent plus ou moins en société, quand ils ne sont pas obligés de pourvoir à leur existence par la chasse et la rapine. Cependant on ne trouve pas chez eux de ces associations organisées en républiques ou en monarchies, comme on en voit des exemples si curieux dans d'autres ordres, tels que les abeilles, les termites, les fourmis, les guêpes, etc. Ceux qui se réunissent en grand nombre pour vivre ensemble appartiennent aux groupes qui se nourrissent de végétaux, et qui, à l'exemple des mammifères herbivores, paissent tranquillement et sans combat. Du reste, comme ces animaux concourent aussi au même but final, au maintien de cette belle harmonie qui se remarque dans la nature et qui est la seule garantie d'un ordre de choses perpétuel, leur rôle est tout à fait analogue à celui que jouent les animaux plus grands. Les carnassiers, et principalement les carabes, les cicindèles et quelques autres groupes, peuvent être comparés aux lions, aux loups, aux aigles, etc., qui, dans les animaux supérieurs, ne se nourrissent que d'animaux vivants ou morts.

« Il y a dans les coléoptères, comme nous l'avons déjà dit, des groupes entiers destinés à faire disparaître les cadavres, à être les fossoyeurs de la nature (nécrophores, sylphes, etc.), comme on en trouve dans les mammifères et les oiseaux (hyènes, vautours, etc.). D'autres nettoient le sol, en dévorant les fientes et les excréments des autres animaux ; quelques-uns façonnent avec ces matières des boules dans lesquelles ils déposent leurs œufs, et qu'ils roulent, à l'aide de leurs pattes, dans des trous creusés par eux ; ils mettent ainsi leurs œufs à l'abri, et assurent la nourriture nécessaire aux petites larves qui en naîtront.

« Nous trouvons aussi dans les coléoptères des quantités d'espèces qui représentent ces nombreux animaux de toutes les classes, destinés à vivre de végétaux, et qui doivent devenir la nourriture des carnassiers. Sans les animaux herbivores, les carnassiers ne pourraient pas exister; sans les carnassiers, qui maintiennent l'équi-

Titan géant (²/₃ de grand. nat.).

libre, les herbivores mourraient bientôt de faim; car ils finiraient par dépouiller la terre de tous ses végétaux.

« Les coléoptères se trouvent sur la terre, dans l'air et dans les eaux. Ils sont répandus sur toutes les parties du globe, mais inégalement, comme tous les êtres. Les lieux seuls qui sont privés de végétaux sont aussi privés d'insectes; en sorte qu'on peut dire qu'ils sont subordonnés à la végétation [1]. »

C'est dans les contrées tropicales, là où la terre, tour à tour échauffée par les rayons ardents du soleil et détrempée par des pluies torrentielles, développe sans obstacle son exubérante fécondité, là où, par conséquent, la grande évolution de la vie, sans cesse détruite et sans cesse régénérée, s'accomplit avec une formidable

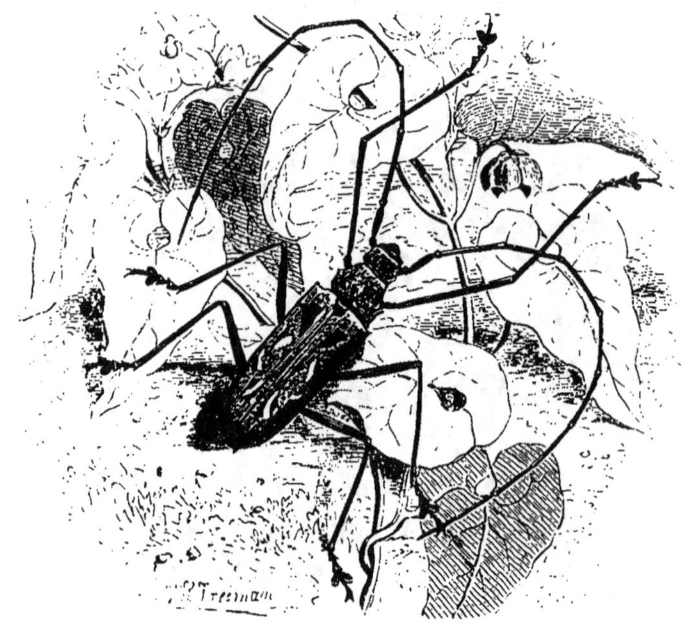

Acrocine accentifère (grand. nat.).

activité, c'est là que fourmillent les énergiques et implacables agents de ce travail immense, les insectes; c'est là qu'on trouve les coléoptères géants, cyclopes dont la taille et la force sont en rapport avec la rude tâche qui leur est assignée. Ces infatigables ouvriers, — les plus grands de tous les insectes, — avec leurs armes et leurs outils de sapeurs, leurs cuirasses impénétrables et leur féroce appétit, exterminent une immense quantité de petits insectes, émondent les forêts, achèvent les plantes malades, dévorent les cadavres d'ani-

1 *Encyclopédie d'histoire naturelle.* Coléoptères. 1re partie.

maux, font rentrer, en un mot, dans le torrent vital toute substance organique que la mort ou la maladie livrerait à la décomposition putride, s'ils n'étaient là pour y mettre ordre.

M. le docteur Chenu fait observer que les coléoptères phytophages sont de dimensions proportionnées à celles des arbres dont ils se

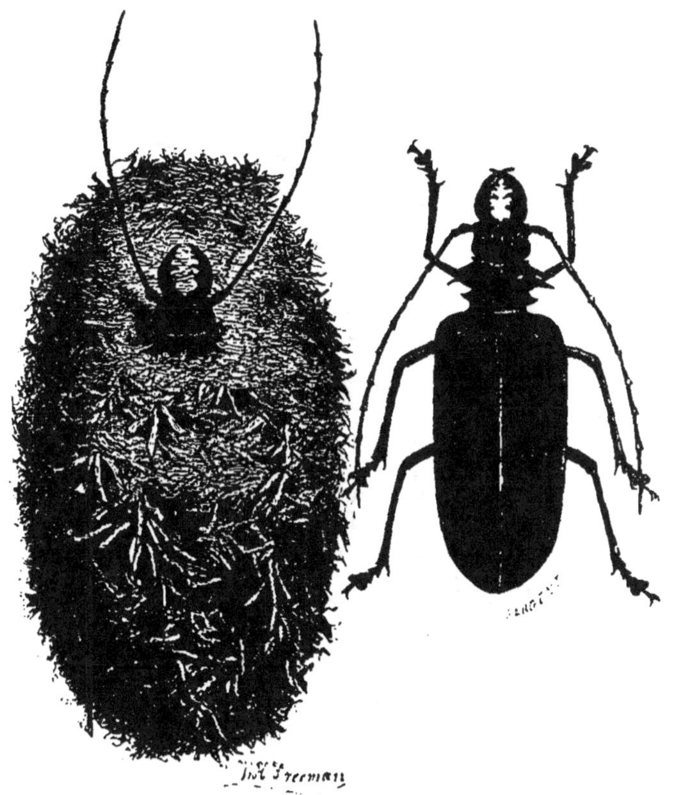

Acantophorus serraticornis et son nid (²/₃ de grand. nat.).

nourrissent. C'est dans cette section et dans les familles des *lon-gicornes* et des *scarabées*, que se trouvent les coléoptères géants, propres aux contrées tropicales. Nous en avons choisi quelques exemplaires, pour en mettre sous les yeux du lecteur les portraits ressemblants, mais non pas tous de grandeur naturelle. La plupart ont dû être réduits d'un tiers au moins. Le plus grand de tous, son nom le dit assez, est le *titan géant*, énorme longicorne de l'Amérique méridionale. L'*acrocine accentifère* est de moins grande taille ; son nom d'*accentifère* lui vient des taches dont ses élytres sont marquées, et qui ont la forme d'accents ou devirgules. Un autre acro-

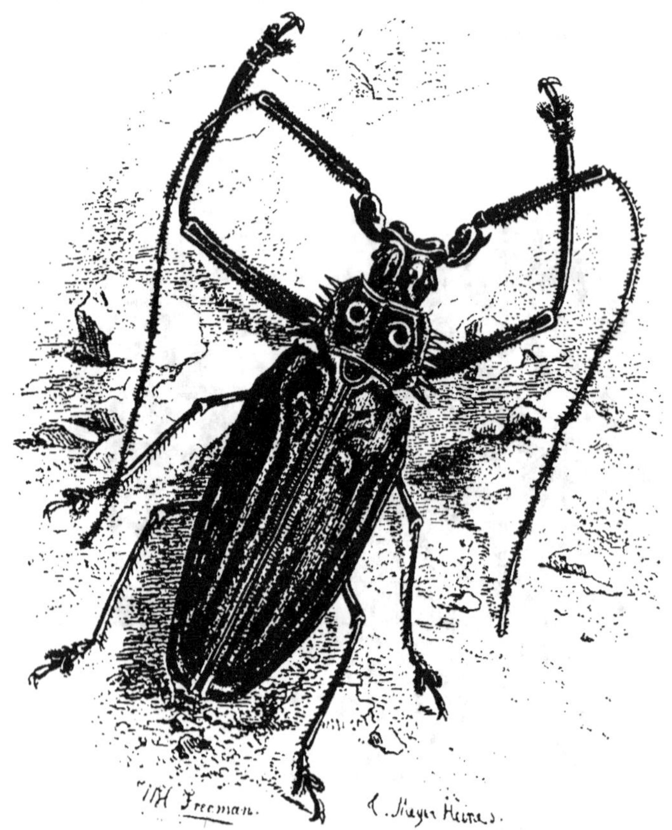

Énoplocère épineux (²⁄₃ de grand. nat.).

cine, dont j'ai déjà parlé, est remarquable, non-seulement par la longueur de ses antennes, mais encore par celle de ses pattes antérieures : d'où le nom bien mérité de *longimane*, que lui ont donné les naturalistes. La *macrodontie cervicorne* de la Guyane atteint une longueur de quinze centimètres, y compris ses redoutables mandibules. On mange sa larve, qui vit dans le bois du fromager, arbre de la famille des *sterculiacées*. L'*acanthophore à cornes en scie* (*ac an thophorus serraticornis*) a les mandibules beaucoup moins grandes; mais ces mandibules, croisées comme des cisailles et profondément dentelées, lui permettent de broyer le bois dont il se nourrit, et de couper les herbes et les menues branches, qu'il entrelace ensuite

Scarabée-goliath géant (²⁄₃ de grand. nat.).

adroitement pour se construire un nid comparable à ceux des oiseaux les plus habiles en ce genre de travail.

Un longicorne colossal, l'*énoplocère épineux*, est couvert d'une armure qui n'est pas sans analogie avec ces colliers garnis de clous qu'on met aux chiens de garde et de combat. Son corselet, ses élytres, ses pattes, ses longues antennes, sont tout hérissés d'épines, dont quelques-unes, placées de chaque côté du corselet, ont trois à quatre millimètres de longueur. La taille de ce coléoptère est de dix à douze centimètres, non compris ses antennes, qui ont environ quinze centimètres.

Lucane cerf-volant (³/₄ de grand. nat.).

Parmi les scarabées, il faut citer comme le plus grand et le plus beau le *goliath géant* de la côte de Guinée; ses pattes sont d'un brun noir; de grandes bandes de même couleur sont disposées régulièrement sur ses élytres et sur son corselet, dont le fond est jaune clair. On connaît plusieurs espèces de ce genre, toutes propres à l'Afrique tropicale, toutes justifiant par leurs proportions athlétiques le nom sous lequel on les a désignées. A la suite de ces colosses se placent d'autres scarabées de taille encore très-respectable, et pourvus d'armes offensives que la nature a refusées au goliath. Tels sont le *scarabée-hercule* et le *lucane cerf-volant*, le *scarabée-énéma*, le *nasicorne*, dont j'ai signalé, au commencement de ce chapitre, les particularités les plus remarquables. Il faut ajouter que, dans ces espèces, le mâle seul est pourvu de ces armes, qui doivent lui servir à conquérir et à défendre contre ses rivaux la dame de ses pensées. Aussi la femelle du lucane cerf-volant est-elle appelée *biche*, par analogie avec la femelle du cerf, qui n'a pas de bois, comme chacun sait. Les lucanes se trouvent en Europe. Leurs larves vivent dans l'intérieur des chênes. Le cerf-volant, à l'état d'insecte parfait, se pétrit avec de la terre un nid assez grossier où il s'abrite pendant la nuit. On les voit voltiger dans les bois, au solstice d'été, après le coucher du soleil. Le jour, ils se tiennent accrochés aux branches des chênes, dont ils sucent la séve. Ces insectes ont un goût prononcé pour le miel. Le célèbre naturaliste Swammerdam avait apprivoisé un *lucane-chevreuil*, dont il se faisait suivre comme par un chien en lui présentant du miel.

Le hanneton, si commun en Europe, est cousin des scarabées (famille des *lamellicornes*). C'est un des insectes les plus nuisibles à l'agriculture. Sa larve, le *ver blanc*, commence par vivre sous terre, pendant deux, trois et quatre ans, des racines de nos plantes potagères; puis l'insecte, arrivé à l'état parfait, dévore les feuilles et les jeunes pousses, et il n'est pas rare de voir, sous ses atteintes, des arbres languir et dépérir en quelques jours. On a proposé bien des moyens pour détruire ce coléoptère malfaisant. Le plus facile et le plus sûr serait de lui déclarer la guerre dès qu'il paraît, avant que les femelles aient eu le temps de pondre. En une campagne de quelques jours, commencée en temps utile et suivie avec ensemble, on pourrait en détruire des millions, et l'espèce ne tarderait pas à disparaître. Les enfants pourraient être employés dans les campagnes à cette chasse, qui serait pour eux une partie de plaisir. Puisque « cet âge est sans pitié, » il trouverait là de quoi satisfaire utilement son goût inné pour la destruction.

# CHAPITRE VII



M. Michelet raconte, dans son livre de *l'Insecte*, que le peintre Gros chassa un jour de son atelier, avec défense d'y jamais reparaître, un de ses élèves qui s'était présenté devant lui ayant un papillon encore vivant piqué à son chapeau. M. Michelet loue hautement cet acte de rigueur qui, pour un papillon mis à mort, compromettait l'avenir d'un jeune homme. Il vante à ce propos la « vive sensibilité du grand artiste », sa « religion de la beauté ». J'avoue, quant à moi, que la sensibilité me paraît ici grandement exagérée, et que la « religion de la beauté », ainsi entendue, frise de bien près le fanatisme. Ce n'est pas moi, certes, qui chercherai jamais à excuser la cruauté envers les animaux. La cruauté est toujours odieuse. Rien ne nous autorise à ôter inutilement, arbitrairement la vie aux êtres qui nous sont inférieurs. Et quant à les torturer, quant à se faire un jeu de leurs souffrances et de leur agonie, c'est la marque d'un naturel ingrat, méchant et pervers. C'est, de plus, une lâcheté. Même envers les animaux qui sont ses ennemis et à l'égard desquels il peut se considérer comme exerçant le droit de légitime défense, l'homme n'est point dispensé de rester digne, juste et miséricordieux.

Il ne faut pourtant pas pousser les scrupules à l'excès, sous peine de tomber dans les ridicules et dégradantes superstitions de ces faquirs indous, qui croient commettre un crime en écrasant une mouche, et se laissent ronger par les parasites plutôt que d'attenter à la vie de ces animaux. N'oublions pas non plus qu'à mesure qu'on descend l'échelle zoologique, la vie, pour ainsi dire, se décentralise, se réduit de plus en plus aux fonctions purement végétatives et mécaniques; le système nerveux se simplifie et s'amoindrit, et avec lui les facultés sensitives. Des lésions qui seraient graves, douloureuses, mortelles pour un mammifère ou un oiseau, deviennent tout à fait insignifiantes chez un articulé : l'animal ne s'en aperçoit même pas et n'en continue pas moins de se bien porter, de pourvoir à ses besoins, de suivre ses habitudes, comme si de rien n'était. Je me rappelle de m'être livré une fois, il y a quelques années, à des expériences assez significatives sur une puce. Après l'avoir noyée et *dénoyée* plusieurs fois, je m'avisai de lui arracher les pattes, et je la posai sur ma main. L'animal, incontinent, se mit à me piquer et à me sucer du meilleur appétit.

Il y a mieux : l'empalement des insectes tel que le pratiquent les collectionneurs, peut être un moyen de prolonger leur vie : j'entends la vie des insectes. L'entomologiste Ledoux alla un jour trouver un de ses confrères, M. le docteur Le Maout. Il tenait à la main une boîte dans laquelle se trouvait un coléoptère de la famille des carnassiers, le *calosoma auropunctatum*. Cet animal avait le corps traversé par une fine épingle solidement fichée dans un morceau de liége. « Je le garde ainsi depuis un an, dit Ledoux, et il se porte mieux que moi; car j'ai un cancer à l'estomac, qui ne me laisse pas six mois de vie. » Il ne disait que trop vrai : six mois plus tard, il expirait, léguant son calosome à M. Le Maout, qui continua de le nourrir avec des chenilles sans poils et des intestins de poulet, selon la prescription du testateur. L'animal vécut encore quatre mois ainsi, et il mourut par accident! « Un jour qu'il dévorait sa pâture ordinaire, dit M. Le Maout, je voulus la lui arracher, et l'effort qu'il fit pour la retenir lui tirailla violemment le cou. Le lendemain, je le trouvai mort. Ainsi ce coléoptère, qui devait mourir quelques jours après la ponte de ses œufs (laquelle suit de très-près sa dernière métamorphose), fut conservé vivant pendant près de deux ans, parce qu'il n'avait pas accompli sa destinée [1]. »

Les papillons sont dans le même cas que les coléoptères. Après leur dernière métamorphose, la nature ne leur accorde que juste le temps de se reproduire. Le mâle survit très-peu à la fécondation, et la femelle meurt presque aussitôt après la ponte. Donc en tuant un papillon, on ne lui fait tort que de quelques jours, peut-être de quelques heures de vie, et cette mort violente n'est pas pour lui plus douloureuse que sa mort naturelle. On m'objectera que celui

1 Emm. Le Maout, *le Jardin des plantes*. — 2 vol. grand in-8°. Paris, 1843. Sixième partie (tome II).

qui le tue avant qu'il se soit reproduit, anéantit ainsi, non-seulement l'animal lui-même, mais toute sa postérité. Il est vrai, mais ce n'est pas là un mal : au contraire. Les papillons sont de charmants insectes, admirables par la forme élégante et les vives couleurs de leurs ailes; ils sont un des ornements de nos campagnes et de nos jardins, et c'est justement qu'on les a appelés « des fleurs vivantes »; leur existence est bien innocente d'ailleurs, car ils ne vivent que du suc de ces mêmes fleurs, dont ils semblent plutôt les amis que les parasites.

Tout cela est vrai; mais avant d'entrer dans la chrysalide d'où il sort radieux et léger pour s'élancer dans les airs, le papillon a vécu d'une vie plus longue et beaucoup moins innocente : il a été chenille. Or les chenilles sont un des plus désastreux fléaux de l'agriculture. En France, l'administration est obligée de promulguer chaque année des édits prescrivant l'*échenillage* des arbres; et cette opération ne réussit pas encore à conjurer le mal. Chaque chenille qui échappe à la proscription devient un papillon, et un seul papillon peut reproduire des centaines de chenilles qui, l'année suivante, recommenceront à dévaster les bois, les champs et les vergers. Les unes mangent les fleurs et les bourgeons; d'autres, l'écorce, ou même la partie ligneuse et les racines des arbres, qu'elles amollissent préalablement au moyen d'une liqueur âcre, sécrétée par un organe particulier. Il en est aussi qui rongent les étoffes de laine, le cuir, etc. Mais la plupart se nourrissent de feuilles. Leur voracité est extrême, et la nature les a pourvues d'un puissant appareil masticatoire. Il n'est pas rare, lorsqu'on passe, vers le soir, au printemps, dans un bois envahi par les chenilles, d'entendre le bruit qu'elles font en broyant leur nourriture. Le plus grand nombre se nourrissent exclusivement d'une seule substance; mais certaines espèces se montrent moins délicates, et attaquent toutes les matières organiques qui s'offrent à elles.

On sait le proverbe : *laid comme une chenille.* Le fait est que ces larves n'ont rien, en général, de gracieux. Elles déplaisent et répugnent comme tout ce qui rampe. Ce sont, en somme, des vers plus ou moins gros, au corps allongé, presque cylindrique. Seulement elles ont des pattes. Ces pattes se distinguent en *vraies* et *fausses.* Les vraies sont écailleuses et toujours au nombre de six; elles correspondent à celles de l'insecte parfait. Les fausses sont membraneuses ; leur nombre varie de quatre à dix. Leur tête est cornée ; leur bouche se compose de deux fortes mandibules, deux mâchoires et une lèvre, et quatre petites palpes. Beaucoup ont le corps nu et de couleur blanchâtre ou grisâtre ; mais un assez grand nombre sont hérissées de poils, de tubercules ou d'épines, et présentent des teintes plus ou moins vives. Quelques-unes sont exactement de la couleur des végétaux sur lesquels elles vivent.

Les mœurs de ces larves n'ont rien de bien intéressant. Elles ne font guère autre chose que manger, jusqu'au moment où elles doivent opérer leur métamorphose. Cependant ce grand travail est précédé de trois ou quatre mues, qui indisposent légèrement l'animal et ralentissent son appétit. Avant de passer à l'état de nymphe ou de *chrysalide*, les chenilles filent ordinairement une coque pour s'y enfermer. Les nocturnes et surtout les *bombyx* excellent dans la confection de cette coque, et la forment de ces filaments fins, brillants, souples et résistants, qui constituent la soie. Nous ferons ci-après aux auteurs de ce merveilleux produit les honneurs d'un chapitre spécial.

Parmi les chenilles de papillons diurnes et crépusculaires, plusieurs ne se font qu'une coque grossière, en reliant ensemble avec de la soie, des feuilles, des brins de bois ou d'écorce, des parcelles de terre. D'autres s'attachent simplement aux troncs ou aux branches des arbres par quelques fils. Celles-là ne demeurent que quelques jours à l'état de chrysalide. Les chenilles d'un bombyx très-répandu dans l'ancien monde, le bombyx *processionnaire*, vivent en sociétés nombreuses et se construisent un nid commun, qui consiste en une enveloppe formée de débris végétaux mêlés avec les poils de leur propre corps, et maintenus avec de la soie. Chacune se fait, en outre, dans l'intérieur de ce nid, un cocon grossier composé des mêmes matériaux. Le nom de *processionnaires* a été donné à ces chenilles parce qu'elles sortent le soir de leur retraite, pour chercher leur nourriture, dans un ordre régulier comme celui d'une procession. Une d'elles s'avance en tête et conduit la marche. Deux autres viennent ensuite de front, puis trois, puis quatre, et ainsi de suite, chaque rang s'augmentant d'une unité. Lorsqu'elles ont soupé, elles rentrent au logis dans le même ordre. Cette espèce pullule d'une

manière effrayante et fait de grands dégâts dans les forêts, principalement dans les forêts de chênes, où l'on voit souvent, en plein
été, des milliers d'arbres dépouillés de leurs feuilles.

Les papillons ( *lépidoptères* ) ont été partagés par Latreille en trois

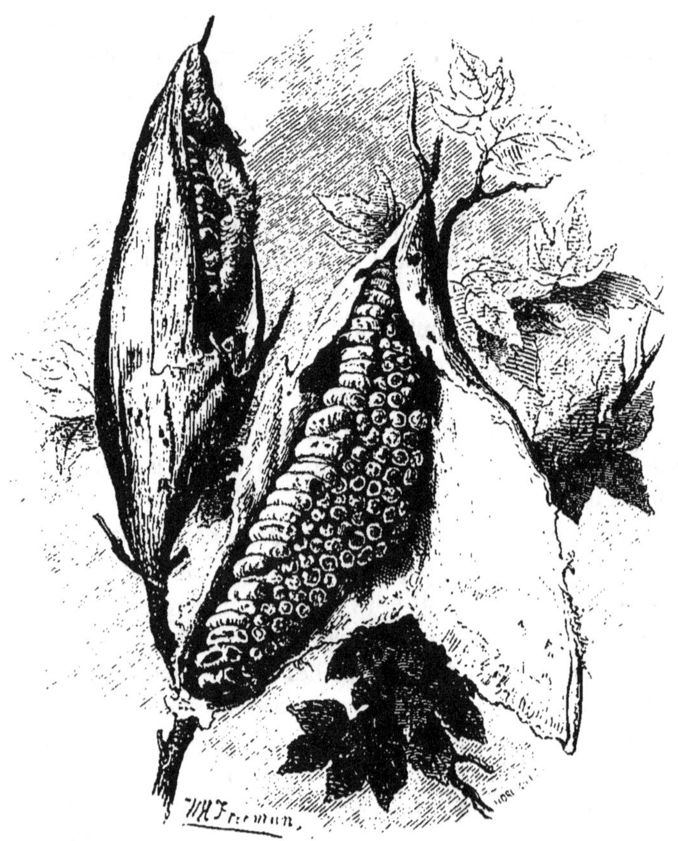

Nids de chenilles processionnaires de Madagascar.

grandes familles : celle des *diurnes*, ou papillons de jour; celle des
*crépusculaires*, et celle des *nocturnes*. Ces trois familles sont faciles
à distinguer. Les papillons diurnes ont le corps mince et allongé;
à l'état de repos, leurs ailes se relèvent et se joignent verticalement; leurs antennes sont filiformes, et terminées quelquefois par
un renflement ovale ou sphérique. Les crépusculaires et les noc-

turnes ont le corps gros, la peau veloutée, souvent garnie sur le thorax de poils assez longs. Lorsqu'ils ne volent pas, leurs ailes sont repliées horizontalement; ou même, chez plusieurs espèces de nocturnes, elles retombent le long du corps. Les antennes des crépusculaires sont allongées en forme de massue ou de fuseau. Celles des

Idée agélie.

nocturnes sont sétacées, ou vont en diminuant de la base à la pointe; elles sont souvent barbelées comme des plumes, ou comme des feuilles de fougère.

Linné, qui, plus qu'aucun naturaliste, sut allier le culte des lettres à celui de la science, le sentiment du beau à l'amour du vrai, avait introduit jusque dans la classification et dans la nomenclature des animaux et des plantes cette simplicité grandiose et poétique qui n'appartient qu'au vrai génie. Là comme partout il avait mis la lumière et la couleur; il avait su rattacher les types entre eux par leurs caractères les plus saisissants, et leur avait donné des noms aisés à comprendre et à retenir, parce qu'ils faisaient, pour ainsi dire, image dans l'esprit. « Le grand naturaliste, dit M. Emm. Le

Héliconie halie (grand. nat.).

Maout, a répandu sur la nomenclature des papillons les trésors de la mythologie, et en combinant, par un artifice plein de charme, les beautés naturelles de la création avec les beautés poétiques qu'enfanta l'imagination des hommes, il a su les mnémoniser les unes par les autres. »

Ses papillons (les diurnes des entomologistes modernes) sont divisés en cinq *phalanges*. Ce sont les *chevaliers*, les *plébéiens*, les *héliconiens*, les *danaïdes* et les *nymphales*. Les chevaliers comprennent les *troyens* et les *grecs;* et l'on retrouve dans les deux camps

27

les noms immortalisés par Homère et par Virgile : d'une part, Hector et son fils Astyanax, Priam et la malheureuse Hécube, la belle et perfide Hélène et le lâche Pâris ; d'autre part, Achille, semblable aux dieux, et son fidèle ami Patrocle ; les deux Atrides, Agamemnon et Ménélas ; le sage Nestor, le prudent Ulysse, l'ingénieux Palamède, le bouillant Ajax.

Céthosie penthésilée (grand. nat.).

Les plébéiens se subdivisent en *campagnards* et *citadins ;* ils sont plus petits et de couleurs moins riches que les chevaliers.

Les héliconiens ont les ailes arrondies, très-entières, diaphanes, presque sans écailles.

Les danaïdes sont les papillons qui butinent sur les fleurs des *crucifères.* Leurs ailes sont entières, blanches ou bigarrées.

Enfin les nymphales ont les ailes dentelées, quelquefois ornées de figures d'yeux ; celles qui sont dépourvues de cette décoration sont dites *aveugles.* Ici comme dans les groupes précédents, tous les noms d'espèces sont empruntés à la mythologie.

Sous prétexte de compléter et de corriger la nomenclature et la classification liunéennes, les entomologistes de nos jours n'ont fait que l'embrouiller, la surcharger d'une multitude innombrable de termes barbares, où ils ont eu soin de faire entrer leurs propres noms étrangement latinisés. Au lieu « d'injurier les plantes en

Mégalure chiron (grand. nat.).
1 Vu en dessus.     2 Vu en dessous.

grec [1] », comme font les botanistes, ils injurient les papillons en latin... et quel latin !...

On n'attend pas de moi que je passe en revue les quatre à cinq cents espèces de papillons diurnes et crépusculaires aujourd'hui

[1] Mot de M. Alphonse Karr.

connues. Ces papillons ne se font d'ailleurs remarquer par aucune particularité de mœurs ou de caractère; ils n'ont guère d'intéressant que leur beauté, et la beauté ne se décrit pas : il faut la voir. Celle des papillons, résidant principalement dans l'éclat et dans l'heureuse disposition de leurs couleurs, ne peut être rendue que d'une manière bien incomplète par le crayon et le burin les plus habiles. Aussi nous sommes-nous bornés à la reproduction d'un petit nombre

Cydimon leïle (³/₄ de grand. nat.).

de types, que nous avons choisis en considération de leurs formes élégantes, et sans nous préoccuper des couleurs, qu'il nous était impossible de représenter.

Tous ceux qui figurent dans ce chapitre, hormis un seul, appartiennent à la famille des diurnes.

L'*agélie* (tribu des nymphales) est une grande et belle espèce du genre *idée*. Elle n'a pas moins de soixante centimètres d'envergure. Ses ailes transparentes et gracieusement arrondies sont marquées de larges nervures noires. M. le docteur Chenu dit que ce papillon a le vol lourd ; ce qui m'étonne, eu égard à sa conformation, et qu'il ne m'est point aisé de vérifier, car il n'habite que les îles de l'océan Indien.

Les *héliconies*, dont nous donnons un spécimen rare et peu connu, l'*héliconie halie*, sont propres à l'Amérique méridionale. On ignore comment sont leurs chenilles et leurs chrysalides.

Uranie riphée (²/₃ de grand. nat.).

Les *céthosies* ne sont pas beaucoup mieux connues. Ce genre comprend plusieurs espèces répandues dans l'Asie méridionale, dans les îles de l'océan Indien et jusqu'en Australie. La *céthosie penthésilée* est de petite taille ; mais ses ailes sont d'une forme gracieuse, découpées en festons sur les bords, et d'un dessin charmant.

Le *mégalure chiron*, le *cydimon leïle* et l'*uranie riphée* se ressemblent par le développement de leurs ailes inférieures, profondément
découpées. Ces ailes sont terminées, chez les deux premiers, par une
longue dent en éperon, analogue à celles des *porte-queue* de nos climats. Les dents sont au nombre de trois grandes et cinq petites chez
l'uranie, remarquable d'ailleurs par l'éclat de ses couleurs. Cette

Charaxes jasius (grand. nat.).

dernière a été rangée par M. Blanchard dans la même famille que
le cydimon leïle (famille des *cydimoniens*). Quant aux mégalures,
ils forment le soixante-cinquième genre de la tribu des danaïdes
(famille des *nymphaliens*). Ce genre est représenté par diverses
espèces aux Antilles, au Mexique et à la Guyane.

Le *charaxes* ou *nymphalis jasius* est une espèce européenne du
genre *nymphale*, qui est surtout nombreux dans l'Afrique tropicale.
Cette espèce se rencontre chez nous partout où abonde l'arbousier,
sur lequel sa chenille vit exclusivement. Le papillon a le dessus des
ailes d'un brun noirâtre chatoyant, avec une bande de taches, et le
limbe postérieur d'un jaune fauve.

Ceux ou celles de mes lecteurs et lectrices qui ont fait la chasse aux papillons connaissent assurément le genre *vanesse*, dont les jolies espèces sont un des ornements de nos campagnes. J'en cite deux seulement : le vanesse *gamma* est ainsi appelé du nom du caractère grec qui correspond à notre G, parce qu'on voit cette lettre très-nettement dessinée en blanc sur l'envers de l'aile inférieure. Ce

1  Gamma vanessa (gr. nat.).      2  Paon de jour (vanessa Io) (gr. nat.).

papillon est de couleur fauve, avec des taches et des bandes noires qui suivent les contours des ailes.

Le vanesse *paon de jour* est un des plus jolis papillons de nos climats. Le dessus des ailes supérieures est d'un fauve rougeâtre très-vif, traversé par un filet noir. Chacune de ses quatre ailes est marquée d'un *œil* dont le centre est rougeâtre, bordé d'un cercle jaune qu'entoure un filet noir. Ce sont ces *yeux* qui, joints à ses habitudes diurnes, lui ont fait donner le nom de paon de jour, par opposition au paon de nuit, également commun en France.

Je ne dirai que quelques mots des papillons crépusculaires, beaucoup moins riches en espèces que les diurnes. On divise actuellement cette section en quatre familles, dont la mieux caractérisée, et

Achérontie atropos ou Sphinx tête-de-mort (²/₃ de grand. nat.).

celle qui renferme les plus belles espèces, est assurément celle des *sphingiens,* ou, si l'on aime mieux, des *sphinx.* Ces papillons ont le corps gros, les antennes toujours terminées par un petit flocon d'écailles. Ils sont remarquables par la puissance de leurs ailes et de leur vol. On les voit planer longtemps en bourdonnant au-dessus des fleurs, puis pomper, à l'aide de leur longue trompe, le suc des nectaires, sans être, le plus souvent, obligés de se poser. Leurs chenilles ont en général le corps épais, et sont armées d'une corne dorsale à leur extrémité postérieure. Elles vivent de feuilles et se métamorphosent, pour la plupart, dans la terre, sans filer de coque.

La plus belle et la plus curieuse espèce de cette famille est le sphinx *tête-de-mort* ou *achérontic atropos*, qui justifie assez bien ces noms lugubres par son aspect général, et surtout par le dessin bizarre tracé sur son corselet. Ses ailes supérieures sont variées de brun foncé, de brun-jaune et de jaunâtre clair; les inférieures sont jaunes avec deux bandes brunes. L'abdomen est aussi jaunâtre, avec des anneaux noirs. Les taches de son thorax, qui imitent assez bien une tête de mort, et le bruit aigre qu'il fait entendre, ont rendu ce papillon un objet de terreur superstitieuse dans nos campagnes, et surtout en Bretagne. Sa chenille vit sur la pomme de terre, le troëne, le jasmin, etc. C'est la plus grande qui existe en Europe. Le papillon lui-même atteint une longueur de cinq à six centimètres, et une envergure de dix à douze. Le *cri* du sphinx atropos a fort intrigué les entomologistes. L'un d'eux, M. Passerini, a cru pouvoir avancer que l'appareil à l'aide duquel ce papillon le produit serait dans la tête. Cette assertion, appuyée par Duponchel, donnerait, si elle était définitivement confirmée, l'exemple peut-être unique d'une sorte d'organe vocal chez un animal articulé.

# CHAPITRE VIII

## LES FAISEURS DE SOIE

Dans une des nomenclatures très-savantes qu'on a substituées à celles de Linné et de Latreille, les papillons nocturnes sont réunis avec les crépusculaires en une même famille : celle des *chalinoptères* (χαλινός, en grec, signifie *frein*). M. Blanchard, auteur de cette dénomination, a donc voulu donner à entendre que les lépidoptères compris dans la nouvelle division ont les ailes bridées par une sorte de cordon, qui les force à se replier quand l'animal ne vole pas. Le seul caractère anatomique qui sépare les nocturnes des crépusculaires réside dans la forme de leurs antennes. Ils ont, du reste, un aspect, un *facies* à peu près semblable, les mêmes formes épaisses, les ailes supérieures allongées, les inférieures courtes et arrondies. Leurs couleurs sont beaucoup moins vives que celles des diurnes. Plusieurs espèces sont à peu près incolores; mais il en est qui offrent à l'œil des nuances très-agréables et des dessins d'une extrême délicatesse, bien que les nuances soient peu tranchées et que le ton général soit toujours sombre. Sous ce rapport, on observe ici la loi de coloration qui semble s'appliquer à tous les nocturnes, aux oiseaux aussi bien qu'aux papillons, et qui établit une ressemblance assez remarquable entre les uns et les autres. C'est sans doute

Érèbe strix (¹/₄ de grand. nat.).

cette ressemblance qui a fait donner à l'un des plus grands, et peut-être au plus beau papillon nocturne que l'on connaisse, le nom d'*érèbe strix* (*strix*, en latin, en hibou, chouette). Ce magnifique lépidoptère a près de vingt centimètres d'envergure; ses ailes sont grises, traversées de lignes noires ondulées. Il habite la Guyane. Le genre *saturnie*, dont il fait partie, est celui qui renferme les plus grandes espèces de la section des nocturnes. Chacun connaît la *saturnia pavonia major*, vulgairement appelée grand paon de nuit.

La saturnie atlas, ou *attacus atlas*, dont nous donnons un dessin, a jusqu'à vingt-cinq centimètres d'envergure. Ce superbe nocturne est très-répandu en Chine, dans l'Inde et dans l'archipel Indien. Il vit sur le cannellier etsur l'*erythrina indica*. J'ai déjà dit, au chapitre

Attacus atlas (⅓ de grand. nat.).

précédent, quelques mots des coques ou *cocons* que les chenilles d'un grand nombre de lépidoptères nocturnes se confectionnent avec une substance filamenteuse sécrétée par un appareil spécial, pour y opérer leurs métamorphoses. Ces nocturnes forment un groupe, celui des *bombycites*, le plus intéressant, je ne dirai pas de la famille des lépidoptères, mais de toute la classe des insectes. C'est un bombyx, — un des plus petits et des plus laids, — le *bombyx sericaria,* qui nous fournit la plus précieuse de nos matières textiles, la SOIE. Presque tous les autres produisent une matière analogue, moins belle, il est vrai, mais néanmoins applicable aux mêmes usages. Quelques-uns sont déjà, en Orient, l'objet d'une culture et d'une industrie considérables, et ont été récemment introduits en Europe. Ces papillons constituent donc pour l'homme une richesse immense, dont on est loin encore d'avoir tiré tout le profit qu'elle comporte.

La chenille du *bombyx sericaria* est connue de tout le monde sous le nom de *ver à soie.* C'est, en effet, un gros ver de couleur blanchâtre, et d'un aspect qui n'a rien d'agréable. L'animal qui sort de l'enveloppe de soie filée par elle avec tant de soin n'est guère plus joli. Ses petites ailes sont à peine capables de soulever son gros corps, et je ne crois pas qu'on l'ait jamais vu voler. Il ne vit, au surplus, que juste le temps nécessaire pour assurer la perpétuité de son espèce : le mâle un jour ou deux, la femelle une vingtaine de jours. Celle-ci pond environ cinq cents œufs gros comme des grains de millet et de couleur cendrée. Ces œufs peuvent se conserver longtemps, pourvu qu'on les tienne à l'abri de l'humidité et qu'on ne les réunisse pas en trop grand nombre dans le même paquet. Pour les faire éclore, on les expose pendant huit à dix jours à une température croissante de quinze à vingt-sept degrés. Alors ils blanchissent, et les larves commencent à sortir; elles ont, à leur naissance, deux à trois millimètres de long. Elles vivent de trente-quatre à trente-cinq jours dans leur premier état, et atteignent, à la fin de cette phase, une longueur de six à sept centimètres. Dans cet intervalle, elles changent quatre fois de peau. « A l'approche de chaque mue, dit M. Le Maout, elles s'engourdissent et cessent de manger; mais après la mue leur faim redouble. C'est surtout pendant les quatre derniers jours qui précèdent leur métamorphose que leur voracité est extrême; on les entend faire en mangeant un bruit qui ressemble à celui d'une forte averse. Le dixième jour de leur quatrième âge, elles cessent de manger, et s'apprêtent à se changer en chrysalides. On les voit alors grimper sur les branches des petits fagots placés au-dessus d'elles par ceux qui les élèvent; bientôt les vers se fixent, jettent autour d'eux une multitude de fils fins, et, suspendus au milieu de ce lacis, ils filent leur cocon, en tournant continuellement sur eux-mêmes dans tous les sens, et en roulant ainsi autour de leur corps le fil qu'ils font sortir de la filière dont leur lèvre est percée. Les divers tours de ce fil *unique* s'agglutinent entre eux, et il en résulte une enveloppe ovoïde, d'un tissu solide, tantôt jaune tantôt blanc. La confection de ce cocon de-

Intérieur d'une magnanerie.

mande quatre jours; l'état de chrysalide dure de dix-huit à vingt jours. »

Pour sortir de son cocon, le papillon dégorge une liqueur particulière qui humecte l'extrémité placée devant lui, et dissout en partie le tissu; puis il achève de se frayer un passage par un violent coup de tête, et ne tarde pas à se dégager entièrement. Aussi les éleveurs, pour conserver les cocons intacts, sont-ils obligés de sacrifier le plus grand nombre des papillons avant que ceux-ci aient commencé leur travail de délivrance. Cette exécution se fait en introduisant les cocons dans une étuve chauffée à la vapeur. On n'en laisse aboutir que quelques-uns, destinés à la reproduction.

Le ver à soie se nourrit exclusivement des feuilles du mûrier blanc. Dans la Chine, sa patrie, et dans les contrées chaudes où il a été d'abord acclimaté, il vit en plein air sur cet arbre; mais en Europe, on est obligé de construire à son usage des bâtiments disposés d'une façon spéciale, où il soit à l'abri des intempéries de l'air et reçoive des soins convenables. Ces établissements sont appelés *magnaneries*, de *magnan*, nom qu'on donne, dans le midi de la France, au bombyx du mûrier. Ce sont des constructions légères, mais vastes, avec de nombreuses fenêtres garnies, soit de vitrage, soit de toile claire. Des montants plantés quatre par quatre, de distance en distance, sur deux ou quatre rangées, et s'élevant jusqu'au plafond, supportent des claies superposées à une *coudée* (environ cinquante centimètres) les unes au-dessus des autres. C'est sur ces claies, garnies d'une litière de feuilles de mûrier, que vivent les vers à soie. Des échelles ou des marchepieds roulants donnent accès aux étages supérieurs de ces habitations; des ouvrières sont constamment occupées à renouveler la litière des chenilles, à nettoyer les claies, etc. La magnanerie doit être bien aérée, et entretenue en toute saison à une température sensiblement égale et toujours élevée.

L'éducation des vers à soie est un art difficile. L'inexpérience, le défaut de soins, souvent aussi des accidents que la science même est impuissante à conjurer, peuvent tout compromettre. C'est ainsi que depuis quelques années les vers à soie d'Europe sont décimés par une maladie dont la cause est encore inconnue, et contre laquelle tous les moyens curatifs et prophylactiques ont échoué jusqu'à présent. Le tort considérable que ce fléau a fait en France et dans toute l'Europe méridionale à l'industrie séricicole aura peut-être produit, cependant, un bon résultat. Une industrie trop favorisée par les circonstances s'endort volontiers dans sa prospérité, et demeure stationnaire. Les coups qui l'atteignent de temps à autre l'avertissent de prendre garde, lui montrent les imperfections qu'elle doit corriger, et le mal devient, de cette façon, le stimulant du progrès. La maladie des vers à soie du mûrier a appelé l'attention sur les autres espèces de la tribu des bombycites, qu'il serait possible d'acclimater, et dont les cocons fourniraient à la consommation un supplément notable de matière textile. Plusieurs naturalistes ont dirigé de ce côté leurs recherches et leurs efforts. Aucun n'a mis au service de cette œuvre méritoire un zèle plus éclairé et plus persévérant que M. Guérin-Méneville; et déjà des résultats qui ne peuvent laisser

Saturnie cécropie ( *Attacus cecropia* ) ($^2/_3$ de grand. nat.).

aucun doute sur le succès de son entreprise sont venus récompenser son dévouement.

M. Guérin-Méneville a bien voulu me communiquer, avec une obligeance dont je ne saurais trop le remercier, une foule de documents précieux relatifs à l'acclimatation des nouveaux faiseurs de soie : tout mon regret est de n'en pouvoir mettre à profit qu'une bien faible partie. Je me trouve, en présence de ces trésors scientifiques, dans la position d'un enfant qu'on mènerait dans un bazar plein de beaux jouets, parmi lesquels on l'autorisait à en choisir seulement trois ou quatre. Le pauvre enfant serait bien embarrassé.

Je le suis aussi. J'essaierai pourtant d'extraire de mon mieux la quintessence des abondants matériaux accumulés sous ma main.

Et d'abord, quand je parle de nouveaux faiseurs de soie, c'est nouveaux pour nous qu'il faut entendre; car les récits des voyageurs nous ont appris, dit M. Blanchard, que, dans l'Inde et dans la Chine, des soies provenant d'espèces autres que le bombyx du mûrier sont employées sur une assez vaste échelle. L'idée de les

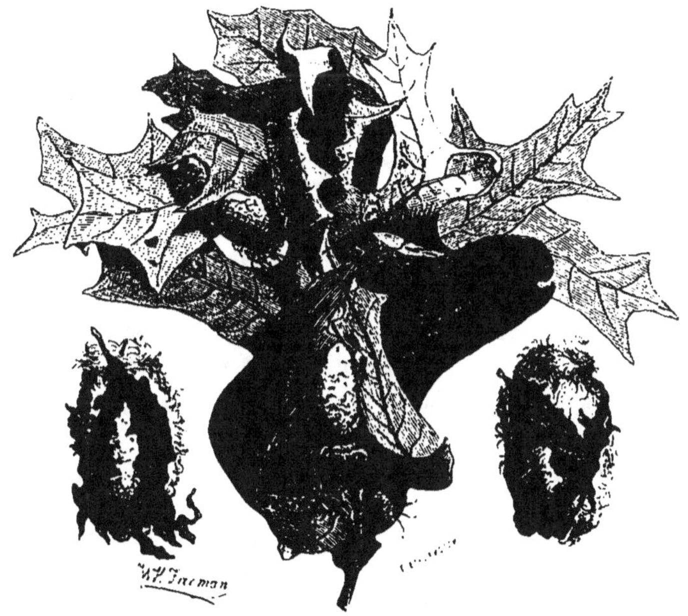

Cocons de l'attacus polyphemus (½ de grand. nat.).

introduire, ajoute le savant entomologiste, n'est pas venue tout d'abord. En 1840, des cocons d'un grand bombyx des États-Unis, l'*attacus cecropia* (*saturnie cécropie* d'autres auteurs), ayant été envoyés au Muséum d'histoire naturelle de Paris, les papillons ne tardèrent pas à éclore. On eut des pontes, et bientôt des chenilles ou vers qu'on éleva sans grande difficulté. L'année suivante, on avait une seconde génération provenant de ces individus nés en France. Victor Audouin songea au parti qu'on en pourrait tirer, mais les choses n'allèrent pas plus loin.

« Plus tard, M. Guérin-Méneville s'occupa d'une espèce de l'Inde; et nous-même, il y a six ans, devant l'Académie des sciences, nous nous efforcions d'appeler l'attention sur divers bombyx, dont les produits semblent de nature à être utilisés... A cette époque, tout échoua devant l'indifférence.

« Depuis, un temps meilleur est arrivé... Au mois de mars dernier (1856), la Société zoologique d'acclimatation recevait une soixantaine de cocons d'une espèce (*attacus polyphemus*), et plus d'une centaine d'une autre (*attacus cecropia*), contenant des chrysalides vivantes. A la fin de mai et au commencement de juin, les papillons sont éclos... »

Le nombre des espèces utilisables est très-grand, d'après M. Guérin-Méneville, qui, de concert avec M. E. Robert, poursuit, dans ses magnaneries expérimentales de Sainte-Tulle et de Vincennes, une série d'essais dont quelques-uns donnent actuellement mieux que des espérances.

Je citerai seulement les espèces que le savant observateur signale comme offrant le plus de chances de réussite; mais je ferai préalablement remarquer que le peu d'accord des naturalistes, dont chacun adopte pour le même genre, pour la même espèce, une dénomination de son choix, introduit quelque confusion dans la nomenclature.

M. Guérin-Méneville désigne indistinctement tous les papillons à soie sous le nom générique de *bombyx*. D'autres préfèrent celui de *saturnies*, d'autres celui d'*attacus*. Je comprends peu, je l'avoue, ces dissidences sur des mots, et je m'étonne que des hommes sérieux, des savants distingués, prennent à tâche de les perpétuer. Passons.

M. Guérin-Méneville s'est surtout occupé de l'acclimatation des vers à soie de l'ailante (improprement appelé *vernis du Japon*), du ricin et du chêne. Il appelle le premier *bombyx cynthia*. Cette espèce, cultivée depuis des siècles en Chine, a été envoyée à Turin par le P. Fantoni, et introduite en France, en Italie, en Algérie et jusqu'en Amérique et en Australie, par M. Guérin-Méneville. La soie qu'elle fournit a été appelée *ailantine, soie du Nord, soie du peuple*. C'est une matière textile beaucoup plus belle et plus forte que le coton, et qui tient le milieu entre la soie et la laine. L'arbre qui nourrit ce bombyx pousse partout et est devenu très-commun en France; l'animal lui-même n'a point les délicatesses de son congénère du mûrier : il s'élève parfaitement en plein air, sans craindre la pluie ni le vent.

Le ver à soie du ricin (*bombyx* ou *saturnia arrindia*) est originaire de l'Inde anglaise et de l'Assam. Il a été introduit en Europe

Bombyx du ricin (*bombyx arrindia*) (²/₃ de grand. nat.),
sa chenille, ses œufs et son cocon.

par MM. Bergonzi et Baruffi. Chargé par la Société d'acclimatation de le naturaliser en France et en Algérie, M. Guérin-Méneville s'est acquitté de cette tâche avec un plein succès.

Le ver à soie du chêne de la Chine (*bombyx anthœrea* ou *yamamaï*) est cultivé au Japon, et donne une soie aussi belle que celle du *bombyx mori*. Un autre de même origine, le *bombyx Pernyi*, est l'objet

d'une industrie importante dans le nord de la Chine. Sa soie est
plus grossière, mais d'une extrême solidité. Son introduction est
due au P. Perny, missionnaire. Un troisième ver à soie du chêne
est le *bombyx polyphemus* de l'Amérique du Nord, dont parle

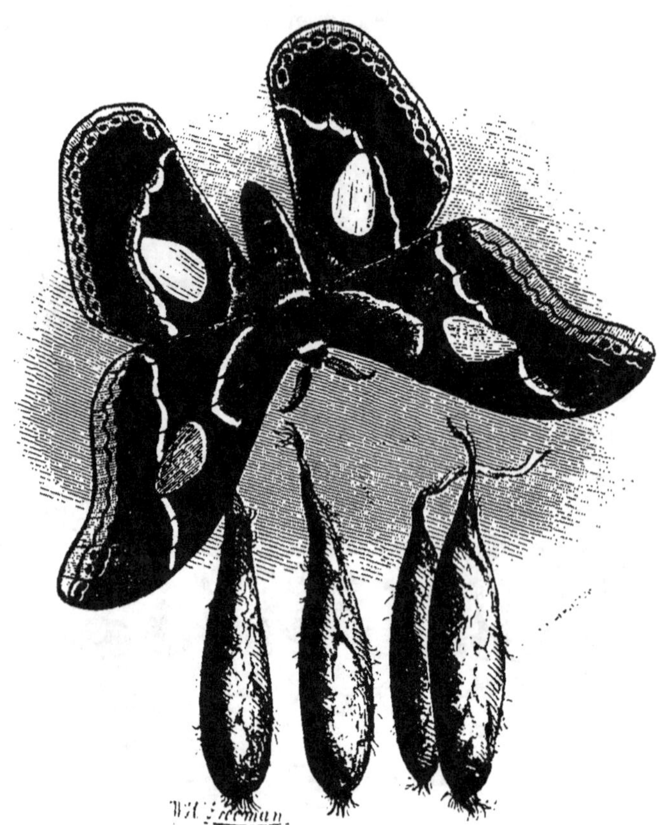

Attacus speculum et ses cocons (²/₃ de grand. nat.).

M. Blanchard. Le *bombyx cecropia* est également propre à l'Amérique septentrionale. Il vit sur le prunier sauvage ou cultivé, et
sur d'autres arbres. Cette espèce, recommandée, comme la précédente, par M. Blanchard, a été d'abord soumise à plusieurs expériences qui n'ont pas réussi; mais en 1863, M. Guérin-Méneville, en
ayant reçu quelques échantillons par les soins de M. Lefebvre, de

New-York, a obtenu une ponte d'environ deux cents œufs. Il en a donné la moitié à la Société d'acclimatation, et a fait éclore le reste dans sa magnanerie de Vincennes. MM. le maréchal Vaillant et Roger-Desgenettes n'ont pas été moins heureux dans les essais qu'ils ont exécutés d'autre part. L'acclimatation de ce ver peut donc être considérée comme un fait accompli, au moins en principe.

L'*attacus*, ou *saturnie*, ou *bombyx speculum*, n'est désigné sous

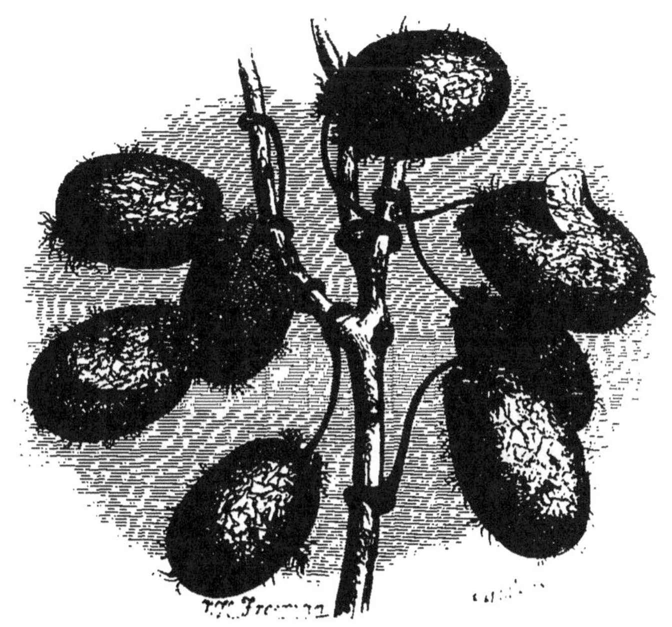

Cocons de l'attacus mylitta (¹⁄₂ de grand. nat.).

ce nom spécifique ni par M. Guérin-Méneville, ni par aucun des auteurs que j'ai pu consulter sur la matière. Est-ce la troisième espèce indiquée par M. Blanchard? Il y a lieu de le croire. A défaut de renseignements plus précis, nous donnons ici le dessin de ce papillon et de ses cocons, qui figurent dans la galerie entomologique du Muséum.

Enfin n'oublions pas le *bombyx* ou *attacus mylitta*, qui fournit, dans l'Inde française et anglaise, la soie *tussah*, laquelle donne lieu, dans ces contrées, à un commerce très-étendu. Cet insecte est

remarquable par sa façon ingénieuse d'attacher ses cocons aux branches des arbres sur lesquels il vit (principalement des jujubiers),
au moyen d'une tige artificielle aussi dure que du bois, embrassant
par une forte boucle le rameau auquel elle pend comme un fruit. Il
paraît que le *bombyx mylitta* est polyphage, et s'accommode, au
besoin, des feuilles du chêne. Son introduction en Europe, ou du
moins en Algérie, aurait donc des chances de succès.

On voit en résumé que si, avant la fin du siècle, nos plus humbles
ouvrières ne portent pas tous les jours des robes et des bas de soie,
ce ne sera pas la faute de M. Guérin-Méneville.

## CHAPITRE IX

### LES OISEAUX. — LA PLUME, L'AILE ET LE VOL

L'insecte est malaisé à définir. Rien de bien visible ne le sépare
des autres animaux sans vertèbres, et l'on a même pu le confondre
avec certains vertébrés. La Fontaine, parlant du serpent qu'un
bûcheron a coupé avec sa cognée en deux ou trois morceaux, ne
dit-il pas :

L'insecte sautillant cherche à se réunir?

Sans être tombés jamais dans une telle erreur, les naturalistes ne
sont parvenus qu'avec peine à assigner à la classe des insectes sa
place et ses limites précises dans la série zoologique, à distinguer
nettement ces animaux des araignées, des crustacés, des annelés.
Il leur a fallu, pour cela, se livrer à des études anatomiques et
physiologiques très-minutieuses, faire intervenir le scalpel et le
microscope.

Point de difficultés semblables en ce qui concerne l'oiseau.
L'homme, l'enfant le plus illettré, le plus ignorant, ne s'y trompe
pas. Interrogez-le, demandez-lui ce que c'est qu'un oiseau; sans
hésiter il vous répondra : « C'est un animal qui a des plumes au
lieu de poils, et un bec au lieu de bouche, deux pattes sur lesquelles

il se tient droit, et deux ailes avec lesquelles il vole. Sa femelle pond des œufs et les couve pour les faire éclore. » Et cette définition, sous sa forme naïve et vulgaire, sera aussi juste, sinon aussi complète, que celle que vous donnerait un naturaliste de profession.

Selon M. Le Maout [1], la définition de l'oiseau peut se formuler rigoureusement par trois adjectifs : *vertébré, ovipare, emplumé ;* et au besoin ce dernier caractère seul suffirait pour distinguer les oiseaux de tout le reste du règne animal, parce que seul il leur est exclusivement et absolument propre : tous les oiseaux, sans aucune exception, sont couverts de plumes, et eux seuls le sont. Dans son *Jardin des Plantes*, le même auteur ajoutait à sa formule un quatrième terme : *volatile*. Il l'a ensuite retranché, sans doute parce que les oiseaux ne sont pas les seuls animaux qui volent, et que plusieurs d'entre eux ne volent pas. Mais à ce compte il fallait supprimer aussi *ovipare,* puisque ce caractère est commun à la presque totalité des animaux non mammifères. Ou plutôt il fallait compléter cette indication par une autre, qui malheureusement ne se prêtait pas au laconisme où le savant écrivain était résolu de se renfermer : il fallait dire que les oiseaux font éclore leurs œufs par incubation ; ce qui est un trait bien caractéristique de leur physiologie et de leurs mœurs, bien que l'on puisse citer quelques oiseaux qui ne couvent pas et quelques reptiles qui couvent. C'est aussi probablement faute d'un adjectif que M. Le Maout n'a point parlé du bec, qui pourtant est aussi exclusivement propre aux oiseaux que le plumage ; à moins qu'on n'allègue l'ornithorhynque, être exceptionnel et paradoxal, dont l'organisation est une énigme, et que la nature semble s'être plu à composer des éléments les plus disparates.

Enfin un dernier caractère non moins essentiel, et qui manque également à la définition de M. Le Maout, c'est la station bipède. Hormis l'homme, je ne vois dans la nature aucun animal qui, sous ce rapport, ressemble aux oiseaux. Encore l'homme peut-il, à la grande rigueur, marcher « à quatre pattes » ; ce qui est absolument impossible aux oiseaux, puisqu'ils n'en ont que deux. Remarquons encore que la transformation des membres antérieurs en ailes ne souffre non plus chez ces derniers aucune exception ; on la retrouve,

---

[1] *Histoire naturelle des oiseaux.* — 1 vol. grand in-8°. Paris, 1853.

bien qu'à l'état rudimentaire, chez les plus disgraciés; et si l'on ne peut appliquer aux oiseaux, d'une manière absolue, la qualité de *volatiles,* on ne peut du moins leur refuser celle d'animaux ailés [1]. Or l'aile et la plume n'ont de raison d'être que comme conditions de la vie aérienne, qui est évidemment la destinée des oiseaux. Que cette destinée ne se soit pas accomplie pour tous; que, dans certaines espèces, les organes du vol se soient atrophiés tandis que ceux de la natation ou de la marche prenaient un développement insolite : ce sont là des faits que je n'essaierai pas d'expliquer, mais qui, en tout cas, ne sauraient infirmer la loi générale, puisque l'oiseau coursier (autruche, émou, casoar), ainsi que l'oiseau-poisson (manchot, plongeon, gorfou), conserve au moins un simulacre, une ébauche d'aile; ne fût-ce, selon l'expression de M. Michelet, que « comme un souvenir de la nature ». Nul besoin donc de s'arrêter à ces exceptions. L'oiseau n'en reste pas moins par excellence l'être aérien, de même que le poisson est le type parfait de l'être aquatique. Cette vérité devient plus évidente à mesure qu'on étudie avec plus d'attention, non-seulement la structure de l'aile et de la plume, mais les caractères anatomiques et physiologiques de l'oiseau, son système respiratoire, ses muscles et jusqu'à son squelette.

On sait que les oiseaux sont des animaux vertébrés, à sang chaud. Leur circulation diffère peu de celle des mammifères; mais leur respiration est incomparablement plus active et plus étendue. C'est la fonction qui, chez eux, domine toutes les autres. Elle s'accomplit dans presque toutes les parties du corps. Les poumons, remarquables par leur volume, sont adhérents aux côtes, et les nombreux canaux qui les traversent communiquent avec des poches membraneuses appelées *sacs aériens,* qui tapissent la cavité thoracique et la masse intestinale. Ces sacs conduisent l'air aux clavicules, aux vertèbres du cou, à presque tous les os du tronc et des membres, et,

---

[1] La liberté que je prends ici de me faire le contradicteur de M. Le Maout n'implique de ma part, qu'on le sache bien, aucune intention de critique à son égard. M. Le Maout joint à un savoir très-étendu et très-profond un style clair, élégant, littéraire, de l'esprit, de la bonhomie, de l'érudition. Il possède à un très-haut degré les qualités du vulgarisateur. Ses deux beaux ouvrages, *Le Jardin des plantes* et l'*Histoire naturelle des oiseaux,* peuvent être cités comme des modèles du genre, et plus d'une fois je me suis trouvé heureux de le prendre pour guide dans le cours de ce travail.

qui plus est, aux plumes. Ainsi le corps de l'oiseau est une sorte
de ballon qui peut se gonfler, s'imprégner d'air chaud dans toutes
ses parties, et acquérir une légèreté spécifique extraordinaire. En
outre, l'activité de la respiration communique à l'animal une vivacité,
une énergie sans lesquelles il ne pourrait suffire à la dépense de force
qu'exige le mouvement rapide et continuel de ses ailes. Enfin la
combustion des principes carbonés et hydrogénés du sang par l'oxygène de l'air étant beaucoup plus considérable chez les oiseaux que
chez les mammifères, leur température est aussi notablement plus
élevée (quarante-quatre degrés); ce qui a le double avantage de les
rendre très-peu sensibles au froid intense des hautes régions de l'atmosphère, et d'échauffer davantage, donc de rendre d'autant plus
léger l'air qui envahit leurs tissus.

J'ai dit que les sacs aériens conduisaient l'air dans les os. Cette
*pneumaticité* des os de l'oiseau est à mon sens le trait le plus admirable de leur organisation. Les os sont criblés de cellules et de
canaux dans lesquels l'air circule avec une extrême facilité; il en
est même, — l'humérus, le fémur et le tibia, — qui sont creux dans
toute leur longueur. Un fait non moins remarquable, c'est que toutes
ces cellules, toutes ces cavités communiquent entre elles, avec les sacs
aériens et avec les poumons; de telle sorte, disent MM. Chenu, des
Murs et Verreaux, « qu'en poussant de l'air par un trou pratiqué
artificiellement au fémur ou à l'humérus, par exemple, on peut
aisément insuffler le corps entier, et que l'ouverture accidentelle
d'une de ses parties suffit pour permettre à l'air chaud de s'échapper
au dehors, et pour ôter à l'oiseau la faculté de voler. On peut voir
aux galeries d'anatomie comparée du Muséum le corps d'un cygne
dont tous les sacs aériens ont été habilement insufflés par le docteur
Sappey [1]. »

On connaît le proverbe « léger comme une plume ». Les plumes
sont, en effet, d'une extrême légèreté. Le tuyau creux qui en est la
base, et dans lequel l'air pénètre, comme dans les os, par le moyen
des sacs aériens; la *tige* spongieuse garnie de *barbes* portant elles-
mêmes des *barbules;* celles-ci munies de crochets qui maintiennent

---

1 *Leçons élémentaires sur l'histoire naturelle des oiseaux,* in-18. — Paris,
1862-64; tome I, 4º leçon.

l'adhérence des barbes et en forment une lame homogène, résistante et imperméable; tout cet ensemble constitue à la fois, pour l'oiseau, un vêtement singulièrement propre à le garantir du froid, et, si j'ose ainsi dire, un admirable organe aérostatique. Les plumes varient d'ailleurs de dimensions, de forme et de contexture, non-seulement selon les espèces, dont chacune est pourvue d'un plumage approprié à sa taille, à sa conformation, à son genre de vie, mais encore selon les parties du corps sur lesquelles elles se développent. Le plumage de l'autruche ou celui du casoar ne ressemble point au plumage de l'aigle ou du vautour, ni le plumage de la chouette à celui du plongeon ou du pingouin. Un grand nombre d'oiseaux, mais surtout les oiseaux aquatiques, ont la gorge, la poitrine et le ventre recouverts d'une espèce de petites plumes extrêmement ténues, flexibles et moelleuses, qu'on nomme *duvet*. Le duvet est sans contredit la meilleure de toutes les fourrures. Aussi la prévoyante nature l'a-t-elle fait entrer pour une forte proportion dans le plumage des oiseaux qui vivent en toute saison dans l'eau, et particulièrement dans l'eau glacée des régions polaires; elle a eu, de plus, la précaution de l'imprégner d'une matière grasse, qui le rend tout à fait imperméable. L'homme civilisé ne pouvait manquer de s'approprier une matière aussi précieuse. Il l'emprunte aux oies, aux canards, aux cygnes, et ne se fait point scrupule de la leur arracher lorsqu'ils sont encore vivants, parce qu'elle est alors beaucoup moins sujette à la corruption et aux atteintes des vers.

Le duvet le plus fin, le plus moelleux et le plus recherché est celui d'un genre de canards que les ornithologistes désignent sous le nom latin de *somateria,* mais qu'on connaît généralement sous celui d'*eiders.* Le duvet lui-même s'appelle *édredon* (de l'anglais *eider down,* duvet d'eider). Le genre eider comprend deux espèces : l'eider à tête grise (*som. spectabilis*), et l'eider commun (*som. mollissima*). Elles sont toutes deux propres aux contrées boréales de l'ancien et du nouveau continent. L'eider commun est très-répandu au Spitzberg, dans la Laponie, au Groënland, en Islande, à Terre-Neuve, dans le pays des Esquimaux, dans le haut Canada, etc. Le mâle de cette espèce est blanchâtre sur le corps et les ailes; sa queue et son ventre sont noirs, et il porte sur la tête une large tache également noire, qui simule assez bien une calotte. La femelle est d'un gris mélangé de brun. L'eider est de grande taille; sa grosseur est celle de l'oie. Il se plaît dans les endroits escarpés, au milieu des rochers baignés par la mer. C'est là qu'il fait son nid avec des fucus. La femelle tapisse ce nid de son duvet; lorsqu'on le lui prend, elle s'en arrache aussitôt de nouveau, pour préserver du froid ses œufs et sa progéniture.

Grâce à leur précieuse fourrure et à la supériorité que possède le

Canard eider.

*duvet vivant* sur celui qu'on arrache de leur cadavre, les eiders jouissent, en Norwége et en Islande, d'une parfaite sécurité. La loi même les protége et punit d'une forte amende tout attentat contre leur vie; mais ils sont serfs des habitants, et, à ce titre, imposables à merci. Chacun fait de son mieux pour décider ces oiseaux à venir s'établir dans l'enceinte de sa propriété; il recueille dès lors les fruits de leur travail; mais il veille avec soin à leur conservation, et favorise autant qu'il le peut la multiplication de ces hôtes, qui lui paient si largement son hospitalité. D'après Troil, un seul Islandais, si son habitation est bien placée, peut récolter annuellement jusqu'à cinquante kilogrammes de duvet : ce qui représente un très-joli revenu. Dans l'Amérique du Nord, on est moins prévoyant, moins avare du sang des eiders, et l'on ne se fait pas faute de les chasser comme des canards vulgaires. Leur peau est exportée en Chine, où elle se vend très-cher comme fourrure. On a essayé d'acclimater les eiders dans l'Europe centrale; mais ces tentatives n'ont point réussi.

Il ne faut pas confondre le duvet permanent propre à certaines espèces d'oiseaux adultes avec celui qui, chez presque tous les jeunes oiseaux, précède le plumage proprement dit, et que tout le monde a vu sur les *poussins* de nos basses-cours. « Lorsque l'oiseau vient d'éclore, disent MM. Chenu, des Murs et Verreaux, il est couvert, excepté sous le ventre, de soies fines, serrées et implantées par petits paquets de quinze à vingt sur les bulbes qui contiennent le germe de la plume.

« Lorsque la plume se développe, elle chasse devant elle les soies, qui ne tombent qu'après l'entier développement de celle-ci. Dans les oiseaux de proie et dans les oiseaux aquatiques, ces soies sont remplacées par un véritable duvet, qui recouvre entièrement le petit, fort peu de temps après l'éclosion. C'est chez ces oiseaux que ce duvet adhère le plus longtemps aux plumes; en sorte qu'après plusieurs jours l'animal ressemble à une pelote, et plus tard, après un mois, il paraît encore tout couvert de ce duvet, flottant comme un ornement à l'extrémité de chacune de ses plumes. »

Les plumes sont toujours dirigées de haut en bas, ou de la tête vers la queue. Elles jouissent d'une certaine mobilité, et sont mues par des muscles particuliers. Celles qui couvrent le corps et la tête n'ont point de nom particulier; mais les plumes des ailes et de la queue sont appelées *pennes*. Les premières reçoivent, en outre, selon la place qu'elles occupent, des désignations que j'indiquerai tout à l'heure. Mais il convient d'examiner d'abord la structure des ailes.

Les ailes sont les membres antérieurs des oiseaux. On y retrouve les mêmes parties essentielles que dans ceux des mammifères; mais l'inégal développement de ces parties et l'ensemble de leur disposition les rendent exclusivement propres à la locomotion aérienne. Ainsi le squelette de l'aile se compose, comme celui de notre bras, d'un *humérus* attaché par son extrémité supérieure à la jonction de l'omoplate et de la clavicule; d'un *cubitus* et d'un *radius*, formant ensemble l'avant-bras, et articulés avec l'extrémité inférieure de l'humérus; et enfin d'une *main*. Seulement, la main n'est qu'une sorte de moignon aplati, atrophié et presque immobile. Au contraire, le bras et l'avant-bras sont, en général, d'autant plus longs et plus forts que l'oiseau vole mieux. Les ailes sont mises en mouvement par des muscles d'un volume et d'une puissance extraordinaires, qui s'insèrent à la partie antérieure du thorax. Aussi le *sternum* des oiseaux est-il très-large, et muni en son milieu d'une crête longitudinale destinée à fournir aux muscles une attache plus solide. Cette disposition a d'ailleurs pour effet d'alourdir le thorax et de placer le centre de gravité aussi bas que possible dans la partie antérieure du corps, qui est celle qui doit vaincre par sa masse la résistance de l'air.

La forme et la disposition des plumes qui garnissent les ailes ne sont pas moins heureusement appropriées à la facilité et à la rapidité du vol. Ces plumes ont été classées de la manière suivante. Celles qui sont attachées à l'humérus sont dites *pennes scapulaires;* ce sont les plus courtes. On appelle *rémiges* (d'un mot latin qui signifie *rames*) les pennes adhérentes à l'avant-bras et à la main; celles-ci sont les rémiges primaires, celles-là les rémiges secondaires. L'os qui, dans l'aile, représente le pouce, porte encore quelques plumes qu'on nomme *pennes bâtardes*. Enfin sur la base des rémiges règne une rangée de plumes appelées *tectrices*. Les ailes qui offrent ces différentes espèces de plumes sont les ailes complètes, et les oiseaux qui en sont pourvus sont appelés *alipennes*, par opposition aux oiseaux *impennes* et *rudipennes*, dont les ailes sont rudimentaires et impropres au vol. Chez les alipennes, les ailes sont obtuses ou aiguës, sub-obtuses ou sub-aiguës. Les ailes faisant l'office de rames, on comprend que l'oiseau ait besoin d'un gouvernail. Ce rôle est rempli par les pennes de la queue, qui sont, en conséquence, appelées *rectrices*.

On voit, d'après ce qui précède, que le vol est la véritable et parfaite réalisation de la navigation aérienne, et que tout dans les oiseaux alipennes est disposé en vue de cette fin. Rien de plus facile maintenant que de se rendre compte du mécanisme même du vol. **M.** le docteur Le Maout a très-clairement et très-simplement exposé ce mécanisme.

« Bien que l'air soit un fluide peu dense et peu résistant, dit-il, on conçoit sans peine que s'il est frappé rapidement par une surface large et solide, tout en se laissant refouler par cette surface, il lui opposera une certaine résistance, et cette résistance sera d'autant plus forte que la surface mettra plus de vitesse dans son mouvement. Qu'on se figure donc un oiseau suspendu au milieu des airs, immobile et les ailes étendues ; s'il abaisse rapidement ses ailes vers sa poitrine, l'air, frappé par leur surface large et solide, va céder à cette impulsion ; mais comme il ne peut se déplacer assez promptement, parce que la vitesse des ailes surpasse la sienne, il résistera à ces ailes et leur fournira un véritable point d'appui, au moyen duquel le corps de l'oiseau sera poussé en sens contraire.

« Voilà la première condition du vol. Or chacun sait que si, après ce premier effort, les ailes restent immobiles, la gravitation, vaincue momentanément, va reprendre son empire, et l'oiseau descendra vers la terre, absolument comme un animal retombe sur le sol après avoir fait un *saut*.

« Mais si, après avoir, en les abaissant vivement, rapproché ses ailes étalées, l'oiseau les écartait avec la même rapidité, il est évident que l'air situé au-dessus d'elles leur opposerait la même résistance que l'air situé au-dessous, qu'elles ont refoulé un instant auparavant. Il en résulterait que le corps de l'animal, soulevé dans le premier temps par la résistance de l'air inférieur, serait abaissé de la même quantité dans le second par la résistance de l'air supérieur, et que cette oscillation rapide le ferait, en définitive, rester toujours à la même place, en opérant un mouvement continuel de *va-et-vient* : c'est ce que fait, par exemple, l'épervier, quand il plane et semble immobile dans les airs avant de fondre sur sa proie.

« Que doit donc faire l'oiseau pour *se transporter* dans l'espace? La première condition était, comme nous l'avons vu, de refouler l'air situé sous ses ailes ; la seconde sera de faire en sorte que, quand elles se disposeront à reprendre leur première position, l'air supérieur leur oppose le moins de résistance possible : c'est pour cela que l'oiseau, après avoir donné son coup d'aile, la reploie pour rétrécir sa surface ; puis il élève cette aile ainsi reployée, puis il l'étend et l'abaisse de nouveau, en accélérant ses battements selon le degré de rapidité qu'il veut donner à son vol [1]. »

M. Le Maout ne parle là que du mouvement vertical par lequel l'oiseau s'élève dans l'air. Il est évident que, pour avancer horizontalement ou dans un plan incliné, l'oiseau doit frapper l'air dans une direction plus ou moins oblique. Ses pennes rectrices qui, de leur côté, peuvent prendre des positions très-diverses, lui sont d'un grand secours dans ces évolutions, et l'animal, sans se douter le moins du monde de ce que c'est que la statique et la mécanique, dont l'étude nous coûte tant d'efforts, sait à merveille en observer les lois pour s'élever, se mouvoir et se diriger dans les airs.

---

# CHAPITRE X

### WILSON ET AUDUBON

L'homme a, dans le règne animal, un ami, le chien; un allié, l'oiseau. Sans l'oiseau que deviendrions-nous? Que pourraient contre les légions dévorantes de l'ennemi commun, l'insecte, nos engins, nos armes, nos ordonnances de police? Rien, rien du tout. L'insecte dévorerait nos moissons, nos fruits, nos bois, nos animaux domestiques, et nous ensuite. Sans doute, dans cette grande armée des oiseaux, qui combat pour nous continuellement, il y a des irréguliers, des *baschi-boujouks*, des maraudeurs, des pillards, même des assassins. Plusieurs mangent les grains mûrs, d'autres les blés en herbe, d'autres les fruits; quelques-uns, les rapaces diurnes, attaquent nos volailles; les plus grands parfois, faute de gibier, enlèvent çà et là un agneau, un chevreau. Mais encore en est-il, parmi les petits voleurs, qui ne font, en somme, que se payer modérément des services qu'ils nous rendent. Le gros de l'armée, l'immense majorité, nous sert fidèlement, sans nous rien demander, et ne vit qu'aux dépens de l'ennemi : non-seule-

---

[1] *Histoire naturelle des oiseaux.* Introduction.

ment de l'insecte, mais parfois aussi du reptile, du rongeur. Ceux qui nous sont le moins sympathiques, les rapaces vivant de chair morte, concurremment avec les hyènes, les chacals, et avec certains insectes sarcophages dont j'ai parlé plus haut, dévorent les cadavres, les charognes, font dans les forêts, dans les déserts, même dans des campagnes habitées, cultivées, et dans de vastes et populeuses cités, le service de la grande voirie.

On trouverait, en un mot, très-peu d'oiseaux qui ne nous soient pas utiles à un titre quelconque. On en trouverait bien moins encore qui nous soient réellement nuisibles. A ces mérites, hélas! généralement méconnus et payés d'une barbare ingratitude, s'ajoutent chez l'oiseau la beauté des formes et celle des couleurs, réunies chez la plupart; la grâce et la vivacité des mouvements, la mélodie de la voix, et, à défaut de facultés intellectuelles bien développées, d'admirables instincts, des mœurs, des industries curieuses.

Ne nous étonnons donc pas si l'ornithologie a eu ses enthousiastes, ses héros : un Wilson, un Audubon. Je ne puis résister au désir de ressusciter un instant ces deux morts trop peu connus ou trop oubliés, exemples admirables de ce que peut tenter et accomplir l'homme en qui brûle la noble passion de l'étude, l'amour de la nature.

Le premier, Alexandre Wilson, « pauvre tisserand de Glasgow, dit M. Michelet, dans son logis humide et sombre, rêvait la nature, l'infini des libres forêts, la vie ailée surtout. Son métier de cul-de-jatte, condamné à rester assis, lui donna l'amour extatique du vol et de la lumière. S'il ne prit pas des ailes, c'est que ce don sublime n'est encore en ce monde que le rêve et l'espoir de l'autre...

« Il avait essayé d'abord de satisfaire son goût pour les oiseaux en compulsant des livres de gravures qui prétendent les représenter. Lourdes et gauches caricatures qui donnent une idée ridicule de la forme, et du mouvement, rien; or qu'est-ce que l'oiseau, hors la grâce et le mouvement? Il n'y tint pas. Il prit un parti décisif : ce fut de quitter tout, son métier, son pays. Nouveau Robinson Crusoé, par un naufrage volontaire, il voulait s'exiler aux solitudes d'Amérique; là, voir lui-même, observer, décrire, peindre. Il se souvint alors d'une chose : c'est qu'il ne savait ni dessiner, ni peindre, ni écrire. Voilà cet homme fort, patient, et que rien ne

pouvait rebuter, qui apprend à écrire, très-bien, très-vite. Bon écrivain, artiste infiniment exact, main fine et sûre, il parut, sous sa
mère et maîtresse la nature, moins apprendre que se souvenir.

« Armé ainsi, il se lance au désert, dans les forêts, aux savanes
malsaines, ami des buffles et convive des ours, mangeant les fruits
sauvages, splendidement couvert de la tente du ciel. Où il a chance
de voir un oiseau rare, il reste, il campe, il est chez lui. Qui le
presse, en effet? Il n'a pas de maison qui le rappelle, ni femme, ni
enfant qui l'attendent. Il a une famille, c'est vrai ; mais la grande
famille qu'il observe et décrit. Des amis, il en a : ceux qui n'ont
pas encore la défiance de l'homme, et qui viennent percher à son
arbre et causer avec lui.

« Et vous avez raison, oiseaux, vous avez là un très-solide ami,
qui vous en fera bien d'autres, qui vous fera comprendre, ayant été
oiseau lui-même de pensée et de cœur. Un jour, le voyageur, pénétrant dans vos solitudes et voyant tel de vous voler et briller au
soleil, sera peut-être tenté de sa dépouille, mais se souviendra de
Wilson. Pourquoi tuer l'ami de Wilson? Et, ce nom lui venant à la
mémoire, il baissera son fusil [1]. »

La figure d'Audubon est encore plus fortement accentuée, plus
complète. Admirable observateur, grand artiste, grand écrivain,
penseur profond, âme énergique et tendre, Audubon est le type
accompli d'une haute intelligence puisant ses inspirations dans un
cœur généreux, et il a prouvé que la plus scrupuleuse exactitude
peut et doit s'allier à la plus large poésie. Nul ne peut mieux parler
de lui que lui-même. Écoutons-le.

« J'ai reçu, dit-il, la vie et la lumière dans le nouveau monde.
Mes aïeux étaient Français et protestants. Avant que j'eusse des
amis, les objets de la nature matérielle frappèrent mon attention et
émurent mon cœur. Avant de connaître et de sentir les rapports de
l'homme avec ses semblables, je connus et je sentis les rapports de
l'homme avec les êtres inanimés. On me montrait la fleur, l'arbre, le
gazon, et non-seulement je m'en amusais, comme font les autres enfants, mais je m'attachais à eux. Ce n'étaient pas mes jouets, c'étaient
mes camarades... Mon intimité commençait à se former avec cette

_______________
[1] M. Michelet, *l'Oiseau.*

nature que j'ai tant aimée, et qui m'a payé mon culte par de si vives jouissances ; intimité qui ne s'est jamais interrompue ni affaiblie, et qui ne cessera que devant mon tombeau. Aucun abri ne me semblait plus sûr et plus agréable que les ombrages qui recélaient les familles ailées que j'admirais, que les rocs et les cavernes qui servaient d'asile aux mouettes et aux cormorans.

« Une joie vive et pure, une sorte de volupté paisible remplit ainsi mes jeunes années. Pendant des heures entières, mon attention charmée se fixait sur les œufs brillants et lustrés des oiseaux, sur le lit de mousse qui renfermait et protégeait leurs perles chatoyantes, sur les rameaux qui les soutenaient balancés et suspendus sur les roches nues et battues des vents des rivages atlantiques. Je veillais avec une sorte d'extase sur le développement qui suivait le moment de leur naissance... J'aimais à observer les progrès lents de quelques oiseaux vers la perfection de leur être, et à voir certaines espèces, à peine écloses, fuir à tire-d'aile, et secouer en volant les débris de leur coque transparente.

« Je grandis, et ma passion pour l'histoire naturelle grandit avec moi. Tout ce que je voyais, j'aurais voulu me l'approprier. Plus ambitieux que les conquérants, je désirais le monde, et mes vœux n'avaient point de bornes. Je me révoltais contre la mort, qui dépouillait de ses formes les plus belles et de ses plus aimables couleurs l'animal que j'étais parvenu à saisir.

« ... Je fis part de mon chagrin à mon excellent père, qui voulut m'en consoler en m'apportant un volume de planches coloriées, où je retrouvai avec bonheur les images assez exactes des oiseaux qui faisaient mes délices, et dont les tristes momies décoraient jusque-là les murs de mon petit appartement.

« Ce fut pour moi une vive et ardente joie. Je retrouvais enfin, non, il est vrai, les êtres que j'aimais et dont j'avais fait les compagnons de ma première enfance, mais du moins leur image. Je compris que le moyen de m'approprier la nature, c'était de la copier. Me voilà donc, dessinateur imberbe et inexpérimenté, copiant tout ce qui se présentait à mes yeux, mais, malheureusement, le copiant fort mal.

« Pendant plusieurs années, je fis et refis des oiseaux. Ces oiseaux ressemblaient tour à tour à des quadrupèdes ou à des poissons ; je finis par être honteux de voir mes patients efforts n'aboutir qu'à des résultats misérables; car à peine pouvais-je reconnaître moi-même l'oiseau que je venais de dessiner. Mon pinceau, créateur de races inouïes et disproportionnées, me faisait pitié. Loin de me décourager, ce désappointement irrita ma passion. Plus mes oiseaux étaient mal peints, plus les originaux me semblaient admirables. En copiant et recopiant leurs formes, leur plumage et leurs diverses particularités, je continuais, sans le savoir, l'étude la plus minutieuse de l'ornithologie comparée. J'étudiais d'autant mieux les détails de l'organisation des oiseaux, que je cherchais avec plus de patience à les reproduire avec exactitude. Telle était la vivacité de cette passion puérile, mais qui n'a pas diminué avec l'âge, que si l'on m'eût enlevé mes esquisses, je crois que l'on m'eût donné la mort. »

Le père d'Audubon crut voir dans cette passion le signe d'une vocation décidée, non pour l'histoire naturelle, mais pour la peinture. Il l'envoya à Paris. Le jeune homme entra dans l'atelier du célèbre David. Là on lui fit copier des nez gigantesques, des bouches colossales, des têtes de chevaux d'après l'antique. Peu s'en fallut que ce travail ingrat ne le dégoûtât de l'art. Il s'empressa de revenir en Amérique, au milieu de ses forêts natales. Il s'établit en Pensylvanie, dans une belle plantation dont son père lui fit présent. Il se maria, devint père, et le bonheur qu'il trouva près de sa compagne et de ses enfants lui fit un peu oublier pendant quelque temps la passion de sa jeunesse. Puis des revers de fortune l'assaillirent; il chercha alors et trouva des consolations infinies dans l'étude de la nature. « Mon enthousiasme me soutenait, dit-il, et vingt années d'investigations et d'observations augmentèrent encore cette flamme secrète qui m'animait. C'était vers les forêts antiques du continent américain qu'un invincible attrait me précipitait. J'entreprenais seul de longs et périlleux voyages, je battais les bois, je m'égarais dans les solitudes séculaires. Les rives de nos lacs immenses, nos vastes prairies, les plages de l'Atlantique me voyaient sans cesse errant dans leurs secrets asiles. Des années entières s'écoulèrent ainsi. »

Il ne songeait pas encore que ses travaux pussent jamais être utiles, lorsque Lucien Bonaparte, qu'il rencontra à New-York, l'engagea vivement à publier ses essais; mais ni New-York ni Philadel-

phie ne lui offraient les ressources nécessaires pour une telle entreprise. Il remonta l'Hudson et s'enfonça plus que jamais dans ses
chères forêts. Pourtant, la collection de ses dessins augmentant, il
commença à rêver la gloire. Hélas! un coup terrible faillit anéantir
tous ses projets. Après avoir habité plusieurs années le village
d'Henderson, dans le Kentucky, il partit pour Philadelphie, laissant
à un parent tous ses dessins soigneusement emballés dans une
caisse. Après six semaines d'absence, il revint à Henderson et demanda son trésor. On lui apporte la caisse; il l'ouvre, mais il n'y
trouve plus que des lambeaux de papier déchiré, mouillé : « lit
commode et doux sur lequel reposait toute une couvée de rats de
Norwége. » « Une ardeur brûlante, dit-il encore, traversa mon
cerveau comme une flèche de feu; tous mes nerfs ébranlés frémi-
rent : j'eus la fièvre pendant plusieurs semaines. Enfin la force
physique et la force morale se réveillèrent en moi. Je repris mon
fusil, ma gibecière, mes crayons, et je me replongeai dans mes
forêts, comme si rien ne fût arrivé. Me voilà recommençant tous
mes dessins, et charmé de voir qu'ils réussissaient mieux qu'auparavant. Il me fallut trois années pour réparer le dommage causé
par les rats de Norwége. Ce furent trois années de bonheur. »

Enfin il put considérer sa tâche comme achevée. Il alla visiter
sa famille, qui habitait encore la Louisiane, et, emportant avec
lui tous les oiseaux du nouveau continent, il fit voile vers l'Angleterre. Il reçut dans ce pays, de la part de tous ceux qui s'intéres-
saient aux œuvres de l'esprit, un accueil empressé, des encourage-
ments, et, ce qui valait mieux, un concours efficace. Il publia, aux
frais de soixante-quinze souscripteurs (chaque souscription était de
mille dollars, c'est-à-dire plus de cinq mille francs), sa splendide
*Biographie ornithologique*, comprenant cinq volumes et un atlas
de quatre cents planches d'une dimension extraordinaire, où tous
les oiseaux d'Amérique, depuis le colibri jusqu'à l'aigle, sont repré-
sentés en grandeur naturelle avec leurs œufs, leur nid, l'arbre qui
leur sert d'abri, les fruits ou les animaux dont ils se nourrissent,
le paysage au milieu duquel ils vivent.

« La *Biographie ornithologique*, dit M. P.-A. Cap, n'est pas seulement un ouvrage d'histoire naturelle, c'est un tableau aussi varié
qu'attachant des sites et des aspects du continent américain; c'est

le fruit d'observations rassemblées, pendant tout le cours de sa vie, par un ami passionné de la nature qui a apporté dans ses recherches la persévérance du savant, l'intelligence de l'artiste et le talent de l'écrivain. Audubon vous y associe à son existence nomade; on pénètre sur ses pas dans ces vastes savanes; on navigue avec lui sur les fleuves immenses qui divisent ces belles contrées; on parcourt comme en réalité ces solitudes grandioses, avec leur végétation vigoureuse, primitive, leur population un peu sauvage, leurs aspects étranges et majestueux. Ce n'est pas l'œuvre d'un savant de cabinet ou d'un voyageur curieux, visitant et comparant les objets réunis dans les collections et les musées; c'est celle d'un observateur patient, à la fois peintre habile, chasseur déterminé, et en même temps d'un poëte qui a choisi la nature pour sa muse, et qui lui a voué son existence. »

Cuvier présenta l'ouvrage d'Audubon à l'Académie des sciences « comme le plus magnifique monument que l'art eût jamais élevé à la nature. »

Jean-Jacques Audubon était né à la Nouvelle-Orléans, en 1780. Il est mort le 27 janvier 1851, un an après avoir achevé, en collaboration avec le docteur Bachman, une *Histoire naturelle des mammifères,* digne pendant à sa *Biographie ornithologique.*

---

# CHAPITRE XI

### LES OISEAUX PARÉS

A défaut des vastes forêts, des plaines immenses, des hautes montagnes où le voyageur contemple avec ravissement, dans leur libre activité, les habitants ailés des tropiques avec leur incomparable parure, leur vêtement de pourpre, d'or et d'émeraude, leurs panaches et leurs aigrettes, nous avons en Europe des jardins et des musées zoologiques dont le monde entier est tributaire. La collection du Muséum de Paris est, je crois, une des plus riches, sinon la plus riche du monde. Je ne parle pas seulement des galeries où

les pauvres oiseaux empaillés, momifiés, ont perdu en partie l'éclat
de leur plumage. Ce qu'il faut visiter surtout avec attention, c'est
la volière. Celle du Jardin d'acclimatation est aussi très-remarquable. Les oiseaux occupent, dans cet intéressant établissement, la
plus grande place. Il y a donc à Paris, pour l'amateur d'ornithologie, de quoi admirer, observer et s'instruire. Je puis aussi recommander à mes lecteurs la bibliothèque du Muséum. Ils trouveront
là le grand ouvrage d'Audubon, ceux de Wilson, de Lesson, de
Gould, de Cuvier, et bien d'autres, où ils apprendront à connaître le
monde aérien, ce monde de merveilles dont nous ne pouvons mettre
ici sous leurs yeux que quelques esquisses rares et imparfaites.

On peut dire que, sous le rapport de la beauté, les oiseaux sont
les élus de la création. Rien de comparable aux oiseaux des tropiques, dont le plumage semble s'être imprégné des feux éblouis-
sants du soleil. Cette métaphore n'est point de moi. Il y a longtemps
que les Péruviens, — je parle des Péruviens indigènes, — avaient
nommé *cheveux du soleil* ces délicieux petits joyaux ailés, les colibris, les oiseaux-mouches, dont les plumes leur servaient à composer des tableaux, des bouquets et des ornements bien plus éclatants,
bien plus beaux que l'or et les diamants qui attirèrent et fixèrent
dans leur pays les envahisseurs espagnols.

Ces oiseaux, en grand nombre et montés avec beaucoup d'art,
occupent, dans la galerie ornithologique du Muséum, deux grandes
cages de verre en forme de kiosques, qui attirent d'abord les visiteurs, et que de loin on prendrait volontiers pour des vitrines de
joaillerie. Je n'ai jamais vu personne s'y arrêter, les regarder de
près sans pousser à chaque instant des cris d'admiration. Que se-
rait-ce s'ils étaient vivants! Mais, très-difficiles à prendre, ils sont
impossibles à conserver en captivité : on leur ôte la vie en leur ôtant
la liberté.

Les colibris sont, en général, plus grands que les oiseaux-mouches. Le bec est recourbé chez les premiers, droit chez les seconds,
toujours très-fin et souvent très-long; il renferme une langue
extensible et fourchue, avec laquelle ces oiseaux vont chercher jusqu'au fond du calice des grandes fleurs les insectes dont ils font leur
nourriture. L'oiseau-mouche *ensifère* a le bec plus long que le corps.
L'extrême ténuité des colibris et des oiseaux-mouches, leur vol agile

et rapide accompagné d'un bourdonnement mélodieux, le tendre attachement du mâle pour la femelle et de l'un et de l'autre pour leur commune progéniture, la beauté de leur plumage « au-dessus de toute description, » dit Audubon, enfin la guerre continuelle qu'ils font aux insectes, doivent inspirer autant d'intérêt que d'admiration.

Colibri-ermite

Plusieurs ont reçu les noms des gemmes précieuses dont ils imitent la couleur et surpassent l'éclat. L'un est appelé *rubis-topaze,* un autre *grenat,* un autre *améthyste.* L'oiseau-mouche *huppe-col,* un des plus petits et des plus jolis, porte sur la tête une huppe allongée, couleur de rouille, et de chaque côté du cou une sorte de collerette rouge qui se détache sur sa gorge vert-émeraude. L'oiseau

mouche *sapho,* nommé vulgairement *colibri chatoyant,* et au Brésil
*beja-flor,* a le dessus du corps d'un beau vert doré. Sa longue queue
fourchue resplendit d'or et de pourpre, et l'extrémité de chacune
des pennes qui la composent est d'un noir velouté. L'*oiseau-mouche*

1   Rubis-topaze et son nid.            2   Huppe-col.

*minime,* à peine plus gros qu'un hanneton, a le plumage mélangé
de brun-violet, de noir, de blanc et de vert doré.

Les nids des oiseaux-mouches sont des chefs-d'œuvre de délicatesse, d'élégance et de solidité. Ils sont suspendus à de menues
branches, ou même attachés à des feuilles, comme ceux du rubis-
topaze, du huppe-col, de l'oiseau-mouche minime et du colibri-

ermite. Une famille d'oiseaux, le père, la mère, les petits, logés
sur une feuille d'arbre ! Tant de beauté, d'intelligence, d'art et de
sentiment, résumé dans ce cornet de mousse et de duvet qu'un
enfant écraserait en le serrant dans ses doigts ! Est-il au monde
rien de plus admirable, de plus touchant surtout?... Audubon, le
rude coureur des forêts, en est pénétré d'attendrissement. Il s'écrie :

« Quel est celui qui, voyant cette mignonne créature (le *rubis de*

Oiseau-mouche sapho.

*la Caroline,* oiseau bourdonnant, *humming-bird* des Yankees) bourdonner dans le vague des airs, soutenue par ses ailes harmonieuses,
voler de fleur en fleur avec des mouvements vifs et gracieux, et
parcourir les vastes régions de l'Amérique, sur lesquelles on dirait
qu'elle va semer des rubis et des émeraudes; quel est celui, dis-je,
qui, voyant briller cette particule de l'arc-en-ciel, ne sentira pas son
âme s'élever vers l'auteur d'une telle merveille !...

« Que de plaisirs n'ai-je pas éprouvés à étudier les mœurs et à
suivre la vive expression d'un couple de ces créatures célestes pen-

dant la saison des œufs! Le mâle étale son riche poitrail pour en faire reluire les écailles, pirouette sur une seule aile, et tourne autour de sa douce compagne; puis il se jette sur une fleur épanouie, charge son bec de butin, et vient déposer dans le bec de son amie l'insecte et le miel qu'il a recueillis pour elle... Quand la ponte approche, le mâle redouble de soins et manifeste son dévouement par un courage supérieur à ses forces : il ne craint pas de donner la

Cotinga caronculé.

chasse à l'*oiseau-bleu* et au *martin*; il ose même se mesurer avec le *gobe-mouche tyran*, et, tout fier de son audace, il retourne vers sa compagne en agitant joyeusement ses ailes résonnantes...

« Dans le nid de cet oiseau-mouche, que de fois j'ai jeté un regard furtif sur sa progéniture nouvellement éclose! Deux petits, gros comme des abeilles, nus, aveugles et débiles, pouvaient à peine soulever le bec pour recevoir leur nourriture. Mais combien d'alarmes douloureuses ma présence faisait éprouver au père et à la mère! Ils rasaient d'un vol inquiet mon visage, descendaient sur le rameau le plus voisin, remontaient, volaient à droite, à gauche, et attendaient avec une anxiété manifeste le résultat de ma visite; puis, dès qu'ils s'étaient assurés que ma curiosité était inoffensive, quels transports de joie ils faisaient éclater! Je croyais voir, dans leur expression la plus naïve, les angoisses d'une pauvre mère qui craint de perdre son enfant atteint d'une maladie dangereuse, et le bonheur de cette mère quand le médecin vient d'annoncer que la crise est passée et que l'enfant est sauvé. »

Céphaloptère penduligère.

Les dames créoles de l'Amérique du Sud, les religieuses surtout, ont appris des femmes du pays l'art de composer avec les plumes des colibris et d'autres oiseaux ces bouquets, ces objets de fantaisie dont je parlais tout à l'heure. Parmi les oiseaux dont elles recherchent le plus la dépouille, on cite les *cotingas*. Ces passereaux sont déjà beaucoup plus gros que les colibris. Quelques-uns atteignent la taille de nos pigeons. Les plus beaux sont le *cotinga rouge* de Cayenne et le *cotinga-cordon-bleu*. Celui que représente notre dessin est remar-

quable par la caroncule ou excroissance charnue extensible, qui se
dresse sur sa tête, et qui, je dois l'avouer, ne l'embellit point, à
mon goût du moins; car cette sorte de crête peut bien passer pour
un ornement parmi les cotingas, comme parmi nous la barbe,

Couroucou resplendissant.

puisque, comme la barbe aussi, elle est l'attribut exclusif de la
virilité.

La nature a donné au *céphaloptère penduligère*, de l'Équateur, un
ornement d'un autre genre : c'est un appendice volumineux, couvert de plumes semblables à celles du reste du corps, et qui tombe
de la gorge devant la poitrine. L'animal a la faculté de le gonfler et

de le contracter. Sur sa tête s'épanouit une large touffe de plumes qui lui fait une coiffure toute royale. Son plumage est entièrement noir, avec des reflets violacés. Cet oiseau est à peu près de la grosseur de notre coq domestique.

Cet autre a été justement appelé le *couroucou resplendissant*. C'est encore un passereau de l'Amérique méridionale. L'exemplaire qui a posé devant M. Freeman provient du Guatemala. Le naturaliste

Caurale du Pérou.

habile a su conserver à ce pauvre oiseau mort l'œil éveillé, alerte, que notre dessinateur a si heureusement rendu. La tête est petite, arrondie, couverte d'une épaisse chevelure de plumes soyeuses; l'œil est noir et vif; le corps est d'un vert émeraude glacé d'or, à reflets pourprés. Les pennes de la queue s'allongent en quatre rubans qui flottent gracieusement. Les rémiges et les rectrices moyennes sont noires; le ventre est d'un rouge vermillon. Le couroucou habite le Brésil et le Mexique. Il était révéré, dit-on, des anciens Mexicains, et ses plumes étaient réservées pour la coiffure des filles des caciques.

Buffon avait donné le nom très-joli, mais fort peu scientifique, de *paon des roses* à un échassier de la Guyane et du Pérou, que les Indiens appellent plus pompeusement *oiseau du soleil*. C'est le *caurale phalénoïde* des naturalistes actuels. Quelle est l'origine du nom générique de caurale? J'avoue humblement que je n'en sais rien. Quant à l'épithète spécifique de phalénoïde, elle signifie que le plumage de cet oiseau, nuancé et strié de brun, de fauve, de gris et de

Paradisier-émeraude.

noir, rappelle les phalènes ou papillons de nuit. La taille du caurale, est à peu près celle d'une perdrix. Il habite, dans l'Amérique méridionale, les rivages des fleuves et des grands lacs perdus au milieu des forêts ou des savanes. Il se nourrit d'insectes et de mollusques. Ses mœurs sont encore peu connues.

Mais il est temps de quitter l'Amérique, sauf à y revenir dans un instant, pour explorer à leur tour les régions tropicales de l'Asie les îles de l'océan Indien et de l'Océanie. Là aussi nous allons trouver des oiseaux dont la parure ne le cède point à celle des oiseaux du nouveau monde. Et d'abord la Papouasie va nous offrir la ravissante tribu des *paradiséens*. On voyait souvent autrefois, chez les plumassiers et chez les modistes de Paris, la dépouille de l'*oiseau de paradis* (*paradisier-émeraude*). Ces plumes, légères comme un nuage doré, sont passées de mode aujourd'hui, peut-être parce qu'elles sont devenues trop rares. Le Muséum de Paris possède plusieurs paradisiers empaillés; mais je ne sais s'il en a jamais eu de

Lophorine superbe.

vivants. Il est loin d'être aussi favorisé sous ce rapport que le *Zoological garden* de Londres, où j'ai vu, en 1862, trois oiseaux de paradis fort bien portants. Le mâle adulte seul porte sur les flancs ces longs faisceaux de plumes vaporeuses dont je parlais tout à l'heure. Le plumage de son corps est marron; le dessus de la tête et du cou est jaune; la gorge est d'un beau vert d'émeraude. La femelle et le mâle jeune ont, dans cette espèce ainsi que dans la plupart des autres espèces de la même tribu, un plumage modeste et peu fait pour attirer l'attention. Les paradisiers-émeraudes n'ont été connus en

Europe, pendant longtemps, que par les dépouilles desséchées que les sauvages vendaient aux navigateurs, et dont ils avaient préalablement enlevé la chair, les os, les pieds et même les ailes. Cette mutilation avait donné lieu à des fables ridicules. On avait fait des paradisiers des êtres éthérés, dépourvus des organes propres aux animaux terrestres, et ne vivant que d'air, de vapeur et de lumière. Ces contes merveilleux se sont évanouis dès que les naturalistes ont pu étudier, à la Nouvelle-Guinée et dans les îles de Waïgiou,

Astrapie sifilet.

les paradisiers. On sait maintenant que ce sont de fort beaux oiseaux, mais enfin des oiseaux *naturels*, qui se nourrissent d'insectes et de fruits. Ils se perchent la nuit sur le sommet des grands arbres, et descendent le jour se mettre, sous le feuillage, à l'abri de la chaleur. Ce que sachant, les Papous grimpent à l'arbre pendant la nuit, s'approchent de l'oiseau tant que les branches peuvent les porter, et attendent patiemment le lever de l'aurore, pour décocher leurs flèches à l'émeraude avant que celui-ci soit réveillé.

Le *paradisier superbe* (*lophorine superbe* de Veillot) ne le cède pas en beauté à l'émeraude. Son plumage est noir avec des reflets violets. Ses plumes scapulaires s'étalent en un magnifique mantelet, d'un vert foncé glacé d'or, qui recouvre ses ailes, et celles de la poitrine en une sorte de rabat pendant et fourchu, de même couleur.

Les genres *astrapie* et *manucode* appartiennent aussi à la tribu des paradisiers, et habitent les mêmes contrées. *L'astrapie sifilet à*

Manucode royal.

*gorge dorée* est caractérisée par la présence, à chaque oreille, de trois plumes prolongées en minces filets, que termine un petit disque de barbes vert doré. Cet oiseau est de la grosseur d'un merle. La teinte générale de son plumage est d'un noir velouté; mais les plumes du front sont gris de perle, et celles de la gorge sont de couleur d'or avec des reflets changeants de vert et de violet. Le *manucode royal* est encore plus petit que l'astrapie : sa taille ne dépasse guère celle de notre moineau. Sa queue présente deux rectrices médianes très-longues, très-minces, et ornées, à leur extrémité seulement, de longues barbes d'un vert d'émeraude à reflets dorés, contournées comme des boucles de cheveux.

C'est encore à la Nouvelle-Guinée et à la Nouvelle-Galles du Sud

Menure-lyre.

qu'on rencontre le *menure-lyre*, longtemps rangé parmi les gallinacés, mais annexé depuis peu aux passereaux *turdidés*, ou, pour parler un langage plus intelligible, aux *merles*, dont il a, paraît-il, les mœurs et les allures. Le menure-lyre est de la taille d'une poule. Son plumage est brun-roussâtre. Ses formes sont élégantes. La femelle, cependant, n'a rien de bien remarquable ; mais le mâle est orné d'une queue tout à fait extraordinaire. Cette queue se compose de seize pennes, dont douze écartées simplement en éventail, deux médianes garnies d'un seul côté de barbes serrées, et deux extérieures, recourbées en S comme les deux branches d'une lyre. Cet

Le paon spicifère.

oiseau, dont la queue offre, dans les solitudes australes, l'image de l'antique lyre des Grecs, habite les forêts d'eucalyptus et de casuarina. Il devient, malheureusement, de plus en plus rare.

Nous envions, non sans quelque raison, aux climats tropicaux, nous autres Européens, tous ces admirables oiseaux au plumage chatoyant, que la nature à doués de tant de grâces, et dont elle a peint le plumage de si éblouissantes couleurs; mais nous nous plaignons à tort de la pauvreté de notre faune ornithologique. Nous oublions les belles espèces de gallinacés, originaires, il est vrai, de l'Orient tropical, mais parfaitement acclimatées aujourd'hui dans

Éperonnier des Philippines.

toute l'Europe méridionale et centrale. Ces espèces font partie du genre *paon* et du genre *faisan*.

J'ai peu de choses à dire du *paon ordinaire,* ou *domestique.* Tel que nous le connaissons tous, c'est, sans contredit, un des plus beaux oiseaux que l'on puisse voir. Et pourtant il a déjà perdu, sous notre ciel brumeux, quelque chose de sa beauté. La race sauvage

dont il est issu, et qui a pour patrie l'Inde septentrionale, est re-
vêtue d'une parure plus riche et plus éclatante encore. Le *paon
spicifère* habite l'île de Java. Ses couleurs diffèrent de celles du
précédent, dont il se distingue plus particulièrement par la couronne
d'*épis* qui orne sa tête, et qui lui a valu son nom. Ces épis, au
nombre de vingt, sont des plumes longues, effilées, à tige blanchâtre, garnies de chaque côté d'un rang de barbules libres, qui

Lophophore Impey.

se réunissent vers l'extrémité pour former une sorte d'auréole, du
vert doré le plus brillant.

Les *éperonniers* et les *lophophores* sont des genres très-voisins
des paons proprement dits. Les premiers sont de petite taille. Celui
des Philippines, dont nous donnons un dessin, est gros à peu près
comme une petite poule. Le plumage de son corps est noir et bleu.
Les tectrices des ailes et les rémiges présentent les mêmes nuances.
Les tectrices et les pennes de la queue, épanouies en un long éventail, sont mouchetées de taches fauves sur un fond gris, et ornées de

deux rangées d'ocelles simples, d'un beau vert à reflets pourprés.

Les lophophores sont originaires des montagnes du nord de l'Hindoustan. Leur tête est surmontée d'une aigrette semblable à celle du paon ordinaire; les couvertures de la queue ne se prolongent pas. Leurs couleurs sont foncées, mais douées de reflets très-brillants. Le type du genre est le *lophophore resplendissant*. On peut voir plusieurs spécimens vivants de cette belle espèce au Jardin des Plantes et au Jardin d'acclimatation de Paris. Cet oiseau paraît s'accommoder parfaitement de notre climat; il pourra devenir dans quelques années, comme le paon et les faisans, un des ornements de nos parcs, en même temps que sa chair savoureuse fournira à l'art des Vatels et des Carèmes modernes une précieuse ressource de plus. Les lophophores sont de la grandeur du dinde commun. Le *lophophore Impey* est très-répandu à Java et à Sumatra, où les habitants l'élèvent comme oiseau de basse-cour. Le mâle a les ailes vertes et bleues à reflets cuivrés, le cou vert et rouge, la croupe verte et blanche, le ventre noir, la queue jaune-brun clair. Le plumage de la femelle est mélangé de brun et de blanc.

Les *argus* établissent la transition entre les paons et les faisans; mais ils se rapprochent davantage de ces derniers. Leur queue n'a pas l'ampleur de celle des paons. Elle est cunéiforme; les rectrices latérales sont élargies et arrondies à leur extrémité; les deux médianes dépassent les autres d'environ trois fois la longueur du corps.

Les rémiges secondaires sont aussi très-allongées chez le mâle, et dépassent les primaires d'une fois la longueur de celles-ci. C'est sur ces plumes que sont semées les ocelles qui ont fait donner à ces oiseaux le nom d'argus.

L'*argus géant* est la seule espèce connue de ce genre. Sa longueur totale est d'un mètre quatre-vingts centimètres; la queue seule n'a pas moins d'un mètre vingt centimètres. Le plumage est blanchâtre tigré de brun et moucheté de blanc, avec les tiges des rémiges primaires bleu d'azur. Les yeux ou ocelles rappellent la couleur du bronze florentin.

Une antique tradition raconte que, dans leur célèbre expédition, les Argonautes rencontrèrent sur les bords du Phase, dans l'Asie Mineure, de merveilleux oiseaux dont le plumage surpassait en beauté la toison d'or, que les héros grecs allaient conquérir. Ces oiseaux furent appelés par les Latins du nom de *phasiani*, que nous avons traduit par *faisans*.

On connaît en Europe quatre espèces de faisans : le *faisan commun*, recherché des gourmets pour la saveur de sa chair; le *faisan à*

Argus géant.

*collier*, le *faisan argenté* et le *faisan doré*. Ces trois dernières espèces sont originaires de la Chine, et assez répandues en Europe pour que je croie inutile de les décrire : il n'est assurément pas un de mes lecteurs qui n'ait admiré surtout le faisan argenté et le faisan doré. Le second a passé jusqu'ici pour le plus beau, bien que, lorsqu'on examine avec attention le premier, on éprouve de l'hésitation à décerner la palme à l'un ou à l'autre. Mais il en existe un troisième qui l'emporte sur ses deux congénères, et que je suis bien tenté, pour mon compte, de proclamer le plus beau de tous les oiseaux. Le crayon de M. Freeman a bien rendu, dans le dessin que

Faisan d'Amherst ou Faisan superbe.

nous en donnons, la majestueuse élégance de sa parure. Mais comment donner une idée de la richesse et de l'admirable variété des couleurs de son plumage?... Le capuchon ou voile qui tombe si gracieusement et ombrage le col, est formé de plumes arrondies, d'un blanc éclatant, avec une bordure noire en croissant à l'extrémité de chacune. La huppe qui orne le dessus de la tête est rouge; la tête elle-même et le cou sont vert foncé; le ventre est blanc; les ailes et le dos sont tigrés de noir, de feu et de jaune doré. Enfin les quatre tectrices caudales se terminent par des barbes rouge-écarlate, qui se détachent sur le gris jaspé de vert et de noir des grandes pennes rectrices. Telle est la beauté extraordinaire de cet oiseau, que lorsqu'il fut décrit et représenté pour la première fois par Temminck, sous le nom de *faisan superbe*, les naturalistes n'y voulurent voir qu'un animal de fantaisie, composé de toutes pièces par quelque mystificateur. Il a fallu, pour convaincre les incrédules, qu'un honorable voyageur, M. Desmazures, en envoyât du Thibet, en 1862, deux exemplaires d'une authenticité absolument incontestable. L'un de ces exemplaires figure dans les galeries de notre Muséum; on l'a appelé *faisan d'Amherst :* ce nom est, m'a-t-on dit, celui d'une dame anglaise, lady Amherst; mais j'ignore à quel titre cette dame est devenue la marraine du faisan superbe.

# CHAPITRE XII

## LA VOIX — LES OISEAUX CHANTEURS

Tous les animaux à sang froid, vertébrés et invertébrés, sont muets : ils peuvent produire certains bruits; mais ils n'ont point de *voix :* on ne saurait donner ce nom aux grincements, aux crépitements, aux bourdonnements des insectes, ni même aux sifflements des reptiles. La voix proprement dite n'appartient qu'aux animaux à sang chaud; mais encore les mammifères sont-ils, sous ce rapport, mal partagés : ils ne peuvent que *crier*. Chaque espèce a un cri qui lui est propre, et qui, en général, est toujours le même; quelques-unes ont deux ou trois cris différents, dont il faut qu'elles se contentent pour exprimer leurs sentiments, leurs impressions, leurs désirs, leurs craintes. C'est seulement dans la classe des oiseaux qu'on rencontre, — et en grand nombre, — des animaux pourvus, comme leur maître et seigneur, l'homme, d'organes vocaux qui leur permettent d'articuler et de moduler des sons : de parler et de chanter.

Sans doute ils ne parlent ni ne chantent de la même manière que nous; l'instrument diffère, mais il existe, et il est très-complexe. Il est même, à certains égards et dans certaines espèces, plus parfait que le nôtre; car plusieurs oiseaux parviennent aisément à imiter notre voix, à chanter, à siffler, à parler comme nous; tandis qu'à moins d'études toutes spéciales, nous ne pouvons reproduire le chant des oiseaux; et cette reproduction, telle que la réalisent quelques bateleurs qui en font un art spécial, est souvent imparfaite et toujours très-limitée. L'homme n'a qu'un larynx; les oiseaux en ont deux : un larynx supérieur, qui correspond au nôtre, et un larynx infé-rieur, situé immédiatement au-dessus de la bifurcation de la trachée-artère. C'est ce larynx supplémentaire qui joue, dans la formation des sons dont se compose leur langage ou leur chant, le rôle le plus important. La trachée-artère elle-même est d'une longueur variable, qui n'est pas toujours proportionnée à celle du cou : il n'est pas rare qu'elle décrive des flexuosités, toujours plus prononcées chez les mâles, et logées, tantôt sous le *jabot*, comme chez le coq de bruyère, tantôt dans la crête du sternum, comme chez la grue et chez le cygne chanteur. Parfois la trachée-artère présente des ren-flements qui contribuent aussi à modifier la voix. Nous en trou-vons un exemple très-curieux dans le céphaloptère penduligère. Un renflement très-volumineux, qui existe au tiers environ de la lon-gueur du conduit aérien, donne à la voix de cet oiseau une puissance telle, que son cri est un mugissement comparable à celui du taureau. Mais le caractère de la voix, sa flexibilité, ses intonations simples ou multiples, dépendent principalement de la structure du larynx inférieur, de l'absence ou de la présence, et, dans ce dernier cas, du nombre des muscles spéciaux servant à faire mouvoir cet organe. Les perroquets ont six de ces muscles, distribués par paires; les oiseaux chanteurs en ont jusqu'à cinq paires. Enfin le développe-ment extraordinaire de l'appareil respiratoire, — ce que nous avons appelé la *pneumaticité* des oiseaux, — leur donne sur l'homme un avantage marqué, en ce qui concerne la durée et la continuité du chant et de ses variations. Les sacs aériens font l'office du soufflet d'une musette; ce n'est pas seulement l'air aspiré dans les poumons qui fait vibrer les cordes ou lèvres vocales du larynx : c'est l'air contenu dans les sacs qui, poussé avec plus ou moins de vitesse, donne à l'oiseau le moyen de prolonger son chant pendant plusieurs minutes, sans la moindre interruption. Cette faculté existe à un très-haut degré chez le serin. On voit, en outre, la gorge du serin se gonfler lorsqu'il chante, ce qui tient à l'occlusion volontaire et presque complète de son larynx supérieur. « Il ne pourrait, disent MM. Chenu, des Murs et Verreaux, chanter ainsi en volant : sa provision d'air ne suffirait pas pour les deux exercices. Aussi l'alouette, qui fait entendre sa voix en planant dans les airs, est obligée de battre souvent de l'aile pour se soutenir, et de respirer aussitôt que ses sacs commencent à se vider. Son chant a des interruptions, et son corps, devenu moins léger, s'abaisse un peu pour se relever immédiatement après l'inspiration ; et cette manœuvre se renouvelle plusieurs fois de suite. »

On peut diviser les oiseaux, sous le rapport de la voix, en quatre catégories : les oiseaux silencieux, — les oiseaux criards, — les oiseaux chanteurs — et les oiseaux parleurs.

La première catégorie comprend d'abord presque toutes les femelles des oiseaux chanteurs ; ensuite un grand nombre d'oiseaux de l'ancien et du nouveau continent : les couroucous, les oiseaux-mouches, les cotingas, les guêpiers, etc. Tous ces oiseaux ne font entendre que rarement des sons faibles, des accents simples, et, si l'on peut ainsi dire, monosyllabiques.

Parmi les oiseaux criards, je citerai les rapaces, les oiseaux de rivage, les oiseaux nageurs, etc., qui ont souvent une voix très-forte, mais nullement mélodieuse, et ne poussent que des cris rauques et discordants. Quelques-uns de ces oiseaux ont un cri remarquable par sa force ou par son caractère étrange. Il en est que tout le monde a entendus : le paon, dont la voix aigre et stridente « déplaît à toute la nature » ; le canard, dont le cri monotone et nasillard accompagne si bien la démarche vacillante ; la chouette, que son cri nocturne et mélancolique a fait proscrire par les paysans susperstitieux comme un oiseau de mauvais augure. J'ai parlé plus haut du mugissement du céphaloptère. Les oiseaux de mer possèdent en général une voix aigre et retentissante, pour s'appeler de loin et s'entendre en dépit du bruit des vents et des flots. Le cri du vanneau est tout à fait original. On dirait que cet oiseau a dans son bec la fameuse *pratique* de Polichinelle. Rien de plus amusant que d'entendre, au Jardin des Plantes, une trentaine de vanneaux se disputer, dans ce langage grotesque, les miettes de pain qu'on leur jette.

Les oiseaux chanteurs et les oiseaux parleurs méritent de notre part une attention plus particulière.

Lorsque l'on contemple dans les volières de nos jardins zoologiques, dans les galeries de nos musées, les oiseaux des tropiques, avec leurs panaches ondoyants, leur plumage de pourpre, d'or, d'azur et d'émeraude, on se dit que ce doit être un admirable spectacle de les voir voler en liberté sous les arbres gigantesques des forêts vierges et parmi les hautes herbes des prairies. Et l'on prend en dédain ces pauvres oiseaux à la parure modeste, aux nuances sombres, qui, pendant quelques mois seulement, animent nos bois et nos campagnes, et l'hiver doivent aller bien loin chercher des cieux plus cléments, s'ils ne veulent rester à grelotter sur les branches dépouillées de feuilles, glacées de givre, ou dans les creux des troncs d'arbres, des rochers et des murailles.

Tout autre, — et plus juste, — est le sentiment des Européens exilés

Aux pays que Phébus inonde de ses feux.

Après le premier enivrement, leur admiration peu à peu s'émousse; leur esprit se replie sur lui-même, revient aux souvenirs de la terre natale, au jardin, au verger qui entourait la maison où s'écoula leur enfance. En présence de cette nature luxuriante qui les écrase de sa magnificence, ils regrettent celle, moins riche et moins puissante sans doute, mais plus traitable, plus compréhensible, plus humaine, des climats tempérés.

Ces oiseaux aux couleurs éblouissantes ne remplacent pas pour eux les mélodieux chanteurs dont la voix donnait autrefois la réplique à leurs pensées joyeuses ou mélancoliques, et faisait, pour ainsi dire, partie de leur vie, au même titre que les caresses de leur chien, les gentillesses de leur chat, le caquetage de leurs poules, la verdure et les fleurs de leur jardin : toutes choses dont ils jouissaient alors sans y songer, sans s'en apercevoir, mais dont l'absence fait maintenant autour d'eux un vide douloureux,

Le peuple anglais ne passe point pour un peuple très-sentimental, très-impressionnable aux choses de la nature. Voici cependant ce que racontait récemment un journal de Sydney. En Australie, on trouve beaucoup d'oiseaux très-curieux et très-beaux, mais peu ou point de chanteurs; et tandis qu'on s'occupe si activement d'amener et d'acclimater en Europe les animaux propres à ce continent, on a pris jusqu'à présent peu de souci d'introduire là-bas d'autres animaux d'Europe que les animaux domestiques. Ainsi personne

Alouette des champs.

n'avait encore songé à y transporter aucun de nos petits oiseaux chanteurs, lorsqu'un jour la nouvelle se répandit à Sydney et aux environs, qu'un gentleman venait de recevoir d'Angleterre une alouette. Aussitôt grand émoi parmi les habitants. Ces Anglais si graves, si flegmatiques, si affairés, oubliant en cette circonstance leur réserve habituelle, se rendirent en foule, pendant plusieurs jours, chez le gentleman, afin de voir le charmant oiseau dont il était l'heureux possesseur, et surtout afin d'entendre sa voix, doux souvenir de la patrie absente, vrai chant national, plus cher à leurs cœurs que le *God save the Queen* et le *Rule, Britannia*.

Les alouettes sont le premier genre de la famille des *alaudidés* (lat., *alauda,* alouette). Ce genre a pour type l'alouette des champs, si répandue en France.

> Les alouettes font leur nid
> Dans les blés quand ils sont en herbe,

dit la Fontaine. En effet, elles nichent volontiers dans les sillons creusés par la charrue. On ne les voit jamais dans les arbres, elles ne perchent point; mais d'un vol audacieux elles s'élancent verticalement vers le ciel, et, planant au haut des airs, elles font entendre leur chant sonore et joyeux. C'est de cet oiseau que Linné a dit : *Alauda volatu perpendiculari in aere suspensa, cantillans in Creatoris laudem, ecce suum* tirile, tirile, *suum* tirile *tractat.* L'alouette était l'oiseau national de l'antique Gaule, l'emblème de la bravoure et de la gaieté de nos aïeux. La première légion que César leva dans les Gaules s'appelait la *légion de l'Alouette.*

Presque tous nos oiseaux chanteurs sont distribués dans les deux grandes familles des *fringillidés* et des *turdidés.* La première comprend plusieurs espèces intéressantes. Les *tisserins* ou *tisserands,* répandus dans l'Afrique et dans l'Inde, sont remarquables par leur talent architectural. Ils construisent leur nid avec des fibres végétales entrelacées de manière à former un tissu très-fort, très-serré et très-régulier, tel que le confectionnerait un habile ouvrier. La forme des nids diffère selon les espèces. Les *tisserins républicains* du cap de Bonne-Espérance vivent en sociétés nombreuses, et se bâtissent sur un arbre une sorte de ruche circulaire, où chaque ménage a son appartement particulier.

Les *serins (fringilla serinus)* sont les plus populaires de tous les oiseaux chanteurs. Ce genre est caractérisé par sa petite taille, égale, ou plus souvent inférieure à celle de notre moineau, et beaucoup plus élancée; par ses formes délicates et par ses allures vives et gracieuses; par son plumage lisse et soyeux, dont la couleur varie du vert mélangé de gris au jaune pur ou mélangé de blanc; par ses mœurs douces, par sa facilité à s'acclimater en tout pays et à se familiariser avec l'homme. Les espèces les plus répandues sont : le *cini*, ou *verdier*, qui habite l'Italie, l'Espagne, une partie de l'Allemagne et le midi de la France; et le serin des Canaries, ou simplement *canari*, plus recherché que le précédent, et que Buffon a surnommé le *musicien de chambre*. La voix du canari est moins

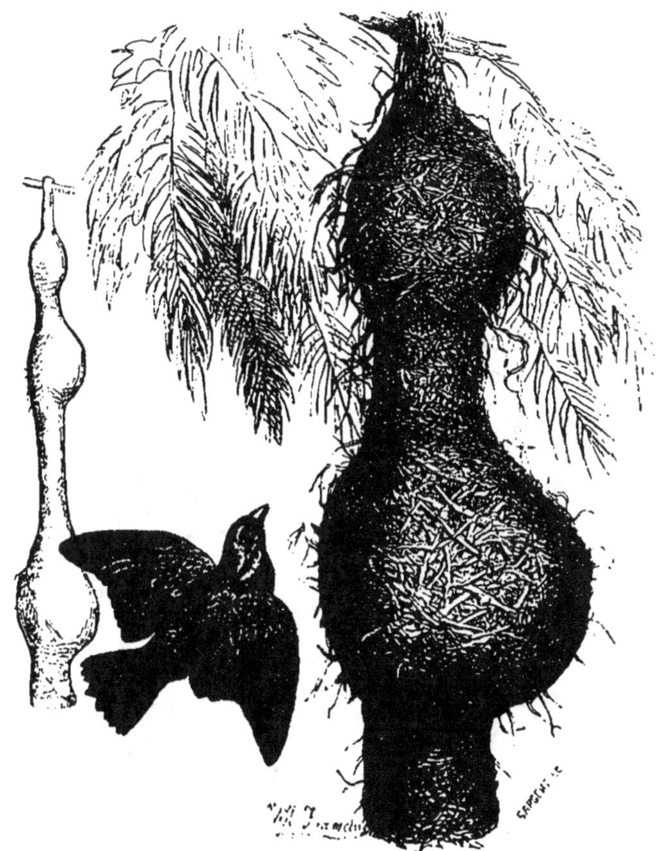

Tisserin du Bengale.

forte, mais plus mélodieuse que celle du verdier; son plumage est d'un beau jaune, quelquefois nuancé de blanc ou de verdâtre. Mais, chose remarquable, cette couleur est un effet de la transplantation du serin dans nos climats; car dans son pays natal, c'est-à-dire aux îles Canaries, et notamment à Ténériffe, cet oiseau, d'après le témoignage d'Adanson et de plusieurs autres voyageurs, est gris-verdâtre,

avec des taches brunes oblongues. Il y a plus : depuis son introduction en Europe, qui date du xv<sup>e</sup> siècle environ, il est devenu, en se
multipliant, l'objet d'une culture suivie qui a modifié non-seulement les teintes de son plumage, mais encore ses formes, sa taille
et sa voix.

1 Pinson.        2 Moineau domestique.

Je ne m'arrêterai pas au *moineau* (*fringilla domestica*), qui méri-
terait cependant de notre part une mention honorable : non pour son
chant, — le moineau n'est pas musicien, — mais pour son intelligence et sa gentillesse, et pour le mal qu'on en a dit injustement.
On l'a accusé d'effronterie, de rapine, de parasitisme, — que sais-je?

Et si encore on s'était borné à le calomnier! mais il a été proscrit souvent, et c'est seulement en son absence qu'on a appris à lui rendre meilleure justice. Aujourd'hui le moineau est réhabilité dans tous les esprits éclairés et impartiaux. Un honorable homme d'État, M. Bonjean, en a fait en plein sénat l'apologie, je pourrais dire le panégyrique. Il a raconté que, la tête du moineau ayant été mise à prix en Hongrie et dans le pays de Bade, cet intelligent proscrit avait abandonné complétement ces deux pays; mais que bientôt l'effrayante multiplication des insectes apprit aux habitants des campagnes de quel puissant auxiliaire ils s'étaient privés, et qu'après avoir établi des primes pour la destruction des moineaux, on fut obligé d'en établir de plus fortes pour son rapatriement. « Le grand Frédéric avait lui aussi, dit M. Bonjean, déclaré la guerre aux moineaux, qui ne respectaient pas son fruit favori, la cerise. Naturellement les moineaux ne songèrent point à résister au vainqueur de l'Autriche; ils disparurent. Au bout de deux ans, non-seulement il n'y eut plus de cerises, mais encore il n'y eut presque point d'autres fruits : les chenilles les mangeaient tous; et le grand roi, vainqueur sur tant de champs de bataille, s'estima heureux de signer la paix, au prix de quelques cerises, avec les moineaux réconciliés. »

Mais revenons à nos chanteurs. Le *pinson*, qui est un sous-genre du genre moineau, a reçu de la nature une voix forte et flexible; sont chant généralement est peu varié; mais les intonations en sont franches, claires et pleines de gaieté. Le mâle seul chante, et au printemps seulement. On dit qu'il peut, en captivité, apprendre à imiter le chant des autres oiseaux. J'ai pourtant un pinson qui vit depuis plus de deux ans dans une même cage avec plusieurs serins, et qui a conservé dans toute sa pureté le chant propre à son espèce. Il est vrai que je me suis bien gardé de lui faire subir l'horrible opération que les oiseliers recommandent comme propre à développer les facultés musicales du pinson, et qui consiste à lui crever les yeux avec un fer rouge. Mon pinson montre un naturel farouche et intraitable. Il ne se soucie nullement de ses compagnons de captivité; il ne prend aucune part à leurs ébats ni à leurs querelles, et n'accorde à leurs chants aucune attention. Avec nous-même il est aussi sauvage que le premier jour. Lorsqu'on fait seulement mine de vouloir le prendre, il se jette désespérément contre les barreaux de sa cage, au risque de se blesser; et quand on a réussi à le saisir, il mord vigoureusement les doigts jusqu'à ce qu'on le lâche. C'est un noble oiseau, qui n'est pas né pour la servitude. En aucun lieu du monde

1 Bouvreuil commun.    2 Chardonneret commun.

le chant du pinson n'est plus prisé qu'en Allemagne, bien qu'on n'y pratique point la coutume barbare de lui crever les yeux. « Les amateurs de ce pays, dit M. le docteur Le Maout, ont étudié toutes les nuances de son ramage; aucun ton de sa voix n'a échappé à leur oreille. Le chant du pinson ayant des rapports sensibles avec les sons articulés de la parole, ils ont imaginé d'en distinguer les nom-

31

breuses variétés par les syllabes finales de la dernière strophe que prononce l'oiseau, et dans laquelle ils ont, bon gré mal gré, trouvé des mots allemands. Ainsi la mélodie qui finit par *Wein Guieh,* se nomme le *chant du vin...* Ils ont aussi *la bonne année* (*gout-jahr*), le *fiancé* (*Bràutigam*), le *boute-selle* (*Reiterzong*), etc. Mais la plus merveilleuse des mélodies est celle qu'ils nomment *le double battement du Hartz,* parce que c'est dans ce pays qu'on l'a observée pour la première fois. Les habitants du village de Rouhl font quelquefois trente lieues pour prendre à la glu un de ces chanteurs renommés, et l'on a vu un paysan donner une de ses vaches pour un pinson qui exécutait les cinq strophes du *double battement.* »

Le *chardonneret* et le *bouvreuil* sont sans contredit deux des plus jolis oiseaux de l'Europe. Ils unissent la mélodie de la voix à la beauté du plumage et des formes. Le chant naturel du bouvreuil ne se compose que de trois notes; mais l'éducation peut l'étendre et le perfectionner beaucoup. Le chardonneret est susceptible aussi d'éducation musicale. Il s'apprivoise d'ailleurs facilement, et on le dresse à certains exercices mécaniques, comme, par exemple, de tirer de petits seaux qui contiennent son boire et son manger.

La famille des turdidés a pour type le *merle,* grand chanteur, ou plutôt siffleur, qui, comme le geai et le sansonnet, peut apprendre de véritables airs, et les répète avec une persistance souvent fatigante pour ses auditeurs. Mais à la même famille se rattachent les chanteurs incomparables, les vrais artistes, la *fauvette* et le *rossignol.*

Tous deux appartiennent à la tribu des *motacilliens,* laquelle reçoit son nom du genre *hoche-queue* (*lavandières* et *bergeronnettes*), un des plus jolis de nos campagnes, et des plus utiles aussi; car les bergeronnettes font une guerre destructive aux insectes, et particulièrement aux insectes incommodes pour l'homme et pour les bestiaux.

Le genre *fauvette* (*motacilla sylvia*) a été partagé en plusieurs sous-genres, dont chacun comprend un grand nombre d'espèces. Les fauvettes proprement dites habitent les bois, les buissons et les vergers, et vivent indifféremment d'insectes et de fruits sucrés. A la fin de l'été elles émigrent presque toutes, mais sans se réunir en troupes ni prendre de rendez-vous commun : chacune à sa guise et

à son heure. Leur vol est vif, mais irrégulier, sautillant et peu
élevé. Cependant elles ne descendent que rarement à terre. Le chant
du mâle est très-doux, très-brillant et riche en modulations. La
fauvette à tête noire est la plus renommée pour l'agrément de ses

1 Rossignol.              2 Bergeronnette de printemps.

vocalises. Si les fauvettes mâles sont des musiciens distingués, les
fauvettes femelles ont reçu de la nature un talent moins séduisant,
mais plus estimable, et pour lequel elles puisent leur inspiration
dans l'amour maternel. Rien de plus charmant que leur nid; rien
de plus élégant à l'extérieur, de plus chaud et de plus moelleux à

l'intérieur : cela donne envie vraiment d'être petit oiseau. Le nid de la fauvette couturière (*sylvia sutoria*) est un chef-d'œuvre. « Elle en compose le tissu de fibres menues, de plumes, de duvet, d'aigrettes de chardon, dit M. Le Maout; puis elle file avec son bec et ses

Fauvette couturière et son nid.

pattes le coton qu'elle a recueilli sur les *gossipium;* elle pratique ensuite des trous le long du bord des feuilles à limbe solide et large; et dans ces trous elle passe son fil de manière à coudre ensemble plusieurs feuilles, qui forment ainsi une petite tente suspendue, enveloppant parfaitement le nid que l'oiseau veut cacher à ses ennemis... Le colonel Sykes a vu des nids dans lesquels le fil de coton était réellement terminé par un nœud. »

Que dire du *rossignol* qui déjà n'ait été dit cent fois, et bien mieux que je ne pourrais faire? Les naturalistes et les poëtes ont célébré à l'envi ce virtuose des bois, cette « chétive créature » qui, n'ayant reçu en partage ni la grandeur, ni la force, ni la beauté, est cependant à elle seule « l'honneur du printemps ». Guéneau de Montbelliard, le collaborateur de Buffon, a fait ressortir, avec tout l'enthousiasme d'un *dilettante*, les merveilleuses qualités de la voix du rossignol. « Coups de gosier éclatants, dit-il; batteries vives et légères; fusées de chant, où la netteté est égale à la volubilité; murmure intérieur et sourd, qui n'est point appréciable à l'oreille, mais très-propre à augmenter l'éclat des tons appréciables; roulades précipitées, brillantes et rapides, articulées avec force, et même avec une dureté de bon goût; accents plaintifs, cadencés avec mollesse; sons filés sans art, mais enflés avec âme; sons enchanteurs et pénétrants, qui semblent sortir du cœur et font palpiter tous les cœurs. »

M. Michelet proclame le rossignol un « grand artiste », et il ajoute :

« *Artiste!* j'ai dit ce mot, et je ne m'en dédis pas. Ce n'est pas une analogie, une comparaison de choses qui se ressemblent : non, c'est la chose elle-même.

« Le rossignol, à mon sens, n'est pas le premier, mais le seul du peuple ailé à qui l'on doive ce nom. Pourquoi? Seul il est créateur; seul il varie, enrichit, amplifie son chant, y ajoute des chants nouveaux. Seul il est fécond et varié par lui-même; les autres le sont par l'enseignement et l'imitation. Seul il les résume, les contient presque tous; chacun d'eux, des plus brillants, donne un couplet du rossignol...

« Comment ne pas l'appeler artiste? Il en a le tempérament au degré suprême où l'homme l'a lui-même rarement. Tout ce qui y tient, qualités, défauts, en lui surabonde. Il est sauvage et craintif, défiant, mais point du tout rusé. Il ne consulte point sa sûreté, et ne voyage que seul. Il est ardemment jaloux, en émulation égal au pinson. « Il se crèverait à chanter », dit un de ses historiens. Il s'écoute. Il s'établit surtout où il y a écho, pour entendre et répondre... etc. »

Il y a sans doute dans ce portrait beaucoup d'imagination et de fantaisie; ce qui ne doit point surprendre chez M. Michelet, beaucoup plus artiste lui-même que le rossignol. L'admiration qu'inspire à Guéneau de Montbelliard le chant de cet oiseau me semble aussi, je l'avoue, un peu exagérée. Quant à moi, dussé-je être taxé de prosaïsme, je dois avouer que le chant du rossignol ni d'aucun autre oiseau ne m'a jamais causé de tels transports, et que la moindre mélodie, chantée par une belle voix humaine ou jouée sur un bon instrument, me charme et m'émeut infiniment plus. Mais il ne faut point disputer des goûts. Loin de moi, d'ailleurs, la pensée de médire du rossignol. Il est artiste, assurément, autant qu'un oiseau peut l'être; et il doit aimer passionnément son art, puisque, pour s'y livrer, il oublie le sommeil et brave les ténèbres. Il est vrai que cette fureur musicale ne dure qu'un temps très-court : dès que les petits sont éclos, c'est-à-dire vers la fin de mai, adieu les nocturnes concerts : la voix du rossignol s'enroue, et ses suaves accents font place à un cri rauque, semblable au coassement de la grenouille.

Le rossignol est carnassier, et fait aux insectes une chasse active : ce qui est encore pour lui un titre de plus à notre bienveillance. Enfin nous ne pouvons lui refuser notre haute estime, car il n'est point de ceux dont nous ayons réussi à faire nos complaisants et nos parasites. Il est tout au plus, entre les mains de l'homme, un captif résigné. Il chante encore, mais pour tromper son ennui, en attendant que la mort vienne le délivrer; ce qui ne tarde guère. Son chant n'est plus dès lors un chant de joie et d'amour, une idylle ou une romance : c'est une plainte, une élégie. Il pleure la liberté, sans laquelle il ne peut vivre.

---

# CHAPITRE XIII

## LES OISEAUX PARLEURS

Le nouveau monde, beaucoup plus pauvre que l'ancien en oiseaux chanteurs, a cependant, lui aussi, son rossignol : je veux dire son musicien, son artiste; et, s'il faut croire aux récits des voyageurs, un artiste bien supérieur encore à celui que M. Michelet et d'autres écrivains d'Europe ont déclaré incomparable, unique. Cet artiste, ce prodige, c'est le *merle polyglotte* ou *moqueur :* un oiseau de la taille du merle d'Europe, au plumage gris brunâtre mêlé de blanc, sans autre ornement que quelques mouchetures brunes : plumage des plus ordinaires, comme on voit. Les noms de *polyglotte* et de *moqueur* qu'on lui a donnés indiquent sa singulière aptitude à imiter très-exactement la voix des autres animaux, comme pour s'en

Oiseau moqueur ou merle polyglotte.

moqueur. Son cri ordinaire est assez triste; mais au temps de la ponte, le chant du mâle devient admirable. » L'Européen qui entend cette voix vigoureuse et passionnée à travers le feuillage du magnolia de la Louisiane, dit Audubon, la compare avec l'hymne nocturne du rossignol, et ressent un secret mépris pour ce qu'il admirait autrefois... Levez les yeux : sur une branche de magnolia la femelle repose. Le mâle, aussi léger que le papillon, décrit autour d'elle des cercles rapides, monte, descend, remonte encore, et toutes les fois que son vol s'élance vers le ciel, recommence son chant de joie, le plus brillant de tous les chants. Il ne débute pas, comme le rossignol, par de longs et mélancoliques soupirs : il attaque franchement son thème musical, qu'il module ensuite, qu'il gradue, qu'il varie avec un art incroyable, ayant soin de faire entrer dans la composition de son œuvre les plus doux bruits de la nature : le murmure des feuilles, le roulement lointain de la cataracte, le gazouillement du ruisseau voisin. Ce chant accompagne son vol; mais ce n'est qu'un prélude encore. Lorsqu'il vient se poser sur le rameau qui soutient sa compagne, ses notes deviennent moins brillantes, plus moelleuses, plus exquises. Puis il repart, s'abaisse, remonte, parcourt de l'œil tous les environs, pour s'assurer que nul ennemi ne menace son repos...; il revient se percher près de sa compagne, et, pour finale de ce grand concerto, lui donne la traduction la plus exacte de toutes les mélodies, de tous les cris, de tous les sifflements, de tous les accents qui appartiennent aux autres oiseaux, et même aux quadrupèdes... Enfin une note particulière de la femelle se fait entendre. C'est un son triste, étouffé, qui impose silence au moqueur; aussitôt celui-ci cesse son chant, et le couple s'occupe à chercher un lieu favorable pour l'établissement de son nid. Ce nid est toujours placé à proximité de quelque maison habitée. Le polyglotte sait que son ramage amuse l'homme, et il n'est nullement sauvage... Les planteurs respectent ces aimables voisins, et défendent à leurs enfants de les inquiéter. Leurs ennemis les plus dangereux sont les chats et les serpents. Quant aux oiseaux de proie, il en est peu qui attaquent le moqueur; car il se défend toujours avec énergie, et va même au-devant de l'agresseur. Le seul qui le surprenne quelquefois est le faucon de Stanley. Ce faucon vole bas et enlève le moqueur sans s'arrêter; mais s'il manque son coup, le passereau devient l'assaillant à son tour; il poursuit le brigand, en appelant à lui ses pareils, et quoiqu'il ne puisse atteindre le faucon, l'alarme donnée, mettant tout le monde sur ses gardes, déconcerte le maraudeur. »

Le merle polyglotte s'apprivoise très-facilement, s'attache à son maître et le suit comme un chien. Quelquefois il sort, s'en va chanter dans les bois; mais il revient toujours au logis. Il conserve en domesticité son talent musical, mais ne le développe point. Il n'oublie ni n'apprend rien : inférieur en cela à ses congénères de l'ancien monde, inférieur aussi à ses compatriotes les perroquets, dont il se rapproche cependant par ses facultés mimiques. Soit que son instinct ne l'y porte pas, ou que ses organes vocaux, si parfaits d'ailleurs, s'y refusent, le polyglotte, qui imite tant de sons, tant de bruits, tant de langages, n'imite point le langage humain.

Quelques-uns de nos oiseaux d'Europe possèdent, dans une certaine mesure, ce don singulier : le *geai*, le *sansonnet*, la *pie*, le *corbeau* sont dans ce cas; mais les deux premiers réussissent surtout dans l'art de siffler des airs. Les deux derniers, fort peu musiciens, parviennent assez aisément à articuler des mots, et peuvent être cités parmi les oiseaux les plus intelligents et les plus susceptibles d'éducation. « Quoique, dans l'état sauvage, la pie soit extrêmement défiante, dit Bechstein, c'est cependant l'oiseau le plus facile à apprivoiser que nous ayons : elle se laisse toucher et prendre dans les mains; ce que les autres, même les plus dociles, ne souffrent pas. Élevée du nid, la pie apprend à parler mieux encore que le corbeau, et se familiarise autant et plus que le pigeon. La viande crue, le pain et tous les débris de table deviennent tellement de son goût, qu'elle ne désire aucune autre nourriture, ce qui la ramène constamment au logis... Je reçus dernièrement d'un de mes amis une lettre dans laquelle il s'exprime ainsi : « J'ai élevé une pie qui, comme un chat, vient se frotter autour de moi jusqu'à ce qu'enfin je la caresse. Elle a appris d'elle-même à voler à la campagne et à revenir; elle me suit partout, à plus d'une lieue de distance, en sorte que j'ai beaucoup de peine à m'en défaire; et lorsque je ne veux pas d'elle dans mes promenades ou dans mes visites, je suis obligé de l'enfermer... Elle vole, de temps en temps, assez loin avec les autres pies sauvages, sans cependant jamais se lier avec elles. »

Le corbeau serait d'une société agréable, si ses goûts carnassiers et sa voracité ne le faisaient un peu trop ressembler aux rapaces, et si l'odeur forte qu'il exhale ne rappelait celle de son aliment favori, la charogne. C'est du reste un gai compagnon, très-familier, très-amusant par ses allures, et profitant bien des leçons qu'on lui donne. Ceux qui veulent diriger son instruction vers l'éloquence ont coutume de lui couper le frein lingual. Lorsque sa langue a été ainsi

déliée, il peut s'en servir avec succès, comme le prouve l'anecdote
suivante, racontée par je ne sais quel chroniqueur latin, et reproduite par M. Le Maout, à qui je l'emprunte. A Rome, après la
bataille d'Actium, plusieurs corbeaux furent présentés à Octave
triomphant, en lui adressant ce compliment : *Ave, Cæsar, victor,
imperator.* Octave les acheta très-cher. Un pauvre cordonnier, allé-

1 Pie.        2 Corbeau.

ché par la récompense, entreprit de dresser un corbeau de la même
manière; et comme son élève se montrait un peu récalcitrant, il
répétait souvent avec tristesse : « J'ai perdu mon temps et ma
dépense! » Enfin pourtant l'oiseau parvint à répéter passablement
la phrase adulatrice, et son maître alla se poster avec lui sur le passage du dictateur. Le corbeau fit son compliment; mais Octave-
Auguste, qui était rassasié de ce genre de flatterie, refusa d'abord
de l'acheter. Alors le corbeau de s'écrier piteusement : *J'ai perdu
mon temps et ma dépense !* Auguste fut si émerveillé de tant

d'à-propos, qu'il s'empressa d'acquérir le corbeau, et le paya beaucoup plus cher que les autres.

Prononcer une si longue phrase était, de la part d'un corbeau, un véritable tour de force. Ce n'eût été qu'un jeu pour un perroquet. L'imitation de notre langage est, chez les perroquets, un instinct, un besoin inné, comme chez les singes l'imitation de nos gestes et de nos actes. Aussi a-t-on dit, non sans raison, que les perroquets sont parmi les oiseaux ce que les singes sont parmi les mammifères.

La structure compliquée du larynx inférieur et celle de la langue et des narines se prêtent admirablement, chez ces oiseaux, à l'articulation des sons les plus variés. Cette aptitude toute spéciale n'est cependant pas, comme le pensait Buffon, une faculté qui rapproche les perroquets des animaux supérieurs : leur intelligence ne les place point au-dessus des autres oiseaux. Ils s'apprivoisent et deviennent aisément familiers avec les personnes qui les ont élevés; mais ils se montrent, en général, très-défiants vis-à-vis des étrangers, et il n'est pas prudent de chercher à les prendre ou de les approcher de trop près lorsqu'on n'a pas l'honneur d'être de leur intimité. Leur bec énorme et puissant fait de cruelles morsures, et si l'on y laisse prendre un doigt, on risque fort de ne pas l'en retirer entier. Les perroquets ont des mines, des mouvements de tête, une manière de se servir de leurs pattes en guise de main, qui, joints à leur verbiage, donnent aisément le change aux personnes peu instruites sur la portée de leur entendement. Il arrive souvent que ceux dont le répertoire est étendu et varié paraissent répondre pertinemment aux questions qu'on leur adresse, et lancent des reparties qui se trouvent être « en situation », comme disent les auteurs dramatiques. Ce sont là de purs hasards, et quand l'oiseau fait ainsi de l'esprit, c'est sans le savoir. Il faut avouer néanmoins que les coïncidences donnent lieu parfois à des aventures curieuses, et ordinairement très-comiques.

On connaît celle de ce paysan qui, venant un jour chez son seigneur pour payer ses fermages, entre dans le vestibule du château, où se trouvait, perché sur son bâton, un superbe perroquet récemment rapporté de Paris par la châtelaine. Notre homme n'avait jamais vu d'animal semblable, et ne soupçonnait même pas qu'il en pût exister. Il s'approche du perroquet, tourne autour et l'examine en poussant des acclamations admiratives. « Veux-tu t'en aller, manant ! dit tout à coup le perroquet. — Ah! pardon, mon beau monsieur, répond le paysan confus, en ôtant son bonnet; je vous avions pris pour un oiseau ! »

L'ornithologiste Willoughby parle d'un perroquet qui, lorsqu'on lui disait : « Ris, Poll, ris, » éclatait de rire aussitôt, puis ajoutait un instant après : « Quelle impertinence! m'ordonner de rire! » Un autre, appartenant à un marchand de cristaux, ne manquait jamais de s'écrier, lorsqu'un commis heurtait ou brisait quelque vase dans le magasin : « Le maladroit! il n'en fait jamais d'autres! »

Buffon dit avoir vu un perroquet qui, ayant vieilli avec un maître valétudinaire, qu'il entendait sans cesse se plaindre, répondait à toutes les questions par cette phrase : *Je suis malade, bien malade*, dite d'une voix plaintive et accompagnée d'une pose languissante. Enfin Levaillant a vu au Cap une perruche que des Boërs avaient dressée à réciter le *Pater* entier, en langue hollandaise, en se tenant couchée sur le dos et les pattes jointes.

La famille des perroquets, ou, pour la désigner sous son nom scientifique, des *psittacidés*, est répandue sur toute la zone intertropicale, principalement dans les contrées les plus chaudes de l'Amérique et dans les îles de l'océan Indien et des mers du Sud. Le plumage des psittacidés offre des couleurs très-tranchées et très-belles; mais il est toujours mat, et n'a pas ces reflets métalliques, ces chatoiements lumineux qu'on admire chez la plupart des oiseaux propres aux mêmes régions. Les couleurs dominantes des psittacidés sont le vert, le jaune, le gris-perle, le rouge et le bleu. Ces oiseaux sont essentiellement grimpeurs. Leurs doigts sont opposés deux à deux et très-propres à la préhension. Ils ne marchent bien que de côté, le long des branches sur lesquelles ils se perchent. Pour monter aux arbres, pour en descendre ou pour passer d'un rameau à un autre, ils se servent surtout de leur bec, qui est pour eux un précieux organe de locomotion. Ils saisissent d'abord entre leurs mandibules la branche qu'ils veulent escalader, ou bien ils s'accrochent avec la mandibule supérieure aux aspérités du tronc; puis ils se soulèvent, ils se hissent en contractant les muscles du cou, et amènent ensuite les pieds l'un après l'autre. Ils accomplissent cet exercice sans se presser, avec autant de prudence que d'adresse. A terre ils se font aussi de leur bec une troisième jambe; leur démarche est lente et embarrassée. Leur vol est assez rapide, mais peu soutenu; ils n'ont jamais, du reste, à fournir de longues traites, car ils habitent les forêts, où il leur suffit de pouvoir voler d'un arbre à un autre. Les psittacidés sont frugivores; ils recherchent surtout les fruits à noyau. En captivité, ils deviennent omnivores, et, qui plus est, très-friands. Ils aiment le sucre, la patisserie; on leur fait même boire du vin, ce qui les rend plus gais et plus bavards.

Les perroquets vivent très-longtemps. On en cite un qui fut apporté à la grande-duchesse de Florence en 1633, et qui ne mourut qu'en 1743. Vieillot vit près de Bordeaux un perroquet octogénaire. Buffon en posséda un qui vécut quarante-trois ans. Les perruches, en captivité, ne vivent guère plus de trente ans.

La famille des psittacidés est très-nombreuse; on l'a divisée en trois tribus : la première, celle des psittaciens, se subdivise en une vingtaine de genres, parmi lesquels je citerai seulement les *aras*, les *perroquets* proprement dits, les *kakatoès*, les *perruches* et les *micropsittes*.

Les aras sont les plus grands de tous les perroquets. Leur bec est très-robuste, et leur queue plus longue que le corps. Leur plumage est peint des plus vives couleurs. Ils habitent l'Amérique méridionale. Les navires qui font le commerce au Brésil, au Chili, au Pérou, à l'Équateur, rapportent souvent de ces oiseaux, qui sont recherchés de beaucoup d'amateurs. Les espèces les plus connues en Europe sont l'*ara Macao* ou *ara bleu*, et l'*ara Congo* ou *ara rouge*. L'*ara militaire* (*ara vert* de Buffon) est de plus petite taille que les précédents, mais il apprend mieux à parler; il est aussi plus rare. « Les aras, dit l'ornithologiste Mauduyt, s'apprivoisent aisément, et sont même susceptibles de reconnaissance et d'attachement. Ils n'apprennent guère à parler, et ne répètent jamais que quelques mots, qu'ils articulent mal. Le cri trop fort, déchirant, qu'ils font entendre fort souvent, porte à les éloigner, malgré leur beauté et leur aptitude à la domesticité; ils ne sont bien placés que dans les lieux vastes, à l'entrée des vestibules et des jardins.

Les perroquets proprement dits sont plus petits que les aras; leur bec est moins gros; leurs couleurs sont moins éclatantes, quoique

fort belles ; leur queue est courte et presque carrée. Ce sont, de tous
les psittacidés, ceux qui ont le plus de dispositions pour l'art de la
parole. Le *perroquet gris,* ou *jaco* d'Afrique, est bien connu de tout
le monde. Il est le héros de la plupart des histoires plaisantes qu'on

1  Ara Congo.        2  Kakatoés à crête.        3  Perroquet de Guilding.

raconte sur les perroquets. Le perroquet *Amazone,* de la Guyane, est
aussi très-recherché, tant à cause de son éducabilité que pour son
beau plumage vert avec des parties jaunes, rouges et bleues, et que
les Indiens trouvent encore moyen de varier par un procédé très-sin-
gulier, mais qui n'est pas bien connu. Ce procédé consiste, non à
teindre les plumes, mais à les arracher et à frotter la place dénudée

avec une substance, — le sang d'une grenouille, dit-on, — qui fait qu'ensuite les plumes repoussent rouges ou jaunes. Les perroquets ainsi modifiés sont connus dans le commerce de l'oisellerie sous le nom de perroquets *tapirés*. Ils se vendent à des prix très-élevés.

Les kakatoès ont la queue courte, large et carrée, la tête surmontée d'une huppe qui se dresse ou s'abat à la volonté de l'oiseau. Leur plumage est très-fourni, très-moelleux, d'un beau blanc mat qui tire tantôt sur le jaune, tantôt sur le rose. Ces perroquets apprennent difficilement à parler, mais ils s'apprivoisent à merveille et se montrent très-dociles et très-affectueux pour leurs maîtres. Ils sont répandus dans les Indes et en Australie. C'est dans les forêts situées au bord des marécages qu'ils gîtent de préférence; mais ils en sortent en bandes quelquefois très-nombreuses, pour s'abattre sur les rizières, où ils font de grands dégâts. « Ces oiseaux, dit Buffon, semblent être devenus domestiques en quelques endroits des Indes, car ils font leurs nids sur les toits des maisons; et cette facilité d'éducation vient du degré de leur intelligence, qui paraît supérieure à celle des autres perroquets. Ils écoutent, entendent et obéissent mieux; mais c'est vainement qu'ils font les mêmes efforts pour répéter ce qu'on leur dit. Ils semblent vouloir y suppléer par d'autres expressions de sentiment et par des caresses affectueuses. Ils ont dans tous leurs mouvements une douceur, une grâce qui ajoute à leur beauté. »

Les perruches sont plus petites que les perroquets; elles ont des formes plus délicates, et le bec d'une grosseur moins disproportionnée; leur queue est étagée, et au moins aussi longue que le corps. Leur naturel est doux et sociable. Elles s'apprivoisent facilement, et l'on en connaît quelques espèces qui peuvent parler aussi bien que les perroquets proprement dits. La perruche verte de la Caroline, qui habite aussi la Guyane, est la plus commune et la moins chère sur les marchés d'Europe. Elle a le défaut de crier beaucoup, de ne parler guère et de mordre quelquefois; on la recherche néanmoins pour la beauté de son plumage, l'élégance de ses formes et la gentillesse de ses manières. On importe en Europe, depuis quelques années, un assez grand nombre de perruches de l'Australie. Les plus remarquables sont la *perruche huppée de la Nouvelle-Hollande*, et le *mélopsitte ondulé*.

La première a la tête jaune, avec une tache rouge près de l'oreille, la poitrine verdâtre et le reste du corps bleu clair.

Les mélopsittes ondulés, plus connus sous le nom de *perruches ondulées*, sont devenus assez communs en France. Ils s'accoutument à la captivité au point de nicher, de pondre et de couver en cage, pourvu qu'on leur fournisse une bûche creuse où ils puissent s'in-

1 Perruche de la Caroline.       2 Perruche de la Nouvelle-Hollande.
3 Mélopsitte ondulé.

staller. Ces perruches sont d'un beau vert d'émeraude, avec la tête, le dos et les ailes marqués de stries noires ondulées, sur un fond jaune clair, et des taches bleu foncé sur la gorge, qui est jaune. La queue est formée de longues pennes d'un bleu qui devient presque noir à l'extrémité. La taille des perruches est à peu près celle de l'alouette, mais avec des formes plus allongées. Elles ne parlent pas; elles ont une sorte de gazouillement, de langage à elles, qui est très-doux, et elles apprennent assez bien à répéter les accents des oiseaux qui les entourent. De là leur nom de *mélopsittes*, qui signifie *perroquets chanteurs*.

Les *micropsittes*, ou *psittacules*, sont les plus petits de tous les perroquets. Leur taille ne dépasse guère celle de l'oiseau-mouche. On n'en connaît qu'une seule espèce : le *psittacule pygmée de la Nouvelle-Hollande*. Le plumage de cette espèce est entièrement vert. On ne sait rien de ses mœurs ni de ses aptitudes. Le Muséum en possède deux exemplaires, les seuls peut-être qu'on ait jamais vus en France : un mâle et une femelle tués du même coup de fusil par un des naturalistes (Lesson, Quoy et Gaymard) qui firent le tour du monde, en 1826 et 1827, à bord de *l'Astrolabe,* sous les ordres de l'illustre Dumont-d'Urville.

---

# CHAPITRE XIV

### TRAVAIL ET LIBERTÉ — LES OISEAUX VOYAGEURS

Le vers de Racine tant de fois cité,

> Aux petits des oiseaux Dieu donne la pâture,

n'est nullement l'expression de la vérité; ou tout au moins est-il sujet à une interprétation très-fausse. Il semble signifier que les « petits des oiseaux » sont nourris dans les bois par la main divine comme les poussins d'une basse-cour par la main de la fermière : ce qui est tout simplement la négation de la loi suprême et nécessaire à laquelle sont soumis tous les êtres doués, à un degré quelconque, d'intelligence et de volonté, et sans laquelle cette intelligence et cette volonté, n'étant d'aucun usage, n'auraient point de raison d'être : je veux dire la loi du travail.

Sans doute la Providence a mis dans la nature de quoi nourrir les oiseaux, comme elle y a mis de quoi nourrir les éléphants et les girafes, les buffles et les gazelles, les lions et les loups, les reptiles et les insectes; comme elle y a mis de quoi nourrir l'homme et le vêtir, de quoi bâtir des cités, construire des navires et des machines, créer des arts et une civilisation. Mais tout cela, il faut le conquérir et savoir l'utiliser. Chaque être a donc été doué de forces et de facultés proportionnées aux obstacles, aux dangers qu'il doit rencontrer dans la « bataille de la vie ». C'est parce que ces dangers et ces obstacles sont grands pour eux; c'est parce qu'ils ont beaucoup à faire pour conserver leur vie, pour se développer, pour assurer la perpétuité de leur espèce, que les oiseaux occupent un rang élevé dans la série zoologique; que leur organisation, leurs instincts, leurs mœurs, leurs industries offrent au naturaliste un sujet d'étude et de méditations plein d'intérêt et de variété, mais en même temps très-complexe et plein de mystères.

On voit un oiseau voltiger, s'agiter, aller, venir, s'élever, descendre, remonter, décrire dans l'air cent courbes capricieuses, ou traverser l'espace à tire-d'aile. On croit qu'il se joue, qu'il prend ses ébats, qu'il n'obéit qu'à sa fantaisie, à sa turbulence. Erreur : il poursuit une proie, il cherche un abri, ou des matériaux pour son nid, ou des aliments pour sa couvée; ou bien il fuit un ennemi.

L'oiseau, a-t-on dit, est le plus libre de tous les êtres. Oui, l'oiseau est libre : non-seulement parce qu'il va où il veut, que rien ne limite son activité, qu'ayant pour domaine l'immensité des airs, il peut se déplacer à son gré, franchir en quelques heures, en quelques minutes de grandes distances; il est libre surtout parce qu'il aime la liberté plus que toute autre chose, plus que la sécurité, souvent plus que la vie; parce qu'il en accepte bravement les conditions sévères : le péril, la lutte, le travail.

Le type le plus complet peut-être du travailleur indépendant, parmi le peuple ailé, c'est le *pic* : un grimpeur. Ses doigts opposés deux à deux et armés d'ongles crochus et acérés, lui permettent de s'accrocher aux troncs des arbres, et d'y marcher dans le sens vertical, aussi aisément qu'un autre animal marche sur une surface horizontale. Sa queue large et arquée lui sert encore de point d'appui. Son bec fort et aigu renferme une langue effilée, extensible, terminée par une pointe cornée et enduite d'une substance visqueuse, à l'aide de laquelle il prend avec une adresse étonnante, comme font les fourmiliers, les insectes et les larves dont il fait sa nourriture. Mais ces insectes, ces larves, il ne s'en empare qu'au prix d'un labeur adroit et persévérant, car il les cherche exclusivement sous l'écorce et dans le bois même des arbres. A cet effet, il

frappe d'abord le tronc de son bec pour effrayer l'habitant et le faire
fuir. On le voit, après qu'il a frappé, courir aussitôt de l'autre côté :
non, comme on le croit vulgairement, pour voir si l'arbre est percé,
mais pour saisir les fugitifs, s'il y en a. Comme ce premier moyen
est peu productif, le pic ausculte, toujours en les frappant de son
bec, les arbres que son instinct lui désigne comme attaqués ; et lors-

Pic moyen épeiche

qu'il a ainsi reconnu l'endroit malade, il creuse jusqu'à ce qu'il
arrive aux cavités, aux galeries occupées par les insectes ou par
leurs larves.

Le pic, ainsi que bien d'autres oiseaux utiles, a été calomnié,
proscrit. On l'accusait d'endommager, de détruire à plaisir les arbres
sains et durs, tandis qu'au contraire, il ne s'en prend qu'aux arbres
que l'insecte est en train de tuer ; et loin de hâter leur mort, il peut
parfois les sauver, comme un chirurgien sauve un malade en lui
enlevant un os carié ou des chairs gangrenées. Les pics sont farouches, méfiants ; contre qui attente à leur vie, à leur liberté, ils se

défendent avec un indomptable courage. Vaincus et pris, ils résistent encore, font pour reconquérir leur liberté des efforts surnaturels, et meurent plutôt que de se soumettre.

Audubon, ayant blessé un pic de la Caroline, le rapporta à l'hôtel où il logeait, à Wilmington. Le pauvre captif poussait des cris tellement lamentables, que tous les habitants s'ameutèrent dans les

Martin-pêcheur.

rues que parcourait le naturaliste, croyant qu'il emportait un enfant malade ou grièvement blessé. Audubon renferma le pic dans sa chambre, et redescendit pour panser son cheval. Lorsqu'il remonta, l'oiseau avait déjà fait dans le mur un trou à y plonger le poing. Il l'attacha à une table : en quelques minutes la table fut presque détruite. « Lorsque je voulus en prendre le dessin, dit Audubon, il me coupa plusieurs fois avec son bec, et il déploya un si noble et si indomptable courage, que j'eus la tentation de le rendre à ses forêts natales. Il vécut avec moi à peu près trois jours, refusant toute nourriture, et j'assistai à sa mort avec regret. »

Le genre pic est représenté en Europe par plusieurs espèces : le grand pic noir, qui vit dans les forêts de sapins du Nord ; le pic vert ou *pivert*, un de nos plus beaux oiseaux ; le pic *épeiche*, assez commun en France ; le pic cendré, etc.

Les *martins* (*alcédinidés*) ne sont pas sans quelque ressemblance de physionomie et de caractère avec les pics. Ce sont des oiseaux au plumage brillant et varié, au corps court et ramassé ; leur queue est large et carrée ; leur tête est grosse, leur bec long, épais et lustré. Comme les pics, ils vivent solitaires dans les lieux sauvages, fuient la présence de l'homme et ne supportent pas la captivité. Ils ne sont ni moins actifs, ni moins patients que les pics ; mais leur industrie est autre. Leur bec robuste n'est pas pour eux un instrument perforant : c'est un engin de pêche ou une arme de chasse.

Le *martin-pêcheur* est un oiseau d'Europe, qui pour la beauté rivaliserait avec les plus brillants passereaux des tropiques. On le voit parfois voler au-dessus des rivières avec une extrême rapidité, en rasant la surface de l'eau. Il va se poser sur une pierre, et là, en vrai pêcheur, il se tient immobile des heures entières, guettant les poissons et les insectes aquatiques. Lorsqu'il aperçoit une proie, il plonge perpendiculairement et reparaît presque aussitôt, tenant sa victime entre ses terribles mandibules. Si c'est un poisson, il lui frappe la tête sur la pierre pour l'assommer, avant de le dévorer.

Le *martin-chasseur* habite les contrées chaudes de l'Asie ; il vit là dans les forêts humides et dans les marécages, et fait une guerre meurtrière aux lombrics, aux chenilles et aux larves d'insectes. Dans ces pays où le froid est inconnu, où les insectes pullulent avec une extrême fécondité, le gibier ne lui manque guère, et son existence est assurée sans qu'il ait besoin de changer de canton, ni d'étendre au loin le cercle de ses excursions.

Il s'en faut de beaucoup que ses confrères si nombreux, les autres chasseurs d'insectes, non plus que les granivores, aient tous la vie aussi facile et puissent sans se déranger faire bonne chère toute l'année ; il n'est donné qu'à un petit nombre de mourir dans le pays qui les a vus naître. L'oiseau, en général, est nomade, soit par instinct, soit plutôt par nécessité. A peine a-t-il une patrie, encore moins un domicile ; à moins qu'on ne donne ce nom à l'arbre sur lequel il vient percher le soir pour dormir. Quant au nid, on

sait qu'il n'est construit que pour la couvée. Une fois que les petits
ont des ailes, qu'ils savent voler et sont capables de chercher eux-
mêmes leur nourriture, ils quittent le nid pour n'y plus revenir:
les parents le quittent également, sauf à en bâtir un autre l'année
suivante pour leur nouvelle couvée. Il y a pourtant des exemples
de fidélité au nid, à la patrie: et, chose singulière, ces exemples

Martin-chasseur.

sont donnés par des oiseaux essentiellement voyageurs : les *hirondelles*, les *cigognes*, les *grues*.

On sait que les hirondelles arrivent dans nos contrées au printemps, et qu'elles nous quittent au commencement de l'automne.
Toutes les espèces n'arrivent ni ne s'en vont en même temps : l'hirondelle de fenêtre se montre la première, puis vient l'hirondelle
de cheminée; le martinet les suit à quelque distance. L'hirondelle
de cheminée reste la dernière. Le départ a lieu par bandes, au commencement ou au milieu d'octobre, selon que la saison rigoureuse
est plus ou moins hâtive. On assure même que ces oiseaux pres-

sentent le froid et la disette, et que leur instinct les avertit de hâter leur départ pour n'être pas pris au dépourvu. Quoi qu'il en soit, les climats tempérés septentrionaux sont la vraie patrie des hirondelles. Si chaque année elles émigrent en Afrique, ce n'est pas là pour elles un changement de résidence : c'est seulement une absence de quelques mois; absence nécessaire, mais pénible, qu'elles abrégeraient si elles le pouvaient.

1 Martinet d'Europe.        2 Hirondelle de cheminée.

Adanson les a observées au Sénégal, et il a constaté qu'elles n'y forment qu'une installation provisoire; elles y bivouaquent, passent les nuits sur les toits des maisons, ou dans le sable, près du bord de la mer; et dès que la saison le permet, elles regagnent leur foyer chéri, toujours le même, tant qu'il subsiste.

« Où la mère a niché, dit M. Michelet, nichent la fille et la petite-fille. Elles y reviennent chaque année; leurs générations s'y succèdent plus régulièrement que les nôtres. La famille s'éteint, se disperse, la maison passe à d'autres mains : l'hirondelle y vient toujours; elle maintient son droit d'occupation. C'est ainsi que cette voyageuse s'est trouvée le symbole de la fixité du foyer. Elle y tient tellement que, la maison réparée, démolie en partie, longtemps troublée par les maçons, n'en est pas moins souvent reprise et occupée par ces oiseaux fidèles, de persévérant souvenir. C'est l'*oiseau du retour.* »

Il n'est pas, assurément, d'être plus complétement aérien que l'hirondelle. Ses longues ailes aiguës, sa queue fourchue, qui, en servant de gouvernail, forment encore en quelque sorte une paire d'ailes supplémentaires, son corps fluet, qui n'est que plumes : tout, dans cet oiseau, réalise l'idéal absolu de la locomotion aérienne. Ses petites pattes grêles ne lui sont presque d'aucun usage pour marcher.

« Le vol, dit Guéneau de Montbelliard, est son état naturel, je dirais presque son état nécessaire; elle mange en volant, se baigne en volant, et quelquefois donne à manger à ses petits en volant... Elle sent que l'air est son domaine; elle en parcourt toutes les dimensions et dans tous les sens, comme pour en jouir dans tous les détails, et le plaisir de cette jouissance se marque par de petits cris de gaieté. »

De toutes les espèces d'hirondelles, — et l'on en compte jusqu'à soixante-dix, — celle qui possède au plus haut degré ce don de natation aérienne, c'est la grande hirondelle d'église, le martinet noir. Cet oiseau, assez laid et triste d'aspect, au plumage d'un noir de suie uniforme, au bec court, à la bouche largement fendue, déploie une envergure double de sa longueur, qui est d'environ seize centimètres, y compris la queue. Ses ailes sont courbes et acérées comme deux lames de faux. C'est le vrai roi de l'air; son vol, pour la puissance, égale celui de la frégate : il le dépasse par la flexibilité. Jour et nuit il vole; vers le soir, après avoir tournoyé quelque temps autour des clochers et des autres édifices élevés, il prend son élan et va se perdre dans les régions de l'atmosphère où ni l'œil ni aucun oiseau ne peut le suivre. C'est là qu'il passe la nuit, et le lendemain seulement, à l'aube, on le voit redescendre. Un observateur digne de toute créance, Spallanzani, affirme que, l'éducation des jeunes terminée, les martinets se retirent au haut des montagnes, et qu'ils y vivent jusqu'à leur départ d'Europe, « au sein des airs, et sans se reposer jamais sur aucun appui. »

Les hirondelles sont exclusivement insectivores; elles ne se nourrissent que d'insectes vivants, et, hormis le cas de famine, d'insectes ailés, qu'elles happent au vol dans leur large bouche. Leur vie entière est occupée à cette chasse, et c'est ce qui, joint à leur besoin impérieux de mouvement, rend absolument impossible de les conserver en captivité : la vie et la liberté, pour elles, c'est une même chose.

On trouve de grandes analogies d'organisation entre les hirondelles et les *engoulevents*, dont on pourrait dire à bon droit, d'après M. de la Fresnaye, que ce sont des hirondelles nocturnes, parmi lesquelles les *ibijaus*, qui ne marchent jamais et ne peuvent se tenir à terre, sont les représentants des martinets. Le plumage des engoulevents est léger, mou, nuancé de gris et de brun comme chez tous les oiseaux nocturnes. Leurs yeux sont grands, et la lumière les offusque. Ils volent le soir, d'un vol agile et silencieux, et font aux insectes, surtout aux hannetons, aux guêpes, aux bourdons, une guerre terrible. Leur bouche, fendue jusque sous les yeux, s'ouvre démesurément et engloutit de très-gros insectes. Le bruit que fait l'air en s'y engouffrant, et qui ressemble au cri du crapaud, leur a valu leur nom d'*engoulevents* et celui, plus populaire, de *crapauds volants*. Souvent aussi on les voit immobiles sur une branche, le bec ouvert et la langue tirée. Ils attendent les mouches qui viennent sans défiance chercher leur nourriture dans la bouche de l'engoulevent, comme elles feraient sur un morceau de chair inerte, et qui s'engluent dans la salive épaisse dont ses parois sont humectées. De temps en temps le gouffre se referme et engloutit les insectes, puis il se rouvre pour en attirer d'autres qui disparaissent également. Les engoulevents sont des oiseaux migrateurs; mais ils ne font point de nids. La femelle dépose simplement ses œufs dans un trou en terre, entre deux pierres, au pied d'un arbre, ou même au milieu d'un sentier.

On a découvert, il y a peu d'années, à la Guyane, une espèce de ce genre, l'*engoulevent à longues pennes*, qui a longtemps intrigué les observateurs. On le voyait voler le soir, accompagné de deux petits satellites qui se tenaient toujours à la même distance, suivant exactement tous ses mouvements, et qu'on était tenté de prendre pour de petits oiseaux. On ne parvenait pas à s'en assurer, car l'engoulevent est très-difficile à tirer. Enfin cependant on réussit à l'abattre, et l'on reconnut que ces deux objets qu'il traîne toujours à sa suite ne sont autre chose que des plumes extrêmement longues, mais dont la tige est dépourvue de barbes jusque vers son extrémité, et qui partent de chacune des ailes.

Les cigognes, avons-nous dit, sont, ainsi que les hirondelles,

Engoulevent à longues pennes.

fidèles au lieu de leur naissance; on pourrait les appeler aussi les *oiseaux du retour*. Elles partagent avec les hirondelles le rare privilége de la sympathie et du respect populaires. Ce respect et cette sympathie ne reposent pas seulement sur les services très-réels que les hirondelles et les cigognes rendent à l'homme en détruisant une quantité immense d'insectes et de reptiles : ils semblent s'adresser au caractère même, aux sentiments, aux mœurs de ces oiseaux, à leur douceur, à leur esprit d'association et de fraternité, à leur confiance en la loyauté de ceux dont elles prennent le toit pour abri, et auxquels elles semblent dire : Nous nous mettons sous la sauvegarde des saintes lois de l'hospitalité.

Dans l'antiquité, l'hirondelle était presque partout considérée comme un oiseau sacré, chéri des dieux et citoyen du firmament. De nos jours encore, sauf quelques chasseurs intraitables qui, pour faire parade de leur adresse, s'amusent à tirer des hirondelles, on se garde bien de leur faire aucun mal. On les invite, au contraire, à se fixer sous l'avant des toits, dans les granges, parfois dans la grand'chambre, dans la *maison,* comme disent les paysans, habitée par la famille. On dispose à leur intention des pots à fleurs, ou bien des vases faits tout exprès, en forme de bouteilles à goulot court, juste assez large pour donner passage au corps fluet de l'oiseau.

La cigogne, — je parle de la *cigogne blanche,* si commune dans tout le bassin méditerranéen, — élit volontiers domicile dans les villes et dans les villages; mais comme, en raison de sa grande taille, il lui faut beaucoup plus de place qu'à l'hirondelle, elle ne s'installe guère que dans les grandes fermes, dans les châteaux, dans les tours des églises. Comme l'hirondelle. elle émigre en Afrique pendant l'hiver, et revient au printemps. Partout le peuple l'aime, la respecte, et croit qu'elle porte bonheur à la maison qu'elle choisit. Souvent les paysans fixent horizontalement sur le pignon de leur maison une roue dont la partie concave est tournée en dehors, et qui sert de plancher au nid de la cigogne. Dans plusieurs contrées la loi protége cet oiseau. Chez les anciens Égyptiens, le meurtrier d'une cigogne était puni de mort.

« Les anciens peuples de l'Orient, qui avaient observé l'attachement de la cigogne pour ses petits. dit M. Le Maout, attribuaient aux petits devenus adultes une piété filiale égale à l'amour maternel dont ils ont été l'objet pendant leur enfance. Ils avaient remarqué que, pendant les migrations, les forts et les jeunes allégent pour les vieux les fatigues d'un long voyage, en prenant le vent à leur place. Il y a dans une vieille légende arabe un précepte ainsi conçu : « Cours « au désert, mon fils, observe la cigogne : elle porte sur ses ailes « son père âgé; elle le soigne dans ses infirmités; elle pourvoit à « tous ses besoins; la pitié d'un fils pour son père est plus douce « que l'encens de Perse offert au soleil, plus délicieuse que les par- « fums qu'un vent chaud fait exhaler des plantes aromatiques de « l'Arabie. » Quelques auteurs d'esprit sceptique et positif pré- tendent que la dureté et la mauvaise qualité de la chair des cigognes sont pour beaucoup dans la bienveillance dont ces oiseaux sont l'objet en tout pays. Cela peut être; bien que trop souvent l'homme tue les animaux les plus inoffensifs, sans que leur chair ni leur dépouille

Grue cendrée.            Cigogne blanche.

lui soient d'aucun usage, et uniquement pour obéir à je ne sais quel besoin de destruction.

Certains oiseaux voyageurs lui fournissent de superbes occasions de satisfaire ce penchant barbare, et de se procurer en abondance d'excellent gibier. Tels sont les oies, les canards, les cailles, et surtout l'espèce de pigeon appelée *colombe émigrante, pigeon migrateur,* et, dans le midi de la France, *chatre* et *palombe*. Il faut avouer que contre ces oiseaux, si jolis et si intéressants qu'ils soient, la guerre est légitime : non-seulement parce que leur chair est bonne à manger, mais parce qu'ils causent, dans les pays où ils s'arrêtent pour se restaurer, des dégâts comparables à ceux des sauterelles. Ils voyagent en masses tellement nombreuses et serrées, que la lumière du soleil peut en être obscurcie comme elle le serait par un nuage ora-

Pigeon migrateur.

geux, et que leurs troupes mettent souvent plusieurs heures à défiler au-dessus d'un point donné, bien qu'ils volent avec une grande rapidité.

C'est surtout dans l'Amérique septentrionale que ces migrations prennent des proportions extraordinaires. Le soir, lorsque les pigeons s'arrêtent pour dormir sur les arbres des forêts, on en fait un effroyable carnage, après lequel, aux premiers rayons du jour, les voyageurs reprennent leur route, sans que leur nombre paraisse diminué. Audubon, qui fut plusieurs fois témoin de ce spectacle étrange, a essayé de calculer approximativement l'effectif d'une de ces immenses agglomérations, et la quantité de nourriture qu'elle doit consommer en un jour. « Prenons, dit-il, une colonne d'un mille de large, ce qui est bien au-dessous de la réalité, et concevons-la passant au-dessus de nous, sans interruption, pendant trois heures, à raison également d'un mille par minute; nous aurons ainsi un parallélogramme de cent quatre-vingts milles de long sur un de large. Supposons deux pigeons par yard carré : le tout donnera *un billion cent quinze millions cent cinquante-six mille* pigeons *par troupe;* et comme chaque pigeon consomme par jour une bonne demi-pinte de nourriture, la quantité nécessaire pour subvenir à l'alimentation de cette immense multitude devra être de *huit millions sept cent douze mille boisseaux par jour.* »

« Lorsque la faim les ramène à terre, ajoute Audubon, on les voit retournant très-adroitement les feuilles sèches qui cachent les graines et les fruits tombés des arbres. Sans cesse les derniers rangs s'enlèvent et passent par-dessus le gros du corps pour aller se reposer en avant, et ainsi de suite, d'un mouvement rapide et si continu, que toute la troupe semble être en même temps sur ses ailes. L'étendue de terrain qu'ils balaient est immense, et la place rendue si nette, qu'un glaneur qui voudrait venir après eux perdrait complétement sa peine...

« Le pigeon voyageur n'accomplit ses migrations que par la nécessité où il se trouve de se procurer de la nourriture, et non pour chercher une meilleure température; en sorte qu'elles ne sont point périodiques.

« La grande force de leurs ailes leur permet de parcourir et d'explorer en volant une immense étendue de pays en peu de temps. On en a tué dans les environs de New-York ayant encore le jabot plein de riz, qu'ils ne pouvaient avoir pris que dans la Caroline ou dans la Géorgie. Or comme la digestion se fait dans moins de douze heures, il s'ensuit qu'ils devaient avoir parcouru trois à quatre cents milles en six heures environ; en sorte que leur vol ferait un mille à la minute. A ce compte, un de ces oiseaux, s'il en prenait l'envie, pourrait visiter le continent européen en moins de trois jours...

« Leur multitude est vraiment étonnante; à ce point que moi-

même, qui ai pu les observer si souvent et en tant de circonstances,
j'hésite encore et me demande si ce que je viens de raconter est
bien un fait. Et pourtant je l'ai bien vu, et les personnes qui
m'accompagnaient en restèrent comme moi saisies d'étonnement. »

## CHAPITRE X

### LES NAGEURS ET LES MARCHEURS

On pourrait, ce me semble, partager la classe des oiseaux en cinq
grandes sections. La première, et de beaucoup la plus nombreuse,
se composerait des oiseaux exclusivement aériens : de ceux pour qui
le vol est le mode normal de locomotion, qui ne se servent ordinairement de leurs pattes que pour se reposer en s'accrochant aux
branches des arbres, et qui, lorsqu'ils veulent changer de place sans
quitter le sol, sautillent au lieu de marcher. Puis viendraient deux
séries parallèles, comprenant : d'une part, la section des oiseaux à
la fois aériens et terrestres, sachant voler et marcher, et celle des
oiseaux exclusivement terrestres, qui marchent ou courent facilement, mais ne volent point; d'autre part, la section des oiseaux à la
fois aériens et aquatiques, naviguant à volonté dans l'air ou sur les
eaux, et celle des oiseaux exclusivement aquatiques, nageurs habiles, mais tout à fait impropres au vol. Chacune de ces deux séries
passe, par des transitions insensibles, d'un extrême à l'autre. La
première part du pigeon migrateur et du tourne-pierre, et par les
gallinacés et les échassiers aboutit aux oiseaux déchus, aux lourds
bipèdes dont les plumes ressemblent à des poils, et les ailes à des
moignons inertes, qu'ils cachent tristement sous leur épaisse fourrure. La seconde a pour premier terme la frégate qui, comme voilier,
rivalise avec le martinet, mais dont les pattes ne présentent encore
que des rudiments de palmes; et pour dernier terme le manchot,
être hybride aux plumes écailleuses, dont les ailes ne sont plus
que des nageoires supplémentaires, et qui, pouvant à peine se traî-

ner à terre, nage et plonge avec une aisance et une agilité surprenantes.

Les espèces appartenant à cette dernière série forment, dans la
classification adoptée par tous les zoologistes, un ordre parfaitement
déterminé : celui des palmipèdes. La grande majorité sont des
espèces marines vivant de poissons, de mollusques, de zoophytes,
ou dévorant les cadavres et les immondices qui flottent à la surface
de l'eau, ou que les vagues rejettent sur les rivages.

C'est parmi les oiseaux de mer que se trouvent les types extrèmes
de la série : les grands voiliers à la vaste envergure, au vol infatigable, ne venant à terre que pour déposer et couver leurs œufs, et
du reste, n'ayant pour perchoir que la crète des lames; et les
oiseaux amphibies, aussi libres dans l'eau que le poisson, aussi
misérables à terre que les phoques et les tortues, et tout autant
qu'eux incapables de s'élever dans l'air. Nous avons étudié ailleurs
ces hôtes ou ces parasites de l'Océan [1] : la frégate, « le petit aigle
de mer, dit M. Michelet, le premier de la race ailée, l'audacieux
navigateur qui ne ploie jamais la voile, le prince de la tempète,
contempteur de tous les dangers »; l'énorme albatrros, qu'on pourrait
appeler le vautour des mers, car il semble avoir pour spécialité de
les débarrasser des cadavres de leurs habitants; les goëlands et les
mouettes, qui aident l'albatros dans cette tâche comme à terre les
corbeaux aident les vautours; les pétrels, oiseaux des tempètes; les
phaétons, les cormorans, les fous, etc.; puis les grèbes, les gorfous,
les pingouins, les manchots, toute la tribu des plongeurs, que la
loi impérieuse de reproduction oblige seule à quitter leur véritable
élément.

Les types intermédiaires, à la fois bons nageurs et bons voiliers,
se rencontrent plutôt parmi les palmipèdes d'eau douce, et notamment dans la famille des *anatidés* (du latin *anas*, canard). Ce sont,
pour la plupart, à l'état sauvage, des oiseaux navigateurs, qui
s'établissent en hiver dans les climats tempérés, et en été dans les
régions septentrionales de l'ancien et du nouveau continent. Mais
l'homme s'en est approprié un très-grand nombre et les a réduits
en domesticité pour les faire servir, soit à l'ornement de ses parcs

---

[1] *Les Mystères de l'Océan*, 3ᵉ partie, chap. xv.

OISEAUX DE MER.

1 Pétrel-tempête. — 2 Bec-en-ciseaux noir. — 3 Albatros à sourcil noir. — 4 Frégate. — 5 Hirondelle de mer. — 6 Paille-en-queue à brin blanc. — 7 Fou.

et de ses jardins, soit plutôt à son alimentation. Dans cet état, ils ont perdu leurs instincts voyageurs et oublié le vol; ils ne songent même pas à s'écarter de la mare ou de la pièce d'eau qui leur est assignée.

Les anatidés ont le bec large, déprimé ou arrondi, onguiculé à

Oie frisée de Hongrie.

son extrémité, dentelé en scie ou en lames, et revêtu d'un épiderme mou. Leurs pattes sont entièrement palmées, leurs ailes étroites et de médiocre longueur.

Les *canards,* les *oies* et les *cygnes* sont les trois genres les plus intéressants et les plus connus de cette famille. Quelques espèces du premier de ces genres sont remarquables par la beauté de leur plumage. On peut citer entre autres le *canard tadorne*, d'Europe, qui fournit un duvet presque aussi estimé que celui de l'eider; le *canard huppé* de la Caroline, et le *canard à éventail* de la Chine. Ces deux derniers ont été introduits en Europe, où ils se sont très-bien acclimatés.

Les oies ne sont point représentées dans les pays chauds, si ce n'est par les individus qu'on y a transportés d'Europe, et qui s'y sont multipliés. Leurs couleurs ne varient que du blanc au noir ou au brun, en passant par les nuances intermédiaires. Elles sont plus grosses que les canards, ont les pattes plus hautes et le cou plus long. Elles ont les mêmes mœurs, tant à l'état sauvage qu'à l'état domestique. La seule espèce peut-être à laquelle on ne puisse refuser une beauté réelle et originale est l'*oie frisée* de Hongrie. Elle est de grande taille et d'une éclatante blancheur.

On sait qu'avant l'invention des plumes métalliques il se faisait, dans tout l'univers écrivant, une immense consommation de plumes d'oie. Ces plumes sont celles des ailes (rémiges). L'oie donne aussi un duvet excellent, bien qu'inférieur, sous le rapport de la finesse, à celui des canards eider et tadorne. Sa chair est, avec celle du dindon et celle du poulet, d'un usage général pour l'alimentation des classes aisées. Toutefois c'est un aliment dont on se lasse assez vite. La graisse de cet oiseau est plus estimée que sa chair. Enfin, en soumettant l'oie à la reclusion et à l'immobilité complètes, en même temps qu'à une nourriture très-abondante, on développe chez elle une hypertrophie cancéreuse du foie, qui donne à cet organe une saveur délicieuse. La production du *foie gras* et la confection des pâtés dont il est l'élément fondamental constituent une industrie fort lucrative, qui se pratique particulièrement en Alsace. Les pâtés de foie gras de Strasbourg sont renommés dans le monde entier.

Le cygne doit à sa beauté d'échapper au sort cruel de sa cousine l'oie et de son cousin le canard. Peut-être aussi sa chair n'est-elle pas aussi bonne à manger. Celle du cygne sauvage cependant n'est pas désagréable, et les chasseurs ne se font point scrupule de tirer sur cet oiseau, lorsque en hiver il émigre des mers septentrionales vers des climats moins rigoureux.

Buffon a fait du cygne, dans le style pompeux dont il a plus d'une

fois abusé, un portrait qui ressemble fort à un panégyrique. Non-
seulement il vante la grâce de cet oiseau, la beauté de ses formes
et de son plumage; mais il lui attribue les plus nobles qualités;
et, comme il se plaît à trouver toujours, parmi les animaux, des
princes et des sujets, il fait du cygne le roi des fleuves, des lacs et

Cygne à tête et cou noirs.

des étangs; mais un roi généreux, libéral, plein de mansuétude,
de justice; un roi idéal, en un mot, et tel qu'on n'en vit jamais,
hélas! parmi les hommes. Après avoir flétri du nom de tyrans le
lion (dont ailleurs il fait pourtant aussi le plus magnanime de tous
les monarques), le tigre, l'aigle et le vautour, il ajoute : « Le cygne

règne sur les eaux à tous les titres qui fondent un empire de paix : la grandeur, la majesté, la douceur, avec des puissances, du courage, des forces, et la volonté de n'en pas abuser... Il vit en ami plutôt qu'en roi au milieu des nombreuses peuplades des oiseaux aquatiques, qui toutes semblent se ranger sous sa loi; il n'est que le chef, le premier habitant d'une république tranquille, où les citoyens n'ont rien à craindre d'un maître qui ne demande qu'autant qu'il leur accorde, et ne veut que calme et liberté. » La vérité est que le cygne est un animal inoffensif, mais capable de déployer un grand courage, surtout lorsqu'il s'agit de défendre sa femelle et ses petits. Ses ailes deviennent, dans ce cas, des armes redoutables, dont les coups vigoureux mettent souvent l'agresseur hors de combat. On assure qu'un de ces coups d'ailes peut rompre la jambe d'un homme. Si le cygne n'est pas le plus rapide, c'est au moins, sans contredit, le plus élégant des oiseaux nageurs; ce n'est pas seulement, dirons-nous avec Buffon, le premier des navigateurs ailés : c'est le plus beau modèle que la nature nous ait offert de l'art de la navigation.

La blancheur du cygne d'Europe est proverbiale; mais le plumage des autres espèces offre des nuances plus ou moins accusées de gris et de noir. Ainsi le *cygne à bec noir*, improprement appelé aussi *cygne chanteur*, est teinté de gris-jaunâtre. Le *cygne canadien* est d'un brun obscur qui devient plus foncé sur le cou, où il est interrompu par une bande transversale blanche. Le *cygne du Paraguay* a la tête et le cou noirs; enfin on a découvert à la Nouvelle-Hollande un cygne entièrement noir. L'étonnement fut général lorsque pour la première fois cet oiseau fut apporté en Europe. Il y est aujourd'hui devenu assez commun, surtout en Angleterre. Le Muséum de Paris en a possédé plusieurs exemplaires.

J'ai donné le pigeon et le tourne-pierre comme les deux types les plus élevés de la série des oiseaux terrestres. Nous savons quelle est la puissance de vol du premier : c'est cependant un gallinacé; à terre, il marche, non en sautillant, comme font les passereaux, mais en levant et en avançant successivement les deux pieds. De même, le tourne-pierre, malgré ses longues ailes aiguës et ses jambes assez courtes, est un échassier. Il est donc voisin des hérons, des grues, des cigognes, et se relie par ces dernières aux échassiers à pieds palmés, qui établissent la transition entre les marcheurs et les nageurs.

Le *héron* est un excellent voilier. Poursuivi par un oiseau de proie, c'est en s'élevant plus haut que lui qu'il cherche à lui échapper, et qu'il y réussit quelquefois. Il habite les bords des rivières, des étangs et des marais, et se nourrit de poissons, de grenouilles et, faute de mieux, d'insectes et de limaçons. Il se tient souvent immobile sur le rivage pendant des heures entières, attendant une proie qu'il saisit en un clin d'œil, dès qu'elle se présente à portée de son « long bec emmanché d'un long cou ».

Les grues sont des oiseaux migrateurs, qui ont pourtant des habitudes plus terrestres que celles des hérons. Leur nourriture est aussi plus végétale, et consiste principalement en graines et herbes aquatiques; toutefois elles y ajoutent volontiers, de temps en temps, des insectes, des mollusques, des vers, des grenouilles. Il en est même qui n'épargnent pas les lézards et les petits mammifères rongeurs. Les grues sont de grande taille; leurs formes sont élégantes, leurs allures vives, capricieuses, quelquefois très-comiques. Leur plumage est fort beau, sans offrir pour l'ordinaire des nuances très-vives. On peut citer toutefois la *grue couronnée,* ou *oiseau royal*, pour le luxe de sa parure.

La *grue cendrée,* qui est le type de cette famille, a plus d'un mètre trente centimètres de haut. Son plumage est d'un gris lustré qui devient noir sur le cou et sur les côtés de la tête. Sa croupe est ornée de longues plumes redressées, contournées, et en partie noires. Cet oiseau est originaire des contrées septentrionales, qu'il quitte en hiver pour gagner le Midi. Il voyage la nuit, en troupes nombreuses formant un triangle dont le sommet est occupé par un chef. Celui-ci fait entendre de moment en moment un cri d'appel auquel ses compagnons répondent aussitôt. Les anciens Grecs tiraient de ces cris éclatants, aux inflexions variées, des présages relatifs aux changements de temps. Ils avaient d'ailleurs pour les grues une grande vénération, fondée sur les vertus qu'ils leur attribuaient, et aussi sur un événement dans lequel une troupe de ces oiseaux aurait, d'après le récit d'Hérodote, joué un rôle providentiel, en servant à faire reconnaître les meurtriers du poëte Ibiscus.

Les échassiers étant presque tous, comme les hérons et les grues, des oiseaux de rivage ou de marais, qui doivent pêcher leur nourriture, la nature leur a donné, outre de très-longues jambes, de longs doigts, tantôt libres, tantôt réunis entre eux par des membranes, et qui les empêchent de s'enfoncer trop profondément dans la vase ou dans le sable humide. Chez les *jacanas*, les doigts sont d'une longueur démesurée, et terminés par des ongles acérés dont l'animal peut se servir pour transpercer et amener à lui les animaux

Jacana d'Afrique.

qu'il veut dévorer. Les jacanas sont répandus dans les contrées les plus chaudes de l'Amérique, de l'Asie et de l'Afrique. Le jacana d'Afrique atteint une hauteur de trente à trente-cinq centimètres. Son plumage est roux, avec le cou blanc, la tête et les rémiges noires. Ses ailes sont pourvues d'un éperon orné qui paraît être une arme de combat. Cette arme se retrouve, non-seulement chez les jacanas de l'Asie et du nouveau monde, mais encore chez plusieurs autres échassiers des régions tropicales. Elle est même double, et de plus très-aiguë et très-puissante, chez le *kamichi*. Ce dernier, unique en son genre, habite le Brésil et la Guyane. Il est de la taille du dindon, auquel il ressemble par la couleur foncée de son plumage. Il porte sur la tête une longue tige cornée, mince et mobile, qui lui a fait donner le nom de *kamichi cornu*.

Cet oiseau se tient dans les lieux humides habités par les jacanas, avec lesquels il vit en paix, n'ayant point de proie à leur disputer, puisqu'il pâture l'herbe des marécages à la façon des oies. Là se

Kamichi cornu.

trouve aussi le *savacou*, singulier oiseau, moins gros et plus bas sur jambes que le héron, à côté duquel il a été placé par les ornithologistes, mais remarquable surtout par son bec épais et large, armé à son extrémité de dents aiguës, et dans lequel il peut emmagasiner la nourriture d'une journée au moins. Cette nourriture consiste en poissons et en petits reptiles. Son congénère d'Afrique, récemment découvert, le *balœniceps-roi*, échassier de grande taille, aux larges pieds, aux jambes robustes, au bec énorme, tranchant et crochu, a, dit-on, un goût particulier pour les petits crocodiles. En détruisant ces monstres dès leur jeune âge, il rend aux habitants de la Côte occidentale un service beaucoup plus réel que celui dont les anciens Égyptiens se croyaient redevables à leur *ibis sacré*, et en reconnaissance duquel ils rendaient à cet oiseau un culte fervent. L'ibis, disaient-ils, arrêtait et exterminait aux frontières les légions de serpents qui, sans lui, eussent envahi le royaume. Une légende populaire assurait d'autre part que le grand Hermès, pour descendre

Savacou.

sur la terre et enseigner aux hommes les arts et le commerce, avait pris la forme d'un ibis. Aussi cet animal jouissait-il en Égypte d'une inviolabilité absolue : le tuer était un crime affreux, un sacrilége exécrable que le meurtrier ne pouvait expier qu'au prix de sa vie. L'ibis mort était embaumé et inhumé avec autant de soin que le plus glorieux monarque, et l'on a trouvé dans les cryptes beaucoup de momies d'ibis parfaitement conservées sous leurs bandelettes goudronnées.

Les hérons, les grues, les jacanas, les savacous, les balœniceps ont les doigts longs et libres. Chez la cigogne, l'ibis, le *marabou*, les pattes sont à demi palmées; elles le sont entièrement chez les *spatules* et les *phénicoptères*. Cette transformation ne s'observe point chez les autres oiseaux marcheurs. les gallinacés, qui sont

Baléniceps-roi.

tout à fait terrestres, et qui évitent l'eau beaucoup plus volontiers qu'ils ne la cherchent.

Il est néamoins difficile de tracer une ligne de démarcation bien nette entre les gallinacés et les échassiers. Les *outardes*, rangées naguère sans conteste parmi les premiers, ont été ensuite annexées aux seconds par ce seul motif, d'une valeur peut-être contestable, que leurs jambes sont dégarnies de plumes au-dessus de l'articulation tibio-tarsienne. Il existe en Europe plusieurs espèces d'outardes, qui, malgré cela, ressemblent certainement beaucoup plus à de grandes poules ou à des pintades qu'à des cigognes ou à des marabous. Leur corps est massif, leur bec court, leur cou médiocrement long, leurs jambes grosses, leur démarche lourde. Elles se servent de leurs ailes bien moins pour voler que pour accélérer leur course.

Ibis sacré.

La plus grande espèce du genre est l'*outarde-kori*, du cap de Bonne-Espérance. La variété albine, dont il existe un exemplaire aux galeries du Muséum, est blanche, striée de gris sur le cou et sur la poitrine. Sa taille est d'environ un mètre quarante centimètres. Ses jambes hautes et robustes, terminées par des doigts puissants, rappellent moins les échassiers, auxquels on l'a associée, que les grands oiseaux coursiers, les marcheurs géants des déserts de l'Afrique, de l'Amérique et des îles Océaniennes : les *autruches* et les *casoars*.

Tout le monde connaît la grande autruche d'Afrique, déjà presque
naturalisée en France, où elle finira probablement par devenir,
selon le vœu d'Isidore Geoffroy-Saint-Hilaire, « un oiseau de bou-
cherie. » L'autruche d'Amérique (le *nandou*) est plus petite de moitié

Outarde-kori.

que sa congénère de l'ancien monde, et son plumage est moins
fourni. Les nandous vivent dans les pampas de l'Amérique méridionale, en troupes d'une trentaine d'individus. Ils courent avec
une extrême rapidité, en s'aidant de leurs ailes. Ce sont aussi
d'excellents nageurs. Non-seulement ils se jettent à l'eau toutes les
fois qu'ils le peuvent pour échapper aux poursuites de leurs enne-

mis, mais ils semblent prendre plaisir à se baigner. Leur régime est herbivore, et leurs mœurs sont tout à fait inoffensives.

On connaît également deux espèces distinctes de casoars, mais qui n'appartiennent ni à l'Afrique ni à l'Amérique. L'une est le

1 Casoar austral ou émou.    2 Casoar à casque ou émeu.

*casoar-émeu,* ou *casoar à casque,* des îles de l'archipel Indien; l'autre est l'*émou,* ou casoar de la Nouvelle-Hollande. Le casoar à casque est ainsi nommé à cause de l'excroissance cornée dont sa tête est surmontée. Il est aussi gros que l'autruche, mais il a les jambes et le cou moins longs. Les plumes noirâtres dont il est uniformément revêtu ressemblent assez bien à de longs poils très-gros. Ce sont cependant de vraies plumes, dont la tige fine et flexible est garnie de barbules extrêmement courtes et ténues. Les ailes sont rudimentaires, et leurs rectrices sont remplacées par cinq grandes pennes dont la tige, beaucoup plus forte que celle des plumes du corps, est totalement dépourvue de barbes.

L'émou, appelé *dromée* par quelques ornithologistes, semble tenir le milieu entre l'autruche d'Afrique et le casoar. Il se rapproche de la première par sa tête presque nue, par l'absence de casque. Ses plumes sont plus barbues que celles de l'émeu, sans l'être autant que celles de l'autruche. Il est moucheté de noir sur un fond blanchâtre. Il se plaisait dans les forêts d'eucalyptus, qui abondaient autrefois près des côtes de la Nouvelle-Hollande; mais les défrichements des colons l'en ont aujourd'hui chassé, pour le refouler dans l'intérieur des terres.

Richard Owen et Isidore Geoffroy-Saint-Hilaire ont démontré qu'il faut rattacher à la famille des oiseaux coureurs les colosses fossiles dont on a retrouvé, à la Nouvelle-Zélande et à Madagascar, des ossements dépareillés et des œufs pétrifiés, et qu'on a nommés *dinornis* et *épiornis*. Ces deux oiseaux étaient des autruches ou des casoars gigantesques, dont la taille atteignait au moins quatre mètres. Quant au *dronte* ou *doda,* que les navigateurs portugais et hollandais trouvèrent encore, il y a trois siècles, aux îles Mascareignes, et qui a depuis complétement disparu, on est tenté d'y voir un de ces *jeux de la nature* auxquels la science du moyen âge avait recours pour expliquer tout ce qui lui semblait anormal. C'était un monstre disgracié, aussi impropre à la marche qu'au vol. Un corps obèse, des ailes avortées, des pieds gros et courts; en guise de queue, une touffe de plumes bizarrement retroussées et frisées; presque point de tête, mais un bec énorme et crochu, à la base duquel s'ouvraient deux gros yeux ronds et stupides : tel était cet être grotesque, cet oiseau-caricature, dont il ne reste, je crois, qu'un seul exemplaire empaillé et fort endommagé par les vers, dans un musée zoologique des Pay-Bas.

# CHAPITRE IX

## LES RAPACES

Ceux de mes lecteurs qui ont visité la ménagerie du Muséum d'histoire naturelle ont assurément remarqué, dans le vaste enclos affecté aux échassiers et aux palmipèdes, un oiseau dont voici le signalement :

Taille d'un mètre vingt centimètres; bec aquilin; œil gris; tour de l'œil jaune et dénué de plumes; nuque ornée d'une huppe de plumes, rejetée en arrière; cou dégagé; ailes moyennes, armées chacune de trois éperons; queue étagée; plumage varié de noir, de blanc, de gris et de brun; tarse très-long, revêtu d'écailles jaunes; doigts au nombre de quatre : trois en avant, un en arrière; ongles noirs, usés par la marche; *signe particulier :* une jambe de bois habilement adaptée et remplaçant un des tarses, supprimé sans doute par la balle du chasseur. Cet oiseau-invalide, qui du reste se sert très-prestement de sa jambe postiche, c'est le *serpentaire* du Cap, appelé aussi *secrétaire* à cause des plumes qu'il porte derrière l'oreille comme un bureaucrate, et *messager* à cause de la rapidité de sa marche. Il établit la transition entre deux ordres d'oiseaux qui sembleraient à un observateur superficiel aussi différents l'un de l'autre que peuvent l'être deux groupes d'animaux appartenant à la même classe : les échassiers et les rapaces. Comme les premiers, il est habitant de la terre, coureur, sauteur alerte, et ne fait guère usage de ses ailes que pour accélérer sa course. Mais il se rattache aux seconds par son bec crochu, par ses jambes emplumées et par la structure de ses organes internes; si bien que les naturalistes modernes l'ont définitivement rangé parmi les oiseaux de proie.

Hâtons-nous d'ajouter que le Créateur semble l'avoir chargé spécialement d'une mission toute bienfaisante : celle de détruire les reptiles, si nombreux dans l'Afrique australe, et particulièrement les serpents venimeux. Il attaque et combat ces dangereux animaux avec un courage et une adresse qui lui assurent presque toujours la victoire, se faisant d'une de ses ailes un véritable bouclier, trompant et lassant par ses évolutions multipliées son ennemi, qui ne tarde pas à succomber sous les coups redoublés de son bec et de ses éperons. Les serpents ne sont pas, du reste, sa seule nourriture : son appétit est fort exigeant, et il dévore aussi d'autres reptiles et même des insectes. Levaillant a trouvé dans l'estomac d'un serpentaire vingt et une petites tortues de trois à cinq centimètres de diamètre, onze lézards de vingt à vingt-cinq centimètres, trois serpents de soixante-dix à soixante-quinze centimètres, une multitude de sauterelles et une pelote volumineuse composée des résidus non assimilables des repas précédents.

Le serpentaire est un oiseau à part. On n'en connaît qu'une espèce, qui forme à elle seule un genre et même une famille distincte. Tous les autres rapaces ont les tarses courts, les pieds longs, les doigts grêles, déliés, terminés par des ongles recourbés, acérés et rétractiles, qu'on nomme *serres*, les ailes amples et larges, garnies de pennes solides et mises en mouvement par des muscles extrêmement forts. La base de leur bec, où sont percées les narines, est garnie d'une membrane ordinairement jaune ou rougeâtre, qu'on appelle *cire*. Leurs yeux sont grands, enfoncés dans leurs orbites et protégés par des arcades sourcilières proéminentes; leur vue est d'une portée extraordinaire. Leurs instincts sont farouches; ils se nourrissent exclusivement de chair; leur appétit est vorace, et lorsqu'ils se trouvent en présence d'un repas copieux, ils se gorgent jusqu'à n'en pouvoir plus; mais en revanche, la nature, prévoyant que la proie pourrait souvent leur manquer, les a doués de la faculté de supporter sans en souffrir des jeûnes de plusieurs jours, et même, dit-on, de plusieurs semaines.

Les divisions de l'ordre des rapaces étaient tout indiquées par des différences d'organisation et de mœurs qui n'ont laissé aux ornithologistes que la peine de les constater et de les enregistrer, et d'après lesquelles ces oiseaux ont été partagés en deux sous-ordres : celui des *rapaces diurnes*, ou *accipitrés*, et celui des *rapaces nocturnes*, ou *strigidés*.

Les *accipitrés* (du latin *accipiter*, épervier) sont subdivisés en deux familles : celles des *falconidés* et celle des *vulturidés*. Nous dirons de préférence *faucons* et *vautours*. Il faut cependant remarquer que dans la famille des falconidés on a fait entrer non-seulement les faucons proprement dits et tous les rapaces de petite taille qui jouaient autrefois un rôle dans la *fauconnerie :* gerfauts, émérillons, autours, éperviers, cresserelles, etc., mais encore les grands oiseaux de proie communément désignés sous le nom d'*aigles*. Les zoologistes auraient-ils prétendu donner à ces derniers une leçon d'humilité, en prenant leurs plus faibles confrères le faucon et l'épervier pour types, l'un, de la sous-classe entière des rapaces diurnes, l'autre, de la grande famille dans laquelle eux, les aigles, les tyrans de l'air, ne forment qu'un simple genre perdu au milieu de la foule?...

Déjà les maîtres ès fauconnerie, divisant les oiseaux chasseurs en deux classes, les *nobles* et les *ignobles*, n'avaient pas craint de reléguer l'aigle dans la seconde de ces catégories. Le signe de la noblesse ou de la roture se trouvait dans la forme des doigts, longs et déliés chez les oiseaux nobles, plus courts et plus massifs chez les ignobles. Mais cette différence extérieure correspond, il faut le reconnaître, à une différence de mœurs et de goûts qui n'avait point échappé aux anciens veneurs. En effet, tandis que les *nobles* ne dévorent que des proies vivantes, et passent sans s'arrêter auprès d'un gibier mort, les *ignobles*, pour peu que la faim les presse, ne dédaignent point les cadavres, et même la chair déjà corrompue. On distinguait d'autre part les faucons en oiseaux de *haut vol*, ou *rameurs*, et oiseaux de *bas vol*, ou *voiliers*. D'après Huber (de Genève) les rameurs sont les falconiens *acutipennes*, c'est-à-dire à ailes aiguës, et les voiliers sont les falconiens *obtusipennes*.

La fauconnerie, ou *chasse à l'oiseau*, était autrefois, on le sait, le passe-temps favori des rois, des seigneurs et des grandes dames. C'est un art compliqué, dispendieux et, de plus, passablement barbare. Il est aujourd'hui généralement abandonné et presque entièrement oublié dans la plupart des pays civilisés. On le pratique cependant encore dans quelques parties de l'Europe : en Angleterre, en Écosse, en Allemagne, en Suède et en Norwége. « Il y a en Belgique, près de Namur, dit M. Le Maout, un village nommé *Falken-Hauzer*, dont les habitants ont pour unique industrie l'éducation du faucon. Ils vont chercher ces oiseaux dans le Hanovre, revien-

Fauconnerie. — Le vol de la gazelle.

nent les dresser dans leur village, et les vendent ensuite dans le nord de l'Europe, à l'aide de correspondances qu'ils entretiennent avec soin. Lorsqu'ils ont placé un faucon dressé, ils restent chez l'acheteur jusqu'à ce que le faucon soit habitué à obéir à la voix de son nouveau maître. »

Mais c'est surtout parmi les princes et hauts personnages de la Perse, de l'Hindoustan et de l'Afrique septentrionale que la fauconnerie est restée en honneur. Les Persans, en particulier, ont porté l'éducation des faucons à un très-haut degré de perfection. Ils en dressent à chasser toute espèce de gibier; toutefois le *vol* de la gazelle est peut-être celui qu'ils préfèrent à tous les autres. Ils y dressent leurs oiseaux d'une façon « très-ingénieuse », dit le voyageur Thévenot. « Ils ont des gazelles empaillées, sur le nez desquelles ils donnent toujours à manger à ces faucons, et jamais ailleurs. Après qu'ils les ont ainsi élevés, ils les mènent à la campagne, et lorsqu'ils ont découvert une gazelle, ils lâchent deux de ces oiseaux, dont l'un va fondre sur le nez de la gazelle et s'y cramponne avec ses griffes. La gazelle s'arrête, et se secoue pour s'en délivrer; l'oiseau bat des ailes pour se retenir accroché, ce qui empêche encore la gazelle de bien courir, et même de voir devant elle. Enfin, lorsque, avec bien de la peine, elle s'en est défaite, l'autre faucon, qui est en l'air, prend la place de celui qui est à bas, lequel se relève pour succéder à son compagnon lorsqu'il sera tombé; et de cette sorte, ils retardent tellement la course de la gazelle, que les chiens ont le temps de l'attraper. Il y a d'autant plus de plaisir à ces chasses, que le pays est plat et découvert, y ayant fort peu de bois. »

Il ne peut entrer dans notre plan de nous arrêter à l'étude des procédés en usage pour dresser les faucons aux différents genres de volerie. J'engage ceux de mes lecteurs qui désireraient s'initier aux secrets de cet art à lire le volume très-curieux que MM. Chenu, Verreaux et des Murs ont ajouté à leurs *Leçons sur l'histoire naturelle des oiseaux,* et qui traite spécialement *de la fauconnerie ancienne et moderne.* Je me bornerai à indiquer ici quelques-uns des oiseaux *nobles* les plus recherchés des veneurs d'autrefois. Au premier rang se placent, comme les plus beaux, les plus forts, les plus braves et les plus dociles à la fois, les faucons proprement dits : le *faucon blanc,* le *faucon d'Islande,* le *faucon-gerfaut,* le *faucon-sacre,* le *pèlerin,* ou faucon commun, l'*autour* et l'*épervier.* « De tous les oiseaux de proie, dit Sinnini, le gerfaut (et sous ce nom Sinnini comprenait, outre le gerfaut proprement dit, le faucon blanc, les

Épervier commun        Faucon d'Islande.        Milan noir.

faucons d'Islande et de Norwége, et le sacre) est, après l'aigle, le plus fort, le plus vigoureux et le plus hardi; il ne craint même pas de se mesurer avec le tyran des airs, et, dans un engagement en apparence inégal, il prouve par ses victoires ce que peut la valeur contre les avantages de la taille et des armes. A ces qualités nécessaires à un être que la nature a destiné aux combats et au carnage, cet oiseau joint la promptitude des mouvements, la célérité dans l'exécution et l'activité qui enchaîne le succès. Aussi l'art de la fauconnerie s'est-il emparé de cette espèce puissante. Le gerfaut tient le premier rang parmi les oiseaux de haute volerie. Il est bon à toutes les sortes de chasses, il n'en refuse aucune. Il a bientôt fatigué et pris les grands oiseaux d'eau, tels que le héron, la grue, la cigogne. Il est aussi très-propre au vol du milan; et si on l'emploie à des expéditions moins brillantes et plus productives pour la table, il réussit mieux qu'aucun autre, etc. »

On voit, d'après ce passage, emprunté à la monographie de MM. Chenu, Verreaux et des Murs, que le milan, oiseau de proie bien caractérisé pourtant, loin d'être employé à la chasse, était, au contraire, un de ceux qu'on faisait chasser. Le vol du milan était, disait-on, plaisir de roi. On y employait non-seulement les grands faucons, mais l'épervier, qui est cependant beaucoup plus petit que lui, et qui en venait à bout sans peine.

L'autour est de la même taille que les grands faucons (cinquante à cinquante-cinq centimètres). Ses tarses et ses serres sont robustes. Son plumage est bleu cendré sur la tête, la nuque et les ailes, blanc avec des raies transversales brun foncé sur la gorge et sur le ventre. Il est commun en Russie, en Allemagne et en Suisse. C'est un oiseau de basse volerie. On l'emploie avec succès au vol du faisan et des grands échassiers. En liberté, il chasse, outre les oiseaux, les lièvres, les lapins, et au besoin les taupes et les mulots.

Il ne faut pas confondre l'autour avec l'*aigle-autour*, dont on connaît trois espèces, l'une propre à l'Amérique, les deux autres à l'Afrique. Ces oiseaux, bien que peu supérieurs aux faucons par la taille, se rapprochent cependant davantage, par leur plumage, par leur conformation et leurs habitudes, des aigles proprement dits. MM. Chenu, des Murs et Verreaux les rangent dans le genre *spizaète* (du grec σπιζίας, épervier, et ἀετός, aigle), avec le *griffard*, le *jean-le-blanc*, l'*urubitinga* et la *harpie*. « Les spizaètes, disent ces naturalistes, peuvent rivaliser avec les aigles, car ils sont les tyrans de tous les petits quadrupèdes et de tous les oiseaux; ce sont de vrais despotes, qui abusent de leurs serres, de leur bec et de leur agilité pour faire la guerre à tout ce qui les environne et immoler tout ce qui les approche. » Le plus redoutable de tous est celui qu'on a désigné sous les noms significatifs de *harpie* et d'*aigle destructeur*. Sa physionomie a quelque chose de vraiment sinistre. Ses yeux flamboyants, profondément enfoncés dans les arcades sourcilières, ont

Thrasaéto-harpie.

une expression de férocité terrible, à laquelle ajoute encore la crête de plumes dont sa tête est surmontée, et qui se hérisse lorsqu'il est animé par la colère ou par l'aspect d'une proie. Il est remarquable toutefois que la harpie n'attaque pas les oiseaux; c'est aux *paresseux*, aux agoutis, aux sarigues et surtout aux singes qu'elle fait une

guerre acharnée. On assure même qu'elle ne craint pas de s'attaquer à l'homme et aux animaux carnassiers les mieux armés. Elle
habite les forêts humides des contrées les plus chaudes de l'Amérique méridionale. Les Indiens professent pour cet oiseau une sorte
de culte, qui ne les empêche cependant pas de le tuer pour s'emparer de ses dépouilles, auxquelles ils attachent un grand prix;

Circaète-bateleur.

mais ils préfèrent de beaucoup le prendre vivant et le réduire en
captivité. Lorsqu'ils y réussissent, ils le conservent et le nourrissent
avec grand soin. Deux fois par an ils lui arrachent les plumes des
ailes pour empenner leurs flèches, et le duvet du cou pour s'en parer
dans les grandes circonstances. Ils parviennent à le dompter, à
l'apprivoiser et à le rendre très-docile. « C'est en quelque sorte pour
eux un trésor, dit d'Orbigny, et s'ils changent de campement, les
femmes sont chargées, l'une après l'autre, de porter l'oiseau. »

Près des spizaètes, ou aigles-éperviers, se placent les *circaètes*, ou
aigles-buses, dont l'espèce la plus curieuse est le *circaète-bateleur*,

ou aigle-bateleur de l'Afrique tropicale. Cet oiseau a le plumage d'un bleu noir mat teinté de roux, avec les tectrices des ailes grises, et la queue, qui est très-courte, d'un roux vif. Le bec est noir; le tour de l'œil et la cire sont rouge-orangé, ainsi que les tarses. L'aigle-bateleur est commun dans la Cafrerie. Lorsqu'on le voit voler, on le prendrait pour un aigle ordinaire, de petite taille, qui aurait, comme le renard de la Fontaine, « perdu sa queue à la bataille. » Il plane en tournoyant et en poussant des cris rauques. « Souvent, dit Levaillant, qui a le premier observé et décrit cet oiseau, il suspend tout à coup son vol et descend à une certaine distance, en battant l'air de ses ailes, de manière qu'on croirait qu'il s'en est cassé une et qu'il va tomber jusqu'à terre; sa femelle ne manque jamais alors de répéter le même jeu. On peut entendre ces coups d'aile à une très-grande distance... J'ai tiré le nom de cet oiseau de sa manière de se jouer dans les airs : on croirait voir, en effet, un bateleur qui fait des tours de force pour amuser les spectateurs. »

Je dirai peu de chose des grands aigles : *aigle impérial*, *aigle royal*, *pygargue*, dont l'histoire occupe, dans tous les ouvrages d'ornithologie, une si grande place. Buffon, qui, comme nous l'avons vu, applique à ces oiseaux l'épithète méritée de tyrans lorsque cette antithèse lui parait propre à faire ressortir les vertus pacifiques qu'il attribue au cygne, ne laisse pas de proclamer ailleurs la royauté de l'aigle, qu'il compare au lion, et auquel il prête, ainsi qu'au prétendu roi des quadrupèdes, des qualités admirables : le courage, la grandeur d'âme, et jusqu'à la *tempérance!*...

Le fait est que l'aigle est un animal féroce, d'une voracité extrême, ayant, il est vrai, une grande prédilection pour le sang chaud et la chair palpitante, mais s'accommodant fort bien de viande faisandée et d'aliments impurs. Quant au courage dont on lui fait honneur, les écrivains qui l'ont vanté le plus n'en ont jamais pu citer que des exemples d'une authenticité contestable. La supériorité de son vol, de sa force et de ses armes, assure à l'aigle une victoire facile sur tous les animaux faibles et désarmés dont il fait sa proie. C'est seulement lorsqu'il est pressé par la famine ou forcé de défendre sa vie ou celle de ses petits, qu'il se décide à faire tête à des ennemis capables de lutter avec lui; et en cela il ne se montre pas plus brave que beaucoup d'autres animaux qui ne sont pas comme lui spéciale-

ment organisés pour la rapine et le carnage... Ai-je besoin d'ajouter
qu'il n'a nullement, comme l'a dit Aristote, la faculté de regarder
fixement le soleil : faculté dont l'objet, du reste, ne se concevrait
pas? Ce qui est plus exact, et beaucoup plus avantageux pour l'aigle,

Condor.

c'est que, des hauteurs prodigieuses où s'élève son vol, il voit et vise
avec une précision surprenante un lièvre ou tout autre petit animal
blotti dans l'herbe. Mais sous ce rapport, comme sous le rapport de
la force musculaire et de la puissance du vol, on doit placer encore
au-dessus de lui le vautour géant des Cordilières, le *condor*.

On s'est plu à faire de l'aigle l'emblème de la valeur guerrière
et des nobles instincts, et du vautour le type accompli de la couar-
dise et de la bassesse. Cette opposition est tout imaginaire. L'aigle
est un bourreau qui immole très-lâchement des êtres inoffensifs; le
vautour est un croque-mort qui tout au plus achève les mourants,
et, pour l'ordinaire, se contente de dévorer les cadavres. Le vautour
a donc au moins le mérite de remplir, comme agent de la grande

Catharte.

voirie de la nature, une fonction qui nous inspire sans doute un
légitime dégoût, mais dont nous ne pouvons méconnaître l'utilité.
Le nom de *cathartes*, qu'on a donné aux vautours d'Amérique, signifie *nettoyeurs* : il exprime très-exactement le rôle providentiel
de ces mangeurs de charognes. Les vautours attendent que la mort
ait fait son œuvre; puis par troupes ils s'abattent sur l'animal dont
les chairs vont se décomposer, répandre dans l'air l'infection. Ils le
font disparaître. Le condor se rapproche davantage de l'aigle; au
besoin, il tue pour manger : toute la différence est qu'il se rassasie

sur place, tandis que l'aigle emporte sa victime encore vivante dans son aire, pour l'y égorger et l'y dépecer à l'aise.

Les rapaces nocturnes (*strigidés,* d'Isidore Geoffroy–Saint-Hilaire) que nous appellerons plus simplement *chouettes,* ne ressemblent aux diurnes que par leurs appétits carnassiers et meurtriers, par la structure de leur appareil digestif et par la disposition de leurs serres, rétractiles comme celles de leurs analogues quadrupèdes, les chats. A leurs habitudes nocturnes ou crépusculaires correspond, du reste, une organisation toute spéciale, qui les distingue nettement de leurs confrères les accipitrés. En effet, premièrement, tandis que ces derniers ont la tête allongée, le crâne déprimé, le sourcil saillant, les yeux dirigés obliquement, la mandibule supérieure soudée au crâne, les chouettes ont, au contraire, la tête arrondie et volumineuse, les yeux dirigés en avant et formant le centre de cercles de plumes disposées en rayons; leur bec est court, presque entièrement caché sous les plumes et réuni au crâne par une *cire* molle, en sorte que les deux mandibules sont également mobiles, comme chez les perroquets; leur *disque facial,* plus ou moins complet, leur donne un air de ressemblance grotesque avec certains visages humains.

En second lieu, tandis que les diurnes ont les tarses et les doigts nus, trois doigts dirigés en avant et le quatrième seulement en arrière, les nocturnes ont presque tous les pieds entièrement emplumés, et un de leurs quatre doigts articulé de manière à pouvoir être dirigé à volonté en avant, en arrière ou de côté.

En troisième lieu, les barbes des plumes, adhérentes entre elles chez les diurnes, opposent à l'air une grande résistance, ce qui permet à ces oiseaux de prendre un essor plus ou moins vertical, de planer et de fendre l'air directement.

Au contraire, les plumes des nocturnes sont moelleuses et duvetées, et leurs barbes sont rebroussées; cette disposition rend leur vol silencieux, oblique et saccadé, et les oblige à partir toujours d'un point élevé, d'où ils commencent par faire une sorte de culbute, avant de pouvoir voler. Enfin la différence principale entre les diurnes et les nocturnes consiste dans la structure de l'œil. La vue, chez les premiers, est perçante, et supporte sans en être éblouie une lumière très-intense. Chez les seconds, les yeux sont gros, la pupille très-dilatée, la rétine d'une extrême sensibilité; la lumière du jour les offusque, et ils ne voient bien qu'après le coucher du soleil, dans la lumière diffuse. Ils ne faut pas croire cependant qu'ils voient mieux encore dans l'obscurité complète. Le phénomène de la vision suppose nécessairement la présence d'une certaine quantité

1 Petit-duc.    2 Grand-duc.    3 Effraie flamméchée.

de lumière. Les chouettes aiment le clair-obscur; à la rigueur, elles préfèrent encore la nuit sombre au grand jour; mais n'oublions pas que la nuit la plus sombre est toujours quelque peu éclairée.

Les chouettes ont l'ouïe très-fine, grâce aux vastes cavités dont se compose leur oreille interne. Ce sont ces cavités qui contribuent

surtout à leur grossir la tête ; car le volume de leur crâne ne correspond point à un développement proportionnel du cerveau, bien que
cet organe soit aussi chez elles plus volumineux que chez les diurnes.

Le plumage des oiseaux de nuit n'offre point de teintes vives et
tranchées : le brun, le fauve, le gris y dominent, mélangé de noir
et de blanc ; mais ces nuances y sont souvent disposées très-agréa-
blement, et présentent à l'œil des tons doux, que relèvent assez les
mouchetures, les stries et les raies dont elles sont abondamment
semées. Le plumage est aussi très-doux au toucher, notamment
sur le cou et sur la tête, où il est très-épais. La queue est ordinairement courte, quelquefois étagée ; les ailes sont obtuses dans la plupart des espèces.

Les chouettes vivent isolément, par couples ; elles chassent aussi
chacune pour son compte ; mais souvent elles se réunissent pour
émigrer. Elles sont foncièrement cosmopolites : il est parmi elles
peu d'espèces qui appartiennent exclusivement à telle ou telle contrée ; encore ces espèces peuvent-elles être transportées, sans en
souffrir, dans un climat tout différent de celui de leur pays natal.
Toutes ne sont pas également nocturnes : il en est qui chassent indifféremment le jour et la nuit. On les a nommées chouettes *éper-
vières* ou *accipitrines*.

Les chouettes se nourrissent de toutes sortes de petits animaux :
oiseaux, rats, mulots, souris, lézards, grenouilles ; mais elles font
surtout une grande consommation d'insectes. La *chevêche* dépèce
les souris qu'elle attrape. Cette espèce, ainsi que quelques autres,
a soin aussi de plumer proprement les oiseaux avant de les dévorer ;
mais la plupart ne se donnent pas tant de peine : elles engloutissent
leur proie tout entière, après lui avoir seulement brisé les os, — si
la proie a des os, — pour l'amollir un peu. L'estomac se charge du
reste : c'est cet organe qui sépare les parties nutritives et digestibles
des substances dures et non assimilables, transmet les premières aux
organes secondaires de la digestion, et fait des secondes de petites
pelotes oblongues que l'animal rejette par le bec au bout de quelques
heures.

Les chouettes ont été partagées en un grand nombre de genres,
dont les plus connus sont les genres *duc, hibou, chat-huant, effraie*
et *chevêche*.

Les ducs sont remarquables par les deux aigrettes de plumes qui ornent leur tête, et que le vulgaire prend pour leurs oreilles. Leur nom, qu'il ne faut pas prendre pour un titre de noblesse, leur vient du latin *dux* (chef, conducteur), parce que, selon un préjugé fort ancien, ils auraient l'extrème complaisance de servir de guides aux cailles dans leurs migrations. La vérité est que, comme les cailles

1 Chat-huant.        2 Hibou-chouette.

voyagent la nuit, les ducs les précèdent souvent pour les attendre au passage, mais avec des intentions qui ne sont rien moins que bienveillantes; ce n'est point de la sympathie, mais bien du *goût* qu'ils ont pour ce gibier. Outre le *grand-duc d'Europe* et le *grand-duc de Virginie*, les plus grands de tous les nocturnes, ce genre comprend le *moyen-duc* et le *petit-duc*, ou *scops*. Ce dernier est à peine gros comme un merle. La taille du *hibou commun* est de trente-cinq à trente-six centimètres. Dans cette espèce, le mâle seul porte sur la tête deux aigrettes semblables à celles des ducs. Les chats-huants sont les chouettes des bois, répandues dans

les deux mondes, et dont Audubon compare le cri *waha, waahaha,*
« au rire affecté d'un fashionable ». La chevêche est de la taille d'un
pigeon. Son appétit est formidable : on assure qu'elle peut dévorer
jusqu'à cinq souris en un seul repas. C'est un petit Gargantua emplumé.

L'effraie est une des plus jolies parmi les chouettes. Son plumage
est d'un jaune roux glacé de brun et de gris sur la nuque, sur le
dos et sur les ailes, et qui s'éclaircit sur le ventre. La gorge est
semée de petites taches noires; l'iris des yeux est noir; la queue est
courte, carrée et barrée de brun.

On sait que toutes les chouettes, et en particulier l'effraie, passent, parmi les habitants des campagnes, pour des « oiseaux de
mauvais augure », qui « appellent la mort » dans les maisons sur
le toit desquelles elles viennent se percher. Je n'ai pas besoin de
dire combien ce préjugé est absurde et ridicule. Il est, de plus, funeste; car il pousse les paysans à tuer impitoyablement des oiseaux
qui leur rendent de précieux services en détruisant une multitude
d'insectes, de reptiles et de petits rongeurs.

---

# CHAPITRE XVII

### LES INTRUS

Je crois pouvoir me permettre de qualifier ainsi ces êtres étranges,
ambigus, que la nature a, par un bizarre caprice, introduits dans le
monde aérien; ces quadrupèdes qui volent et ne marchent pas, ces
oiseaux qui ont des poils, un museau, des dents, et qui allaitent
leurs petits.

Il s'agit, on le devine, des animaux que le vulgaire appelle très-
improprement *chauves-souris,* bien qu'elles ne soient nullement
chauves, et que, hormis la couleur de leur poil, elles n'aient aucun
point de ressemblance avec nos rongeurs domestiques. La Fontaine

se rend, selon sa coutume, l'écho de l'erreur populaire, lorsqu'il fait dire à la chauve-souris :

> Je suis oiseau, voyez mes ailes;
> Je suis souris, vivent les rats !

Il ignorait aussi que, si les souris parlaient, elles ne crieraient certainement pas : « Vivent les rats! » car elles n'ont pas de plus cruels ennemis.

Bref, les chauves-souris ne sont ni des oiseaux, ni des souris. Ce sont des mammifères volants. Mais quelle place doit leur être assignée dans la classe dont elles font partie? Cette question a fort embarrassé les zoologistes. En tant que mammifères, les chauves-souris se rapprochent des singes, et même de l'homme; car chez elle la femelle est pourvue de deux mamelles seulement, et ces mamelles sont placées sur la poitrine. Ce caractère important avait décidé Linné à les placer dans son ordre des *primates*. Cuvier en fit la première famille des *carnassiers :* c'était une erreur, car, s'il y a des chauves-souris carnivores, il en est aussi qui sont insectivores, et d'autres qui sont herbivores. Les naturalistes contemporains se sont tirés d'embarras en formant de ces animaux une famille à part : celle des cheiroptères (χείρ, *main*, et πτερόν, *aile*). Ils ont eu pour cela sans doute d'excellentes raisons, que je me garderai bien de contester. Je tiens seulement à faire observer que l'idée de Linné ne manquait pas de justesse. En effet, le squelette d'une chauve-souris ressemble beaucoup à celui d'un petit singe dont les bras, les avant-bras surtout, seraient excessivement longs, et dont les quatre doigts des mains auraient pris un développement encore plus démesuré, tandis que le pouce, non opposable, aurait conservé, ainsi que les jambes, des dimensions proportionnées à la taille de l'animal. Ce sont ces grands bras et ces grands doigts qui, réunis entre eux et avec les jambes par une vaste membrane, constituent les ailes des cheiroptères. Ces ailes sont mises en mouvement par des muscles très-forts qui prennent leur attache sur le sternum, pourvu à cet effet d'une crête analogue à celle qu'on remarque chez les oiseaux.

Les cheiroptères volent avec rapidité, en tournoyant ou en décrivant des courbes plus ou moins sinueuses. C'est le seul mode de locomotion auquel ils soient réellement propres. A terre, ils se trainent péniblement en s'accrochant avec leurs pieds et le pouce de leurs mains aux aspérités du sol, et n'avancent que par une suite de zigzags, dont l'axe seul détermine la direction. La voracité de ces animaux est extrême, et les aveugle au point que pour le moindre appât ils vont se jeter dans les piéges les plus grossiers.

Leurs habitudes sont essentiellement nocturnes. Ce n'est qu'au crépuscule qu'ils se mettent en quête de leur nourriture. Pendant le jour, ils demeurent cachés dans les trous des vieux arbres, des rochers ou des vieux murs, ou plus ordinairement suspendus à une branche ou à une saillie par leurs pattes de derrière. C'est dans cette singulière position qu'ils se livrent au sommeil, enveloppés de leurs ailes comme d'une couverture; et pendant tout l'hiver leur sommeil dure vingt-quatre heures par jour.

Les chauves-souris, il faut le reconnaître, sont de fort vilains animaux. Leur laideur, jointe à leurs habitudes nocturnes, les a rendues, de tout temps et par tous pays, l'objet d'une aversion générale et d'une terreur superstitieuse. Dans l'antiquité ainsi qu'au moyen âge, on les regardait comme des émissaires du ténébreux empire. Elles figuraient dans tous les scènes de diablerie, voltigeaient en rond sur la tête des sorcières chevauchant au sabbat sur leurs manches à balai, et soufflaient à leurs oreilles les paroles cabalistiques. Chose singulière pourtant : tandis que les préjugés contre les chouettes se sont perpétués presque partout, le peuple de nos villes et de nos campagnes est revenu, en ce qui concerne les chauves-souris, à des idées plus sensées et plus justes; il les évite comme de « vilaines bêtes », mais il ne songe plus à les craindre. Il n'en est pas ainsi dans beaucoup d'autres pays, où elles sont désignées sous le nom de *vampires*, et où l'on croit qu'elles viennent la nuit sucer le sang des animaux et des hommes qui ont l'imprudence de s'endormir à la belle étoile. Cette opinion est-elle fondée sur quelques faits réels? Est-il vrai que certaines grandes espèces carnassières, auxquelles les zoologistes eux-mêmes ont conservé les noms sinistres de *vampires* et de *spectres*, soient assez avides de chair et de sang pour attaquer les hommes et les bestiaux? Quelques voyageurs, dont le témoignagne est peut-être suspect d'invention, ou tout au moins d'exagération, l'ont affirmé.

Un voyageur espagnol (si je ne me trompe), Sumilla, parlant du grand vampire du Mexique, dit : « Les chauves-souris sont d'adroites sangsues, qui rôdent la nuit pour boire le sang des hommes et des bêtes. Si ceux que leur état oblige de dormir par terre n'ont pas la précaution de se couvrir des pieds à la tête, ils doivent s'attendre à être *piqués* des chauves-souris. Si par malheur ces *oiseaux* leur piquent une veine, ils passent des bras du sommeil dans ceux de la mort, à cause de la quantité de sang qu'ils perdent sans s'en apercevoir, tant la piqûre est subtile; outre que, battant l'air avec leurs ailes, elles rafraîchissent le dormeur auquel *elles ont dessein* d'ôter la vie. » *Risum teneatis!* Voyez-vous ces *oiseaux* scélérats et perfides qui, *ayant dessein* de vous ôter la vie, vous rafraîchissent de leurs ailes pour vous assassiner sans que vous vous en aperceviez! Ce conte, évidemment, n'est que ridicule, et accuse, en même temps qu'une prodigieuse crédulité, une profonde ignorance de l'organisation des prétendus vampires. Il suppose que les chauves-souris piquent avec leur langue, comme on croit communément que les serpents piquent avec leur *dard,* et cela parce que cette langue, destinée à sonder les fissures des vieilles écorces d'arbres pour en retirer les insectes, est allongée et effilée. Voici un témoignage plus sérieux. La Condamine rapporte que « les chauves-souris qui sucent le sang des mulets, des chevaux, et même des hommes, sont un fléau commun à la plupart des pays chauds de l'Amérique. » Mais ce savant voyageur avait-il vu les chauves-souris dont il parle? Avait-il vu de leurs victimes? Ou ne faisait-il que répéter ce qu'il avait entendu dire dans les contrées qu'il avait parcourues? Cette seconde hypothèse est la plus probable.

Buffon, qui, n'ayant jamais vu la plupart des animaux qu'il a décrits, était obligé de s'en rapporter aux dires d'observateurs plus ou moins véridiques, trouve un peu extraordinaire que des gens endormis puissent se laisser sucer le sang jusqu'à ce que la mort s'ensuive, et passer de vie à trépas sans s'en apercevoir; mais, au lieu de révoquer en doute ce fait étrange, il essaie de l'expliquer en admettant que les papilles fines et acérées de la langue des vampires s'insinuent dans les pores de la peau, et pénètrent assez avant pour que le sang obéisse à la succion continuelle de la langue. Il ne dit pas comment une chauve-souris grosse au plus comme un pigeon peut avaler assez de sang pour faire périr un homme ou un mulet, ou comment, après que la succion a cessé, le sang peut continuer de couler par d'aussi imperceptibles blessures. Ajoutons, — ce qui tranche la question, — que les papilles acérées dont Buffon arme gratuitement la langue du monstre n'ont jamais été vues par personne.

La famille des cheiroptères compte cinq ou six familles, divisées en un grand nombre d'espèces répandues dans toutes les parties du

1 Vespertilion oreillard.    2 Vampire-spectre.    3 Grand-fer-à-cheval.

monde. La plus importante de ces familles est celle des *vespertilionidés* (*vespertilio* est, on le sait, le nom latin de la chauve-souris), à laquelle appartiennent la *chauve-souris murine*, la plus commune en France; les *oreillards*, dont on connaît une quinzaine d'espèces; les *rhinolophes*, parmi lesquels ont peut citer, comme le plus grotesquement hideux de tous les cheiroptères, le rhinolophe *grand-fer-à-cheval*. Cet animal se rencontre aux environs de Paris et dans toute l'Europe occidentale. Il a environ trente-cinq centimètres d'envergure. Son pelage est roux-cendré en dessus et jaunâtre en dessous. Il passe l'hiver endormi dans les vieux édifices et dans les carrières abandonnées. Son nez est surmonté d'une excroissance en forme de feuille, qui donne à sa physionomie déjà hideuse l'aspect le plus bizarre. Ce singulier appendice se retrouve, mais avec des dimensions moindres et une forme moins compliquée, chez les *vampires* et les *phyllostomes*. Enfin la famille qui renferme les plus grandes espèces est celle des *roussettes*. Ces animaux sont insecti-

Roussette d'Edwards.

vores ou frugivores; leur chair est mangeable. Contrairement à la grande majorité des insectivores en général et des autres chauves-souris en particulier, ils s'accoutument sans trop de peine à la captivité. On connaît plus de trente espèces de roussettes, toutes propres aux régions tropicales de l'ancien monde. Une seule de ces espèces habite l'Égypte. Les autres se trouvent à Madagascar, à la Réunion, à Maurice et dans les îles de l'archipel Indien.

Plusieurs naturalistes rattachent à l'ordre des cheiroptères les *galéopithèques,* vulgairement connus sous les noms de *singes,* de *chats* et de *chiens volants*. Mais ces animaux ont les doigts antérieurs aussi courts que les doigts postérieurs. Le développement de la peau qui relie leurs membres deux à deux ne forme pas des ailes, mais une sorte de parachute propre seulement à les soutenir quelques secondes lorsqu'ils s'élancent d'un arbre à l'autre, et qui ne saurait justifier leur intrusion dans le monde aérien.

---

Me voici parvenu au terme de ma longue tâche. Est-ce à dire que je puisse la regarder comme entièrement remplie? Hélas! je serais effrayé et presque honteux de tout ce qu'elle laisse à désirer, si je n'avais, pour me rassurer, la conviction qu'une telle œuvre ne pouvait être qu'incomplète. On peut dire que l'univers se compose d'une infinité d'univers qui, bien que contenus dans le grand Tout, nous semblent infinis comme lui, et le sont, en effet, par rapport à nos faibles moyens d'investigation. L'air est une de ces fractions d'univers où l'esprit humain se perd. Je n'ai pu me flatter un seul instant d'en faire connaître toutes les merveilles, d'en décrire et d'en expliquer tous les phénomènes. Je ne prétends pas non plus que ce travail soit exempt d'erreurs; j'espère pourtant qu'il n'en contient point de graves, car je me suis appliqué bien moins à montrer beaucoup de choses qu'à les montrer telles qu'elles sont. Ceux qui font le négoce tiennent pour bonne toute affaire, qui, en définitive, aboutit à un bénéfice, si faible qu'il soit; ce qu'ils expriment par cette maxime : « Il n'y a point de petit profit. » De même, dans les choses de l'esprit, toute étude, toute lecture qui apprend quelque chose est bonne, si le peu qu'elle apprend est juste et utile. En d'autres termes, *il n'y a point de petites vérités.*

FIN.

# TABLE DES CHAPITRES




TOURS. — IMPR. MAME.

www.ingramcontent.com/pod-product-compliance
Lightning Source LLC
LaVergne TN
LVHW020239060726

842525LV00001B/98